Linear Algebra, 3rd

# 선형대수학

Linear Algebra, 3rd

# 선형대수학

서지 랭 지음

정자아 옮김

경문사

# 옮긴이 머리말

이 책은 학부의 선형대수학 강좌를 위한 교재로서, 옮긴이는 이를 교재로 하여 수학을 전공하는 학생들에게 1년간 강의한 경험이 있다. 선형대수학은 흔히 미적분학을 배운 직후 수강하게 되며 학생들은 처음으로 상당히 추상적인 수학적 전개를 접하면서 해석학 개론에서와 마찬가지로 어려움을 느끼게 마련이다. 그러나 열심히 공부하는 학생이라면, 선형사상과 벡터공간을 이용하여 다양한 수학적 대상을 간결하게 표현하고, 또 벡터공간의 차원에 관한 정리와 고유벡터 및 고유치, 그리고 스펙트럼 정리 등을 이용하여 여러가지 문제들을 멋있게 해결하는 과정을 배우면서 수학이 얼마나 아름다운지 감탄할 기회를 가질 것이다.

선형대수학이 수학 이외에도 얼마나 많은 분야에 응용되고 있는지는 더 말할 나위 없겠으며, 그런 만큼 다른 분야에 비해 상대적으로 많은 교재가 나와 있다. 그중에는 좋은 책이 많이 있는데, 이 책도 그중 하나로 내용이 충실한 점과 함께 보기와 설명을 적절히 배열하여 쉬운 단계에서 추상적인 내용을 확실히 이해할 수 있도록 배려한 점이 특히 뛰어나다 할 수 있다. 내용을 충분히 숙지했다면, 연습문제는 대부분 그다지 어렵지 않게 풀 수 있는 것들이며, 이들 중에는 꼭 알아두면 좋은 결과들이 많이 있으므로 반드시 충분한 시간을 투자하여 풀어 보기 바란다. 연습문제를 학생들 스스로 풀지 않는다면, 여러분이 배운 것은 이후 어떤 문제에도 응용할 수 없는 무용지물이 될 수도 있겠다.

이 책을 번역함에 있어 우리말 용어는 주로 대한수학회에서 펴낸 '수학용어집'(1994년, 청문각)을 참고하였으나, 아직도 우리말로 완전히 정립되지는 않은 상태이다. 그러므로 학생들은 이 책에서 쓰고 있는 한글 용어뿐 아니라 각각에 대응하는 영문 용어도 잘 알아두는 것이 좋겠다.

끝으로 이 번역서의 출판을 도와주신 경문사의 여러분과 원고를 TEX으로 출력해준 남편에게 감사한다

정자아

# 머리말

본서는 학부 고학년 수준의 선형대수학 강좌를 위한 교재로서 저술되었다.

저자가 쓴 책 '선형대수학입문'은 처음 공부하는 학생들을 위한 교재로 개론적인 미적분학 강의와 같은 수준이다. 본서는 그 다음 수준에 적합하게 씌어졌으며, 기본적으로 선형대수학 고급과정을 위한 것이다. 선형대수학 고급과정에서는 다음의 여러 구조정리들에 중점을 둔다: 고유치와 고유벡터 (개론적 강의에서는 이 내용을 잘해야 강의 끝부분에서 잠깐 다룰 수 있을 것이다), 대칭, 에르미트, 유니타리 작용소들과 그에 관한 스펙트럼 정리 (대각화), 행렬과 선형사상의 삼각화, 조르당 표준 형식, 볼록집합과 크라인-밀만의 정리. 그리고 행렬식의 기본 성질을 철저히 설명하기 위해 한 장을 할애하였다. 입문 교재에서는 이 내용의 일부만을 다룰 수밖에 없었다. 물론 강의할 때 행렬식에 관한 장에서 일부를 생략할 수도 있다.

볼록집합에 관한 장을 포함한 이유는 이것이 여러 응용분야와 "기하학적" 선형대수학에 이용되는 선형대수학의 본질적인 결과를 담고 있기 때문이다. 논리상 ('유계인 폐구간 위에 정의된 연속함수는 최대치를 가진다'와 같은) 초보적인 해석학의 결과들을 사용하므로 이 내용을 이 책의 끝부분에 배치하였다. 강의할 때 학생들이 해석학을 조금 알고 있다면 이 부분을, 예를 들어 선형사상의 정의를 다룬 직후와 같이, 아주 일찍 다루어도 좋을 것이다.

저자는 본서가 한 학기 강의용으로 사용될 수 있기를 바란다. 처음 여섯 장에서는 기본적인 개념들을 복습한다. 저자는 효율성을 추구하였다. 그래서 $n$개의 미지수에 대한 $m$개의 동차방정식이 $n > m$이면 비자명해를 갖는다는 정리는 입문 교재에서처럼 우회적인 방법을 사용하지 않고 차원에 관한 정리로부터 연역적으로 증명하였다. 그리고 두 기저의 원소 개수는 같다는 (즉 차원이 정의된다는) 증명을 "역할 교환" 방법으로 빠르게 증명하였다. 또 기본행렬과 가우스 소거법에 대한 논의는 저자의 책 '선형대수학입문'에서 충분히 다루어졌으므로 본서에서는 생략하였다. 그러므로 본서의 앞 부분이 입문 교재의 대체물이 될 수는 없다. 이 부분은 단지 본서가 다른 교재 없이도 독립적으로 읽을 수 있고, 기본적인 주제들을 비교적 빨리 다루어 더 고급인 장들에 중점을 둘 수 있게 하려는 의도로 포함한 것이다. 요즈음의 교과과정은, 모두는 아니라도, 대부분의 학생이 행렬 곱셈에 중점을 둔 한 학기의 입문 강좌를 수강하게끔 짜여 있다. 그러므로 선형대수 고급 과정은 다루는 대상의 구조에 관한 정리들을 공부하는 방향으로 나아가야 할 것이다.

부록 1에 복소수의 정의와 기본적인 성질을 수록하였다. 여기에는 대수적 폐포에 관한 것도 포함된다. 이를 증명함에 있어 물론 해석학의 초보적인 사실들을 당연한 것으로 사용하였지만, 복소변수론은 사용하지 않았다.

부록 2는 이와사와 분해를 다루는데, 이것은 군이론적 측면과 순수하게 선형대수적 측면이 본격적으로 얽혀있는 주제이다. 이 부록은 일반적인 학부 대수 과목에서 또한 다루어질(다루어야 할?) 수도 있다.

비록 처음부터 복소수체의 부분체 위의 벡터공간을 다루었지만, 이것은 기타 여러 편의를 위한 것이며 또한 논의를 위한 기초가 길게 늘어지는 것을 피하기 위한 것이다. 강사는 원한다면 덧셈, 곱셈, 나눗셈의 기본적인 성질만이 본서 전체에 걸쳐 사용된다는 것을 강조하는 것도 좋겠다. 물론 양의 정부호인 스칼라 스칼라 내적을 사용하는 이론은 예외적이고, 이 경우에는 실수와 복소수의 역할이 본질적이다.

뉴헤이븐, 코네티컷 서지 랭(Serge Lang)

### 감사의 글

교정을 도와준 것과 유익한 제안을 하고 오류를 바로잡아 준 것에 론 인판트(Ron Infante)와 피터 파파스(Peter Pappas)에게 감사한다. 또한, 오류 바로잡아 준 것에 길리 카자드(Gilli Khazad)에게 감사한다.

S.L.

# 차 례


**제 1 장 벡터공간** **1**

1 정의 . . . . . 2

2 기저 . . . . . 10

3 벡터공간의 차원 . . . . . 15

4 합과 직합 . . . . . 19

**제 2 장 행렬** **23**

1 행렬공간 . . . . . 23

2 일차방정식 . . . . . 29

3 행렬의 곱 . . . . . 32

**제 3 장 선형사상** **45**

1 사상 . . . . . 45

2 선형사상 . . . . . 53

3 선형사상의 핵과 상 . . . . . 61

4 선형사상의 합성과 역사상 . . . . . 68

5 기하학적 응용 . . . . . 75

**제 4 장 선형사상과 행렬** **85**

1 행렬에 대응하는 선형사상 . . . . . 85

2 선형사상에 대응하는 행렬 . . . . . 86

3 기저, 행렬, 선형사상 . . . . . 92

**제 5 장 스칼라 내적과 직교성** **101**

1 스칼라 내적 . . . . . 101

2 직교기저, 양의 정부호인 경우 . . . . . 109

3 일차방정식에의 응용, 계수 . . . . . 119

4 겹선형사상과 행렬 . . . . . . . . . . 125
5 일반적인 직교기저 . . . . . . . . . . 129
6 쌍대공간과 스칼라 내적 . . . . . . . . . . 132
7 이차형식 . . . . . . . . . . 138
8 실베스터의 정리 . . . . . . . . . . 141

**제 6 장 행렬식** **147**
1 2차 행렬식 . . . . . . . . . . 147
2 행렬식의 존재 . . . . . . . . . . 150
3 행렬식의 기타 성질 . . . . . . . . . . 158
4 크레이머의 법칙 . . . . . . . . . . 165
5 열연산에 의한 행렬의 삼각화 . . . . . . . . . . 169
6 치환 . . . . . . . . . . 171
7 행렬식의 전개식과 유일성 . . . . . . . . . . 176
8 역행렬 . . . . . . . . . . 182
9 행렬의 계수와 부분행렬식 . . . . . . . . . . 186

**제 7 장 대칭 작용소, 에르미트 작용소, 유니타리 작용소** **189**
1 대칭 작용소 . . . . . . . . . . 189
2 에르미트 작용소 . . . . . . . . . . 193
3 유니타리 작용소 . . . . . . . . . . 198

**제 8 장 고유벡터와 고유치** **203**
1 고유벡터와 고유치 . . . . . . . . . . 203
2 특성다항식 . . . . . . . . . . 209
3 대칭행렬의 고유치와 고유벡터 . . . . . . . . . . 223
4 대칭선형사상의 대각화 . . . . . . . . . . 228
5 에르미트의 경우 . . . . . . . . . . 234
6 유니타리 작용소 . . . . . . . . . . 237

**제 9 장 다항식과 행렬** **241**
1 다항식 . . . . . . . . . . 241
2 행렬과 선형사상의 다항식 . . . . . . . . . . 243

**제 10 장 행렬과 선형사상의 삼각화** **249**
1 삼각화의 존재성 . . . . . . . . . . 249

2 해밀턴-케일리의 정리 . . . . . . . . . . . . . . . . . . . . . . . . . 253
3 유니타리 사상의 대각화 . . . . . . . . . . . . . . . . . . . . . . . . 255

**제 11 장 다항식과 소인수분해** **259**
1 유클리드의 알고리즘 . . . . . . . . . . . . . . . . . . . . . . . . . 259
2 최대공약수 . . . . . . . . . . . . . . . . . . . . . . . . . . . . . . 262
3 인수분해의 유일성 . . . . . . . . . . . . . . . . . . . . . . . . . . 265
4 벡터공간의 분해에 대한 응용 . . . . . . . . . . . . . . . . . . . . . 270
5 슈어의 보조정리 . . . . . . . . . . . . . . . . . . . . . . . . . . . 274
6 조르당의 표준형 . . . . . . . . . . . . . . . . . . . . . . . . . . . 276

**제 12 장 볼록집합** **283**
1 정의 . . . . . . . . . . . . . . . . . . . . . . . . . . . . . . . . . 283
2 분리 초평면 . . . . . . . . . . . . . . . . . . . . . . . . . . . . . 285
3 극점과 받침 초평면 . . . . . . . . . . . . . . . . . . . . . . . . . . 288
4 크라인-밀만의 정리 . . . . . . . . . . . . . . . . . . . . . . . . . . 289

**부록 1** **293**
복소수 . . . . . . . . . . . . . . . . . . . . . . . . . . . . . . . . . 293

**부록 2** **299**
이와사와 분해와 기타 주제 . . . . . . . . . . . . . . . . . . . . . . . 299

**용어대조표 (가나다순)** **311**

**용어대조표 (알파벳순)** **319**

**찾아보기** **327**

# 제1장

# 벡터공간

보통 그러하듯 어떤 대상들의 모임은 **집합**(集合, set)으로, 또 모임의 구성원은 그 집합의 **원소**(元素, element)라 부르기로 한다. 이 책에서 자주 등장할 몇몇 집합을 간결한 기호로 나타내면 실제로 편할 것이다. 예를 들어 모든 실수의 집합은 $\mathbb{R}$로 나타내고, 모든 복소수의 집합은 $\mathbb{C}$로 나타낸다. "$x$는 실수이다"라 하거나 "$x$는 $\mathbb{R}$의 한 원소이다"라 하는 것은 같은 말이다. 모든 실수의 $n$순서쌍의 집합을 $\mathbb{R}^n$으로 표기하기로 한다. 그러면 "$X$는 $\mathbb{R}^n$의 원소이다"와 "$X$는 실수의 $n$순서쌍이다"는 같은 의미이다. 부록에 $\mathbb{C}$의 정의와 성질을 설명해 두었다.

또한 $u$가 집합 $S$의 원소일 때, 이를 종종 $u$는 $S$에 놓여 있다고도 말할 것이며 $u \in S$라고 쓴다. $S$와 $S'$이 집합이고 $S'$의 모든 원소가 $S$의 원소가 될 때, $S'$를 $S$의 **부분집합**(部分集合, subset)이라 한다. 그러므로 실수 집합은 복소수 집합의 부분집합이다. $S'$이 $S$의 부분집합이라는 말은 $S'$이 $S$의 일부라는 말이다. 부분집합의 정의가 $S' = S$일 가능성을 배제하는 것은 아님에 유의하라. $S'$이 $S$의 부분집합이면서 $S' \neq S$일 때, $S'$을 $S$의 **진부분집합**(眞部分集合, proper subset)이라 한다. 그러므로 $\mathbb{C}$는 $\mathbb{C}$의 부분집합인 반면 $\mathbb{R}$은 $\mathbb{C}$의 진부분집합이다. $S'$이 $S$의 부분집합임을 나타낼 때 $S' \subset S$라 쓰고, 또 $S'$이 $S$에 **포함된다**(包含, $S'$ is contained in $S$)라고도 한다.

$S_1, S_2$가 집합일 때, $S_1$과 $S_2$ 모두에 놓여 있는 원소들의 집합을 $S_1$과 $S_2$의 **교집합**(交集合, intersection)이라 하고 $S_1 \cap S_2$로 표기한다. $S_1$과 $S_2$의 **합집합**(合集合, union)은 $S_1 \cup S_2$로 표기하며 $S_1$ 또는 $S_2$에 놓여 있는 원소들의 집합을 가리킨다.

## I, §1. 정의

$K$를 복소수들의 집합 $\mathbb{C}$의 어떤 부분집합이라 하자. 다음 조건을 만족할 때 $K$를 **체**(體, field)라 한다.

(a) $x, y$가 $K$의 원소이면 $x+y$와 $xy$도 또한 $K$의 원소이다.

(b) $x \in K$이면 $-x$도 또한 $K$의 원소이다. 더욱이 $x \neq 0$이면, $x^{-1}$도 $K$의 원소이다.

(c) 0과 1은 $K$의 원소이다.

$\mathbb{R}$와 $\mathbb{C}$ 모두 체가 됨을 알 수 있다.

$\mathbb{Q}$가 유리수들, 즉 적당한 정수 $m, n (n \neq 0)$을 택하여 분수 $m/n$ 꼴로 쓸 수 있는 수들의 집합을 나타낸다 하자. 그러면 $\mathbb{Q}$가 체라는 사실을 쉽게 검증할 수 있다.

모든 정수들의 집합을 $\mathbb{Z}$로 나타내자. 그러면 $\mathbb{Z}$는 위의 조건 (b)를 만족하지 않으므로 체가 되지 못한다. 사실 $n$이 0이 아닌 정수일 때, $n^{-1} = 1/n$은 ($n = 1$ 또는 $n = -1$인 자명한 경우를 제외하고는) 정수가 아니다. 예를 들어 $\frac{1}{2}$은 정수가 아니다.

체의 본질적인 성질은 체가 더하고 곱할 수 있는 원소들로 구성된 집합으로서 덧셈과 곱셈이 통상의 산술법칙을 만족하고 0이 아닌 원소로 나눌 수 있게 되어 있다는 점이다. 더 나아가서 체의 개념을 공리화할 수도 있지만, 가능하면 이를 뒤로 미루어 우선은 추상적인 논의를 피하려 하는데, 이는 어쨌든 독자가 수학을 충분히 공부한 후에는 명료한 것이 될 것이다. 이렇게 일반화시킬 수 있음을 고려하면 우리가 위에서 정의한 체를 (복소)수의 체라 불러야 할 것이다. 그러나 이들을 간단히 체라 부르기로 하겠다.

독자들은 실수체나 복소수체의 어느 한 경우로 국한하여 선형대수를 공부할 수도 있을 것이다. 그래도 여기서는 각 경우를 모두 다루고자 하므로 중립적인 문자 $K$를 택하기로 한다.

$K, L$을 체라 하고 $K$가 $L$에 포함되어 있다고 (즉 $K$가 $L$의 부분집합이라고) 가정하자. 이때 $K$를 $L$의 **부분체**(部分體, subfield)라 한다. 그러므로 이 책에서 다루는 모든 체는 복소수의 부분체이다. 특히 $\mathbb{R}$는 $\mathbb{C}$의 부분체이고 $\mathbb{Q}$는 $\mathbb{R}$의 부분체라 할 수 있다.

$K$를 체라 하자. 어떤 $K$를 지칭하고 있는지 주어진 문맥에서 분명할 때는 $K$의 원소들을 (상술하지 않고) 간단히 **수**(數, number)라 부르고, 그렇지 않으면 **스칼라**(scalar)라 부르기로 한다.

**체 $K$ 위에서 정의된 벡터공간** $V$(벡터空間, vector space $V$ over the field $K$)란, 서로 더하거나 $K$의 원소를 곱할 수 있는 대상들의 집합으로서, $V$의 두 원소의 합이 다시 $V$의 원소가 되고 $V$의 원소에 $K$의 원소를 곱한 것이 다시 $V$의 원소가 되며, 다음의 성질을 만족하는 것이다.

**VS 1.** $V$의 원소 $u, v, w$에 대해

$$(u+v)+w = u+(v+w)$$

가 성립한다.

**VS 2.** $V$에 $O$이라 표기되는 원소가 존재하여, $V$의 모든 원소 $u$에 대해

$$O+u = u+O = u$$

를 만족한다.

**VS 3.** $V$의 각 원소 $u$에 대해

$$u+(-u) = O$$

을 만족하는 원소 $-u$가 $V$에 존재한다.

**VS 4.** $V$의 모든 원소 $u, v$에 대해

$$u+v = v+u$$

가 성립한다.

**VS 5.** $c$가 수일 때, $c(u+v) = cu+cv$가 성립한다.

**VS 6.** $a, b$가 두 수일 때, $(a+b)v = av+bv$가 성립한다.

**VS 7.** $a, b$가 두 수일 때, $(ab)v = a(bv)$가 성립한다.

**VS 8.** $V$의 모든 원소 $u$에 대해 $1 \cdot u = u$가 성립한다. (여기서 1은 수로서 1을 뜻한다.)

이러한 성질들은 벡터나 함수들을 다룰 때 써 왔던 것들로서 좀더 체계적인 학습을 위해 위와 같이 다시 나열해 보았다. 지금부터 이러한 성질에서 쉽게 연역할 수 있는 여러 성질들을 가정하기로 하며 증명은 연습문제로 남긴다.

**보기 1.** $V = K^n$을 $K$의 원소의 $n$순서쌍들의 집합이라 하자.

$$A = (a_1, \ldots, a_n), \qquad B = (b_1, \ldots, b_n)$$

를 $K^n$의 원소라 하자. 이때 $a_1, \ldots, a_n$을 $A$의 **성분**(成分, component) 또는 **좌표**(座標, coordinate)라 부른다. $A$와 $B$의 합을

$$A+B = (a_1+b_1, \ldots, a_n+b_n)$$

으로 정의한다. $c \in K$일 때,

$$cA = (ca_1, \ldots, ca_n)$$

라 정의한다. 그러면 **VS 1**에서 **VS 8**까지의 모든 성질이 만족된다는 것을 쉽게 보일 수 있다. 영원소는 $n$순서쌍

$$O = (0, \dots, 0)$$

으로, 모든 좌표가 0과 같은 것이다.

그러므로 $\mathbb{C}^n$은 $\mathbb{C}$ 위의 벡터공간이고, $\mathbb{Q}^n$은 $\mathbb{Q}$ 위의 벡터공간이다. $\mathbb{R}^n$은 $\mathbb{C}$ 위의 벡터공간이 아니라는 것에 주의하라. 그러므로 벡터공간을 다룰 때는 어떤 체 위에서 벡터공간을 택할 것인지를 항상 명시해야 한다. 이 책에서 $K^n$이라 쓸 때는 언제나 $K$ 위의 벡터공간을 뜻하는 것으로 이해하기로 한다. $K^n$의 원소를 **벡터**(vector)라 부르는데, 임의의 벡터공간의 원소도 또한 벡터라 부르는 것이 관례이다.

만일 $u, v$를 벡터(즉 임의의 벡터공간 $V$의 원소)라 하면 그 합

$$u + (-v)$$

를 보통 $u - v$로 적는다. 또 $(-1)v$ 대신에 $-v$라 적는다.

수의 영은 0으로, 임의의 벡터공간의 성질 **VS 2**를 만족하는 원소를 나타낼 때는 $O$으로 표시한다. 이것도 또한 영(零, zero)이라고 부르는데 그렇게 해도 혼동의 염려는 없겠다. 이 영원소 $O$이 조건 **VS 2**에 의해 유일하게 결정됨을 알 수 있다(연습문제 5 참조).

$V$의 임의의 원소 $v$에 대하여

$$0v = O$$

이 됨을 살펴보자. 이를 보이는 것은 쉬운데, 즉

$$0v + v = 0v + 1v = (0 + 1)v = 1v = v$$

이고, 양변에 $-v$를 더해 주면 $0v = O$임을 보일 수 있다.

유사한 형태의 다른 쉬운 성질들이 앞으로 계속 쓰이게 될텐데 이를 보이는 것은 연습문제로 남긴다. 예를 들면 $(-1)v = -v$임을 증명해 보라.

한 벡터공간에 속하는 여러 개의 원소를 더할 수 있다. 가령 네 개의 원소 $u, v, w, z$을 더하려 한다 하자. 우선 그 중 임의의 두 개를 더하고 다음에 세 번째 원소를 더한 다음 마지막으로 네 번째 원소를 더한다. 규칙 **VS 1**과 **VS 4**를 쓰면 결과는 더하는 순서와 관계가 없다는 것을 알 수 있다. 예를 들어

$$\begin{aligned} ((u + v) + w) + z &= (u + (v + w)) + z \\ &= ((v + w) + u) + z \\ &= (v + w) + (u + z), \end{aligned}$$

등등이 성립한다. 그러므로 보통 괄호를 빼고 간단히

$$u+v+w+z$$

라 쓴다. $V$의 임의의 $n$개의 원소에 대해서도 같은 말을 할 수 있다. 엄밀하게 증명하려면 귀납법을 쓰면 된다.

$V$를 벡터공간이라 하고 $W$를 $V$의 부분집합이라 하자. $W$가 다음 조건을 만족할 때, $W$를 $V$의 **부분공간**(部分空間, subspace)이라 한다:

(i) $v, w$가 $W$의 원소이면 합 $v+w$도 또한 $W$의 원소이다.

(ii) $v$가 $W$의 원소이고 $c$가 수이면 $cv$는 $W$의 원소이다.

(iii) $V$의 원소 $O$은 $W$의 원소이기도 하다.

이 경우 $W$는 그 자신이 하나의 벡터공간이 된다. 실제로 **VS 1**에서 **VS 8**까지의 성질이 $V$의 모든 원소에 대하여 만족되므로 당연히 $W$의 원소에 대해서도 만족된다.

**보기 2.** $V$=$K^n$이라 하고 $W$를 마지막 좌표가 0이 되는 $V$의 모든 원소의 집합이라 하자. 그러면 $W$는 $V$의 부분공간이 되는데 이것을 $K^{(n-1)}$과 동일시할 수 있다.

**일차결합**. $V$를 임의의 벡터공간이라 하고 $v_1, \ldots, v_n$을 $V$의 원소라 하자. $x_1, \ldots, x_n$을 수라 하자. 이때

$$x_1v_1 + \cdots + x_nv_n$$

와 같은 표현을 $v_1, \ldots, v_n$의 **일차결합**(一次結合, linear combination)이라 부른다.

> $W$를 $v_1, \ldots, v_n$의 일차결합 전체의 집합이라 하자. 그러면 $W$는 $V$의 부분공간이다.

**증명**. $y_1, \ldots, y_n$을 수라 하자. 그러면

$$\begin{aligned}(x_1v_1 + \cdots + x_nv_n) + (y_1v_1 + \cdots + y_nv_n)\\ = (x_1+y_1)v_1 + \cdots + (x_n+y_n)v_n\end{aligned}$$

이 성립한다. 그러므로 $W$의 두 원소의 합은 다시 $W$의 원소, 즉 $v_1, \ldots, v_n$의 일차결합이 된다. 더욱이 $c$가 수이면

$$c(x_1v_1 + \cdots + x_nv_n) = cx_1v_1 + \cdots + cx_nv_n$$

은 $v_1, \ldots, v_n$의 일차결합이고, 따라서 $W$의 원소이다. 마지막으로

$$O = 0v_1 + \cdots + 0v_n$$

은 $W$의 원소이다. 이것으로 $W$가 $V$의 부분공간임이 증명되었다. □

위와 같은 부분공간 $W$를 $v_1, \ldots, v_n$으로 **생성**(生成)된(generated by $v_1, \ldots, v_n$) 부분공간이라 부른다. $W = V$, 즉 $V$의 임의의 원소가 $v_1, \ldots, v_n$의 일차결합일 때, $v_1, \ldots, v_n$이 $V$를 **생성**(生成, generate)한다고 한다.

**보기 3.** $V = K^n$이라 하자. $A$=$(a_1, \ldots, a_n)$, $B$=$(b_1, \ldots, b_n)$를 $K^n$의 두 원소라 하자. $A, B$의 **점적**(點積, dot product) 또는 **스칼라 내적**(內積, scalar product)을

$$A \cdot B = a_1b_1 + \cdots + a_nb_n$$

로 정의한다. 그러면 다음 성질이 성립한다는 것을 쉽게 보일 수 있다.

**SP 1.** $A \cdot B = B \cdot A$이다.

**SP 2.** $A, B, C$를 벡터라 하면,

$$A \cdot (B + C) = A \cdot B + A \cdot C = (B + C) \cdot A$$

가 성립한다.

**SP 3.** $x \in K$에 대해,

$$(xA) \cdot B = x(A \cdot B), \quad A \cdot (xB) = x(A \cdot B)$$

가 성립한다.

이제 이 성질들을 증명하자.

첫 번째와 관련하여 임의의 두 수 $a, b$에 대해 $ab = ba$이므로

$$a_1b_1 + \cdots + a_nb_n = b_1a_1 + \cdots + b_na_n$$

가 성립한다. 이것이 첫 번째 성질을 증명한다.

**SP 2**에 대해서는 $C = (c_1, \ldots, c_n)$이라 하자. 그러면

$$B + C = (b_1 + c_1, \ldots, b_n + c_n)$$

이고 따라서

$$\begin{aligned} A \cdot (B + C) &= a_1(b_1 + c_1) + \cdots + a_n(b_n + c_n) \\ &= a_1b_1 + a_1c_1 + \cdots + a_nb_n + a_nc_n \end{aligned}$$

이다. 항의 순서를 바꾸어 쓰면

$$a_1b_1 + \cdots + a_nb_n + a_1c_1 + \cdots + a_nc_n$$

이 되고 이것은 바로 $A \cdot B + A \cdot C$이다. 이것으로 원하는 것이 증명되었다.

**SP 3**의 증명은 연습문제로 남겨 둔다.

어떤 벡터와 그 자신과의 스칼라 내적을 $A \cdot A$ 대신에 $A^2$으로 쓰면 편리하다. (이러한 표기법은 이 경우에 한해서만 쓴다. 그러므로 $A^3$이라는 표현은 무의미하다.) 연습삼아 다음 항등식을 증명해 보라.

$$(A + B)^2 = A^2 + 2A \cdot B + B^2,$$
$$(A - B)^2 = A^2 - 2A \cdot B + B^2.$$

점적 $A \cdot B$는 $A$나 $B$가 영벡터가 아니더라도 0이 될 수도 있다. 예를 들어 $A = (1, 2, 3), B = (2, 1, -\frac{4}{3})$ 라 두자. 그러면 $A \cdot B = 0$ 이다.

두 벡터 $A, B$가 $A \cdot B = 0$을 만족할 때 $A, B$는 **수직**(垂直, perpendicular)이라고 또는 **직교**(直交, orthogonal)한다고 한다. $A$를 $K^n$의 한 벡터라 하자. $W$를 $K^n$에서 $B \cdot A = 0$이 되는, 즉 $A$에 수직인, 모든 원소 $B$의 집합이라 하자. 그러면 $W$는 $K^n$의 부분공간이 된다. 이를 증명하기 위해 우선 $O \cdot A = 0$이므로 $O$이 $W$에 속함에 유의하자. 다음에 $B, C$가 $A$에 수직이라 가정한다. 그러면

$$(B + C) \cdot A = B \cdot A + C \cdot A = 0$$

이 되어 $B + C$가 또한 $A$에 수직하게 된다. 마지막으로 $x$가 수라면

$$(xB) \cdot A = x(B \cdot A) = 0$$

이 되므로 $xB$는 $A$에 수직하다. 그러므로 $W$가 $K^n$의 부분공간임이 증명되었다.

**보기 4 (함수공간).** $S$를 집합이라 하고 $K$를 체라 하자. $S$에서 $K$로 가는 **함수**(函數, function)란 $S$의 각 원소에 $K$의 한 원소를 대응시키는 **대응**(對應, association)이다. 그러므로 $f$가 $S$에서 $K$로 가는 함수이면 이를 기호

$$f : S \to K$$

로 나타낸다. 이때 $f$를 **$K$-값을 가지는**($K$-valued) 함수라고도 말한다. $V$를 $S$에서 $K$로 가는 함수 전체의 집합이라 하자. $f, g$가 그러한 함수이면 이들의 합 $f + g$를 생각할 수 있다. 여기서 합이란 $S$의 원소 $x$에서의 값이 $f(x) + g(x)$로 주어지는 함수이다. 이를

$$(f + g)(x) = f(x) + g(x)$$

라 쓴다. $c \in K$이면 $cf$를

$$(cf)(x) = cf(x)$$

인 함수로 정의한다. 그러므로 $cf$의 $x$에서의 값은 $cf(x)$이다. 이제 $V$가 $K$ 위의 벡터공간임을 보이는 것은 아주 쉬운 일이므로 독자에게 맡긴다. 여기서는 단지 $V$

의 영원소는 영함수, 즉 모든 $x \in S$에 대해 $f(x) = 0$인 함수 $f$라는 것만 얘기하고 지나가겠다. 앞으로 영함수를 0으로 나타내기로 한다.

$V$를 $\mathbb{R}$에서 $\mathbb{R}$로 가는 모든 함수들의 집합이라 하면 $V$는 $\mathbb{R}$ 위의 벡터공간이다. $W$를 연속함수들로 이루어진 부분집합이라 하자. $f, g$가 연속인 두 함수이면 $f+g$는 연속이다. 또 $c$가 실수이면 $cf$도 연속이다. 영함수도 연속이므로 $W$는 $\mathbb{R}$에서 $\mathbb{R}$로 가는 모든 함수로 이루어진 벡터공간의 한 부분공간이 된다.

$U$를 $\mathbb{R}$에서 $\mathbb{R}$로 가는 모든 미분가능한 함수들의 집합이라 하자. $f, g$가 미분가능한 두 함수이면 $f+g$는 미분가능하다. 또 $c$가 실수이면 $cf$는 미분가능하며, 영함수도 미분가능하다. 그러므로 $U$는 $V$의 부분공간이다. 더욱이 모든 미분가능 함수는 연속이므로, $U$는 $W$의 부분공간이 된다.

$V$를 다시 $\mathbb{R}$에서 $\mathbb{R}$로 가는 모든 함수들로 구성된 ($\mathbb{R}$ 위의) 벡터공간이라 하자. 두 함수 $e^t, e^{2t}$(엄밀히 말하면, 두 함수 $f(t) = e^t$과 $g(t) = e^{2t}$, $t \in \mathbb{R}$)를 생각하자. 이 두 함수는 모든 미분가능 함수로 이루어진 벡터공간의 한 부분공간을 생성한다. 함수 $3e^t + 2e^{2t}$은 이 부분공간의 원소이고, $2e^t + \pi e^{2t}$도 마찬가지이다.

**보기 5.** $U, W$를 $V$의 부분공간이라 하자. $U$와 $W$의 교집합 즉 $U$와 $W$의 양쪽 모두에 속하는 원소의 집합을 $U \cap W$로 나타낸다. 그러면 $U \cap W$는 부분공간이 된다. 예를 들어 $U, W$가 3차원 공간에서 원점을 지나는 두 개의 평면이라 할 때 그림 1에서 보는 바와 같이 일반적으로 이들의 교집합은 원점을 지나는 직선이 될 것이다.

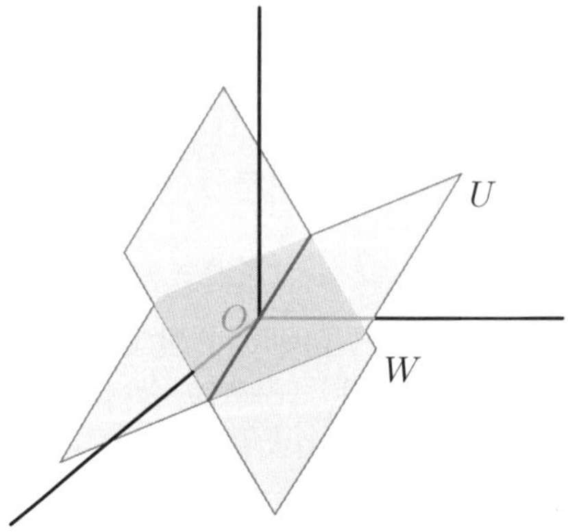


그림 1

**보기 6.** $U, W$를 어떤 벡터공간 $V$의 부분공간이라 하자.

$$U + W$$

는 $u \in U$ 이고 $w \in W$ 인 모든 원소 $u + w$ 로 구성된 집합을 나타낸다. 이때 $U + W$ 가 $V$ 의 부분공간이라는 것을 증명하는 일은 독자에게 남겨두기로 한다. 이 부분공간을 $U$ 와 $W$ 에 의해서 **생성**되었다(generated by $U$ and $V$)고 하고 $U$ 와 $W$ 의 **합**(合, sum)이라 부른다.

## I, §1. 연습문제

1. $V$ 를 벡터공간이라 하자. 성질 **VS 1**에서 **VS 8**까지를 이용하여 $c$ 가 수이면 $cO = O$ 임을 보여라.
2. $c$ 를 0이 아닌 수라 하고, $v$ 를 $V$ 의 원소라 하자. $cv = O$ 이면 $v = O$ 임을 보여라.
3. 함수들로 이루어진 벡터공간에서 조건 **VS 2**를 만족하는 함수는 무엇인가?
4. $V$ 를 벡터공간이라 하고 $v, w$ 를 $V$ 의 두 원소라 하자. $v + w = O$ 이면 $w = -v$ 임을 보여라.
5. $V$ 를 벡터공간이라 하고, $v, w$ 를 $v + w = v$ 인 $V$ 의 두 원소라 하자. $w = O$ 임을 보여라.
6. $A_1, A_2$ 를 $\mathbb{R}^n$ 의 두 벡터라 하자. $A_1$ 과 $A_2$ 모두에 수직인 $\mathbb{R}^n$ 의 벡터 $B$ 전체로 구성된 집합은 부분공간이 됨을 보여라.
7. 문제 6을 일반화하여 다음을 보여라. $A_1, \ldots, A_r$ 을 $\mathbb{R}^n$ 의 벡터라 하자. $W$ 를 $\mathbb{R}^n$ 에서 모든 $i = 1, \ldots, r$ 에 대하여 $B \cdot A_i$=0이 되는 벡터 $B$ 전체의 집합이라 하자. $W$ 가 $\mathbb{R}^n$ 의 부분공간임을 보여라.
8. $\mathbb{R}^2$ 에서 다음 집합들은 부분공간이 됨을 보여라.
   (a) $x = y$ 인 모든 $(x, y)$ 의 집합.
   (b) $x - y = 0$ 인 모든 $(x, y)$ 의 집합.
   (c) $x + 4y = 0$ 인 모든 $(x, y)$ 의 집합.
9. $\mathbb{R}^3$ 에서 다음 집합들은 부분공간이 됨을 보여라.
   (a) $x + y + z = 0$ 인 모든 $(x, y, z)$ 의 집합.
   (b) $x = y$ 이고 $2y = z$ 인 모든 $(x, y, z)$ 의 집합.
   (c) $x + y = 3z$ 인 모든 $(x, y, z)$ 의 집합.
10. $U, W$ 가 벡터공간 $V$ 의 부분공간일 때, $U \cap W$ 와 $U + W$ 가 부분공간임을 보여라.
11. $K$ 를 체 $L$ 의 부분체라 하자. $L$ 이 $K$ 위의 벡터공간이 됨을 보여라. 특히 $\mathbb{C}$ 와 $\mathbb{R}$ 는 $\mathbb{Q}$ 위에서 벡터공간이 된다.
12. $K$ 를 어떤 유리수 $a, b$ 에 대해 $a + b\sqrt{2}$ 로 쓸 수 있는 수 전체의 집합이라 하자. $K$ 가 체임을 보여라.

13. $K$를 어떤 유리수 $a, b$에 대해 $a+bi$로 쓸 수 있는 수 전체의 집합이라 하자. $K$가 체임을 보여라.

14. $c$를 0보다 큰 유리수라 하고, $\gamma$를 $\gamma^2 = c$인 실수라 하자. 어떤 유리수 $a, b$에 대해 $a+b\gamma$로 쓸 수 있는 수 전체의 집합은 체가 됨을 보여라.

## I, §2. 기저

$V$를 $K$ 위의 벡터공간이라 하고 $v_1, \ldots, v_n$을 $V$의 원소라 하자. 적어도 하나는 0이 아닌 $K$의 원소 $a_1, \ldots, a_n$이 존재하여

$$a_1v_1 + \cdots + a_nv_n = O$$

을 만족할 때 $v_1, \ldots, v_n$이 $K$ 위에서 **일차종속**(一次從屬, linearly dependent)이라 한다. 그러한 수가 존재하지 않을 때는 $v_1, \ldots, v_n$이 **일차독립**(一次獨立, linearly independent)이라 한다. 다른 말로 하면 $v_1, \ldots, v_n$이 일차독립일 필요충분조건은 다음을 만족하는 것이다.

$a_1, \ldots, a_n$을

$$a_1v_1 + \cdots + a_nv_n = O$$

을 만족하는 $K$의 원소라 하면, 모든 $i = 1, \ldots, n$에 대해 $a_i = 0$이다.

**보기 1.** $V = K^n$이라 하고 벡터

$$E_1 = (1, 0, \ldots, 0)$$
$$\vdots$$
$$E_n = (0, 0, \ldots, 1)$$

을 생각하자. 그러면 $E_1, \ldots, E_n$은 일차독립이다. 실제로 $a_1, \ldots, a_n$을

$$a_1E_1 + \cdots + a_nE_n = O$$

이 되는 $K$의 원소라 하자. 그러면

$$a_1E_1 + \cdots + a_nE_n = (a_1, \ldots, a_n)$$

이므로 모든 $a_i$는 0이다.

**보기 2.** $V$를 변수가 $t$인 함수들로 이루어진 벡터공간이라 하자. $f_1, \ldots, f_n$을 $n$개의 함수라 하자. 이들이 일차종속이라는 것은 적어도 하나는 0이 아닌 $n$개의 수 $a_1, \ldots, a_n$

이 있어서

$$a_1f_1(t)+\cdots+a_nf_n(t)=0$$

이 모든 $t$에 대해 성립한다는 것을 의미한다.

두 함수 $e^t, e^{2t}$는 일차독립이다. 이를 보이기 위해 (모든 $t$에 대해)

$$ae^t+be^{2t}=0$$

을 만족하는 수 $a, b$가 있다 하자. 이 관계식을 미분하여

$$ae^t+2be^{2t}=0$$

을 얻을 수 있다. 이 식에서 처음 식을 빼면 $be^{2t}=0$이므로, $b=0$이다. 따라서 $ae^t=0$이고, $a=0$이다. 그러므로 $e^t, e^{2t}$는 일차독립이다.

$V$의 원소 $v_1,\ldots,v_n$이 $V$를 생성하고 또 이들이 일차독립일 때 $\{v_1,\ldots,v_n\}$을 $V$의 **기저**(基底, basis)라 부른다. 이때 원소 $v_1,\ldots,v_n$이 $V$의 기저를 **이룬다**(constitute a basis) 혹은 기저를 **형성한다**(form a basis)고 말한다.

보기 1의 벡터 $E_1,\ldots,E_n$은 $K^n$의 기저를 형성한다.

$W$를 두 함수 $e^t, e^{2t}$로 생성된 벡터공간이라 하자. 그러면 $\{e^t, e^{2t}\}$는 $W$의 기저이다.

이제 어떤 기저에 대한 원소 $v\in V$의 **좌표**(座標, coordinate)를 정의하려고 한다. 이 정의는 다음 사실에 근거를 둔다.

**정리 2.1.** $V$를 벡터공간이라 하자. $v_1,\ldots,v_n$을 $V$의 일차독립인 원소라 하자. $x_1,\ldots,x_n$과 $y_1,\ldots,y_n$을 수라 하고,

$$x_1v_1+\cdots+x_nv_n=y_1v_1+\cdots+y_nv_n$$

을 만족한다 하자. 그러면 모든 $i=1,\ldots,n$에 대해 $x_i=y_i$이다.

**증명.** 좌변에서 우변을 빼면

$$x_1v_1-y_1v_1+\cdots+x_nv_n-y_nv_n=O$$

이고, 이 관계식은 또한 다음과 같이 쓸 수 있다.

$$(x_1-y_1)v_1+\cdots+(x_n-y_n)v_n=O.$$

그러므로 일차독립의 정의에 의하여 모든 $i=1,\ldots,n$에 대해 $x_i-y_i$=0이 되어야 한다. 이것으로 정리가 증명되었다. □

$V$를 벡터공간이라 하고 $\{v_1,\ldots,v_n\}$을 $V$의 기저라 하자. 이때 $V$의 각 원소를 이

기저에 대해 다음과 같이 $n$순서쌍으로 표현할 수 있다. $v$가 $V$의 원소로서 일차결합

$$v = x_1v_1 + \cdots + x_nv_n$$

이면, $n$순서쌍 $(x_1, \ldots, x_n)$은 $v$에 의해 유일하게 결정된다. 이 $n$순서쌍 $(x_1, \ldots, x_n)$을 위의 기저에 대한 $v$의 **좌표**(座標, coordinate)라 부르고 $x_i$를 $i$번째 좌표라 한다. $K^n$의 통상의 기저 $E_1, \ldots, E_n$에 대한 좌표는 $n$순서쌍 $X$의 좌표와 같다. $n$순서쌍 $X = (x_1, \ldots, x_n)$을 기저 $\{v_1, \ldots, v_n\}$에 대한 $v$의 **좌표벡터**(座標벡터, coordinate vector)라 부른다.

**보기 3.** $V$를 두 함수 $e^t, e^{2t}$로 생성되는 함수들의 벡터공간이라 하자. 이때 함수

$$3e^t + 5e^{2t}$$

의 기저 $\{e^t, e^{2t}\}$에 대한 좌표는 $(3, 5)$이다.

**보기 4.** 벡터 $(1, 1)$과 $(-3, 2)$가 일차독립임을 보여라.

$a, b$를

$$a(1, 1) + b(-3, 2) = O$$

을 만족하는 수라 가정하자. 이 방정식을 좌표로 쓰면

$$a - 3b = 0, \qquad a + 2b = 0$$

이다. 이 연립방정식을 $a$와 $b$에 대해 풀자. 첫 번째 식에서 두 번째 식을 빼면 $-5b = 0$이 되고 따라서 $b = 0$이다. 이것을 위의 식에 대입하면 $a$=0이다. 그러므로 $a, b$ 모두 0이 되어, 주어진 벡터가 일차독립임이 증명된다.

**보기 5.** 기저를 형성하는 두 벡터 $(1, 1), (-1, 2)$에 대한 $(1, 0)$의 좌표를 구하라.

실수 $a, b$로서

$$a(1, 1) + b(-1, 2) = (1, 0)$$

을 만족하는 것을 구해야 한다. 이 방정식을 좌표로 풀어 쓰면

$$a - b = 1, \qquad a + 2b = 0$$

이다. 일반적인 방법으로 $a, b$에 대해 풀면 $b = -\frac{1}{3}$과 $a = \frac{2}{3}$를 얻는다. 그러므로 $(1, 1), (-1, 2)$에 대한 $(1, 0)$의 좌표는 $(\frac{2}{3}, -\frac{1}{3})$이다.

**보기 6.** 벡터 $(1, 1)$과 $(-1, 2)$가 $\mathbb{R}^2$의 기저를 형성함을 보여라.

주어진 두 벡터가 일차독립이고 또 $\mathbb{R}^2$를 생성한다는 것을 보여야 한다. 일차독립인 것을 증명하기 위하여 $a, b$가

$$a(1,1) + b(-1,2) = (0,0)$$

을 만족하는 수라 가정하자. 그러면

$$a - b = 0, \qquad a + 2b = 0$$

이다. 두 번째 식에서 첫 번째 식을 빼면 $3b = 0$이 되고 따라서 $b = 0$이다. 그런데 첫 번째 식에서 $a = 0$이 되므로 주어진 벡터가 일차독립임이 증명된다. 다음으로 $(a, b)$를 $\mathbb{R}^2$의 임의의 원소라 하자. 이때

$$x(1,1) + y(-1,2) = (a,b)$$

를 만족하는 수 $x, y$가 존재함을 보여야 한다. 달리 말하면 연립방정식

$$\begin{aligned} x \quad - \quad y \quad &= a \\ x \quad + \quad 2y \quad &= b \end{aligned}$$

를 풀어야 한다. 다시 두 번째 식에서 첫 번째 식을 빼면

$$3y = b - a$$

이므로

$$y = \frac{b-a}{3}$$

이고 따라서

$$x = y + a = \frac{b-a}{3} + a$$

이다. 이것으로 증명이 끝났다. 정의에 따라 $(x, y)$는 기저 $\{(1,1), (-1,2)\}$에 대한 $(a, b)$의 좌표이다.

$\{v_1, \ldots, v_n\}$을 벡터공간 $V$의 원소들의 집합이라 하자. $r$를 $n$보다 작거나 같은 양의 정수라 하자. $v_1, \ldots, v_r$가 일차독립이고 또 $i > r$인 임의의 $v_i$에 대해 $v_1, \ldots, v_r, v_i$가 일차종속일 때, $\{v_1, \ldots, v_r\}$를 일차독립인 원소의 **극대부분집합**(極大部分集合, maximal subset of linearly independent elements)이라 부르기로 한다.

다음 정리는 벡터공간의 원소들의 집합이 언제 기저가 되는지를 결정하는 유용한 판단 기준을 제공한다.

**정리 2.2.** $\{v_1, \ldots, v_n\}$을 벡터공간 $V$의 생성원의 집합이라 하자. 집합 $\{v_1, \ldots, v_r\}$를 일차독립인 원소의 극대부분집합이라 하자. 그러면 $\{v_1, \ldots, v_r\}$는 $V$의 기저가 된다.

**증명.** $v_1, \dots, v_r$가 $V$를 생성한다는 것을 증명해야 한다. 우선 각 $v_i (i > r)$가 $v_1, \dots, v_r$의 일차결합임을 증명하자. 가정에 의하여 주어진 $v_i$에 대해 적어도 하나는 0이 아닌 수 $x_1, \dots, x_r, y$가 존재하여

$$x_1 v_1 + \cdots + x_r v_r + y v_i = O$$

을 만족한다. 더욱이 $y = 0$이면 $v_1, \dots, v_r$에 대한 일차종속 관계가 성립하므로 $y \neq 0$이다. 그러므로 $v_i$에 대해 풀어, 즉

$$v_i = \frac{x_1}{-y} v_1 + \cdots + \frac{x_r}{-y} v_r$$

라 놓으면 $v_i$는 $v_1, \dots, v_r$의 일차결합임을 알 수 있다.

다음으로 $v$를 $V$의 임의의 원소라 두자. 그러면 어떤 수 $c_1, \dots, c_n$이 존재하여

$$v = c_1 v_1 + \cdots + c_n v_n$$

을 만족한다. 이 관계에서 각 $v_i$ $(i > r)$를 $v_1, \dots, v_r$의 일차결합으로 바꾸어 대입할 수 있다. 그런 다음 적절히 항을 묶으면 $v$는 $v_1, \dots, v_r$의 일차결합으로 표현된다. 이것으로 $v_1, \dots, v_r$가 $V$를 생성하고 따라서 기저를 형성한다는 것이 증명되었다. □

## I, §2. 연습문제

1. 다음 벡터들이 ($\mathbb{C}$ 또는 $\mathbb{R}$ 위에서) 일차독립임을 보여라.

   (a) $(1, 1, 1)$, $(0, 1, -2)$
   (b) $(1, 0)$, $(1, 1)$
   (c) $(-1, 1, 0)$, $(0, 1, 2)$
   (d) $(2, -1)$, $(1, 0)$
   (e) $(\pi, 0)$, $(0, 1)$
   (f) $(1, 2)$, $(1, 3)$
   (g) $(1, 1, 0)$, $(1, 1, 1)$, $(0, 1, -1)$
   (h) $(0, 1, 1)$, $(0, 2, 1)$, $(1, 5, 3)$

2. 주어진 벡터 $X$를 주어진 벡터 $A, B$의 일차결합으로 나타내고, $X$의 $A, B$에 대한 좌표를 구하라.

   (a) $X = (1, 0)$, $A = (1, 1)$, $B = (0, 1)$
   (b) $X = (2, 1)$, $A = (1, -1)$, $B = (1, 1)$
   (c) $X = (1, 1)$, $A = (2, 1)$, $B = (-1, 0)$
   (d) $X = (4, 3)$, $A = (2, 1)$, $B = (-1, 0)$

3. 벡터 $A, B, C$에 대한 벡터 $X$의 좌표를 구하라.

   (a) $X = (1, 0, 0)$, $A = (1, 1, 1)$, $B = (-1, 1, 0)$, $C = (1, 0, -1)$

(b) $X = (1,1,1)$, $A = (0,1,-1)$, $B = (1,1,0)$, $C = (1,0,2)$

(c) $X = (0,0,1)$, $A = (1,1,1)$, $B = (-1,1,0)$, $C = (1,0,-1)$

4. $(a,b), (c,d)$를 평면의 두 벡터라 하자. $ad - bc = 0$이면 이들이 일차종속임을 보여라. $ad - bc \neq 0$이면 이들이 일차독립임을 보여라.

5. $t$를 변수로 하는 함수 전체로 구성된 벡터공간을 생각하자. 다음 함수의 쌍이 일차독립임을 보여라.

(a) $1, t$ (b) $t, t^2$ (c) $t, t^4$ (d) $e^t, t$ (e) $te^t, e^{2t}$

(f) $\sin t, \cos t$ (g) $t, \sin t$ (h) $\sin t, \sin 2t$ (i) $\cos t, \cos 3t$

6. $t > 0$에 대해 정의된 함수 전체로 구성된 벡터공간을 생각하자. 다음 함수의 쌍이 일차독립임을 보여라.

(a) $t, 1/t$ (b) $e^t, \log t$

7. 기저 $\{\sin t, \cos t\}$에 대한 함수 $3\sin t + 5\cos t = f(t)$의 좌표는 무엇인가?

8. $D$를 미분작용소 $d/dt$라 하자. $f(t)$를 문제 7에서와 같은 함수라 하자. 문제 7의 기저에 대한 함수 $Df(t)$의 좌표는 무엇인가?

9. $A_1, \ldots, A_r$를 $\mathbb{R}^n$의 벡터라 하고, 이들이 서로 수직(즉 임의의 두 벡터가 수직)이라 하고, 어느 벡터도 $O$이 아니라 가정하자. 이들 벡터가 일차독립임을 증명하라.

10. $v, w$를 어떤 벡터공간의 원소라 하고 $v \neq O$라 가정하자. $v, w$가 일차종속이면, $w = av$가 되는 어떤 수 $a$가 존재함을 보여라.

## I, §3. 벡터공간의 차원

이 절의 주요 결과는 한 벡터공간의 임의의 두 기저는 같은 수의 원소를 갖는다는 것이다. 이를 증명하기 위해 우선 다음 결과를 먼저 보이자.

**정리 3.1.** $V$를 체 $K$ 위의 벡터공간이라 하자. $\{v_1, \ldots, v_m\}$을 $K$ 위의 $V$의 기저라 하자. $w_1, \ldots, w_n$이 $V$의 원소이고 $n > m$이면 $w_1, \ldots, w_n$은 일차종속이다.

**증명.** $w_1, \ldots, w_n$이 일차독립이라 가정하자. $\{v_1, \ldots, v_m\}$이 $V$의 기저이므로, $K$의 원소 $a_1, \ldots, a_m$이 존재하여

$$w_1 = a_1 v_1 + \cdots + a_m v_m$$

을 만족한다. 가정에 의해 $w_1 \neq O$이므로 $a_i$들 중 0이 아닌 것이 있다. 필요하면 $v_1, \ldots, v_m$의 번호를 다시 붙여, 일반성을 잃지 않고 $a_1 \neq 0$이라 할 수 있다. 그러면

$v_1$에 대하여 풀어서

$$a_1 v_1 = w_1 - a_2 v_2 - \cdots - a_m v_m,$$
$$v_1 = a_1^{-1} w_1 - a_1^{-1} a_2 v_2 - \cdots - a_1^{-1} a_m v_m$$

을 얻을 수 있다. $w_1, v_2, \ldots, v_m$으로 생성된 $V$의 부분공간은 $v_1$을 포함하고, $v_1, v_2, \ldots, v_m$이 $V$를 생성하므로, $w_1, v_2, \ldots, v_m$으로 생성된 $V$의 부분공간은 $V$ 자신이 된다. 이러한 논의를 한 단계씩 계속하여 $v_2, v_3, \ldots$을 $w_2, w_3, \ldots$로 차례대로 바꾸어 가면, 결국에는 $v_1, \ldots, v_m$은 모두 없어지고 $w_1, \ldots, w_m$이 $V$를 생성한다고 할 수 있다. 이를 귀납법으로 보이기 위해, $1 \leqq r < m$인 정수 $r$가 있어서, $v_1, \ldots, v_m$의 번호를 적당히 다시 붙여, $w_1, \ldots, w_r, v_{r+1}, \ldots, v_m$이 $V$를 생성한다 하자. 그러면 $K$에 원소

$$b_1, \ldots, b_r, c_{r+1}, \ldots, c_m$$

이 있어서

$$w_{r+1} = b_1 w_1 + \cdots + b_r w_r + c_{r+1} v_{r+1} + \cdots + c_m v_m$$

이라 쓸 수 있다. 모든 $j = r+1, \ldots, m$에 대해 $c_j = 0$이면 $w_1, \ldots, w_{r+1}$ 사이에 일차종속 관계가 성립하므로 가정에 모순이 된다. 그러므로 필요하면 $v_{r+1}, \ldots, v_m$의 번호를 다시 붙여 $c_{r+1} \neq 0$이라 해도 일반성을 잃지 않는다. 그러면

$$c_{r+1} v_{r+1} = w_{r+1} - b_1 w_1 - \cdots - b_r w_r - c_{r+2} v_{r+2} - \cdots - c_m v_m$$

이 성립한다. $c_{r+1}$로 나누어, $v_{r+1}$이 $w_1, \ldots, w_{r+1}, v_{r+2}, \ldots, v_m$으로 생성된 부분공간에 속한다고 할 수 있다. 귀납적 가정에 의하여 $w_1, \ldots, w_{r+1}, v_{r+2}, \ldots, v_m$은 $V$를 생성한다. 그러므로 귀납법에 의해 $w_1, \ldots, w_m$이 $V$를 생성함이 증명되었다. 만일 $n > m$이면 $K$의 원소

$$d_1, \ldots, d_m \in K$$

가 있어서

$$w_n = d_1 w_1 + \cdots + d_m w_m$$

이라 둘 수 있으므로, $w_1, \ldots, w_n$은 일차종속이다. 이것으로 정리가 증명되었다. □

**정리 3.2.** $V$는 벡터공간이고, $V$의 한 기저가 $n$개의 원소를 가지며 다른 한 기저는 $m$개의 원소를 가진다 하자. 그러면 $m = n$이다.

**증명.** 정리 3.1을 두 기저에 적용한다. 정리 3.1에 의하여 부등식 $n > m$과 $m > n$은 어느 쪽도 성립할 수 없다. 따라서 $m = n$이다. □

$V$를 $n$개의 원소로 된 기저를 가지는 벡터공간이라 하자. 이 $n$을 $V$의 **차원**(次元, dimension)이라 부른다. $V$가 $O$으로만 구성되어 있을 때에는 $V$는 기저를 갖지 않으므로 $V$의 차원은 0이라 한다.

**보기 1.** 벡터공간 $\mathbb{R}^n$은 $\mathbb{R}$ 위에서 차원이 $n$이고, 벡터공간 $\mathbb{C}^n$은 $\mathbb{C}$ 위에서 차원이 $n$이다. 일반적으로 임의의 체 $K$에 대해 벡터공간 $K^n$은 $K$ 위에서 차원이 $n$이다. 실제로, $n$개의 벡터

$$(1, 0, \ldots, 0), \quad (0, 1, \ldots, 0), \quad \ldots, \quad (0, 0, \ldots, 1)$$

은 $K$ 위에서 $K^n$의 기저를 형성한다.

$K$ 위의 벡터공간 $V$의 차원을 $\dim_K V$ 또는 간단히 $\dim V$로 나타낸다.

유한개의 원소로 이루어진 기저를 가지는 벡터공간이나 영벡터공간을 **유한차원**(有限次元, finite dimensional) 벡터공간이라 하고 그렇지 않은 경우를 **무한차원**(無限次元, infinite dimensional) 벡터공간이라 한다. 무한개의 원소로 이루어진 기저에 대해 정의를 내릴 수 있는데, 관심 있는 독자는 좀더 수준이 높은 서적을 참고하기 바란다. 이 책에서는 앞으로 벡터공간의 차원에 대하여 얘기할 때는 유한차원인 것으로 **가정**한다.

**보기 2.** $K$를 체라 하자. $K$는 자기 자신 위에서 벡터공간이 되고, 그 차원은 1이다. 실제로 $K$의 원소 1이 $K$ 위에서 $K$의 기저를 형성한다. 왜냐하면 임의의 원소 $x \in K$는 $x = x \cdot 1$로 유일하게 표현되기 때문이다.

**보기 3.** $V$를 벡터공간이라 하자. 차원이 1인 부분공간을 $V$에 있는 **직선**(直線, line)이라 한다. 차원이 2인 부분공간을 $V$에 있는 **평면**(平面, plane)이라 한다.

이제 벡터공간의 원소들의 집합이 언제 기저를 이루는지를 알려주는 방법들을 살펴보자.

$v_1, \ldots, v_n$을 벡터공간 $V$의 일차독립인 원소라 하자. $V$의 임의의 원소 $w$에 대하여 $w, v_1, \ldots, v_n$이 일차종속이라면 $v_1, \ldots, v_n$은 $V$의 **일차독립인 원소의 극대집합**(極大集合, maximal set of linearly independent elements)을 이룬다고 말한다.

**정리 3.3.** $V$를 벡터공간이라 하고 $\{v_1, \ldots, v_n\}$이 $V$의 일차독립인 원소의 극대집합이라 하자. 그러면 $\{v_1, \ldots, v_n\}$은 $V$의 기저가 된다.

**증명.** $v_1, \ldots, v_n$이 $V$를 생성한다는 것, 즉 $V$의 임의의 원소를 $v_1, \ldots, v_n$의 일차결합으로 나타낼 수 있음을 증명해야 한다. $w$를 $V$의 원소라 하자. 가정에 의하여 $V$의 원소 $w, v_1, \ldots, v_n$은 일차종속이므로 모두가 0은 아닌 수 $x_0, x_1, \ldots, x_n$이 존재하여

$$x_0 w + x_1 v_1 + \cdots + x_n v_n = O$$

을 만족한다. 만일 $x_0 = 0$이면 $v_1, \ldots, v_n$ 사이에 일차종속 관계가 성립하게 되므로 $x_0 \neq 0$이다. 그러므로 $w$에 대해 풀어

$$w = -\frac{x_1}{x_0}v_1 - \cdots - \frac{x_n}{x_0}v_n$$

을 얻을 수 있다. 이는 $w$가 $v_1, \ldots, v_n$의 일차결합으로 나타낼 수 있음을 보이는 것이므로, 따라서 $\{v_1, \ldots, v_n\}$이 기저를 이룬다는 사실이 증명되었다. □

**정리 3.4.** $V$를 $n$차원의 벡터공간이라 하고 $v_1, \ldots, v_n$을 $V$의 일차독립인 원소라 하자. 그러면 $v_1, \ldots, v_n$은 $V$의 기저를 이룬다.

**증명.** 정리 3.1에 의하여 $\{v_1, \ldots, v_n\}$은 $V$의 일차독립인 원소의 극대집합을 이룬다. 따라서 정리 3.3에 의해서 이것은 $V$의 기저이다. □

**따름정리 3.5.** $V$가 벡터공간이고 $W$는 부분공간이다. 이때 $\dim W = \dim V$이면 $V = W$이다.

**증명.** 정리 3.4에 의해 $W$의 기저는 또한 $V$의 기저가 되어야 한다. □

**따름정리 3.6.** $V$를 $n$차원 벡터공간이라 하자. $r$를 $r < n$인 양의 정수라 하고 $v_1, \ldots, v_r$를 $V$의 일차독립인 원소라 하자. 그러면

$$\{v_1, \ldots, v_n\}$$

이 $V$의 기저가 되게 하는 원소 $v_{r+1}, \ldots, v_n$이 존재한다.

**증명.** $r < n$이므로 $\{v_1, \ldots, v_r\}$는 $V$의 기저를 형성할 수 없고 따라서 $V$의 일차독립인 원소의 극대집합이 될 수 없다. 특히

$$v_1, \ldots, v_{r+1}$$

이 일차독립이 되는 $v_{r+1}$이 $V$에 존재한다. 만일 $r + 1 < n$이면 위 논법을 반복한다. 이렇게 하여 $n$개의 일차독립인 원소들의 집합 $\{v_1, \ldots, v_n\}$을 얻을 때까지(귀납법에 의하여) 한 단계씩 진행할 수 있다. 이들은 정리 3.4에 의하여 기저가 되어야 하고, 따라서 따름정리는 이것으로 증명되었다. □

**정리 3.7.** $V$를 $n$개의 원소로 된 기저를 갖는 벡터공간이라 하자. $W$를 $V$의 부분공간으로서 $O$ 이외의 원소도 갖는다 하자. 그러면 $W$는 기저를 가지며 $W$의 차원은 $\leqq n$이다.

**증명.** $w_1$을 $W$의 $O$이 아닌 원소라 하자. $\{w_1\}$이 $W$의 일차독립인 원소의 극대집합이 아니라면 $W$의 원소 $w_2$로서 $w_1, w_2$가 일차독립이 되는 것을 찾을 수 있다. 한 번에 한 원소씩 이 방법을 계속해 나아가면 $w_1, w_2, w_3, \ldots, w_m$이 $W$의 일차독립인 원소이고 또

$$\{w_1, \ldots, w_m\}$$

이 $W$의 일차독립인 원소의 극대집합이 되는 어떤 정수 $m \leqq n$이 존재한다(정리 3.1에 의하여 $W$속에서 일차독립인 원소를 한없이 찾아 낼 수는 없으며, 그와 같은 원소의 개수는 많아야 $n$이다). 이제 정리 3.3을 써서 $\{w_1, \ldots, w_m\}$이 $W$의 기저라고 결론지을 수 있다. □

## I, §4. 합과 직합

$V$를 체 $K$ 위의 벡터공간이라 하자. $U, W$를 $V$의 부분공간이라 하자. $U$와 $W$의 **합**(合, sum)을 $u \in U$와 $w \in W$에 대한 모든 합 $u + w$으로 이루어진 집합으로 정의한다. 이 합을 $U + W$라 쓰는데, 이것은 $V$의 부분공간이 된다. 실제로, $u_1, u_2 \in U$이고 $w_1, w_2 \in W$이면

$$(u_1 + w_1) + (u_2 + w_2) = u_1 + u_2 + w_1 + w_2 \in U + W$$

이고, $c \in K$이면

$$c(u_1 + w_1) = cu_1 + cw_1 \in U + W$$

이다. 마지막으로 $O + O \in U + W$이다. 이것이 $U + W$가 부분공간임을 증명한다.

$V$의 모든 원소 $v$에 대해 **유일한** 원소 $u \in U$와 $w \in W$가 있어서 $v = u + w$로 쓸 수 있으면, $V$를 $U$와 $W$의 **직합**(直合, direct sum)이라 한다.

**정리 4.1.** $V$를 체 $K$ 위의 벡터공간이라 하고, $U, W$를 $V$의 부분공간이라 하자. 만일 $U + W = V$이고 $U \cap W = \{O\}$이면 $V$는 $U$와 $W$의 직합이다.

**증명.** 각 $v \in V$에 대해, 첫 번째 가정에 의해, 원소 $u \in U$와 $w \in W$가 존재하여 $v = u + w$라 쓸 수 있다. 따라서 $V$는 $U$와 $W$의 합이다. 이것이 직합임을 보이기 위해서는 이 $u, w$가 유일하게 결정됨을 보여야 한다. $u' \in U$와 $w' \in W$가 존재하여 $v = u' + w'$라 쓸 수 있다고 가정하자. 그러면

$$u + w = u' + w'$$

이다. 그러므로

$$u - u' = w' - w$$

가 된다. 그런데 $u - u' \in U$이고 $w' - w \in W$이다. 두 번째 가정에 의해 $u - u' = O$이고 $w' - w = O$이므로, $u = u', w = w'$이 되어 증명이 끝났다. □

$V$가 부분공간 $U$와 $W$의 직합일 때, 기호로

$$V = U \oplus W$$

라 쓴다.

**정리 4.2.** $V$를 체 $K$ 위의 유한차원 벡터공간이라 하고 $W$를 그 부분공간이라 하자. 그러면 부분공간 $U$가 존재하여 $V$가 $W$와 $U$의 직합이 된다.

**증명.** $W$의 어떤 기저를 택하고, 따름정리 3.6을 이용하여 그 기저를 $V$의 기저로 확장하자. 그러면 이 정리가 말하는 것은 명백하다. 따름정리에서와 같은 기호를 쓴다면, $\{v_1, \ldots, v_r\}$가 $W$의 기저였다면 $U$를 $\{v_{r+1}, \ldots, v_n\}$으로 생성된 공간이라 두면 된다. □

주어진 부분공간 $W$에 대해 보통 $V$가 $U$와 $W$의 직합이 되는 $W$는 여러 개 존재한다. (예를 보려면 연습문제를 보라.) 이 책에서 수직에 관하여 다루는 절에서 이러한 부분공간을 결정하기 위해 수직성을 이용할 것이다.

**정리 4.3.** $V$가 $K$ 위의 유한차원 벡터공간이고, 부분공간 $U$와 $W$의 직합이면

$$\dim V = \dim U + \dim W$$

이다.

**증명.** $\{u_1, \ldots, u_r\}$를 $U$의 기저라 하고, $\{w_1, \ldots, w_s\}$를 $W$의 기저라 하자. $U$의 각 원소는 일차결합 $x_1u_1 + \cdots + x_ru_r$, $x_i \in K$로 유일하게 표현할 수 있고, $W$의 각 원소도 $y_1w_1 + \cdots + y_sw_s$, $y_j \in K$로 유일하게 표현할 수 있다. 그러므로 정의에 의해 $V$의 원소는 일차결합

$$x_1u_1 + \cdots + x_ru_r + y_1w_1 + \cdots + y_sw_s$$

로 유일하게 표현할 수 있다. 따라서 $\{u_1, \ldots, u_r, w_1, \ldots, w_s\}$는 $V$의 기저가 되고, 증명은 끝났다. □

이제 $U, W$를 체 $K$ 위의 임의의 벡터공간이라 하자. (즉 어떤 벡터공간의 부분공간일 필요는 없다.) $U \times W$를 첫 번째 성분이 $U$의 원소 $u$이고 두 번째 성문이 $W$의 원소

$w$인 순서쌍 $(u, w)$ 전체의 집합이라 하자. 이러한 순서쌍의 덧셈을 성분끼리 더하는 것으로, 즉 $(u_1, w_1) \in U \times W$이고 $(u_2, w_2) \in U \times W$이면

$$(u_1, w_1) + (u_2, w_2) = (u_1 + u_2, w_1 + w_2)$$

라 정의한다. $c \in K$이면 곱 $c(u_1, w_1)$을

$$c(u_1, w_1) = (cu_1, cw_1)$$

이라 정의한다. 그러면 $U \times W$가 벡터공간이 됨을 쉽게 검증할 수 있는데, 이를 $U$와 $W$의 **직적**(直積, direct product)이라 한다. 선형사상에 대하여 논의할 때 직적과 직합을 서로 비교할 것이다.

$n = r + s$가 두 양의 정수의 합이면, $K^n$은 직적 $K^r \times K^s$가 된다.

다음 식

$$\boxed{\dim(U \times W) = \dim U + \dim W}$$

가 성립함에 유의하자. 증명은 쉬우므로 독자에게 맡긴다.

물론, 직합과 직적의 개념을 더 일반적인 여러 개의 (부분)공간에 관해 확장할 수 있다. $V_1, \ldots, V_n$을 벡터공간 $V$의 부분공간이라 하자. $V$의 모든 원소 $v$에 대해, $v$를 합

$$v = v_1 + \cdots + v_n, \qquad v_i \in V_i$$

으로 유일하게 표현할 수 있을 때, $V$를 **직합**(直合, direct sum)

$$V = \bigoplus_{i=1}^{n} V_i = V_1 \oplus \cdots \oplus V_n$$

이라 한다. "유일하게 표현"한다는 뜻은

$$v = v_1' + \cdots + v_n', \qquad v_i' \in V_i$$

이면 모든 $i = 1, \ldots, n$에 대해 $v_i' = v_i$가 됨을 뜻한다.

마찬가지로 $W_1, \ldots, W_n$을 벡터공간이라 하자. 이들의 직적

$$\prod_{i=1}^{n} W_i = W_1 \times \cdots \times W_n$$

은 $w_i \in W_i$인 $n$순서쌍 $(w_1, \ldots, w_n)$들의 집합으로 정의할 수 있다. 덧셈은 좌표끼리 더하는 것으로 정의하고, 스칼라를 곱하는 것도 좌표별로 정의한다. 그러면 직적은 벡터공간이 된다.

## I, §4. 연습문제

1. $V = \mathbb{R}^2$라 하고, $W$를 $(2,1)$로 생성된 부분공간이라 하자. $U$를 $(0,1)$로 생성된 부분공간이라 하자. $V$가 $W$와 $U$의 직합임을 보여라. $U'$을 $(1,1)$로 생성된 부분공간이라 하면, $V$는 또한 $W$와 $U'$의 직합임도 보여라.
2. 어떤 체 $K$에 대하여 $V = K^3$이라 하자. $W$를 $(1,0,0)$로 생성된 부분공간, $U$를 $(1,1,0)$과 $(0,1,1)$로 생성된 부분공간이라 하자. $V$는 $W$와 $U$의 직합임을 보여라.
3. $A, B$를 $\mathbb{R}^2$의 두 벡터라 하고, 어느 쪽도 $O$이 아니라고 가정하자. $cA = B$가 되는 수 $c$가 존재하지 않는다면 $A$와 $B$는 $\mathbb{R}^2$의 기저를 이루고 또 $\mathbb{R}^2$은 각각 $A$와 $B$로 생성된 부분공간의 직합임을 보여라.
4. 본문 중의 $U \times W$의 차원에 관한 부분을 증명하라. $\{u_1, \ldots, u_r\}$가 $U$의 기저이고 $\{w_1, \ldots, w_s\}$가 $W$의 기저이면 $U \times W$의 기저는 무엇인가?

# 제2장

# 행렬

## II, §1. 행렬공간

이제 새로운 대상인 행렬에 대하여 생각해 보자. $K$를 체라 하고, $n, m$을 1보다 크거나 같은 두 정수라 하자. $K$의 원소들의 배열

$$\begin{pmatrix} a_{11} & a_{12} & a_{13} & \dots & a_{1n} \\ a_{21} & a_{22} & a_{23} & \dots & a_{2n} \\ \vdots & \vdots & \vdots & & \vdots \\ a_{m1} & a_{m2} & a_{m3} & \dots & a_{mn} \end{pmatrix}$$

을 $K$에서의 **행렬**(行列, matrix)이라 부른다. 이 행렬을 간단히 적을 때는 $(a_{ij})$, $i = 1, \dots, m$, $j = 1, \dots, n$라 쓴다. 이러한 행렬을 $(m, n)$ 행렬 또는 $m \times n$ 행렬이라고 말한다. 이 행렬에는 $m$개의 **행**(行, row)과 $n$개의 **열**(列, column)이 있다. 예를 들면, 첫 번째 열은

$$\begin{pmatrix} a_{11} \\ a_{21} \\ \vdots \\ a_{m1} \end{pmatrix}$$

이고, 두 번째 행은

$$(a_{21}, a_{22}, \ldots, a_{2n})$$

이다. $a_{ij}$를 이 행렬의 $ij$-**항**($ij$-項, $ij$-entry) 혹은 $ij$-**성분**($ij$-成分, $ij$-component)이라 부른다. 위의 행렬을 $A$로 나타낼 때, $i$번째 행은 $A_i$로 나타내는데, 이것은

$$A_i = (a_{i1}, a_{i2}, \ldots, a_{in})$$

으로 정의된 것이다. $j$번째 열을 $A^j$로 쓰는데, 이는

$$A^j = \begin{pmatrix} a_{1j} \\ a_{2j} \\ \vdots \\ a_{mj} \end{pmatrix}$$

로 정의된 것이다.

**보기 1.** 다음은 $2 \times 3$ 행렬이다.

$$\begin{pmatrix} 1 & 1 & -2 \\ -1 & 4 & -5 \end{pmatrix}$$

이것은 두 개의 행과 세 개의 열을 갖는다. 행은 $(1, 1, -2)$와 $(-1, 4, -5)$이고, 열은

$$\begin{pmatrix} 1 \\ -1 \end{pmatrix}, \quad \begin{pmatrix} 1 \\ 4 \end{pmatrix}, \quad \begin{pmatrix} -2 \\ -5 \end{pmatrix}$$

이다. 이와 같이 행렬의 각 행은 하나의 $n$순서쌍으로 볼 수 있고, 각 열은 하나의 세로 $m$순서쌍으로 볼 수 있다. 세로 $m$순서쌍을 **열벡터**(列벡터, column vector)라고도 부른다.

벡터 $(x_1, \ldots, x_n)$은 $1 \times n$ 행렬이며, 열벡터

$$\begin{pmatrix} x_1 \\ \vdots \\ x_n \end{pmatrix}$$

은 $n \times 1$ 행렬이다.

행렬을 $(a_{ij})$ 모양으로 적을 때 $i$는 행을, $j$는 열을 나타낸다. 예컨대 보기 1에서 $a_{11} = 1$이고 $a_{23} = -5$ 이다.

수 $(a)$를 $1 \times 1$ 행렬로 볼 수도 있다.

$(a_{ij})$, $i = 1, \ldots, m$, $j = 1, \ldots, n$을 행렬이라 하자. $m = n$일 때, 이 행렬을 **정사각행렬**(正四角行列, square matrix)이라 한다. 다음의 행렬

$$\begin{pmatrix} 1 & 2 \\ -1 & 0 \end{pmatrix}, \qquad \begin{pmatrix} 1 & -1 & 5 \\ 2 & 1 & -1 \\ 3 & 1 & -1 \end{pmatrix}$$

은 모두 정사각행렬이다.

모든 $i, j$에 대해 $a_{ij} = 0$인 행렬을 **영행렬**(零行列, zero matrix)이라 한다. 영행렬은 다음과 같은 모양이며

$$\begin{pmatrix} 0 & 0 & 0 & \ldots & 0 \\ 0 & 0 & 0 & \ldots & 0 \\ \vdots & \vdots & \vdots & & \vdots \\ 0 & 0 & 0 & \ldots & 0 \end{pmatrix}$$

$O$으로 적기로 한다. 지금까지 수 영(number 0), 영벡터(zero vector), 영행렬(zero matrix)이 등장하였음에 유의하자.

이제 행렬의 덧셈, 수와 행렬의 곱셈을 정의하자.

행렬의 덧셈은 같은 크기의 행렬일 때에만 정의한다. $m, n$을 1보다 크거나 같은 고정된 정수라 하자. $A = (a_{ij})$와 $B = (b_{ij})$를 두 개의 $m \times n$ 행렬이라 하자. $A + B$를 $ij$-성분이 $a_{ij} + b_{ij}$인 행렬로 정의한다. 다시 말하면, 행렬의 덧셈이란 같은 크기의 행렬을 성분끼리 더하는 것이다.

**보기 2.** $A$와 $B$를

$$A = \begin{pmatrix} 1 & -1 & 0 \\ 2 & 3 & 4 \end{pmatrix} \text{ 이고 } \quad B = \begin{pmatrix} 5 & 1 & -1 \\ 2 & 1 & -1 \end{pmatrix}$$

이라 하자. 그러면

$$A + B = \begin{pmatrix} 6 & 0 & -1 \\ 4 & 4 & 3 \end{pmatrix}$$

이다.

$O$을 영행렬이라 하면, 임의의 행렬 $A$(물론, 크기가 같은)에 대해 $O + A = A + O = A$이다. 이를 보이는 것은 쉽다.

이번에는 수와 행렬의 곱셈을 정의하자. $c$를 수, $A = (a_{ij})$를 행렬이라 하자. 이때 $cA$를 $ij$-성분이 $ca_{ij}$인 행렬로 정의한다. 기호로 $cA = (ca_{ij})$라 쓴다. 즉 $A$에 $c$를

곱하는 것은 $A$의 각 성분에 $c$를 곱하는 것이다.

**보기 3.** $A, B$를 보기 2에 나오는 행렬이라 하고 $c = 2$라 하면

$$2A = \begin{pmatrix} 2 & -2 & 0 \\ 4 & 6 & 8 \end{pmatrix} \text{ 이고 } \quad 2B = \begin{pmatrix} 10 & 2 & -2 \\ 4 & 2 & -2 \end{pmatrix}$$

이다. 또한

$$(-1)A = -A = \begin{pmatrix} -1 & 1 & 0 \\ -2 & -3 & -4 \end{pmatrix}$$

이다.

모든 행렬 $A$에 대해, $A + (-A) = O$이 성립한다.

이렇게 행렬의 덧셈 및 $K$의 원소와 행렬의 곱셈에 대하여 **VS 1**에서 **VS 8**까지의 모든 성질이 만족된다는 것을 보이는 것은 연습문제로 남긴다. 여기서 가장 주목해야 할 것은, 행렬의 덧셈이 성분을 따라 정의되었으며 성분의 덧셈은 **VS 1**에서 **VS 4**까지의 조건과 유사한 성질을 만족한다는 것이다. 이는 수의 기본적인 성질이다. 이와 마찬가지로 **VS 5**에서 **VS 8**까지의 성질이 $K$의 원소와 행렬의 곱하기에 대해 참인데 이것은 이에 대응하는 성질이 $K$의 원소끼리 곱할 때에 참이기 때문이다.

> 성분이 체 $K$에 속하는 (주어진 크기 $m \times n$인) 행렬들의 집합은 $K$ 위에서 벡터 공간이 되는데, 이를 $\mathrm{Mat}_{m\times n}(K)$라 쓴다.

행렬에 관한 또 다른 개념을 정의하자. $A = (a_{ij})$를 $m \times n$ 행렬이라 하자. 이때 $b_{ji} = a_{ij}$인 $n \times m$ 행렬 $B = (b_{ij})$를 $A$의 **전치행렬**(轉置行列, transpose)이라 하고 ${}^tA$로 나타낸다. 어떤 행렬의 전치행렬을 취하는 것은 주어진 행렬의 행과 열을 서로 바꾸는 것과 같다. $A$가 이 절의 맨 처음에 등장한 행렬이라면 ${}^tA$는 행렬

$$\begin{pmatrix} a_{11} & a_{21} & a_{31} & \dots & a_{m1} \\ a_{12} & a_{22} & a_{32} & \dots & a_{m2} \\ \vdots & \vdots & \vdots & & \vdots \\ a_{1n} & a_{2n} & a_{3n} & \dots & a_{mn} \end{pmatrix}$$

이다. 예를 들어

$$A = \begin{pmatrix} 2 & 1 & 0 \\ 1 & 3 & 5 \end{pmatrix} \text{ 이면, } \quad {}^tA = \begin{pmatrix} 2 & 1 \\ 1 & 3 \\ 0 & 5 \end{pmatrix}$$

이다. $A = (2, 1, -4)$가 **행벡터**이면,

$$^tA = \begin{pmatrix} 2 \\ 1 \\ -4 \end{pmatrix}$$

는 **열벡터**이다.

자기 자신의 전치행렬과 같은 행렬, 즉 $A = {}^tA$인 행렬 $A$를 **대칭행렬**(對稱行列, symmetric matrix)이라 한다. 대칭행렬은 물론 정사각행렬이다. 예컨대

$$A = \begin{pmatrix} 1 & -1 & 2 \\ -1 & 0 & 3 \\ 2 & 3 & 7 \end{pmatrix}$$

은 대칭행렬이다.

$A = (a_{ij})$를 정사각행렬이라 하자. $a_{11}, \ldots, a_{nn}$을 이 정사각행렬의 **대각성분**(對角成分, diagonal component)이라 한다. 대각성분을 제외한 모든 성분이 0인, 즉 $i \neq j$이면 $a_{ij} = 0$인 정사각행렬을 **대각행렬**(對角行列, diagonal matrix)이라 한다. 대각행렬은

$$\begin{pmatrix} a_1 & 0 & \ldots & 0 \\ 0 & a_2 & \ldots & 0 \\ \vdots & \vdots & & \vdots \\ 0 & 0 & \ldots & a_n \end{pmatrix}$$

와 같은 꼴이다.

$n \times n$ **단위행렬**(單位行列, unit matrix)은 대각성분들이 1이고 그 외 성분은 모두 0인 정사각행렬로 정의한다. 이 단위행렬을 $I_n$, 또는 $n$을 명시할 필요가 없을 때는 $I$로 표기한다. 그러므로

$$I_n = \begin{pmatrix} 1 & 0 & \ldots & 0 \\ 0 & 1 & \ldots & 0 \\ \vdots & \vdots & & \vdots \\ 0 & 0 & \ldots & 1 \end{pmatrix}$$

이다.

## II, §1. 행렬에 관한 연습문제

1. 행렬 $A, B$를

$$A=\begin{pmatrix}1 & 2 & 3\\ -1 & 0 & 2\end{pmatrix},\quad B=\begin{pmatrix}-1 & 5 & -2\\ 2 & 2 & -1\end{pmatrix}$$

라 할 때 $A+B, 3B, -2B, A+2B, 2A-B, A-2B, B-A$를 구하라.

2. 행렬 $A, B$를

$$A=\begin{pmatrix}1 & -1\\ 2 & 1\end{pmatrix},\quad B=\begin{pmatrix}-1 & 1\\ 0 & -3\end{pmatrix}$$

라 할 때 $A+B, 3B, -2B, A+2B, A-B, B-A$를 구하라.

3. 문제 1에서 ${}^tA$와 ${}^tB$를 구하라.

4. 문제 2에서 ${}^tA$와 ${}^tB$를 구하라.

5. $A, B$를 임의의 $m\times n$ 행렬이라 할 때,

$${}^t(A+B)={}^tA+{}^tB$$

임을 보여라.

6. $c$를 수라 할 때,

$${}^t(cA)=c\,{}^tA$$

임를 보여라.

7. $A=(a_{ij})$가 정사각행렬일 때 원소 $a_{ii}$를 **대각원소**(對角元素, diagonal element)라 부른다. $A$와 ${}^tA$의 대각원소는 어떻게 다른가?

8. 문제 2에서 ${}^t(A+B)$와 ${}^tA+{}^tB$를 구하라.

9. 문제 2에서 $A+{}^tA$와 $B+{}^tB$를 구하라.

10. 임의의 정사각행렬 $A$에 대하여, 행렬 $A+{}^tA$는 대칭행렬임을 보여라.

11. 문제 1의 행렬 $A, B$의 행벡터와 열벡터를 모두 써라.

12. 문제 2의 행렬 $A, B$의 행벡터와 열벡터를 모두 써라.

## II, §1. 차원에 관한 연습문제

1. $2\times 2$ 행렬로 이루어진 공간의 차원은 얼마인가? 이 공간의 기저를 제시하라.

2. $m\times n$ 행렬로 이루어진 공간의 차원은 얼마인가? 이 공간의 기저를 제시하라.

3. 대각원소만 0이 아닐 수 있는 $n\times n$ 행렬로 이루어진 공간의 차원은 얼마인가?

4. $n \times n$ **상삼각행렬**(上三角行列, upper triangular matrix), 즉

$$\begin{pmatrix} a_{11} & a_{12} & \cdots & a_{1n} \\ 0 & a_{22} & \cdots & a_{2n} \\ \vdots & \vdots & & \vdots \\ 0 & 0 & \cdots & a_{nn} \end{pmatrix}$$

   인 형태의 행렬로 이루어진 공간의 차원은 얼마인가?
5. $2 \times 2$ 대칭행렬, 즉 $A = {}^tA$인 행렬 $A$들로 이루어진 공간의 차원은 얼마인가? 이 공간의 기저를 구하라.
6. 더 일반적으로 $n \times n$ 대칭행렬로 이루어진 공간의 차원은 얼마인가? 이 공간의 기저는 무엇인가?
7. $n \times n$ 대각행렬로 이루어진 공간의 차원은 얼마인가? 이 공간의 기저는 무엇인가?
8. $V$를 $\mathbb{R}^2$의 부분공간이라 하자. $V$가 가질 수 있는 차원은 얼마인가?
9. $V$를 $\mathbb{R}^3$의 부분공간이라 하자. $V$가 가질 수 있는 차원은 얼마인가?

## II, §2. 일차방정식

이제 차원에 관한 정리를 일차방정식의 풀이에 응용해보자.

$K$를 체라 하자. $A = (a_{ij})$, $i = 1, \ldots, m$, $j = 1, \ldots, n$을 $K$에서의 행렬이라 하고, $b_1, \ldots, b_m$을 $K$의 원소라 하자.

$$(*) \qquad \begin{aligned} a_{11}x_1 + \cdots + a_{1n}x_n &= b_1 \\ &\cdots \\ a_{m1}x_1 + \cdots + a_{mn}x_n &= b_m \end{aligned}$$

과 같은 방정식들을 일차방정식(linear equation)이라 부른다. 또한, $(*)$를 일차연립방정식(system of linear equations)이라 부른다. $b_1, \ldots, b_m$이 모두 0일 때, 이 연립방정식을 **동차방정식**(同次方程式, homogeneous equation)이라 한다. $n$은 **미지수**(未知數, unknown)의 개수이고, $m$은 방정식의 개수이다. 행렬 $(a_{ij})$를 **계수행렬**(係數行列, matrix of coefficients)이라 부른다.

연립방정식

$$(**) \qquad \begin{aligned} a_{11}x_1 + \cdots + a_{1n}x_n &= 0 \\ &\cdots \\ a_{m1}x_1 + \cdots + a_{mn}x_n &= 0 \end{aligned}$$

을 $(*)$에 대응하는 **동차연립방정식**(同次聯立方程式, homogeneous system associated with $(*)$)이라고 부른다.

연립방정식 $(**)$은 언제나 해를 갖는데, 예컨대 $x_j$가 모두 0이면 해가 된다. 이 해를 **자명한 해**(自明한 解, trivial solution)라 한다. 0이 아닌 $x_i$가 있을 때 해 $(x_1, \ldots, x_n)$를 **자명하지 않은 해**(自明하지 않은 解, non-trivial solution)라고 한다.

우선 동차연립방정식 $(**)$를 생각하자. 이를

$$x_1 \begin{pmatrix} a_{11} \\ \vdots \\ a_{m1} \end{pmatrix} + \cdots + x_n \begin{pmatrix} a_{1n} \\ \vdots \\ a_{mn} \end{pmatrix} = O,$$

또는 행렬 $A = (a_{ij})$의 열벡터를 이용하여

$$x_1 A^1 + \cdots + x_n A^n = O$$

이라 다시 쓸 수 있다. 그러면 위의 연립방정식 $(**)$의 자명하지 않은 해는 다름 아닌 열 $A^1, \ldots, A^n$ 사이에 일차종속 관계를 주는 $n$순서쌍 $X \neq O$이다. 이렇게 연립방정식을 다시 써 봄으로써 제1장의 정리 3.1을 응용할 수 있다. 열벡터는 $K$ 위에서 $m$차원인 $K^m$의 원소이다. 따라서 다음이 성립한다.

**정리 2.1.** 동차연립방정식

$$\begin{aligned} a_{11}x_1 + \cdots + a_{1n}x_n &= 0 \\ &\cdots \\ a_{m1}x_1 + \cdots + a_{mn}x_n &= 0 \end{aligned}$$

을 계수가 체 $K$에 속하는 $m$개의 일차방정식과 $n$개의 미지수로 이루어져 있다 하자. $n > m$이라 가정하자. 그러면 이 연립방정식은 $K$에서 자명하지 않은 해를 가진다.

**증명.** 제1장의 정리 3.1에 의해 벡터 $A^1, \ldots, A^n$은 일차종속이 되어야 한다. □

물론 일차연립방정식을 구체적으로 풀기 위해서는, 지금으로서는 고등학교에서 배운 쉬운 소거법 외에는 방법이 없다. 일차방정식의 해법에서 계산에 관한 측면은 저자의 책 '선형대수학입문'에 길게 논의되어 있으므로 여기서 반복하지는 않겠다.

이제 원래의 연립방정식 $(*)$를 생각하자. $B$를 열벡터

$$B = \begin{pmatrix} b_1 \\ \vdots \\ b_m \end{pmatrix}$$

라 하자. 그러면 $(*)$를

$$x_1 \begin{pmatrix} a_{11} \\ \vdots \\ a_{m1} \end{pmatrix} + \cdots + x_n \begin{pmatrix} a_{1n} \\ \vdots \\ a_{mn} \end{pmatrix} = \begin{pmatrix} b_1 \\ \vdots \\ b_m \end{pmatrix},$$

또는 행렬 $A$의 열벡터를 이용하여

$$x_1A^1 + \cdots + x_nA^n = B$$

라 다시 쓸 수 있다.

**정리 2.2.** 위의 연립방정식 $(*)$에서 $m = n$이고 벡터 $A^1, \ldots, A^n$이 일차독립이라 가정하자. 그러면 $(*)$는 $K$에서 해를 갖고, 그 해는 유일하다.

**증명.** 벡터 $A^1, \ldots, A^n$이 일차독립이므로 $K^n$의 기저를 형성한다. 그러므로 임의의 벡터 $B$를 일차결합

$$B = x_1A^1 + \cdots + x_nA^n, \qquad x_i \in K$$

로 유일하게 표현할 수 있다. 따라서 $X = (x_1, \ldots, x_n)$은 연립방정식의 유일한 해이다. □

## II, §2. 연습문제

1. $(**)$을 체 $K$에서의 동차인 일차연립방정식이라 하고, $m = n$이라 하자. 또 계수로 이루어진 열벡터들이 일차독립이라 하자. 그러면 해는 자명한 해뿐임을 보여라.

2. $(**)$을 미지수가 $n$개인 체 $K$에서의 동차인 일차연립방정식이라 하자. 해 $X = (x_1, \ldots, x_n)$의 집합은 $K$ 위에서 벡터공간이 됨을 보여라.

3. $A^1, \ldots, A^n$을 크기가 $m$인 열벡터라 하자. 이들의 성분은 $\mathbb{R}$에 속하고, $\mathbb{R}$ 위에서 일차독립이라 가정하자. 이들이 $\mathbb{C}$ 위에서 일차독립임을 보여라.

4. $(**)$를 계수가 $\mathbb{R}$에 속하는 동차인 일차연립방정식이라 하자. $\mathbb{C}$ 위에서 자명하지 않은 해를 가지면 $\mathbb{R}$에서도 자명하지 않은 해를 가짐을 보여라.

## II, §3. 행렬의 곱

체 $K$ 위에서의 행렬을 생각하기로 한다. 제1장에서 정의한 점적(dot product)을 다시 살펴보자. $A = (a_1, \ldots, a_n)$와 $B = (b_1, \ldots, b_n)$를 $K^n$에 있다면

$$A \cdot B = a_1 b_1 + \cdots + a_n b_n$$

로 정의한다. 이 값은 $K$에 속하며 다음과 같은 기본적인 성질이 성립한다.

**SP 1.** 모든 $A, B \in K^n$에 대해 $A \cdot B = B \cdot A$가 성립한다.

**SP 2.** $A, B, C$가 $K^n$에 있다면

$$A \cdot (B + C) = A \cdot B + A \cdot C = (B + C) \cdot A$$

이다.

**SP 3.** $x \in K$이면,

$$(xA) \cdot B = x(A \cdot B) \text{ 이고 } \quad A \cdot (xB) = x(A \cdot B)$$

이다.

$A$의 각 성분이 실수 $\mathbb{R}$에 있다면,

$$A \cdot A = a_1^2 + \cdots + a_n^2 \geqq 0$$

이므로 $A \neq O$이면 이 중 어떤 $a_i^2$은 0보다 크므로 $A^2 > 0$이다. 그러나 이렇게 양수가 되는 성질이 일반적으로 성립하는 것은 아니라는 것에 주의하자. 예컨대 $K = \mathbb{C}$일 때 $A = (1, i)$라 두면 $A \neq O$이지만

$$A \cdot A = 1 + i^2 = 0$$

이다. 많은 경우 이 양수가 되는 성질이 꼭 필요한 것은 아니다. 그 대신에 **비퇴화성**(非退化性, non-degeneracy), 즉

$$A \in K^n \text{이고 모든 } X \in K^n \text{에 대해 } A \cdot X = 0 \text{이면 } A = O$$

이라는 성질을 이용할 수 있다. 이 성질을 증명하는 일은 쉽다. 왜냐하면 $i$번째 성분만 1이고 그 외에는 모두 0인 각 단위벡터 $E_i = (0, \ldots, 0, 1, 0, \ldots, 0)$에 대해 $A \cdot E_i = 0$이고, 또 한편으로는 모든 $i$에 대해 $A \cdot E_i = a_i$이므로 $a_i = 0$이 되어 $A = O$이기 때문이다.

이제 행렬의 곱을 정의하자. $A = (a_{ij}), i = 1, \ldots, m, j = 1, \ldots, n$을 $m \times n$ 행렬이라 하고, $B = (b_{jk}), j = 1, \ldots, n, k = 1, \ldots, s$를 $n \times s$ 행렬, 즉

$$A = \begin{pmatrix} a_{11} & \cdots & a_{1n} \\ & \cdots & \\ a_{m1} & \cdots & a_{mn} \end{pmatrix}, \quad B = \begin{pmatrix} b_{11} & \cdots & b_{1s} \\ & \cdots & \\ b_{n1} & \cdots & b_{ns} \end{pmatrix}$$

라 하자. **곱**(product) $AB$를 $ik$-성분이

$$\sum_{j=1}^{n} a_{ij}b_{jk} = a_{i1}b_{1k} + a_{i2}b_{2k} + \cdots + a_{in}b_{nk}$$

인 $m \times s$ 행렬로 정의한다. $A_1, \ldots, A_m$을 행렬 $A$의 행벡터라 하고, $B^1, \ldots, B^s$를 행렬 $B$의 열벡터라 하면, 곱 $AB$의 $ik$-성분은 $A_i \cdot B^k$와 같다. 그러므로

$$AB = \begin{pmatrix} A_1 \cdot B^1 & \ldots & A_1 \cdot B^s \\ \vdots & & \vdots \\ A_m \cdot B^1 & \ldots & A_m \cdot B^s \end{pmatrix}$$

이다. 따라서 행렬의 곱은 점적을 일반화한 것이다.

**보기 1.** 행렬 $A, B$를

$$A = \begin{pmatrix} 2 & 1 & 5 \\ 1 & 3 & 2 \end{pmatrix}, \qquad B = \begin{pmatrix} 3 & 4 \\ -1 & 2 \\ 2 & 1 \end{pmatrix}$$

라 하자. 이때 $AB$는 $2 \times 2$ 행렬이고, 실제 계산하면

$$AB = \begin{pmatrix} 2 & 1 & 5 \\ 1 & 3 & 2 \end{pmatrix} \begin{pmatrix} 3 & 4 \\ -1 & 2 \\ 2 & 1 \end{pmatrix} = \begin{pmatrix} 15 & 15 \\ 4 & 12 \end{pmatrix}$$

이다.

**보기 2.** 행렬 $C$를

$$C = \begin{pmatrix} 1 & 3 \\ -1 & -1 \end{pmatrix}$$

라 하고 $A, B$는 보기 1에서와 같다 하자. 그러면

$$BC = \begin{pmatrix} 3 & 4 \\ -1 & 2 \\ 2 & 1 \end{pmatrix} \begin{pmatrix} 1 & 3 \\ -1 & -1 \end{pmatrix} = \begin{pmatrix} -1 & 5 \\ -3 & -5 \\ 1 & 5 \end{pmatrix}$$

이고,

$$A(BC) = \begin{pmatrix} 2 & 1 & 5 \\ 1 & 3 & 2 \end{pmatrix} \begin{pmatrix} -1 & 5 \\ -3 & -5 \\ 1 & 5 \end{pmatrix} = \begin{pmatrix} 0 & 30 \\ -8 & 0 \end{pmatrix}$$

이다. $(AB)C$를 계산해 보라. 어떻게 되는가?

$A$를 $m \times n$ 행렬이라 하고 $B$를 $n \times 1$ 행렬, 즉 열벡터라 하자. 그러면 $AB$는 다시 열벡터가 된다. 그 곱은

$$\begin{pmatrix} a_{11} & \cdots & a_{1n} \\ \vdots & & \vdots \\ a_{m1} & \cdots & a_{mn} \end{pmatrix} \begin{pmatrix} b_1 \\ \vdots \\ b_n \end{pmatrix} = \begin{pmatrix} c_1 \\ \vdots \\ c_n \end{pmatrix}$$

와 같은 모양으로, 여기서 $c_i$는

$$c_i = \sum_{j=1}^{n} a_{ij}b_j = a_{i1}b_1 + \cdots + a_{in}b_n$$

이다.

$X = (x_1, \ldots, x_m)$이 행벡터, 즉 $1 \times m$ 행렬이면, 곱 $XA$는

$$(x_1, \ldots, x_m) \begin{pmatrix} a_{11} & \cdots & a_{1n} \\ \vdots & & \vdots \\ a_{m1} & \cdots & a_{mn} \end{pmatrix} = (y_1, \ldots, y_n)$$

이 되는데, 여기서 $y_k$는

$$y_k = x_1a_{1k} + \cdots + x_ma_{mk}$$

이다. 이 경우에 $XA$는 $1 \times n$ 행렬, 즉 행벡터이다.

**정리 3.1.** $A, B, C$를 행렬이라 하자. $A$와 $B$ 그리고 $A$와 $C$를 곱할 수 있고, 또 $B$와 $C$는 더할 수 있다고 가정하자. 그러면 $A$와 $B + C$를 곱할 수 있고,

$$A(B + C) = AB + AC$$

가 성립한다. $x$를 수라 하면,

$$A(xB) = x(AB)$$

가 성립한다.

**증명.** $A_i$를 $A$의 $i$번째 행이라 하고 $B^k, C^k$를 각각 $B, C$의 $k$번째 열이라 하자. 그러면 $B^k + C^k$는 $B + C$의 $k$번째 열이다. 정의에 따라 $AB$의 $ik$-성분은 $A_i \cdot B^k$이고, $AC$의 $ik$-성분은 $A_i \cdot C^k$이고, $A(B+C)$의 $ik$-성분은 $A_i \cdot (B^k + C^k)$ 이다.

$$A_i \cdot (B^k + C^k) = A_i \cdot B^k + A_i \cdot C^k$$

이므로 첫 번째 명제가 증명되었다. 다음으로 $xB$의 $k$번째 열은 $xB^k$이므로

$$A_i \cdot xB^k = x(A_i \cdot B^k)$$

가 되어 두 번째 명제도 증명되었다. □

**정리 3.2.** $A, B, C$를 $A$와 $B$를 곱할 수 있고 $B$와 $C$를 곱할 수 있는 행렬이라 하자. 그러면 $A$와 $BC$를 곱할 수 있고, $AB$와 $C$를 곱할 수 있으며

$$(AB)C = A(BC)$$

가 성립한다.

**증명.** $A = (a_{ij})$를 $m \times n$ 행렬, $B = (b_{jk})$를 $n \times r$ 행렬, $C = (c_{kl})$를 $r \times s$ 행렬이라 하자. 곱 $AB$는 $m \times r$ 행렬로서, $ik$-성분은

$$a_{i1}b_{1k} + a_{i2}b_{2k} + \cdots + a_{in}b_{nk}$$

와 같다. $\sum$기호를 쓰면 이 합을

$$\sum_{j=1}^{n} a_{ij}b_{jk}$$

와 같이 간단히 쓸 수 있다. 정의에 의하여 $(AB)C$의 $il$-성분은

$$\sum_{k=1}^{r}\left[\sum_{j=1}^{n} a_{ij}b_{jk}\right]c_{kl} = \sum_{k=1}^{r}\left[\sum_{j=1}^{n} a_{ij}b_{jk}c_{kl}\right]$$

과 같다. 우변의 합은 $j, k$가 각각 $1 \leqq j \leqq n$이고 $1 \leqq k \leqq r$인 정수 사이를 움직일 때의 모든 항의 합

$$\sum a_{ij}b_{jk}c_{kl}$$

로 나타낼 수 있다.

$BC$의 $jl$-성분을 먼저 생각하고 그 다음에 $A(BC)$의 $il$-성분을 계산하면 그 합이 위와 같음을 알 수 있다. 그러므로 정리가 증명되었다. □

$A$를 $n \times n$ 정사각행렬이라 하자. 어떤 $n \times n$ 행렬 $B$가 있어서

$$AB = BA = I_n$$

를 만족할 때, $A$를 **가역행렬**(可逆行列, invertible matrix) 또는 **정칙행렬**(正則行列, non-singular matrix)이라 한다. 이때 행렬 $B$는 $A$에 의하여 유일하게 결정되는데, 왜냐하면 $C$가 $AC = CA = I_n$인 행렬이면,

$$B = BI_n = B(AC) = (BA)C = I_nC = C$$

이기 때문이다.(연습문제 1 참고.) 이러한 행렬 $B$를 $A$의 **역행렬**(逆行列, inverse matrix of $A$)이라 하고 $A^{-1}$로 쓴다. 행렬식을 공부할 때 역행렬이 존재하는 경우 그것을 구체적으로 찾는 방법을 배울 것이다.

$A$를 정사각행렬이라 하자. 그러면 $A$에 자기 자신을 곱하여 $AA$, 또는 $m$번 계속 곱하여

$$A \cdots A$$

를 만들 수 있다. 정의에 의하여 $m$이 1이상인 정수일 때 $A^m$은 $A$를 $m$번 곱한 $A \cdots A$로 정의한다. $A^0 = I$($A$와 같은 크기의 단위행렬)로 정의한다. 그러면 정수 $r, s \geqq 0$에 대해 $A^{r+s} = A^rA^s$가 성립한다.

다음의 결과는 전치행렬과 행렬의 곱 사이의 관계를 보여 준다.

**정리 3.3.** $A, B$를 서로 곱할 수 있는 행렬이라 하자. 그러면 ${}^tB, {}^tA$도 서로 곱할 수 있고

$${}^t(AB) = {}^tB\,{}^tA$$

이다.

**증명.** $A = (a_{ij}), B = (b_{jk})$라 하고 $AB = C = (c_{ik})$라 하자. 그러면

$$c_{ik} = \sum_{j=1}^{n} a_{ij}b_{jk}$$

이다. ${}^tA = (a'_{ji}), {}^tB = (b'_{kj})$라 하자. ${}^tB\,{}^tA$의 $ki$-성분은 정의에 의해

$$\sum_{j=1}^{n} b'_{kj}a'_{ji}$$

이다. $b'_{kj} = b_{jk}$ 이고 $a'_{ji} = a_{ij}$ 이므로 위의 표현은

$$\sum_{j=1}^{n} b_{jk}a_{ij} = \sum_{j=1}^{n} a_{ij}b_{jk}$$

와 같다. 정의에 따라 이것은 ${}^tC$ 의 $ki$-성분이다. 이로써 정리가 증명되었다. □

이제 행렬의 곱을 이용하여 연립일차방정식을

$$AX = B$$

와 같이 쓸 수 있다. 여기서 $A$는 $m \times n$ 행렬이고 $X$는 크기가 $n$인 열벡터이며 $B$는 크기가 $m$인 열벡터이다.

## II, §3. 연습문제

1. $I$를 $n \times n$단위행렬이라 하고, $A$를 $n \times r$ 행렬이라 하자. $IA$는 어떤 행렬인가? $A$가 $m \times n$ 행렬이면, $AI$는 어떻게 되는가?

2. $O$을 모든 성분이 0인 행렬이라 하자. $A$를 곱 $AO$가 정의되는 행렬이라 하자. $AO$는 어떤 행렬인가?

3. 다음의 각 경우에 $(AB)C$와 $A(BC)$를 구하라.

   (a) $A = \begin{pmatrix} 2 & 1 \\ 3 & 1 \end{pmatrix}$, $B = \begin{pmatrix} -1 & 1 \\ 1 & 0 \end{pmatrix}$, $C = \begin{pmatrix} 1 & 4 \\ 2 & 3 \end{pmatrix}$

   (b) $A = \begin{pmatrix} 2 & 1 & -1 \\ 3 & 1 & 2 \end{pmatrix}$, $B = \begin{pmatrix} 1 & 1 \\ 2 & 0 \\ 3 & -1 \end{pmatrix}$, $C = \begin{pmatrix} 1 \\ 3 \end{pmatrix}$

   (c) $A = \begin{pmatrix} 2 & 4 & 1 \\ 3 & 0 & -1 \end{pmatrix}$, $B = \begin{pmatrix} 1 & 1 & 0 \\ 2 & 1 & -1 \\ 3 & 1 & 5 \end{pmatrix}$, $C = \begin{pmatrix} 1 & 2 \\ 3 & 1 \\ -1 & 4 \end{pmatrix}$

4. $A, B$를 크기가 같은 정사각행렬이라 하고, $AB = BA$라 가정하자. 정리 3.1에 서술된 행렬의 성질을 이용하여 $(A+B)^2 = A^2 + 2AB + B^2$ 와

   $$(A+B)(A-B) = A^2 - B^2$$

   을 보여라.

5. $A, B$를

$$A = \begin{pmatrix} 1 & 2 \\ 3 & -1 \end{pmatrix}, \qquad B = \begin{pmatrix} 2 & 0 \\ 1 & 1 \end{pmatrix}$$

이라 하자. $AB$와 $BA$를 구하라.

6. $C$를

$$C = \begin{pmatrix} 7 & 0 \\ 0 & 7 \end{pmatrix}$$

이라 하자. $A, B$를 문제 5에서와 같다 하자. $CA, AC, CB$와 $BC$를 구하라. 이 문제를 특별한 경우로서 포함하는 일반적 법칙을 서술하라.

7. $X = (1, 0, 0)$이라 하고

$$A = \begin{pmatrix} 3 & 1 & 5 \\ 2 & 0 & 1 \\ 1 & 1 & 7 \end{pmatrix}$$

이라 하자. $XA$는 무엇이 되는가?

8. $X = (0, 1, 0)$이라 하고, $A$를 임의의 $3 \times 3$ 행렬이라 하자. $XA$에 대해 무엇을 말할 수 있는가? $X = (0, 0, 1)$일 때는 어떤가? 이를 $n \times n$ 행렬과, 그것의 단위벡터와의 곱에 대해 일반화하여 유사하게 서술하라.

9. $A, B$를 문제 3(a)의 행렬이라 하자. 계산에 의해 ${}^t(AB) = {}^tB\,{}^tA$를 검증하라. 3(b)와 3(c)의 행렬에 대해서도 검증하라. 동일한 규칙이 (곱할 수 있는) 임의의 두 행렬 $A, B$에 대해 성립함을 증명하라. $A, B, C$가 곱할 수 있는 행렬일 때, ${}^t(ABC) = {}^tC\,{}^tB\,{}^tA$가 됨을 보여라.

10. $M$을 ${}^tM = M$이 되는 $n \times n$ 행렬이라 하자. $n$차원 공간의 주어진 두 행벡터 $A$와 $B$에 대해 $\langle A, B\rangle$를 $AM\,{}^tB$로 정의하자. ($1 \times 1$ 행렬은 수로 본다.) $\langle A, A\rangle$가 항상 $\geq 0$이었던 것을 제외하면 점적의 나머지 모든 조건을 만족함을 보여라. ($n = 2$로 두고) $AM\,{}^tB$가 음이 되는 행렬 $M$과 벡터 $A, B$의 보기를 들어라.

11. (a) $A$를 행렬

$$\begin{pmatrix} 0 & 1 & 1 \\ 0 & 0 & 1 \\ 0 & 0 & 0 \end{pmatrix}$$

이라 하자. $A^2, A^3$를 구하라. $4 \times 4$ 행렬의 경우로 일반화하라.

(b) $A$를 행렬

$$\begin{pmatrix} 1 & 1 & 1 \\ 0 & 1 & 1 \\ 0 & 0 & 1 \end{pmatrix}$$

이라 하자. $A^2, A^3, A^4$를 구하라.

12. $X$를 주어진 열벡터라 하고, $A$를 주어진 행렬이라 하자. 열벡터 $AX$를 구하라.

(a) $X = \begin{pmatrix} 3 \\ 2 \\ 1 \end{pmatrix}$, $A = \begin{pmatrix} 1 & 0 & 1 \\ 2 & 0 & 1 \\ 2 & 0 & -1 \end{pmatrix}$

(b) $X = \begin{pmatrix} 1 \\ 1 \\ 0 \end{pmatrix}$, $A = \begin{pmatrix} 2 & 1 & 5 \\ 0 & 1 & 1 \end{pmatrix}$

(c) $X = \begin{pmatrix} x_1 \\ x_2 \\ x_3 \end{pmatrix}$, $A = \begin{pmatrix} 0 & 1 & 0 \\ 0 & 0 & 0 \end{pmatrix}$

(d) $X = \begin{pmatrix} x_1 \\ x_2 \\ x_3 \end{pmatrix}$, $A = \begin{pmatrix} 0 & 0 & 0 \\ 1 & 0 & 0 \end{pmatrix}$

13. $A$를

$$A = \begin{pmatrix} 2 & 1 & 3 \\ 4 & 1 & 5 \end{pmatrix}$$

라 하자. 다음의 각 $X$에 대하여 $AX$를 구하라.

(a) $X = \begin{pmatrix} 1 \\ 0 \\ 0 \end{pmatrix}$ (b) $X = \begin{pmatrix} 0 \\ 1 \\ 1 \end{pmatrix}$ (c) $X = \begin{pmatrix} 0 \\ 0 \\ 1 \end{pmatrix}$

14. $A$를

$$A = \begin{pmatrix} 3 & 7 & 5 \\ 1 & -1 & 4 \\ 2 & 1 & 8 \end{pmatrix}$$

이라 하자. 문제 13에서 주어진 각 $X$에 대하여 $AX$를 구하라.

15. $X$와 $A$를

$$X = \begin{pmatrix} 0 \\ 1 \\ 0 \\ 0 \end{pmatrix}, \qquad A = \begin{pmatrix} a_{11} & \cdots & a_{14} \\ \vdots & & \vdots \\ a_{m1} & \cdots & a_{m4} \end{pmatrix}$$

라 하자. $AX$는 무엇이 되는가?

16. $X$를 $i$번째 성분은 1이고, 나머지는 모두 0인 열벡터라 하자. $A$를 곱 $AX$가 정의되는 임의의 행렬이라 하자. $AX$는 무엇이 되는가?

17. $A = (a_{ij})$를 $m \times n$ 행렬이라 하고 $B = (b_{jk})$를 $n \times s$ 행렬이라 하자. $AB = C$라 하면 $C$의 $k$번째 열 $C^k$를

$$C^k = b_{1k}A^1 + \cdots + b_{nk}A^n$$

이라 쓸 수 있음을 보여라. (이 식은 곱의 행렬식을 구할 때 유용하게 쓰일 것이다.)

18. $A$를 정사각행렬이라 하자.
   (a) $A^2 = O$이면 $I - A$가 가역임을 보여라.
   (b) $A^3 = O$이면 $I - A$가 가역임을 보여라.
   (c) 일반적으로 어떤 양의 정수 $n$에 대하여 $A^n = O$이면 $I - A$가 가역임을 보여라.
   (d) $A^2 + 2A + I = O$이라 가정하면 $A$가 가역임을 보여라.
   (e) $A^3 - A + I = O$이라 가정하면 $A$가 가역임을 보여라.

19. $a, b$를 수라 하고,

$$A = \begin{pmatrix} 1 & a \\ 0 & 1 \end{pmatrix}, \qquad B = \begin{pmatrix} 1 & b \\ 0 & 1 \end{pmatrix}$$

이라 하자. $AB$는 무엇이 되는가? $n$이 양의 정수일 때, $A^n$은 무엇이 되는가?

20. 문제 19의 행렬 $A$가 역행렬을 가짐을 보여라. 역행렬은 무엇인가?

21. $A, B$가 역행렬을 갖는 $n \times n$ 행렬이면, $AB$가 역행렬을 가짐을 보여라.

22. $A^2 = 0$이 되는 모든 $2 \times 2$ 행렬 $A$를 결정하라.

23. $A = \begin{pmatrix} \cos\theta & -\sin\theta \\ \sin\theta & \cos\theta \end{pmatrix}$라 하자. $A^2 = \begin{pmatrix} \cos 2\theta & -\sin 2\theta \\ \sin 2\theta & \cos 2\theta \end{pmatrix}$임을 보여라. 임의의 양의 정수 $n$에 대하여 수학적 귀납법을 이용하여 $A^n$을 결정하라.

24. $A^2 = -I = \begin{pmatrix} -1 & 0 \\ 0 & -1 \end{pmatrix}$이 되는 $2 \times 2$ 행렬 $A$를 하나 구하라.

25. $A$를 $n \times n$ 행렬이라 하자. $A$의 **대각합**(對角合, trace)을 대각원소들의 합으로 정의한다. 즉 $A = (a_{ij})$이면

$$\mathrm{tr}(A) = \sum_{i=1}^{n} a_{ii}$$

이다. 예를 들어

$$A = \begin{pmatrix} 1 & 2 \\ 3 & 4 \end{pmatrix}$$

이면 $\mathrm{tr}(A) = 1 + 4 = 5$이다.

$$A = \begin{pmatrix} 1 & -1 & 5 \\ 2 & 1 & 3 \\ 1 & -4 & 7 \end{pmatrix}$$

이면 $\operatorname{tr}(A) = 9$이다. 다음 행렬의 대각합을 구하라.

(a) $\begin{pmatrix} 1 & 7 & 3 \\ -1 & 5 & 2 \\ 2 & 3 & -4 \end{pmatrix}$ (b) $\begin{pmatrix} 3 & -2 & 4 \\ 1 & 4 & 1 \\ -7 & -3 & -3 \end{pmatrix}$ (c) $\begin{pmatrix} -2 & 1 & 1 \\ 3 & 4 & 4 \\ -5 & 2 & 6 \end{pmatrix}$

26. $A, B$를 다음에 주어진 행렬이라 하자.

$$\operatorname{tr}(AB) = \operatorname{tr}(BA)$$

가 됨을 보여라.

(a) $A = \begin{pmatrix} 1 & -1 & 1 \\ 2 & 4 & 1 \\ 3 & 0 & 1 \end{pmatrix}, \quad B = \begin{pmatrix} 3 & 1 & 2 \\ 1 & 1 & 0 \\ -1 & 2 & 1 \end{pmatrix}$

(b) $A = \begin{pmatrix} 1 & 7 & 3 \\ -1 & 5 & 2 \\ 2 & 3 & -4 \end{pmatrix}, \quad B = \begin{pmatrix} 3 & -2 & 4 \\ 1 & 4 & 1 \\ -7 & -3 & 2 \end{pmatrix}$

27. 일반적으로 $A, B$가 $n \times n$ 정사각행렬일 때

$$\operatorname{tr}(AB) = \operatorname{tr}(BA)$$

가 됨을 보여라.

28. 임의의 정사각행렬 $A$에 대하여 $\operatorname{tr}(A) = \operatorname{tr}({}^tA)$가 됨을 보여라.

29. $A$를

$$A = \begin{pmatrix} 1 & 0 & 0 \\ 0 & 2 & 0 \\ 0 & 0 & 3 \end{pmatrix}$$

라 할 때, $A^2, A^3, A^4$를 구하라.

30. $A$를 대각원소가 $a_1, \ldots, a_n$인 대각행렬이라 하자. $A^2, A^3$과 임의의 양의 정수 $k$에 대해 $A^k$는 무엇이 되는가?

31. $A$를

$$A = \begin{pmatrix} 0 & 1 & 6 \\ 0 & 0 & 4 \\ 0 & 0 & 0 \end{pmatrix}$$

이라 하자. $A^3$를 구하라.

32. $A$를 $n \times n$ 행렬이라 하자.

$$^t(A^{-1}) = (^tA)^{-1}$$

가 됨을 보여라. 그러므로 이를 간단히 $^tA^{-1}$라 써도 혼동할 우려가 없다.

33. $A = (a_{ij})$를 복소행렬이라 하고, $\overline{A} = (\overline{a}_{ij})$라 하자. 여기서 윗줄은 켤레복소수를 뜻한다.

$$^t(\overline{A}) = \overline{^tA}$$

가 됨을 보여라. 그러므로 이를 간단히 $^t\overline{A}$라 쓴다.

34. $A$를 대각행렬

$$A = \begin{pmatrix} a_1 & 0 & \cdots & 0 \\ 0 & a_2 & \cdots & 0 \\ \vdots & \vdots & & \vdots \\ 0 & 0 & \cdots & a_n \end{pmatrix}$$

이라 하자. 모든 $i$에 대해 $a_i \neq 0$일 때, $A$가 가역임을 보여라. $A$의 역행렬은 무엇인가?

35. $A$를 **순상삼각행렬**(純上三角行列, strictly upper triangular matrix), 즉 대각선의 아래와 대각선상의 성분이 모두 0이 되는 정사각행렬 $(a_{ij})$이라 하자. 이 조건을 $i \geqq j$이면 $a_{ij} = 0$이라 쓸 수도 있다. 또

$$A = \begin{pmatrix} 0 & a_{12} & a_{13} & \cdots & a_{1n} \\ 0 & 0 & a_{23} & \cdots & a_{2n} \\ \vdots & \vdots & \vdots & & \vdots \\ \vdots & \vdots & \vdots & & a_{n-1,n} \\ 0 & 0 & 0 & \cdots & 0 \end{pmatrix}$$

로 풀어 쓸 수도 있다. 이때 $A^n = O$임을 보여라. (원한다면, $n = 2, 3, 4$인 경우에만 해도 좋다. 일반적인 경우는 귀납법으로 할 수 있다.)

36. $A$를 대각성분이 1인 삼각행렬

$$A = \begin{pmatrix} 1 & a_{12} & \cdots & & a_{1n} \\ 0 & 1 & \cdots & & a_{2n} \\ \vdots & \vdots & & & \vdots \\ 0 & 0 & \cdots & 1 & a_{n-1,n} \\ 0 & 0 & \cdots & 0 & 1 \end{pmatrix}$$

이라 하자. $N = A - I_n$이라 하자. $N^{n+1} = O$임을 보여라. $A = I + N$임에 주목하라. $A$

가 가역이고, $A$의 역행렬이

$$(I+N)^{-1} = I - N + N^2 - \cdots + (-1)^n N^n$$

임을 보여라.

37. $N$이 어떤 양의 정수 $r$에 대해 $N^{r+1} = O$이 되는 정사각행렬이면, $I - N$은 가역이고 그 역행렬이 $I + N + \cdots + N^r$이 됨을 보여라.

38. $A$를 삼각행렬

$$A = \begin{pmatrix} a_{11} & a_{12} & \cdots & a_{1n} \\ 0 & a_{22} & \cdots & a_{2n} \\ \vdots & \vdots & & \vdots \\ 0 & 0 & \cdots & a_{nn} \end{pmatrix}$$

이라 하자. 대각원소는 모두 0이 아니라 하고,

$$B = \begin{pmatrix} a_{11}^{-1} & 0 & \cdots & 0 \\ 0 & a_{22}^{-1} & \cdots & 0 \\ \vdots & \vdots & & \vdots \\ 0 & 0 & \cdots & a_{nn}^{-1} \end{pmatrix}$$

라 하자. 이때 $BA$와 $AB$는 대각성분이 1인 삼각행렬임을 보여라.

39. 어떤 정수 $r \geqq 1$에 대해 $A^r = O$이 되는 정사각행렬 $A$를 **거듭제곱이** $O$(nilpotent)인 행렬이라 한다. $A, B$를 같은 크기의 거듭제곱이 $O$인 행렬이라 하고 $AB = BA$라 하자. $AB$와 $A + B$가 거듭제곱이 $O$인 행렬임을 보여라.

# 제3장

# 선형사상

사상이라는 일반적인 개념을 정의한다. 사상은 함수의 개념을 일반화한 것인데 특히 선형사상이 매우 중요하다. 수학의 상당한 부분이 임의의 사상에 관한 문제를 선형사상의 문제로 바꾸는 데에 할애되고 있다. 그 이유는 한편으로, 선형사상이 그 자체로 흥미로울 뿐 아니라 또한 많은 사상이 선형이기 때문이다. 다른 한편으로는 임의의 사상을 선형사상으로 근사시킬 수 있는 경우가 많은데, 이 선형사상을 들여다 보는 것이 원래 사상을 들여다보는 것보다 훨씬 쉽기 때문이다. 예컨대 이러한 방법은 다변수해석학에서도 쓰인다.

## III, §1. 사상

$S, S'$을 두 집합이라 하자. $S$에서 $S'$으로 가는 **사상**(寫像, mapping, map)이란 $S$의 각 원소에 $S'$의 한 원소를 대응시키는 규칙을 말한다. $F$가 $S$에서 $S'$으로 가는 사상이라고 하는 대신에 흔히 기호 $F : S \to S'$로 적는다.

함수는 특별한 형태의 사상으로, 어떤 집합에서 수의 집합 $\mathbb{R}$ 또는 $\mathbb{C}$, 또는 체 $K$로 가는 사상이다.

함수와 관련하여 사용되는 몇몇 용어들은 사상에 관해서도 확장하여 사용된다. 예컨대 $T : S \to S'$가 사상이고 $u$가 $S$의 원소일 때 $T$에 의해 $u$에 대응되는 $S'$의 원소를 $T(u)$ 또는 $Tu$로 나타낸다. $T(u)$를 $u$에서의 $T$의 **값**(value), 또는 $T$에 의한 $u$의 **상**(像, image)

이라 한다. $u$가 $S$의 원소 전체의 범위에서 변할 때, 원소 $T(u)$ 전체의 집합을 $T$의 상(像, image)이라 한다. $W$가 $S$의 부분집합인 경우, $w$를 $W$의 원소 전체의 범위에서 변할 때 원소 $T(w)$ 전체의 집합을 $T$에 의한 $W$의 상(像, image)이라 하고 $T(W)$로 나타낸다.

$F$를 집합 $S$에서 집합 $S'$으로 가는 사상이라 하자. $x$가 $S$의 한 원소일 때, $F$에 의한 $x$의 상이 $F(x)$라는 것을 나타내기 위해 흔히 화살표 $\mapsto$를 써서 $x \mapsto F(x)$라 적는다. 예컨대 $F(x) = x^2$으로 정의된 $F$를 사상 $x \mapsto x^2$라고 할 수 있다.

**보기 1.** $S$와 $S'$을 $\mathbb{R}$와 같다 하자. $f : \mathbb{R} \to \mathbb{R}$를 함수 $f(x) = x^2$(즉, 수 $x$에서의 값이 $x^2$인 함수)이라 하면, $f$는 $\mathbb{R}$에서 $\mathbb{R}$로 가는 사상이다. 그 상은 0 이상인 수 전체의 집합이다.

**보기 2.** $S$가 0 이상인 수의 집합이라 하고, $S' = \mathbb{R}$이라 하자. $g : S \to S'$를 $g(x) = x^{\frac{1}{2}}$인 함수라 하면, $g$는 $S$에서 $\mathbb{R}$로 가는 사상이다.

**보기 3.** $S$를 구간 $(0, 1)$ 위에서 정의되고 모든 차수의 도함수를 가지는 함수들의 집합이라 하고, $S' = S$라 하자. 그러면 미분작용소 $D = d/dt$는 $S$에서 $S$로 가는 사상이다. 사실 $D$는 함수 $f$에 함수 $df/dt = Df$를 대응시키는 사상이다. 즉 $Df$는 사상 $D$의 $f$에서의 값이다.

**보기 4.** $S$를 구간 $[0, 1]$ 위에서 연속인 함수 전체의 집합이라 하고 $S'$을 그 구간에서 미분가능한 함수의 집합이라 하자. 사상 $\mathcal{I} : S \to S'$를 각 $f \in S$에 값을 대응시켜 정의하려 한다. 다시 말하면 $\mathcal{I}f$(또는 $\mathcal{I}(f)$)를 $x$에서의 값이

$$(\mathcal{I}f)(x) = \int_0^x f(t)\,dt$$

인 함수라 하자. 그러면 $\mathcal{I}(f)$는 미분가능한 함수이다.

**보기 5.** $S$를 실수 세순서쌍의 집합 $\mathbb{R}^3$이라 하자. $A = (2, 3, -1)$이라 하고 $L : \mathbb{R}^3 \to \mathbb{R}$을 벡터 $X = (x, y, z)$에서의 값이 $A \cdot X$인 사상이라 하자. 그러면 $L(X) = A \cdot X$이다. $X = (1, 1, -1)$이라 하면, $X$에서의 $L$의 값은 6이다.

함수와 마찬가지로 사상도 값을 지정함으로써 기술할 수 있다. 그러므로 보기 5에서 사상 $L$을 기술하는 대신에 다음과 같이 말할 수 있다. "$L : \mathbb{R}^3 \to \mathbb{R}$을 사상 $L(X) = A \cdot X$라 하자." 이것은 어떤 면에서는 부정확하지만 더 간결하고 혼동의 염려가 거의 없다. 더 정확하게 하려면, 원소 $X$에 대한 사상 $L$의 역할을 표시하기 위하여, 화살표 $\mapsto$를 써서 $X \mapsto L(X)$ 또는 $X \mapsto A \cdot X$라 할 수 있다.

**보기 6.** $F : \mathbb{R}^2 \to \mathbb{R}^2$를

$$F(x, y) = (2x, 2y)$$

로 주어지는 사상이라 하자. 원 $x^2 + y^2 = 1$ 위에 있는 점들의 $F$에 의한 상을 구하라.

$(x, y)$를 반지름이 1인 원 위의 점이라 하자. $u = 2x, v = 2y$라 하면 $u, v$는 관계식

$$\left(\frac{u}{2}\right)^2 + \left(\frac{v}{2}\right)^2 = 1,$$

또는

$$\frac{u^2}{4} + \frac{v^2}{4} = 1$$

을 만족한다. 따라서 $(u, v)$는 반지름이 2인 원 위의 점이다. 그러므로 반지름이 1인 원의 $F$에 의한 상은 반지름이 2인 원의 부분집합이다.

역으로

$$u^2 + v^2 = 4$$

를 만족하는 점 $(u, v)$에 대하여, $x = \frac{u}{2}, y = \frac{v}{2}$라 하자. 그러면 점 $(x, y)$는 $x^2 + y^2 = 1$을 만족하므로 반지름이 1인 원 위에 있다. 또한 $F(x, y) = (u, v)$이므로 반지름이 2인 원 위의 각 점은 반지름이 1인 원 위의 어떤 점의 상이다. 따라서 $F$에 의한 반지름이 1인 원의 상은 바로 반지름이 2인 원이 된다고 결론지을 수 있다.

**노트.** 일반적으로, 두 집합 $S, S'$에 대해 $S = S'$임을 증명하려면 보통 $S$가 $S'$의 부분집합이고 동시에 $S'$이 $S$의 부분집합임을 보이면 되는데, 위 보기에서도 이러한 방법으로 증명하였다.

**보기 7.** $S$를 집합이라 하고 $V$를 체 $K$ 위의 벡터공간이라 하자. $S$에서 $V$로 가는 두 사상 $F, G$가 주어지면 이들의 합 $F + G$를 $S$의 원소 $t$에서의 값이 $F(t) + G(t)$인 사상으로 정의한다. $K$의 원소 $c$를 $F$에 곱한 것은 $S$의 원소 $t$에서의 값이 $cF(t)$인 사상으로 정의한다. 그러면 **VS 1**에서 **VS 8**까지의 조건이 만족됨을 쉽게 보일 수 있다.

**보기 8.** $S$를 집합이라 하고 $F : S \to K^n$를 사상이라 하자. 그러면 $S$의 각 원소 $t$에 대해 $t$에서의 $F$의 값은 벡터 $F(t)$이다. $F(t)$의 좌표는 $t$에 따라 변하므로 $S$에서 $K$로 가는 $n$개의 함수 $f_1, \ldots, f_n$이 있어서

$$F(t) = (f_1(t), \ldots, f_n(t))$$

라 쓸 수 있다. 이 함수들을 $F$의 **좌표함수**(座標函數, coordinate function)라 한다. 예컨

대 $K = \mathbb{R}$이고 $S$가 실수의 어떤 구간 $J$일 때, 사상

$$F : J \to \mathbb{R}^n$$

를 $n$차원 공간의 (매개변수로 표현된) **곡선**(曲線, curve)이라고도 한다.

$S$를 다시 임의의 집합이라 하고 $F, G : S \to K^n$를 $S$에서 $K^n$으로 가는 사상이라 하자. $f_1, \ldots, f_n$을 $F$의 좌표함수라 하고 $g_1, \ldots, g_n$을 $G$의 좌표함수라 하자. 그러면 모든 $t \in G$에 대해 $G(t) = (g_1(t), \ldots, g_n(t))$이다. 더욱이

$$(F + G)(t) = F(t) + G(t) = (f_1(t) + g_1(t), \ldots, f_n(t) + g_n(t))$$

이고 임의의 $c \in K$에 대해

$$(cF)(t) = cF(t) = (cf_1(t), \ldots, cf_n(t))$$

이다. 특히 $F + G$의 좌표함수가

$$f_1 + g_1, \ldots, f_n + g_n$$

임을 알 수 있다.

**보기 9.** 사상 $F : \mathbb{R} \to \mathbb{R}^3$를 대응

$$t \mapsto (2t, 10^t, t^3)$$

으로 정의하자. 그러면 $F(t) = (2t, 10^t, t^3)$이고 $F(2) = (4, 100, 8)$이다. $F$의 좌표함수 $f_1, f_2, f_3$는

$$f_1(t) = 2t, \quad f_2(t) = 10^t, \quad f_3(t) = t^3$$

이다.

$U, V, W$를 집합이라 하고 $F : U \to V$와 $G : V \to W$를 두 사상이라 하자. 그러면 $U$에서 $W$로 가는 합성사상을 구성할 수 있는데 이를 $G \circ F$로 나타낸다. 합성사상이란 모든 $t \in U$에 대해

$$(G \circ F)(t) = G(F(t))$$

로 정의되는 사상이다. 만일 $f : \mathbb{R} \to \mathbb{R}$가 함수이고 $g : \mathbb{R} \to \mathbb{R}$가 또한 함수이면 $g \circ f$는 합성함수이다.

다음은 사상의 중요한 성질이다.

$U, V, W, S$를 집합이라 하자.

$$F : U \to V, \quad G : V \to W, \quad H : W \to S$$

를 사상이라 하면

$$H \circ (G \circ F) = (H \circ G) \circ F$$

가 성립한다.

**증명.** 이 증명은 매우 간단하다. 정의에 따라 임의의 $u \in U$에 대해

$$(H \circ (G \circ F))(u) = H((G \circ F)(u)) = H(G(F(u)))$$

가 성립한다. 반면,

$$((H \circ G) \circ F)(u) = (H \circ G)(F(u)) = H(G(F(u)))$$

가 또한 성립한다. 정의에 따라 이는

$$(H \circ G) \circ F = H \circ (G \circ F)$$

를 의미한다. □

뒤에서 역사상(inverse map)에 관해 논의할 것이지만 그 전에 사상이 가질 수 있는 두 가지 특수한 성질에 관해서 언급할 필요가 있겠다. $f$를

$$f : S \to S'$$

인 사상이라 하자. $x, y \in S$이고 $x \neq y$이면 $f(x) \neq f(y)$일 때 $f$를 **단사사상**(單寫寫像, injective map)이라 한다. 즉 $f$가 단사란 $S$의 서로 다른 원소에서의 값이 서로 다르다는 것을 의미한다. 이를 달리 표현하면, $f$가 단사일 필요충분조건은 주어진 $x, y \in S$에 대해

$$f(x) = f(y) \text{ 이면 } x = y$$

가 성립하는 것이다.

**보기 10.** 함수

$$f : \mathbb{R} \to \mathbb{R}$$

를 $f(x) = x^2$이라 하면, $f(1) = f(-1) = 1$이므로 $f$는 단사가 아니다. 또 함수 $x \mapsto \sin x$는 $\sin(x) = \sin(x + 2\pi)$이므로 단사가 아니다. 그러나 함수 $f : \mathbb{R} \to \mathbb{R}$를 $f(x) = x + 1$이라 하면, $x + 1 = y + 1$이 $x = y$을 의미하므로 $f$는 단사이다.

$f$를 다시

$$f : S \to S'$$

인 사상이라 하자. $f$의 상이 $S'$ 전부일 때 $f$를 **전사사상**(全寫寫像, surjective map)이라 한다.

사상

$$f : \mathbb{R} \to \mathbb{R}$$

를 $f(x) = x^2$이라 하면, $f$의 상이 0 이상인 실수로만 구성되어 있고 $\mathbb{R}$ 전체가 아니므로 $f$는 전사가 아니다. 반면 $\mathbb{R}$에서 $\mathbb{R}$로 가는 사상 $x \mapsto x^3$은 주어진 실수 $y$에 대해 $y = x^3$을 만족하는 $x$가 존재하므로 전사이다. 그러므로 모든 실수는 이 사상의 상에 속한다.

동시에 단사이고 전사인 사상을 **전단사사상**(全單寫寫像, bijective map)이라 한다.

$\mathbb{R}^+$를 0 이상인 실수의 집합이라 하자. 관례상 두 사상

$$\mathbb{R} \to \mathbb{R}, \qquad \mathbb{R}^+ \to \mathbb{R}^+$$

가 같은 식 $x \mapsto x^2$으로 주어졌더라도, 다른 사상으로 구별하여 생각한다. 여기서 말하고자 하는 요점은 대응 $x \mapsto x^2$를 $\mathbb{R} \to \mathbb{R}$로 보면 전사도 아니고 단사도 아니다. 그러나 이 대응을 $\mathbb{R}^+$에서 $\mathbb{R}^+$로 가는 사상으로 보면, 모든 양수는 양의 제곱근을 가지며 또 이 제곱근은 유일하게 결정되므로, $\mathbb{R}^+$에서 자기 자신으로 가는 전사이고 단사인 사상이 된다.

그러므로 일반적으로 사상 $f : S \to S'$를 다룰 때는 $f$가 단사인지 전사인지 알 수 있도록 항상 $S$와 $S'$을 명시하여야 한다. 완벽하게 정확한 기호를 사용하려면

$$f_{S,S'}$$

과 같이 $S$와 $S'$을 명시한 기호를 사용하여야 하나, 그러면 보기에 어색하므로 그냥 $f$라 쓰되 문맥에서 의미가 분명해지도록 정확하게 기술하면 된다.

$S$가 임의의 집합일 때 **항등사상**(恒等寫像, identity mapping) $I_S$를 모든 $x \in S$에 대해 $I_S(x) = x$인 사상으로 정의한다. 항등사상은 단사인 동시에 전사이다. (문맥에서 분명하여) $S$를 명시해 줄 필요가 없을 때는 $I_S$ 대신에 $I$라 쓴다. 그러므로 모든 $x \in S$에 대해 $I(x) = x$이다. 때로 $I_S$를 $\mathrm{id}_S$ 또는 간단히 id라 쓴다.

마지막으로 역사상을 정의하자. $F : S \to S'$를 어떤 집합 $S$에서 다른 집합 $S'$으로 가는 사상이라 하자.

$$G \circ F = I_S, \qquad F \circ G = I_{S'}$$

을 만족하는 어떤 사상 $G : S' \to S$가 존재할 때 $F$는 **역사상**(逆寫像, inverse)을 갖는다고 한다.

이때 합성사상 $G \circ F$와 $F \circ G$는 각각 $S$와 $S'$의 항등사상이다.

**보기 11.** $S = S'$을 0 이상인 모든 실수의 집합이라 하자.

$$f : S \to S'$$

를 $f(x) = x^2$인 사상이라 하자. 그러면 $f$는 역사상, 즉 $g : S \to S$, $g(x) = \sqrt{x}$를 갖는다.

**보기 12.** $\mathbb{R}_{>0}$를 0보다 큰 실수의 집합이라 하고 $f : \mathbb{R} \to \mathbb{R}_{>0}$를 $f(x) = e^x$인 사상이라 하자. 그러면 $f$는 역사상을 갖는데 그것은 다름 아닌 로그함수이다.

**보기 13.** 이 보기는 기하학적 응용에 특히 중요하다. $V$를 벡터공간이라 하고 $u$를 $V$의 고정된 원소라 하자.

$$T_u : V \to V$$

를 $T_u(v) = v + u$인 사상이라 하자. $T_u$를 $u$만큼의 **평행이동**(平行移動, translation)이라 한다. $S$가 $V$의 임의의 부분집합일 때, $T_u(S)$를 **$u$만큼의 $S$의 평행이동**(translation of $S$ by $u$)이라 하는데, 이는 $v \in S$인 모든 벡터 $v + u$로 이루어진다. 때로 이를 $S + u$로 나타낸다. 그림 1은 집합 $S$와 벡터 $u$에 의한 평행이동을 보여 준다.

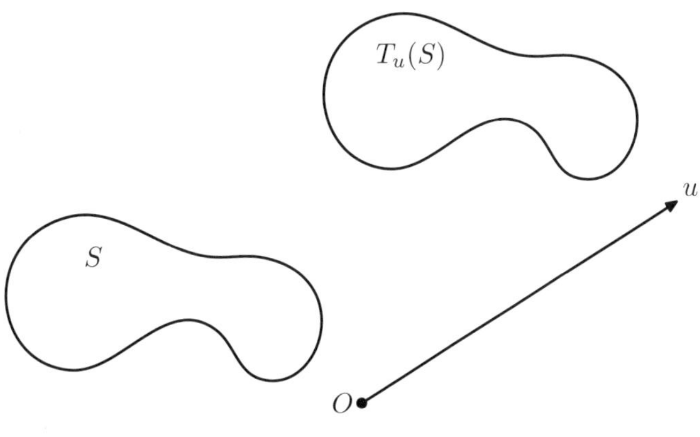


그림 1

다음의 두 명제를 증명하는 것은 독자에게 연습문제로 남긴다.

$u_1, u_2$가 $V$의 원소이면 $T_{u_1+u_2} = T_{u_1} \circ T_{u_2}$이다.

$u$가 $V$의 원소이면 $T_u : V \to V$는 역사상 $T_{-u}$를 갖는다.

이제 다음을 보이자.

사상

$$f : S \to S'$$

를 역사상 $g$를 갖는 사상이라 하자. 그러면 $f$는 단사이고 전사, 즉 전단사이다.

증명. $x, y$를 $S$의 원소라 하자. $g : S' \to S$를 $f$의 역사상이라 하고 $f(x) = f(y)$라면

$$x = g(f(x)) = g(f(y)) = y$$

가 되므로 $f$는 단사이다. $f$가 전사임을 보이기 위해 $z$를 $S'$의 임의의 원소라 하자. 그러면 역사상의 정의에 의해

$$z = f(g(z))$$

이므로 $x = g(z)$라 두면 $z = f(x)$가 되어 $f$가 전사임이 증명되었다. □

위에 증명한 내용의 역도 참임을 알 수 있는데, 즉 다음이 성립한다.

사상 $f : S \to S'$를 전단사라 하자. 그러면 $f$는 역사상을 가진다.

증명. $S'$의 각 원소 $z$에 대해, $f$가 전사이므로 $S$의 원소로서 $f(x) = z$를 만족하는 $x$가 존재한다. $f$가 단사이므로 그러한 $x$는 $z$에 따라 유일하게 결정된다. 그러므로

$$g(z) = x$$

로 $g$를 정의할 수 있다. $g$의 정의에 의하여 $f(g(z)) = z$이고 $g(f(x)) = x$가 되므로 $g$는 $f$의 역사상이다. □

그러므로 사상 $f : S \to S'$가 역사상을 가질 필요충분조건은 $f$가 전단사인 것이라고 할 수 있다.

## III, §1. 연습문제

1. 보기 3에서, $f$가 다음 함수일 때 $Df$를 $x$의 함수로 표현하라.

   (a) $f(x) = \sin x$ (b) $f(x) = e^x$ (c) $f(x) = \log(x)$

2. 보기 13에서 평행이동에 관한 명제를 증명하라.
3. 보기 5에서, $X$가 다음 벡터일 때 $L(X)$를 구하라.

   (a) $(1, 2, -3)$ (b) $(-1, 5, 0)$ (c) $(2, 1, 1)$

4. $F:\mathbb{R}\to\mathbb{R}^2$를 $F(t)=(e^t,t)$를 만족하는 사상이라 하자. $F(1),F(0),F(-1)$은 각각 무엇인가?

5. $G:\mathbb{R}\to\mathbb{R}^2$를 $G(t)=(t,2t)$를 만족하는 사상이라 하자. $F$를 문제 4에서와 같은 사상이라 하자. $(F+G)(1),(F+G)(2),(F+G)(0)$은 각각 무엇인가?

6. $F$를 문제 4에서와 같은 사상이라 하자. $(2F)(0),(\pi F)(1)$은 무엇인가?

7. $A=(1,1,-1,3)$이라 하자. $F:\mathbb{R}^4\to\mathbb{R}$를 임의의 벡터 $X=(x_1,x_2,x_3,x_4)$에 대해 $F(X)=X\cdot A+2$인 사상이라 하자. 다음 각 경우에 $F(X)$의 값은 무엇인가?

   (a) $X=(1,1,0,-1)$　　(b) $X=(2,3,-1,1)$

문제 8에서 12까지는 보기 6을 참조하라. 각 경우에 상이 어떤 집합 $S$와 같다는 것을 증명하기 위해서는, 상이 $S$에 포함된다는 것과 함께 $S$의 각 원소가 상 안에 있다는 것을 증명해야 한다.

8. $F:\mathbb{R}^2\to\mathbb{R}^2$를 $F(x,y)=(2x,3y)$로 정의된 사상이라 하자. 원 $x^2+y^2=1$위에 있는 점들의 상을 기술하라.

9. $F:\mathbb{R}^2\to\mathbb{R}^2$를 $F(x,y)=(xy,y)$로 정의된 사상이라 하자. $F$ 아래서의 직선 $x=2$의 상을 기술하라.

10. $F$를 $F(x,y)=(e^x\cos y,e^x\sin y)$로 정의된 사상이라 하자. 직선 $x=1$의 $F$에 의한 상을 기술하라. 더 일반적으로, $c$가 상수일 때, $x=c$의 $F$에 의한 상을 기술하라.

11. $F$를 $F(t,u)=(\cos t,\sin t,u)$로 정의된 사상이라 하자. $(t,u)$-평면의 $F$에 의한 상을 기하학적으로 기술하라.

12. $F$를 $F(x,y)=(x/3,y/4)$로 정의된 사상이라 하자. 타원

$$\frac{x^2}{9}+\frac{y^2}{16}=1$$

   의 $F$에 의한 상은 무엇인가?

## III, §2. 선형사상

$V,V'$을 체 $K$ 위의 벡터공간이라 하자. **선형사상**(線形寫像, linear mapping)

$$F:V\to V'$$

란 다음의 두 성질을 만족하는 사상을 말한다.

**LM 1.** $V$의 임의의 원소 $u, v$에 대해

$$F(u+v) = F(u) + F(v)$$

가 성립한다.

**LM 2.** 모든 $K$의 원소 $c$와 $V$의 원소 $v$에 대해

$$F(cv) = cF(v)$$

가 성립한다.

체 $K$를 명시하고 싶을 때는 $F$는 $K$-선형이라 하지만 보통은 체 $K$를 하나 고정하여 다루므로 $K$를 생략하여 간단히 $F$는 선형이라 한다.

**보기 1.** $V$를 $K$ 위의 유한차원 벡터공간이라 하고 $\{v_1, \ldots, v_n\}$을 $V$의 기저라 하자. 사상

$$F : V \to K^n$$

를 각 원소 $v \in V$에 주어진 기저에 대한 좌표벡터 $X$를 대응시키는 사상이라 하자. 그러면 $x_i \in K$에 대해

$$v = x_1v_1 + \cdots + x_nv_n$$

일 때

$$F(v) = (x_1, \ldots, x_n)$$

이다. 이제 $F$가 선형사상임을 보이자. $w$가

$$w = y_1v_1 + \cdots + y_nv_n$$

로 좌표벡터가 $Y = (y_1, \ldots, y_n)$이면

$$v + w = (x_1 + y_1)v_1 + \cdots + (x_n + y_n)v_n$$

이므로 $F(v+w) = X + Y = F(v) + F(w)$이다. 또 $c \in K$이면

$$cv = cx_1v_1 + \cdots + cx_nv_n$$

이므로 $F(cv) = cX = xF(v)$이다. 따라서 $F$는 선형이다.

**보기 2.** $V = \mathbb{R}^3$를 3차원 공간의 벡터로 구성된 ($\mathbb{R}$ 위의) 벡터공간이라 하고 $V' = \mathbb{R}^2$을 2차원 공간의 벡터로 구성된 벡터공간이라 하자. 사상

$$F : \mathbb{R}^3 \to \mathbb{R}^2$$

를 $F(x, y, z) = (x, y)$로 정의한다. 이 사상이 조건 **LM 1** 및 **LM 2**를 만족함을 검증하는 것은 독자에게 맡긴다.

더 일반적으로 $r, n$이 $r < n$인 양의 정수라 하자. 그러면

$$F(x_1, \ldots, x_n) = (x_1, \ldots, x_r)$$

로 정의된 사영

$$F : K^n \to K^r$$

가 선형사상이라는 것도 쉽게 검증할 수 있다.

**보기 3.** $A = (1, 2, -1)$이라 하자. $V = \mathbb{R}^3$라 하고 $V' = \mathbb{R}$라 하자. 사상 $L = L_A : \mathbb{R}^3 \to \mathbb{R}$을 대응 $X \mapsto X \cdot A$, 즉 3차원 공간의 임의의 $X$에 대해

$$L(A) = X \cdot A$$

로 정의하자. 스칼라 내적의 두 성질, 즉 3차원 공간의 임의의 벡터 $X, Y$에 대해

$$(X + Y) \cdot A = X \cdot A + Y \cdot A,$$
$$(cA) \cdot A = c(X \cdot A)$$

가 성립한다는 것은 $L$이 선형이라는 것과 같다.

더 일반적으로 $K$를 체라 하고 $A$를 $K^n$의 한 벡터라 하자. 그러면 $L_A(X) = X \cdot A$로 정의되는 선형사상 (즉 $K$-선형사상)

$$L_A : K^n \to K$$

를 만들 수 있다.

이를 행렬의 경우로 확장할 수 있다. $A$를 체 $K$의 원소들을 성분으로 갖는 $m \times n$ 행렬이라 하자. 그러면 $K^n$의 모든 열벡터 $X$에 대해 $L_A(X) = AX$로 정의되는 선형사상

$$L_A : K^n \to K^m$$

를 얻을 수 있다. 여기서도 선형성은 행렬 간의 곱의 성질에서 나온다. $A = (a_{ij})$이면 $AX$는

$$AX = \begin{pmatrix} a_{11} & \ldots & a_{1n} \\ & \ldots & \\ a_{m1} & \ldots & a_{mn} \end{pmatrix} \begin{pmatrix} x_1 \\ \vdots \\ x_n \end{pmatrix}$$

와 같은 모양이다. 앞으로 이러한 형태의 곱을 자주 보게 될 것이다.

**보기 4.** $V$를 임의의 벡터공간이라 하자. $V$의 각 원소 $u$에 자기 자신을 대응시키는 사상은 명백히 선형사상이며, 이를 **항등사상**(恒等寫像, identity mapping)이라 부르고, id 또는 간단히 $I$로 나타낸다. 따라서 $\mathrm{id}(u) = u$가 된다.

**보기 5.** $V, V'$을 체 $K$ 위의 벡터공간이라 하자. $V$의 모든 원소 $u$에 $V'$의 $O$을 대응시키는 사상을 **영사상**(零寫像, zero mapping)이라 하는데 이는 명백히 선형사상이다. 이 사상도 $O$으로 표시하기로 한다. 연습문제(문제 2)로 다음을 증명하라.

$L : V \to W$을 선형사상이라 하자. 그러면 $L(O) = O$이다.

따라서 $F : V \to W$가 $F(O) \neq O$인 사상이면 선형이 아니다.

**보기 6 (선형사상의 공간).** $V, V'$을 체 $K$ 위에서의 두 벡터공간이라 하자. $V$에서 $V'$으로 가는 선형사상 전체의 집합을 $\mathcal{L}(V, V')$ 또는 $V$와 $V'$이 무엇인지 분명하다면 간단히 $\mathcal{L}$로 나타내자. $\mathcal{L}$이 벡터공간이 되도록 선형사상 간의 덧셈 및 스칼라와 선형사상의 곱을 정의해보자.

$T : V \to V'$와 $F : V \to V'$를 두 선형사상이라 하자. 이들의 **합**(合, sum) $T + F$를 $V$의 원소 $u$에서의 값이 $T(u) + F(u)$가 되는 사상이라 정의한다. 그러면

$$(T+F)(u) = T(u) + F(u)$$

라 쓸 수 있다. 이때 $T + F$는 선형사상이 된다. 실제로 이 사상이 선형사상이 되기 위한 두 조건을 만족하는 것을 쉽게 보일 수 있다. $V$의 임의의 원소 $u, v$에 대해

$$\begin{aligned}(T+F)(u+v) &= T(u+v) + F(u+v)\\ &= T(u) + T(v) + F(u) + F(v)\\ &= T(u) + F(u) + T(v) + F(v)\\ &= (T+F)(u) + (T+F)(v)\end{aligned}$$

가 성립한다. 또 $c \in K$이면

$$\begin{aligned}(T+F)(cu) &= T(cu) + F(cu)\\ &= cT(u) + cF(u)\\ &= c[T(u) + F(u)]\\ &= c[(T+F)(u)]\end{aligned}$$

이다. 따라서 $T + F$는 선형사상이다.

$a \in K$ 이고 $T : V \to V$ 가 선형사상일 때 $V$ 에서 $V'$ 으로 가는 사상 $aT$ 를 $V$ 의 각 원소 $u$ 에서의 값을 $(aT)(u) = aT(u)$ 로 주어 정의할 수 있다. 그러면 $aT$ 가 선형사상이라는 것을 쉽게 보일 수 있는데 이것은 연습문제로 남겨둔다.

이제 집합 $\mathcal{L}$ 에서의 덧셈과 스칼라 곱셈이 정의되었다. 또한 $T : V \to V'$ 가 선형사상, 즉 $\mathcal{L}$ 의 원소이면, $-T$ 를 $-1$ 과 $T$ 의 곱 $(-1)T$ 로 정의할 수 있다. 마지막으로 $V$ 의 모든 원소에 $V'$ 의 원소 $O$ 를 대응시키는 **영사상**(零寫像, zero mapping)을 생각할 수 있다. 그러면 $\mathcal{L}$ 은 벡터공간이 된다. 달리 말하면 $V$ 에서 $V'$ 으로 가는 선형사상 전체의 집합은 그 자신이 벡터공간이다. 벡터공간에 대한 **VS 1**에서 **VS 8**까지의 성질을 만족한다는 것을 보이는 것은 쉬우므로 독자에게 맡긴다.

**보기 7.** $V = V'$ 을 모든 차수의 도함수를 가지며 실수값을 갖는 실변수 함수들로 구성된 벡터공간이라 하자. $D$ 를 미분작용소라 하자. 그러면 미분작용소 $D : V \to V$ 는 선형사상이다. 이는 단지 알려진 미분의 성질을 간단하게 표현한 것으로, 즉 임의의 미분가능 함수 $f, g$ 와 상수 $c$ 에 대해

$$D(f+g) = Df + Dg, \qquad D(cf) = cDf$$

가 성립한다는 말과 같은 뜻이다. $f$ 가 $V$ 에 속하고 $I$ 가 항등사상이면

$$(D+I)f = Df + f$$

이다. 그러므로 $f$ 가 $f(x) = e^x$ 인 함수이면 $(D+I)f$ 는 $x$ 에서의 값이 $e^x + e^x = 2e^x$ 인 함수이다. $f(x) = \sin x$ 이면, $((D+I)f)(x) = \cos x + \sin x$ 이다.

$T : V \to V'$ 를 선형사상이라 하고 $u, v, w$ 를 $V$ 의 원소라 하자. 그러면

$$T(u+v+w) = T(u) + T(v) + T(w)$$

가 성립한다. 이것을 보이려면 선형사상의 정의에 따라 한 단계씩 보이면 된다. 즉

$$T(u+v+w) = T(u+v) + T(w) = T(u) + T(v) + T(w)$$

이다. 같은 방법으로 네 개 이상의 원소의 합이 주어졌을 때도 유사한 성질이 성립함을 알 수 있는데, 예를 들어 $u_1, \ldots, u_n$ 을 $V$ 의 원소라 하면

$$T(u_1 + \cdots + u_n) = T(u_1) + \cdots + T(u_n)$$

이다. 여기서 우변은 더하는 순서에 무관하다. 엄밀한 증명은 귀납법으로 쉽게 할 수 있으므로 여기서는 생략하기로 한다.

$a_1, \ldots, a_n$ 을 수라 하면

$$T(a_1u_1 + \cdots + a_nu_n) = a_1T(u_1) + \cdots + a_nT(u_n)$$

이 성립한다. 세 원소가 주어진 경우에 대해 이 식을 증명해 보면

$$\begin{aligned} T(a_1u + a_2v + a_3w) &= T(a_1u) + T(a_2v) + T(a_3w) \\ &= a_1T(u) + a_2T(v) + a_3T(w) \end{aligned}$$

와 같다.

다음 정리는 기저에 속하는 각 원소에서의 값이 주어졌을 때 선형사상이 하나 결정되는 과정을 보여 준다.

**정리 2.1.** $V$와 $W$를 벡터공간이라 하자. $\{v_1, \ldots, v_n\}$을 $V$의 기저라 하고 $w_1, \ldots, w_n$을 $W$의 임의의 원소라 하자. 그러면

$$T(v_1) = w_1, \ \ldots, \ T(v_n) = w_n$$

을 만족하는 선형사상 $T : V \to W$가 유일하게 존재한다. $x_1, \ldots, x_n$을 수라 하면

$$T(x_1v_1 + \cdots + x_nv_n) = x_1w_1 + \cdots + x_nw_n$$

이다.

**증명.** 원하는 조건을 만족하는 선형사상 $T$가 존재함을 보이자. $v$를 $V$의 원소라 하고, $x_1, \ldots, x_n$을 $v = x_1v_1 + \cdots + x_nv_n$을 만족하는 유일한 수라 하자. $T(v)$를

$$T(v) = x_1w_1 + \cdots + x_nw_n$$

라 두면 $V$에서 $W$로 가는 사상 $T$가 정의된다. 이제 $T$가 선형임을 보이자. $v'$이 $V$의 원소이고 $v' = y_1v_1 + \cdots + y_nv_n$이면

$$v + v' = (x_1 + y_1)v_1 + \cdots + (x_n + y_n)v_n$$

이다. 정의에 의해

$$\begin{aligned} T(v + v') &= (x_1 + y_1)w_1 + \cdots + (x_n + y_n)w_n \\ &= x_1w_1 + y_1w_1 + \cdots + x_nw_n + y_nw_n \\ &= T(v) + T(v') \end{aligned}$$

이 성립한다. 또한 $c$가 수이면 $cv = cx_1v_1 + \cdots + cx_nv_n$이므로

$$T(cv) = cx_1w_1 + \cdots + cx_nw_n = cT(v)$$

가 성립한다. 그러므로 $T$가 선형임이 증명되어, 정리에서 선형사상이 존재한다는 부분은 증명되었다.

원하는 조건을 만족하는 사상은 유일하다. 왜냐하면 $F(v_i) = w_i$ $(i = 1, \ldots, n)$인

임의의 선형사상 $F : V \to W$는, $V$의 임의의 원소 $x_1v_1 + \cdots + x_nv_n$에 대해

$$\begin{aligned} F(x_1v_1 + \cdots + x_nv_n) &= x_1F(v_1) + \cdots + x_nF(v_n) \\ &= x_1w_1 + \cdots + x_nw_n \end{aligned}$$

을 만족하여야 하기 때문이다. 이것으로 증명이 끝났다. □

## III, §2. 연습문제

1. 다음 사상 $F$ 중 어느 것이 선형인지 결정하라.
   (a) $F(x, y, z) = (x, z)$로 정의된 $F : \mathbb{R}^3 \to \mathbb{R}^2$
   (b) $F(X) = -X$로 정의된 $F : \mathbb{R}^4 \to \mathbb{R}^4$
   (c) $F(X) = X + (0, -1, 0)$로 정의된 $F : \mathbb{R}^3 \to \mathbb{R}^3$
   (d) $F(x, y) = (2x + y, y)$로 정의된 $F : \mathbb{R}^2 \to \mathbb{R}^2$
   (e) $F(x, y) = (2x, y - x)$로 정의된 $F : \mathbb{R}^2 \to \mathbb{R}^2$
   (f) $F(x, y) = (y, x)$로 정의된 $F : \mathbb{R}^2 \to \mathbb{R}^2$
   (g) $F(x, y) = xy$로 정의된 $F : \mathbb{R}^2 \to \mathbb{R}$
   (h) $U$를 $\mathbb{R}^3$의 열린 부분집합이라 하고, $V$를 $U$ 위에서 미분가능한 함수들로 구성된 벡터공간이라 하자. $V'$을 $U$ 위의 벡터장으로 구성된 벡터공간이라 하자. 그러면 grad : $V \to V'$는 사상이 된다. 이 사상은 선형인가? (이 문제 (h)에서는 독자가 미적분학을 알고 있다고 가정한다.)
2. $T : V \to W$를 한 벡터공간에서 다른 벡터공간으로 가는 선형사상이라 하자. $T(O) = O$임을 보여라.
3. $T : V \to W$를 선형사상이라 하자. $u, v$를 $V$의 원소라 하고, $Tu = w$라 하자. $Tv = O$일 때 $T(u + v)$도 $w$와 같음을 보여라.
4. $T : V \to W$를 선형사상이라 하자. $U$를 $T(u) = O$이 되는 $u \in V$로 구성된 부분집합이라 하자. $w \in W$라 하고 $T(v_0) = w$가 되는 어떤 원소 $v_0 \in V$가 있다 하자. $T(v) = w$가 되는 원소 $v \in V$들의 집합은 정확하게 $v_0 + U$가 됨을 보여라.
5. $T : V \to W$를 선형사상이라 하고 $v$를 $V$의 원소라 하자. $T(-v) = -T(v)$임을 보여라.
6. $V$를 벡터공간이라 하고, $f : V \to \mathbb{R}$, $g : V \to \mathbb{R}$를 두 선형사상이라 하자. $F : V \to \mathbb{R}^2$를 $F(v) = (f(v), g(v))$로 정의된 사상이라 하자. $F$가 선형임을 보여라. 이를 일반화하라.
7. $V, W$를 두 벡터공간이라 하고 $F : V \to W$를 선형사상이라 하자. $U$를 $F(v) = O$이 되는 모든 원소 $v$로 이루어진 $V$의 부분집합이라 하자. $U$가 $V$의 부분공간임을 증명하라.
8. 1절의 문제 4,7,8,9에서 선형이 되는 것은 어느 것인가?

9. $V$를 $\mathbb{R}$ 위의 벡터공간이라 하고 $v, w \in V$라 하자. $v$를 **지나고** $w$**에 평행한 직선**을 $t \in \mathbb{R}$에 대해 $v + tw$인 원소 전체의 집합으로 정의한다. $v$와 $v + w$ 사이의 선분은

$$v + tw, \qquad 0 \leqq t \leqq 1$$

인 원소 전체의 집합으로 정의한다. $L : V \to U$을 선형사상이라 하자. $V$에 있는 선분의 $L$에 의한 상은 $U$에 있는 선분이 됨을 보여라. 그 선분은 어떤 점 사이의 선분이 되는가? 직선의 $L$에 의한 상은 직선이거나 한 점이 됨을 보여라.

$V$를 벡터공간이라 하고 $v_1, v_2$를 일차독립인 $V$의 두 원소라 하자. $t_1, t_2$가

$$0 \leqq t_1 \leqq 1, \qquad 0 \leqq t_2 \leqq 1$$

을 만족하는 수일 때 $t_1v_1 + t_2v_2$인 꼴로 쓸 수 있는 $V$의 원소 전체의 집합을 $v_1, v_2$로 생성된 **평행사변형**(平行四邊型, parallelogram)이라 한다.

10. $V$와 $W$를 벡터공간이라 하고, $F : V \to W$를 선형사상이라 하자. $v_1, v_2$를 일차독립인 $V$의 원소라 하고, $F(v_1)$과 $F(v_2)$가 $W$에서 일차독립이라 가정하자. $v_1$과 $v_2$로 생성된 평행사변형의 $F$에 의한 상은 $F(v_1), F(v_2)$로 생성된 평행사변형임을 보여라.

11. $F$를 $\mathbb{R}^2$에서 자기 자신으로 가는 선형사상으로

$$F(E_1) = (1, 1), \qquad F(E_2) = (-1, 2)$$

가 된다 하자. $S$를 꼭짓점이 $(0,0), (1,0), (1,1), (0,1)$인 정사각형이라 하면 이 정사각형의 $F$에 의한 상은 평행사변형이 됨을 보여라.

12. $A, B$는 평면에 있는 $O$이 아닌 두 벡터이고, $B = cA$를 만족하는 상수 $c \neq 0$는 존재하지 않는다 하자. $T$를 평면에서 자기 자신으로 가는 선형사상으로 $T(E_1) = A$이고 $T(E_2) = B$을 만족한다고 하자. 꼭짓점이 $(0,1), (3,0), (0,0), (3,0)$인 직사각형의 $T$에 의한 상을 기술하라.

13. $A, B$는 평면에 있는 $O$이 아닌 두 벡터이고, $B = cA$를 만족하는 상수 $c \neq 0$는 존재하지 않는다 하자. $0 \leqq t \leqq 5$와 $0 \leqq u \leqq 2$인 $t, u$에 대해 $tA + uB$인 점들의 집합을 기하학적으로 기술하라.

14. $T_u : V \to V$를 벡터 $u$ 만큼의 평행이동이라 하자. 어떤 벡터 $u$에 대해 $T_u$가 선형사상이 되는가? 증명할 수 있는가?

15. $V, W$를 두 벡터공간이라 하고, $F : V \to W$를 선형사상이라 하자. $w_1, \ldots, w_n$을 $W$의 일차독립인 원소라 하고, $i = 1, \ldots, n$에 대해 $v_1, \ldots, v_n$을 $F(v_i) = w_i$가 되는 $V$의 원소라 하자. 이때 $v_1, \ldots, v_n$은 일차독립임을 보여라.

16. $V$를 벡터공간이라 하고 $F : V \to \mathbb{R}$를 선형사상이라 하자. $W$를 $F(v) = 0$인 $V$의 원소 $v$ 전체로 이루어진 $V$의 부분집합이라 하자. $W \neq V$라 가정하고 $v_0$를 $W$에 속하지 않는

$V$의 원소라 하자. 이때 $V$의 임의의 원소를 $W$의 어떤 원소 $w$와 어떤 수 $c$에 의한 합 $w + cv_0$ 꼴로 쓸 수 있음을 보여라.

17. 문제 16에서 $W$가 $V$의 부분공간이 됨을 보여라. 또 $\{v_1, \ldots, v_n\}$을 $W$의 기저라 하면 $\{v_0, v_1, \ldots, v_n\}$이 $V$의 기저가 됨을 보여라.

18. 선형사상 $L : \mathbb{R}^2 \to \mathbb{R}^2$이 주어진 벡터에 대하여 다음과 같이 값을 갖는다 하자.

    (a) $L(3,1) = (1,2)$, $L(-1,0) = (1,1)$

    (b) $L(4,1) = (1,1)$, $L(1,1) = (3,-2)$

    (c) $L(1,1) = (2,1)$, $L(-1,1) = (6,3)$

    각각의 경우에 $L(1,0)$을 계산하라.

19. 문제 18 $(a), (b), (c)$의 각 경우에 $L(0,1)$을 구하라.

## III, §3. 선형사상의 핵과 상

$V, W$를 $K$ 위의 벡터공간이라 하고, $F : V \to W$를 선형사상이라 하자. $F(v) = O$인 원소 $v \in V$의 집합을 $F$의 **핵**(核, kernel)이라고 한다.

$$F\text{의 핵을 } \operatorname{Ker} F \text{로 나타낸다.}$$

**보기 1.** $L : \mathbb{R}^3 \to \mathbb{R}$을

$$L(x, y, z) = 3x - 2y + z$$

로 주어지는 사상이라 하자. 그러면 $A = (3, -2, 1)$일 때,

$$L(X) = X \cdot A = A \cdot X$$

라 쓸 수 있다. 이때 $L$의 핵은 방정식

$$3x - 2y + z = 0$$

의 해의 집합과 같다. 물론 이것을 $n$차원 공간으로 일반화할 수 있다. $A$가 $\mathbb{R}^n$의 임의의 벡터일 때 $L_A(X) = A \cdot X$를 만족하는 선형사상

$$L_A : \mathbb{R}^n \to \mathbb{R}$$

를 정의할 수 있는데 이 사상의 핵은 $A$에 수직인 모든 $X$의 집합으로 설명될 수 있다.

**보기 2.** $P : \mathbb{R}^3 \to \mathbb{R}^2$를

$$P(x, y, z) = (x, y)$$

와 같은 사영이라 하자. 그러면 $P$의 핵은 처음 두 좌표가 0인 $\mathbb{R}^3$의 모든 벡터, 즉 $z$ 성분이 임의의 값을 가지는

$$(0, 0, z)$$

와 같은 벡터 전체로 이루어지는 집합이다.

이제 선형사상 $F : V \to W$의 핵은 $V$의 부분공간임을 보이기로 하자. 우선 $F(O) = O$이므로 $O$이 핵 안에 있다는 것을 알 수 있다. $v, w$가 핵 안에 있다 하자. 그러면 $F(v + w) = F(v) + F(w) = O + O = O$이므로, $v + w$도 핵에 있다. $c$를 수라 하면, $F(cv) = cF(v) = O$이므로 $cv$도 역시 핵 안에 있다. 따라서 핵은 $V$의 부분공간이다.

선형사상의 핵은 주어진 사상이 언제 단사인지를 결정할 때 유용하게 쓰이는데, 즉 $F : V \to W$가 선형사상일 때 다음 두 명제는 동치이다.

1. $F$의 핵이 $\{O\}$이다.
2. $v, w$가 $V$의 원소로 $F(v) = F(w)$이면 $v = w$이다. 달리 말하면 $F$는 단사이다.

이를 보이기 위해 우선 $\operatorname{Ker} F = \{O\}$이라 가정하고 $v, w$가 $F(v) = F(w)$를 만족한다 하자. 그러면

$$F(v - w) = F(v) - F(w) = O$$

이므로 가정에 의하여 $v - w = O$이고, 따라서 $v = w$이다.

역으로 $F$가 단사라 하자. $v$가

$$F(v) = F(O) = O$$

을 만족하면 $v = O$이 된다.

$W$의 어떤 주어진 값을 $F$에 의한 상으로 갖는 $V$의 원소들의 집합을 서술할 때 $F$의 핵이 유용하게 쓰일 수 있다. 이에 관한 자세한 것은 연습문제 4를 보기 바란다.

**정리 3.1.** $F : V \to W$를 핵이 $\{O\}$인 선형사상이라 하자. $v_1, \ldots, v_n$이 $V$의 일차독립인 원소들이면, $F(v_1), \ldots, F(v_n)$은 $W$의 일차독립인 원소들이다.

**증명.** $x_1, \ldots, x_n$을

$$x_1F(v_1) + \cdots + x_nF(v_n) = O$$

이 되는 수라 하면 $F$의 선형성에 의하여,

$$F(x_1v_1 + \cdots + x_nv_n) = O$$

이므로 $x_1v_1 + \cdots + x_nv_n = O$이다. $v_1, \ldots, v_n$이 일차독립이므로 모든 $i = 1, \ldots, n$에 대하여 $x_i = 0$이다. 이것으로 정리가 증명되었다. □

$F : V \to W$를 선형사상이라 하자. $F$의 **상**(像, image)이란 $F(v) = w$인 $V$의 원소 $v$가 존재하는 $W$의 원소 $w$의 집합이다.

$F$의 상은 $W$의 부분공간이다.

이를 보이기 위해 우선 $F(O) = O$임에 주목하면 $O$이 상에 있다는 것을 알 수 있다. 다음으로 $w_1, w_2$가 상에 있다 하자. 그러면 $F(v_1) = w_1, F(v_2) = w_2$가 되는 $V$의 원소 $v_1, v_2$가 존재하고,

$$F(v_1 + v_2) = F(v_1) + F(v_2) = w_1 + w_2$$

가 되어 $w_1 + w_2$도 상에 있음을 알 수 있다. $c$를 수라 하면,

$$F(cv_1) = cF(v_1) = cw_1$$

이고, 따라서 $cw_1$도 상에 있다. 이것으로 $F$의 상은 $W$의 부분공간임이 증명되었다.

$F$의 상을 $\operatorname{Im} F$로 나타낸다.

다음 정리는 선형사상의 핵 및 상의 차원이 그 사상이 정의된 공간의 차원과 어떤 관계가 있는지를 말해 준다.

**정리 3.2.** $V$를 벡터공간이라 하자. $L : V \to W$을 $V$에서 또 다른 벡터공간 $W$로 가는 선형사상이라 하자. $n$을 $V$의 차원, $q$를 $L$의 핵의 차원, $s$를 $L$의 상의 차원이라 하자. 그러면 $n = q + s$이다. 달리 말하면

$$\dim V = \dim \operatorname{Ker} L + \dim \operatorname{Im} L$$

이다.

**증명.** $L$의 상이 $O$으로만 되어 있다면 정리는 자명하다. 그러므로 $s > 0$이라 가정할 수 있다. $\{w_1, \ldots, w_s\}$를 $L$의 상의 기저라 하자. $v_1, \ldots, v_s$를 $L(v_i) = w_i$, $i = 1, \ldots, s$인 $V$의 원소들이라 하자. 만일 $L$의 핵이 $\{O\}$이 아니면, $\{u_1, \ldots, u_q\}$를 핵의 기저라 하자. 핵이 $\{O\}$인 경우에는, 지금부터 $u_1, \ldots, u_q$에 관해 언급한 부분은 생략하고 이해하는 것으로 하자. 이제 $\{v_1, \ldots, v_s, u_1, \ldots, u_q\}$가 $V$의 기저임을 보이자. 이것을 보이면 정리는 증명된다. $v$를 $V$의 임의의 원소라 하자. 그러면 $w_1, \ldots, w_s$가 $L$의 상의 기저이므로,

$$L(v) = x_1w_1 + \cdots + x_sw_s$$

가 되는 수 $x_1, \ldots, x_s$가 존재한다. 선형성에 의하여

$$L(v) = L(x_1v_1 + \cdots + x_sv_s)$$

가 되고, 다시 선형성에 의해 좌변에서 우변을 빼어

$$L(v - x_1v_1 - \cdots - x_sv_s) = O$$

을 얻는다. 그러므로 $v - x_1v_1 - \cdots - x_sv_s$는 $L$의 핵에 속하게 되고,

$$v - x_1v_1 - \cdots - x_sv_s = y_1u_1 + \cdots + y_qu_q$$

가 되는 수 $y_1, \ldots, y_q$가 존재한다. 따라서

$$v = x_1v_1 + \cdots + x_sv_s + y_1u_1 + \cdots + y_qu_q$$

는 $v_1, \ldots, v_s, u_1, \ldots, u_q$의 일차결합이다. 이것으로 이 $s+q$개의 $V$의 원소가 $V$를 생성한다는 것이 증명되었다.

이제 이들이 일차독립이 되어 기저를 이룬다는 것을 보이자. 선형관계

$$x_1v_1 + \cdots + x_sv_s + y_1u_1 + \cdots + y_qu_q = O$$

이 주어졌다 하자. $L$을 이 관계식에 적용하고 $j = 1, \ldots, q$에 대해 $L(u_j) = O$임을 이용하여,

$$x_1L(v_1) + \cdots + x_sL(v_s) = O$$

을 얻는다. 그런데 $L(v_1), \ldots, L(v_s)$는 바로 $w_1, \ldots, w_s$이므로 가정에 의하여 일차독립이다. 그러므로 $i = 1, \ldots, s$에 대해 $x_i = 0$이 된다. 따라서

$$y_1u_1 + \cdots + y_qu_q = O$$

이다. 그런데 $u_1, \ldots, u_q$는 $L$의 핵의 기저를 이루므로 일차독립이다. 따라서 모든 $j = 1, \ldots, q$에 대하여 $y_j$는 0이 된다. 이것으로 정리의 증명이 끝났다. □

**보기 1(계속).** 보기 1의 선형사상 $L : \mathbb{R}^3 \to \mathbb{R}$은

$$L(x, y, z) = 3x - 2y + z$$

로 주어졌다. $L$의 핵은 방정식

$$3x - 2y + z = 0$$

의 모든 해로 이루어진다. 또한 그 상은 $\mathbb{R}$의 부분공간으로서, $\{O\}$은 아니므로 결국 $\mathbb{R}$ 전체로 이루어진다. 따라서 $L$의 상은 차원이 1이고 핵은 차원이 2이다.

**보기 2(계속).** 보기 2의 사영 $P : \mathbb{R}^3 \to \mathbb{R}^2$는 명백히 전사이고, $P$의 핵은 차원이 1

이다.

제5장 3절에서 동차연립방정식의 해공간에 대해 일반적인 내용을 다룰 것이다.

**정리 3.3.** $L : V \to W$을 선형사상이라 하고

$$\dim V = \dim W$$

라 가정하자. $\operatorname{Ker} L = \{O\}$이거나 $\operatorname{Im} L = W$이면 $L$은 전단사이다.

증명. $\operatorname{Ker} L = \{O\}$이라 가정하자. 그러면 정리 3.2의 식에 의하여 $\dim \operatorname{Im} L = \dim W$라 할 수 있다. 제1장의 따름정리 3.5에 의해 $L$은 전사이다. 그런데 $\operatorname{Ker} L = \{O\}$이므로 $L$은 단사이기도 하다. 따라서 $L$은 전단사이다. $\operatorname{Im} L = W$일 때 $L$이 전단사임을 보이는 것도 비슷하므로 독자에게 맡긴다. □

## III, §3. 연습문제

1. $A, B$를 $\mathbb{R}^2$의 두 벡터로 $\mathbb{R}^2$의 기저를 형성한다 하자. $F : \mathbb{R}^2 \to \mathbb{R}^n$를 선형사상이라 하자. $F(A), F(B)$가 일차독립이거나, $F$의 상이 1차원이거나, $F$의 상이 $\{O\}$임을 보여라.

2. $A$를 $\mathbb{R}^2$의 $O$이 아닌 벡터라 하자. $F : \mathbb{R}^2 \to W$를 $F(A) = O$인 선형사상이라 하자. $F$의 상은 직선이거나 $\{O\}$임을 보여라.

3. 조건
$$x_1 + 2x_2 = 0, \qquad x_3 - 15x_4 = 0$$
을 만족하는 모든 $X \in \mathbb{R}^4$로 구성된 $\mathbb{R}^4$의 부분공간의 차원을 결정하라.

4. $L : V \to W$을 선형사상이라 하고 $w$를 $W$의 원소라 하자. $v_0$를 $L(v_0) = w$가 되는 $V$의 원소라 하자. 이때 방정식 $L(X) = w$의 임의의 해는 $L$의 핵의 어떤 원소 $u$에 대해 $v_0 + u$ 꼴이 됨을 보여라.

5. $V$를 모든 차수의 도함수를 갖는 함수로 이루어진 벡터공간이라 하고 $D : V \to V$를 미분작용소라 하자. $D$의 핵은 무엇인가?

6. $D^2$을 2차 미분작용소(즉 $D$를 두 번 거듭 작용한 것)라 하자. $D^2$의 핵은 무엇인가? 일반적으로 $D^n$($n$차 미분작용소)의 핵은 무엇인가?

7. $V$를 모든 차수의 도함수를 갖는 함수로 이루어진 벡터공간이라 하자. $W$를
$$f'' + 4f = 0, \qquad f(\pi) = 0$$
를 만족하는 함수 $f$로 이루어진 $V$의 부분공간이라 하자. $W$의 차원을 결정하라.

8. $V$를 무한번 미분가능한 함수로 이루어진 벡터공간이라 하자. 그러한 함수를 변수 $t$의 함수라 하고, $D = d/dt$라 하자. $a_1, \ldots, a_m$을 수라 하고 $g$를 $V$의 원소라 하자. 미분방정식

$$a_m \frac{d^m f}{dt^m} + a_{m-1} \frac{d^{m-1} f}{dt^{m-1}} + \cdots + a_0 f = g$$

의 해를 찾는 문제를 문제 4에 기술한 추상적인 상황에 비추어 어떻게 설명할 수 있는지 서술하라.

9. $V$를 무한번 미분가능한 함수 전체로 이루어진 벡터공간이라 하고, $D : V \to V$를 미분작용소라 하자.

   (a) $I$를 $V$의 항등사상이라 하고 $L = D - I$라 하자. $L$의 핵은 무엇인가?

   (b) $a$를 수라 할 때 $L = D - aI$의 핵은 무엇인가?

10. (a) $a_1 + \cdots + a_n = 0$을 만족하는 $A = (a_1, \ldots, a_n)$들로 이루어진 $K^n$의 부분공간의 차원은 얼마인가?

   (b)

$$a_{11} + \cdots + a_{nn} = \sum_{i=1}^{n} a_{ii} = 0$$

   을 만족하는 $n \times n$ 행렬 $(a_{ij})$들로 이루어진 부분공간의 차원은 얼마인가?

   [(b)에 대해서는 다음 문제를 보라.]

11. $A$를 $n \times n$ 행렬이라 하자. $A$의 **대각합**(對角合, trace)을 대각원소의 합으로 정의한다. 즉

$$\operatorname{tr}(A) = \sum_{i=1}^{n} a_{ii}$$

이다.

   (a) 대각합이 $n \times n$ 행렬의 공간에서 $K$로 가는 선형사상임을 보여라.

   (b) $A, B$가 $n \times n$ 행렬일 때 $\operatorname{tr}(AB) = \operatorname{tr}(BA)$임을 보여라.

   (c) $B$가 가역행렬일 때 $\operatorname{tr}(B^{-1}AB) = \operatorname{tr}(A)$임을 보여라.

   (d) $A, B$를 $n \times n$ 행렬이라 할 때, 대응

$$(A, B) \mapsto \operatorname{tr}(AB) = \langle A, B \rangle$$

   가 점적의 세 조건을 만족함을 보여라. (일반적인 정의에 대해서는 제5장을 참조하라.)

   (e)

$$AB - BA = I_n$$

   을 만족하는 행렬 $A, B$가 존재하지 않음을 보여라.

12. $S$를 $n \times n$ 대칭행렬 전체의 집합이라 하자. $S$가 벡터공간임을 보여라. $S$의 차원은 얼마인가? $n = 2$와 $n = 3$일 때 $S$의 기저를 제시하라.

13. $A$를 $n \times n$ 실대칭행렬이라 하자. 그러면

$$\text{tr}(AA) \geqq 0$$

이고, $A \neq O$이면 $\text{tr}(AA) > 0$임을 보여라.

14. $n \times n$ 행렬 $A$가 ${}^tA = -A$를 만족할 때 **비대칭**(非對稱, skew-symmetric)이라 한다. 임의의 $n \times n$ 행렬 $A$를, 대칭행렬 $B$와 비대칭행렬 $C$의 합

$$A = B + C$$

로 쓸 수 있음을 보여라. [힌트: $B = (A + {}^tA)/2$]. $B_1$이 대칭행렬이고 $C_1$이 비대칭행렬일 때 $A = B_1 + C_1$이면 $B = B_1$이고 $C = C_1$임을 보여라.]

15. $M$을 모든 $n \times n$ 행렬들로 이루어진 공간이라 하자.

$$P : M \to M$$

를

$$P(A) = \frac{A + {}^tA}{2}$$

으로 정의되는 사상이라 하자.

(a) $P$가 선형임을 보여라.

(b) $P$의 핵은 비대칭행렬들로 이루어진 공간임을 보여라.

(c) $P$의 핵의 차원은 얼마인가?

16. $M$을 모든 $n \times n$ 행렬의 공간이라 하자.

$$F : M \to M$$

를

$$F(A) = \frac{A - {}^tA}{2}$$

으로 정의되는 사상이라 하자.

(a) $F$가 선형임을 보여라.

(b) $F$의 핵을 기술하고, 그 차원을 결정하라.

17. (a) $U, W$를 벡터공간이라 하자. $U \times W$를 $u \in U$이고 $w \in W$인 모든 순서쌍 $(u, w)$의 집합이라 하자. $(u_1, w_1)$와 $(u_2, w_2)$가 $U \times W$의 원소일 때, 이들의 합을

$$(u_1, w_1) + (u_2, w_2) = (u_1 + u_2, w_1 + w_2)$$

로 정의하자. $c$가 수이면 $c(u,w)=(cu,cw)$로 정의하자. 이렇게 정의하면 $U\times W$가 벡터공간이 됨을 보여라. 이 공간의 영원소는 무엇인가?

(b) $U$의 차원이 $n$이고 $W$의 차원이 $m$이면 $U\times W$의 차원은 얼마인가? $U\times W$의 기저를 $U$의 기저와 $W$의 기저를 이용하여 제시하라.

(c) $U$가 벡터공간 $V$의 부분공간일 때 $u\in U$인 모든 원소 $(u,u)$로 구성된 $V\times V$의 부분집합은 부분공간이 됨을 보여라.

18. (문제 17을 풀고 난 후에 풀어라.) $U,W$를 벡터공간 $V$의 부분공간이라 하자. 다음을 보여라.

$$\boxed{\dim U+\dim W=\dim(U+W)+\dim(U\cap W).}$$

[힌트:

$$L(u,w)=u-w$$

로 정의된 사상

$$L:U\times W\to V$$

이 선형임을 보여라. $L$의 상은 무엇인가? $L$의 핵은 무엇인가?]

## III, §4. 선형사상의 합성과 역사상

1절에서 사상들의 합성에 관하여 공부하였는데 선형사상의 경우에는 더 많은 것을 알 수 있다.

**정리 4.1.** $U,V,W$를 체 $K$ 위의 벡터공간이라 하자.

$$F:U\to V,\qquad G:V\to W$$

를 두 선형사상이라 하면 합성사상 $G\circ F$도 역시 선형사상이다.

**증명.** 이것은 증명하기 쉽다. $u,v$를 $U$의 원소라 하자. $F$가 선형이므로 $F(u+v)=F(u)+F(v)$이다. 그러므로

$$(G\circ F)(u+v)=G(F(u+v))=G(F(u)+F(v))$$

이다. $G$가 선형이므로

$$G(F(u)+F(v))=G(F(u))+G(F(v))$$

가 된다. 따라서

$$(G \circ F)(u+v) = (G \circ F)(u) + (G \circ F)(v)$$

가 성립한다. 다음으로 $c$를 수라 하자. 그러면

$$\begin{aligned}(G \circ F)(cu) &= G(F(cu)) \\ &= G(cF(u)) \qquad (F\text{가 선형이므로}) \\ &= cG(F(u)) \qquad (G\text{가 선형이므로})\end{aligned}$$

가 된다. 이것으로 $G \circ F$가 선형사상임이 증명되었다. □

다음 정리는 수의 곱과 합에 대한 몇 가지 산술법칙이 선형사상의 합성에도 적용된다는 것을 말해 준다.

**정리 4.2.** $U, V, W$를 체 $K$ 위의 벡터공간이라 하자.

$$F : U \to V$$

를 선형사상이라 하고 $G, H$를 $V$에서 $W$로 가는 선형사상이라 하자. 그러면

$$(G + H) \circ F = G \circ F + H \circ F$$

가 성립하고 수 $c$에 대해

$$(cG) \circ F = c(G \circ F)$$

가 된다. 또한 $T : U \to V$가 $U$에서 $V$로 가는 선형사상이면

$$G \circ (F + T) = G \circ F + G \circ T$$

가 만족된다.

증명은 모두 간단하다. 여기서는 첫 번째 명제만 증명하고 나머지는 독자에게 연습문제로 남긴다.

$u$를 $U$의 원소라 하자. 그러면

$$\begin{aligned}((G + H) \circ F)(u) &= (G + H)(F(u)) \\ &= G(F(u)) + H(F(u)) \\ &= (G \circ F)(u) + (H \circ F)(u)\end{aligned}$$

가 성립한다. 그러므로 정의에 의해 $(G + H) \circ F = (G \circ F) + (H \circ F)$가 된다.

$U = V = W$인 경우도 있을 수 있다. $F : U \to U$와 $G : U \to U$를 두 선형사상이라 하자. 그러면 $F \circ G$와 $G \circ F$를 정의할 수 있다. 이 두 합성사상이 항상 같다고는 말할

수 없다. 예컨대 $U = \mathbb{R}^3$라 두자. $F$를

$$F(x, y, z) = (x, y, 0)$$

으로 주어진 선형사상이라 하고 $G$를

$$G(x, y, z) = (x, z, 0)$$

으로 주어진 선형사상이라 하자. 그러면

$$(G \circ F)(x, y, z) = (x, 0, 0)$$

이지만,

$$(F \circ G)(x, y, z) = (x, z, 0)$$

이다.

$F : V \to V$가 어떤 벡터공간에서 자기 자신으로 가는 선형사상이면 $F$를 **작용소**(作用素, operator)라 부르기도 한다. 이때 합성사상 $F \circ F$를 만들 수 있는데, 이도 역시 $V$에서 자기 자신으로 가는 선형사상이다. 마찬가지로 임의의 정수 $n \geqq 1$에 대해 $F$를 자기 자신과 $n$번 합성하여

$$F \circ F \circ \cdots \circ F$$

를 만들 수 있다. 이 합성을 $F^n$으로 나타내기로 한다. $n = 0$일 때는 $F^0 = I$(항등사상)으로 정의한다. 그러면 정수 $r, s \geqq 0$에 대해

$$F^{r+s} = F^r \circ F^s$$

가 성립한다.

**정리 4.3.** 선형사상 $F : U \to V$가 역사상 $G : V \to U$를 가진다고 가정하자. 그러면 $G$도 역시 선형사상이다.

**증명.** $v_1, v_2 \in V$라 하자. 먼저

$$G(v_1 + v_2) = G(v_1) + G(v_2)$$

임을 보여야 한다. $u_1 = G(v_1)$이라 하고 $u_2 = G(v_2)$라 하자. 정의에 의해 이는

$$F(u_1) = v_1, \qquad F(u_2) = v_2$$

임을 뜻한다. $F$가 선형이므로

$$F(u_1 + u_2) = F(u_1) + F(u_2) = v_1 + v_2$$

가 성립한다. 역사상의 정의에 따라 이는 $G(v_1 + v_2) = u_1 + u_2$임을 의미하므로 주장

하는 바가 증명되었다. $G(cv) = cG(v)$ 임을 보이는 것은 연습문제로 남긴다(연습문제 3). □

**따름정리 4.4.** $F : U \to V$ 를 핵이 $\{O\}$ 이고 전사인 선형사상이라 하자. 그러면 $F$ 는 선형인 역사상을 갖는다.

증명. 3절에서 $F$ 의 핵이 $\{O\}$ 이면 $F$ 가 단사임을 보았다. 그러므로 $F$ 는 동시에 단사이고 전사이므로 역함수가 존재하고, 그것은 앞의 정리 4.3에 의해 선형이다. □

**보기 1.** $F : \mathbb{R}^2 \to \mathbb{R}^2$ 를

$$F(x, y) = (3x - y, 4x + 2y)$$

로 주어지는 선형사상이라 하자. $F$ 가 역사상을 가짐을 보이자. 우선 $F$ 의 핵이 $\{O\}$ 임을 알 수 있다. 왜냐하면

$$\begin{aligned} 3x - \phantom{2}y &= 0, \\ 4x + 2y &= 0 \end{aligned}$$

이면 다음과 같이 $x, y$ 를 구할 수 있기 때문이다. 즉 첫 번째 방정식에 2를 곱하여 두 번째 방정식에 더한다. 그러면 $10x = 0$ 이 되므로 $x = 0$ 이고 이때 $y = 3x$ 이므로 $y = 0$ 이다. 따라서 핵이 $\{O\}$ 이므로 $F$ 는 단사이다. 정리 3.2에 의해 $F$ 의 상은 2차원이다. 그런데 $F$ 의 상은 2차원인 $\mathbb{R}^2$ 의 부분공간이므로, 이 상은 $\mathbb{R}^2$ 전체가 되어 $F$ 는 전사이다. 따라서 $F$ 는 역사상을 가지고, 그 역사상은 정리 4.3에 의해 선형이다.

역사상 $G : V \to U$ 를 가지는 선형사상 $F : U \to V$ 를 **동형사상**(同型寫像, isomorphism)이라 하고 **가역**(可逆, invertible)이라 한다.

**보기 2.** $V$ 를 $n$ 차원 벡터공간이라 하고

$$\{v_1, \ldots, v_n\}$$

을 $V$ 의 기저라 하자.

$$L : \mathbb{R}^n \to V$$

을

$$L(x_1, \ldots, x_n) = x_1 v_1 + \cdots + x_n v_n$$

이라 하면 $L$ 은 동형사상이다.

**증명.** $L$의 핵은 $\{O\}$이다. 왜냐하면

$$x_1v_1 + \cdots + x_nv_n = O$$

이면 $v_1, \ldots, v_n$이 일차독립이므로 모든 $x_i$가 0이기 때문이다. $L$의 상은, $v_1, \ldots, v_n$이 $V$를 생성하므로, $V$ 전체가 된다. 그러므로 따름정리 4.4에 의하여 $L$은 동형사상이다. □

**기호에 관하여.** 두 사상

$$F : V \to V, \qquad G : V \to V$$

를 어떤 벡터공간에서 자기 자신으로 가는 선형사상이라 하자. 때로

$$F \circ G \text{ 대신에 } FG$$

라 쓴다. 즉 $F$와 $G$ 사이에 있는 작은 원 $\circ$를 생략한다. 그러면 수에서와 같이 배분법칙

$$F(G + H) = FG + FH$$

가 성립한다. 단 한 가지 주의할 점은 $F, G$가 가환이 아니고, 보통

$$FG \neq GF$$

가 된다는 점이다. $F$와 $G$가 서로 가환이면 선형사상의 연산을 마치 수를 가지고 연산할 때와 같이 실행할 수 있다.

거듭제곱 $I, F, F^2, F^3, \ldots$은 서로 가환이다.

## III, §4. 연습문제

1. $L : \mathbb{R}^2 \to \mathbb{R}^2$을 $L \neq O$이고 $L^2 = L \circ L = O$인 선형사상이라 하자.

$$L(A) = B, \qquad L(B) = O$$

이 되는 $\mathbb{R}^2$의 기저 $\{A, B\}$가 존재함을 보여라.

2. $\dim V > \dim W$라 하고 $L : V \to W$을 선형사상이라 하자. $L$의 핵이 $\{O\}$이 아님을 보여라.

3. 정리 4.3의 증명을 완성하라.

4. $\dim V = \dim W$라 하자. $L : V \to W$을 핵이 $\{O\}$인 선형사상이라 하자. $L$이 선형인 역사상을 가짐을 보여라.

5. $F, G$를 벡터공간 $V$에서 자기 자신으로 가는 가역 선형사상이라 하자.

$$(F \circ G)^{-1} = G^{-1} \circ F^{-1}$$

가 성립함을 보여라.

6. $L : \mathbb{R}^2 \to \mathbb{R}^2$을

$$L(x, y) = (x + y, x - y)$$

로 정의된 선형사상이라 하자. $L$이 가역임을 보여라.

7. $L : \mathbb{R}^2 \to \mathbb{R}^2$을

$$L(x, y) = (2x + y, 3x - 5y)$$

로 정의된 선형사상이라 하자. $L$이 가역임을 보여라.

8. $L : \mathbb{R}^3 \to \mathbb{R}^3$을 다음과 같이 주어지는 선형사상이라 하자. 각 경우에 $L$이 가역임을 보여라.
   (a) $L(x, y, z) = (x - y, x + z, y + 2z)$
   (b) $L(x, y, z) = (2x - y + z, x + y, 3x + y + z)$

9. (a) $L : V \to V$을 $L^2 = O$인 선형사상이라 하자. $I - L$이 가역임을 보여라.($I$는 $V$ 위에서의 항등사상이다.)
   (b) $L : V \to V$을 $L^2 + 2L + I = O$인 선형사상이라 하자. $L$이 가역임을 보여라.
   (c) $L : V \to V$을 $L^3 = O$인 선형사상이라 하자. $I - L$이 가역임을 보여라.

10. $V$를 벡터공간이라 하자. $P : V \to P$를 $P^2 = P$인 선형사상이라 하자. 이때

$$V = \operatorname{Ker} P + \operatorname{Im} P, \qquad \operatorname{Im} P \cap \operatorname{Ker} P = \{O\},$$

즉 $V$가 $\operatorname{Ker} P$와 $\operatorname{Im} P$의 직합이 됨을 보여라. [힌트: $V$가 합임을 보이기 위해 $V$의 원소를 $v = v - Pv + Pv$ 꼴로 써 보라.]

11. $V$를 벡터공간이라 하고, $P, Q$를 $V$에서 자기 자신으로 가는 선형사상이라 하자. 이들이 다음 조건을 만족한다고 가정하자.
    (a) $P + Q = I$(항등사상)
    (b) $PQ = QP = O$
    (c) $P^2 = P, Q^2 = Q$

    $V$가 $\operatorname{Im} P$와 $\operatorname{Im} Q$의 직합과 같음을 보여라.

12. 문제 11에서와 같은 조건에서 $P$의 상이 $Q$의 핵과 같음을 보여라. [다음 두 명제를 증명하라.

    $P$의 상이 $Q$의 핵에 포함된다.
    $Q$의 핵이 $P$의 상에 포함된다.]

13. $T : V \to V$를 $T^2 = I$인 선형사상이라 하고

$$P = \frac{1}{2}(I + T), \qquad Q = \frac{1}{2}(I - T)$$

라 하자. 다음을 증명하라.

$$P + Q = I, \qquad P^2 = P, \qquad Q^2 = Q, \qquad PQ = QP = O.$$

14. $F : V \to W$와 $G : W \to U$를 $K$ 위의 벡터공간의 동형사상이라 하자. $G \circ F$가 가역임을 보이고

$$(G \circ F)^{-1} = F^{-1} \circ G^{-1}$$

가 성립함을 증명하라.

15. $F : V \to W$와 $G : W \to U$를 $K$ 위의 벡터공간의 동형사상이라 하자. $G \circ F : V \to U$가 동형사상임을 보여라.

16. $n$이 유한일 때 $V, W$를 $K$위에서 $n$차원인 두 벡터공간이라 하자. $V$와 $W$가 동형임을 보여라.

17. $A$를 벡터공간 $V$에서 자기 자신으로 가는 선형사상이라 하고,

$$A^2 - A + I = O$$

이라 가정하자. (여기서 $I$는 항등사상이다.) $A^{-1}$가 존재하고 $I - A$와 같음을 보여라. 이를 일반화하라. (제2장 3절의 연습문제 37을 참고하라.)

18. $A, B$를 어떤 벡터공간에서 자기 자신으로 가는 선형사상이라 하고 $AB = BA$라 가정하자.

$$(A + B)^2 = A^2 + 2AB + B^2$$

와

$$(A + B)(A - B) = A^2 - B^2$$

가 성립함을 보여라.

19. $A, B$를 벡터공간에서 자기 자신으로 가는 선형사상이라 하자. $A$의 핵이 $\{O\}$이고 $B$의 핵이 $\{O\}$일 때, $AB$의 핵도 $\{O\}$임을 보여라.

20. 더 일반적으로, $A : V \to W$와 $B : W \to U$를 선형사상이라 하자. $A$의 핵이 $\{O\}$이고 $B$의 핵이 $\{O\}$일 때, $BA$의 핵도 $\{O\}$임을 보여라.

21. $A : V \to W$와 $B : W \to U$를 선형사상이라 하자. $A$가 전사이고 $B$도 전사라 가정하자. $BA$가 전사임을 보여라.

## III, §5. 기하학적 응용

$V$를 벡터공간이라 하고 $v, u$를 $V$의 원소라 하자. $v$와 $v+u$ 사이의 **선분**(線分, line segment)은

$$v + tu, \quad 0 \leqq t \leqq 1$$

인 모든 점의 집합으로 정의된다. 이 선분을 다음과 같이 그림 2로 나타낼 수 있다.

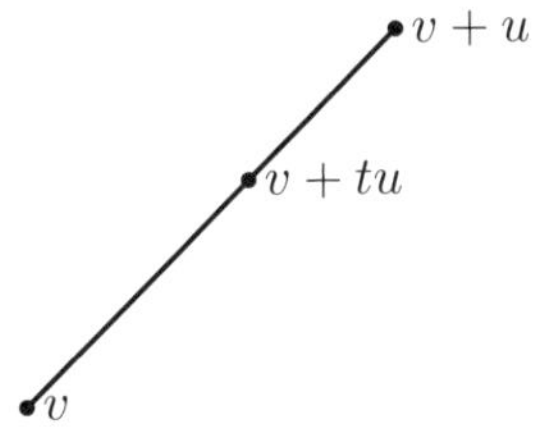


그림 2

예를 들어 $t=\frac{1}{2}$이면 $v+\frac{1}{2}u$는 $v$와 $v+u$의 중간에 있는 점이다. 마찬가지로 $t=\frac{1}{3}$이면 $v+\frac{1}{3}u$는 $v$에서 $v+u$ 까지의 $\frac{1}{3}$이 되는 점이다(그림 3).

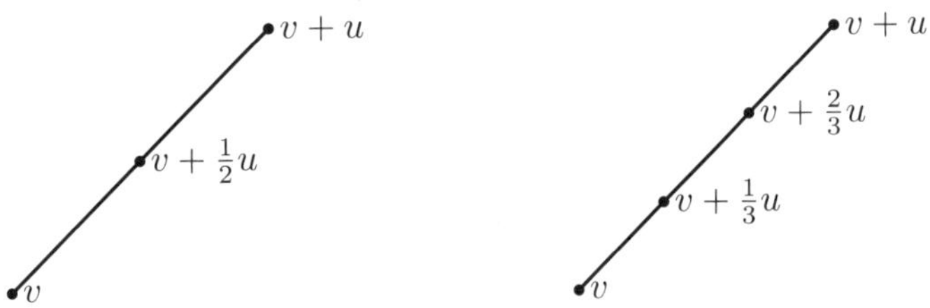


(a) (b)

그림 3

$v, w$를 $V$의 원소라 하고 $u = w - v$라 두자. 그러면 $v$와 $w$ 사이의 선분은 $v+tu$인 혹은

$$v + t(w-v), \quad 0 \leqq t \leqq 1$$

인 모든 점의 집합이다. 이러한 점을

(1) $$(1-t)v + tw, \quad 0 \leqq t \leqq 1$$

과 같은 형태로 다시 쓸 수 있다. 또한 $s = 1-t$, $t = 1-s$라 둠으로써

$$sv + (1-s)w, \quad 0 \leqq s \leqq 1$$

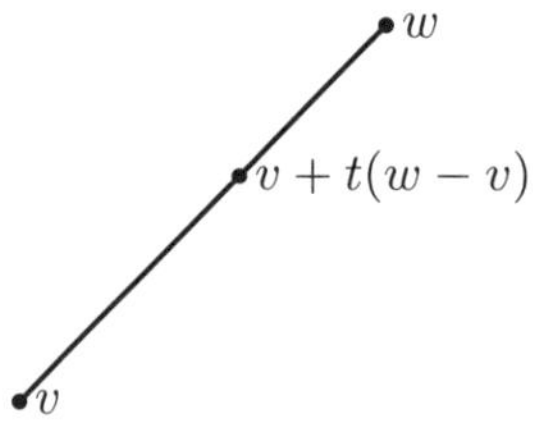

그림 4

로 쓸 수도 있다. 마지막으로 이 선분 위의 점들을 $t_1, t_2 \geqq 0$이고 $t_1 + t_2 = 1$인 $t_1, t_2$에 대해

$$(2) \qquad t_1 v + t_2 w$$

와 같은 형태로도 쓸 수 있다. 사실 $t = t_2$라 두면 (2)인 형태로 쓸 수 있는 모든 점은 (1)을 만족한다는 것을 알 수 있다. 역으로 $t_1 = 1 - t$이고 $t_2 = t$라 두면 (1)의 형태인 모든 점은 (2)의 형태로 쓸 수 있다.

$L : V \to V'$을 선형사상이라 하자. $S$를 $V$의 두 점 $v, w$ 사이의 선분이라 하자. 그러면 이 선분의 상 $L(S)$는 $V'$에서 두 점 $L(v)$와 $L(w)$ 사이의 선분이다. 이것은 자명한데, 왜냐하면 (2)에서

$$L(t_1 v + t_2 w) = t_1 L(v) + t_2 L(w)$$

가 되기 때문이다.

이제 더 높은 차원으로 이러한 논의를 일반화해 보자.

$v, w$를 벡터공간 $V$의 원소로 일차독립이라 하자. $v, w$에 **의해 생성된 평행사변형**(平行四邊型, parallelogram spanned by $v, w$)을

$$t_1 v + t_2 w, \quad 0 \leqq t_i \leqq 1, \quad i = 1, 2$$

인 모든 점의 집합으로 정의한다. $t_1 v$가 $O$과 $v$ 사이의 선분 위의 한 점이고(그림 5), $t_2 w$는 $O$과 $w$ 사이의 선분 위의 한 점이므로 이 정의가 타당함을 알 수 있다. 0과 1 사이에서 독립적으로 변하는 $t_1, t_2$의 모든 값에 대하여 $t_1 v + t_2 w$는 평행사변형의 모든 점을 나타낼 수 있음을 기하학적으로 알 수 있다.

1절의 끝에서 **평행이동**(translation)을 정의한 바 있는데 가장 일반적인 형태의 평행사변형은 방금 기술한 평행사변형을 평행이동하여 얻어진다(그림 6). 그러므로 $u$가 $V$의 원소라면 $v$와 $w$에 의해 생성된 평행사변형을 $u$만큼 평행이동한 것은

$$u + t_1 v + t_2 w, \quad 0 \leqq t_i \leqq 1, \quad i = 1, 2$$

인 모든 점으로 구성된다.

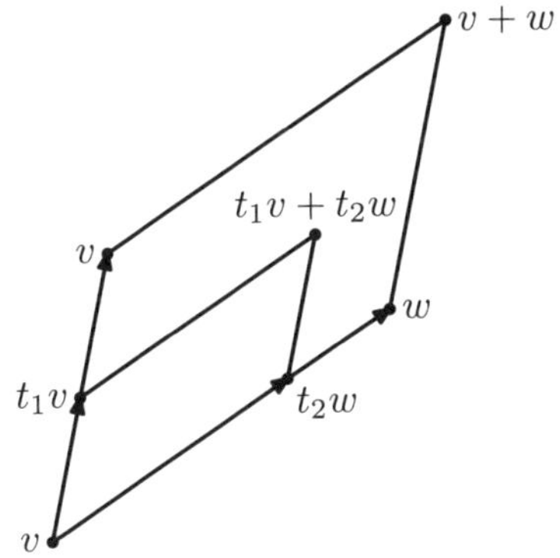


그림 5

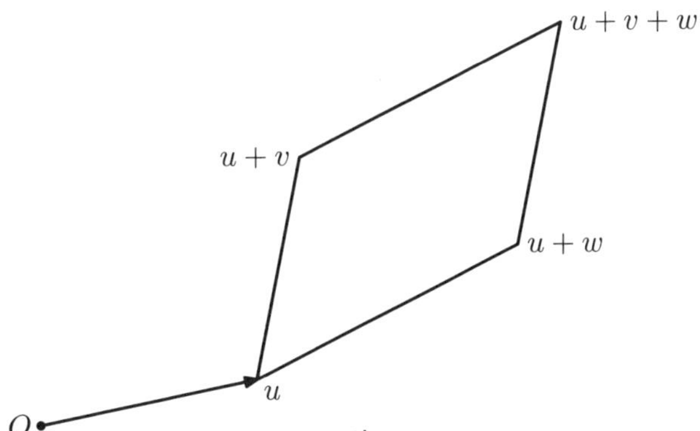


그림 6

선분의 경우와 마찬가지로, $L : V \to V'$을 선형사상이라 하면 평행사변형의 $L$에 의한 상은 (퇴화적(退化的, degenerate)이 아니라면, 즉 그 상이 1차원 이하의 부분공간을 생성하는 것이 아니라면) 평행사변형이 된다. 왜냐하면 그 상은

$$0 \leqq t_i \leqq 1, \qquad i = 1, 2$$

에 대해, 점

$$L(u + t_1v + t_2w) = L(u) + t_1L(v) + t_2L(w)$$

으로 구성되기 때문이다.

이제 삼각형에 관하여 알아보자. 먼저 원점을 한 꼭짓점으로 갖는 삼각형을 생각하자. $u, v$가 일차독립일 때, $O, v, w$에 의해 생성된 **삼각형**(三角型, triangle)을 점

(3) $$t_1v + t_2w, \qquad 0 \leqq t_i, \quad t_1 + t_2 \leqq 1$$

전체로 구성된 집합으로 정의한다. 이 정의가 타당한지 살펴보자. 위와 같이 정의된

삼각형이 $O$과 $w$ 사이의 선분 위의 임의의 점과 $v$ 사이의 선분 위의 모든 점들의 집합과 일치함을 보임으로써 이를 확인할 수 있다. 그림 7에서 삼각형의 정의가 기하학적 직관과 일치함을 알 수 있다.

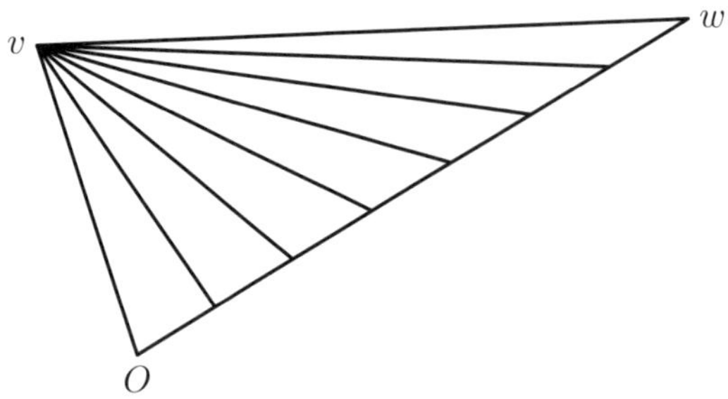

그림 7

$O$과 $w$ 사이의 선분을 $\overline{Ow}$로 나타내자. 그러면 $\overline{Ow}$ 위의 점을 $tw$, $0 \leqq t \leqq 1$로 쓸 수 있다. $v$와 $tw$ 사이에 있는 점은

$$(4) \qquad sv + (1-s)tw, \qquad 0 \leqq s \leqq 1$$

로 나타낼 수 있다. $t_1 = s, t_2 = (1-s)t$라 하면

$$t_1 + t_2 = s + (1-s)t \leqq s + (1-s) \leqq 1$$

이다. 따라서 (4)를 만족하는 모든 점은 (3)도 만족한다. 역으로 (3)을 만족하는 점 $t_1 v + t_2 w$가 주어졌다면

$$t_1 + t_2 \leqq 1$$

이다. 그러므로 $t_2 \leqq 1 - t_1$이다. $t_1 = 1$이면 $t_2 = 0$이고 (4)를 만족한다. $t_1 < 1$이면

$$s = t_1, \qquad t = t_2/(1-t_1)$$

이라 두자. 그러면

$$t_1 v + t_2 w = t_1 v + (1-t_1)\frac{t_2}{(1-t_1)} w = sv + (1-s)tw$$

로 (3)을 만족하는 모든 점은 (4)도 또한 만족함을 보여 준다. 이것으로 위에서 보이기로 약속한 대로 삼각형의 정의가 타당하다는 것을 알 수 있다.

평행사변형의 경우와 같이 임의의 삼각형은 원점에 위치한 삼각형을 평행이동하여 얻어진다. 실제로 다음과 같이 삼각형을 기술할 수 있다.

$v_1, v_2, v_3$를 $V$의 원소로 $v_1 - v_3$와 $v_2 - v_3$가 일차독립이 된다 하고 $v = v_1 -$

$v_3, w = v_2 - v_3$라 두자. $S$를 점

(5) $\quad t_1v_1 + t_2v_2 + t_3v_3, \quad t_1 + t_2 + t_3 = 1, \quad 0 \leqq t_i, \quad i = 1, 2, 3,$

전체의 집합이라 하면 $S$는 $O, v, w$로 생성된 삼각형을 $v_3$만큼 평행이동한 것이다.

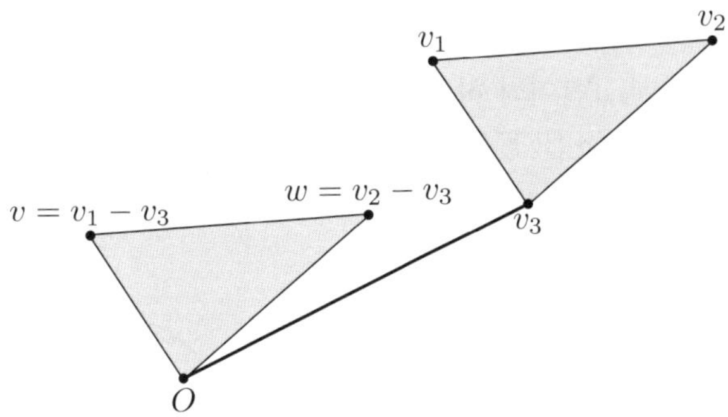


그림 8

증명. $P = t_1v_1 + t_2v_2 + t_3v_3$를 (5)를 만족하는 점이라 하자. 그러면

$$\begin{aligned} P &= t_1(v_1 - v_3) + t_2(v_2 - v_3) + t_1v_3 + t_2v_3 + t_3v_3 \\ &= t_1v + t_2w + v_3 \end{aligned}$$

이고 $t_1 + t_2 \leqq 1$이다. 그러므로 점 $P$는 (3)을 만족하는 점을 $v_3$만큼 평행이동한 것이다. 역으로 (3)을 만족하는 점이 있을 때 그 점을 $v_3$만큼 평행이동한 것을 생각하자. $t_3 = 1 - t_2 - t_1$라 두고 앞에서 한 과정을 역으로 수행하면

$$t_1v + t_2w + v_3 = t_1v_1 + t_2v_2 + t_3v_3$$

가 되어 원하는 것이 증명된다. □

실제로 (5)가 삼각형을 기술하는 방법 중 가장 유용한 것이라 할 수 있다. 왜냐하면 이 경우 꼭짓점 $v_1, v_2, v_3$가 모두 대등한 관계로 나타나기 때문이다.

이와 같이 삼각형을 정의하면, 선형사상 아래서 삼각형이 어떻게 변환되는지 쉽게 알 수 있다는 장점이 있다. $L : V \to W$을 선형사상이라 하고 $v, w$를 일차독립인 $V$의 두 원소라 하자. $S$를 $O, v, w$로 생성된 삼각형이라 하면 $L$에 의한 $S$의 상 $L(S)$는 $O, L(v), L(w)$로 생성되는 삼각형이다. 실제로 $L(S)$는 모든 점

$$L(t_1v + t_2w) = t_1L(v) + t_2L(w), \qquad 0 \leqq t_i, \qquad t_1 + t_2 \leqq 1$$

으로 구성된 집합이다.

마찬가지로 $S$를 $v_1, v_2, v_3$로 생성된 삼각형이라 하자. 그러면 $L$에 의한 $S$의 상 $L(S)$는 세 점 (한 직선 위에 있지 않다면) $L(v_1), L(v_2), L(v_3)$로 생성되는 삼각형이다.

왜냐하면 그것은 모든 점

$$L(t_1v_1 + t_2v_2 + t_3v_3) = t_1L(v_1) + t_2L(v_2) + t_3L(v_3), \quad 0 \leqq t_i \text{ 이고 } t_1 + t_2 + t_3 = 1$$

으로 구성된 집합이기 때문이다.

(5)의 조건들은, 지금부터 논의할 유용한 개념의 하나인 볼록집합이 만족하는 조건이다.

$S$를 벡터공간 $V$의 부분집합이라 하자. $S$의 임의의 두 점 $P, Q$에 대해 $P$와 $Q$ 사이의 선분이 항상 $S$에 포함되면 $S$를 **볼록**(convex)이라 한다. 그림 9에서 왼쪽은 볼록이다. 오른쪽의 집합은 $P$와 $Q$ 사이의 선분이 완전히 $S$에 속하지는 않으므로 볼록이 아니다.

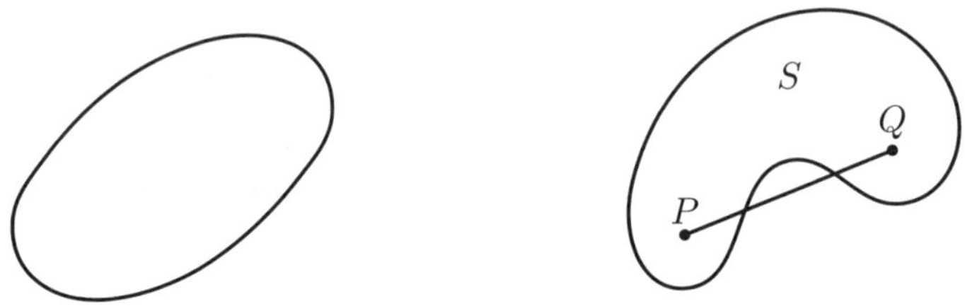


볼록집합 볼록하지 않은 집합

그림 9

**정리 5.1.** $P_1, \ldots, P_n$을 벡터공간 $V$의 원소라 하자. $S$를 일차결합

$$t_1P_1 + \cdots + t_nP_n, \qquad 0 \leqq t_i, \quad t_1 + \cdots + t_n = 1$$

전체의 집합이라 하자. 그러면 $S$는 볼록이다.

증명. $0 \leqq t_i, 0 \leqq s_i$이고

$$t_1 + \cdots + t_n = 1$$
$$s_1 + \cdots + s_n = 1$$

일 때 $P$와 $Q$를

$$P = t_1P_1 + \cdots + t_nP_n$$

과

$$Q = s_1P_1 + \cdots + s_nP_n$$

으로 두자. $0 \leqq t \leqq 1$이면

$$(1-t)P + tQ$$

$$= (1-t)t_1P_1 + \cdots + (1-t)t_nP_n + ts_1P_1 + \cdots + ts_nP_n$$
$$= [(1-t)t_1 + ts_1]P_1 + \cdots + [(1-t)t_n + ts_n]P_n$$

이 성립한다. 모든 $i$에 대해 $0 \leqq (1-t)t_i + ts_i$이고

$$\begin{aligned}(1-t)t_1 + ts_1 + \cdots + (1-t)t_n + ts_n \\ &= (1-t)(t_1 + \cdots + t_n) + t(s_1 + \cdots + s_n) \\ &= (1-t) + t \\ &= 1\end{aligned}$$

이다. 이것으로 정리가 증명되었다. □

정리 5.1에 의해 앞에서 해석학적으로 정의한 삼각형은 볼록집합임을 알 수 있다. 따라서 정리 5.1의 볼록집합은 삼각형을 자연스럽게 확장한 것이다.

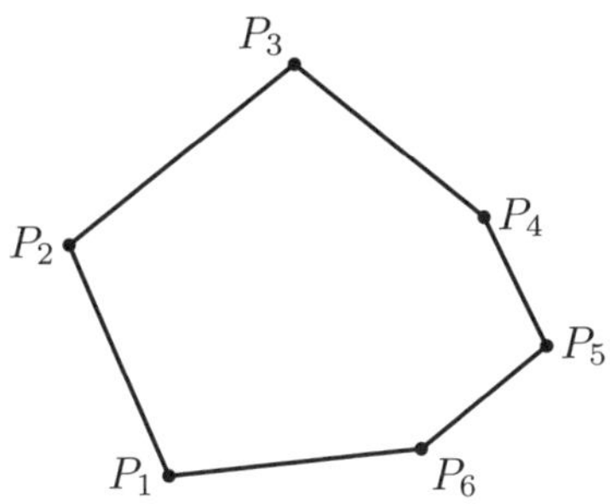


그림 10

정리 5.1의 볼록집합을 $P_1, \ldots, P_n$에 의해 **생성**(spanned)된 볼록집합이라 부른다. 다음 정리는 앞으로의 논의에 꼭 필요한 것은 아니다. 이 정리는 $P_1, \ldots, P_n$에 의해 생성된 볼록집합은 $P_1, \ldots, P_n$을 모두 포함하는 가장 작은 볼록집합임을 말해 준다.

**정리 5.2.** $P_1, \ldots, P_n$을 벡터공간 $V$의 점이라 하자. $P_1, \ldots, P_n$을 포함하는 볼록집합 $S'$은 $0 \leqq t_i$이고 $t_1 + \cdots + t_n = 1$인 일차결합

$$t_1P_1 + \cdots + t_nP_n$$

전체를 포함한다.

**증명.** 귀납법에 의해 이를 증명한다. $n = 1$이면 $t_1 = 1$이므로 위의 주장은 명백하다. 정리가 어떤 정수 $n-1 \geqq 1$에 대해 증명되었다고 가정하고 $n$일 때 성립함을 증명하자. $t_1, \ldots, t_n$을 정리의 조건을 만족하는 수라 하자. $S'$을 $P_1, \ldots, P_n$을 포함하는 볼록집

합이라 하자. $t_n = 1$이면

$$t_1 = \cdots = t_{n-1} = 0$$

이므로 위의 명제는 자명하다. $t_n \neq 1$이라 가정하자. 그러면 일차결합 $t_1P_1 + \cdots + t_nP_n$은

$$(1 - t_n)\left(\frac{t_1}{1 - t_n}P_1 + \cdots + \frac{t_{n-1}}{1 - t_n}P_{n-1}\right) + t_nP_n$$

과 같다. $i = 1, \ldots, n-1$에 대해

$$s_i = \frac{t_i}{1 - t_n}$$

라 두자. 그러면 $s_i \geqq 0$이고 $s_1 + \cdots + s_{n-1} = 1$이므로 귀납법의 가정에 의해 점

$$Q = s_1P_1 + \cdots + s_{n-1}P_{n-1}$$

은 $S'$에 놓여 있다고 할 수 있다. 그러면 이때

$$(1 - t_n)Q + t_nP_n = t_1P_1 + \cdots + t_nP_n$$

은 볼록집합의 정의에 의해 $S'$에 속하고, 이것이 바로 우리가 보이려고 했던 것이다. □

**보기.** $V$를 벡터공간이라 하고, $L : V \to \mathbb{R}$을 선형사상이라 하자. 그러면 $L(v) < 0$인 $V$의 모든 점 $v$의 집합은 볼록이다.

**증명.** $L(v) < 0$이고 $L(w) < 0$이라 하자. $0 < t < 1$이면

$$L(tv + (1 - t)w) = tL(v) + (1 - t)L(w)$$

이다. 그러면 $tL(v) < 0$이고 $(1 - t)L(w) < 0$이므로 $tL(v) + (1 - t)L(w) < 0$이 되어 $tv + (1 - t)w$는 $S$에 포함된다. $t = 0$ 또는 $t = 1$이면 $tv + (1 - t)w$는 $v$나 $w$와 같게 되므로 역시 $S$에 포함된다. 이것으로 증명이 끝났다. □

이 보기를 일반화한 것이 연습문제 6에 있다.

마지막 장에서 볼록집합에 관하여 더 자세하게 다룬다.

## III, §5. 연습문제

1. 볼록집합의 선형사상에 의한 상은 볼록임을 보여라.
2. $S_1$과 $S_2$를 $V$에서 볼록이라 하자. 교집합 $S_1 \cap S_2$가 볼록임을 보여라.
3. $L : \mathbb{R}^n \to \mathbb{R}$을 선형사상이라 하자. $S$를 $L(A) \geqq 0$인 $A$ 전체의 집합이라 하자. $S$는 볼록임을 보여라.

4. $L : \mathbb{R}^n \to \mathbb{R}$을 선형사상이라 하고 $c$를 수라 하자. $L(A) > c$인 $A$ 전체의 집합 $S$는 볼록임을 보여라.

5. $A$를 $\mathbb{R}^n$의 $O$이 아닌 벡터라 하고 $c$를 수라 하자. $X \cdot A \geqq c$인 점 $X$ 전체의 집합은 볼록임을 보여라.

6. $L : V \to W$을 선형사상이라 하자. $S'$을 $W$ 안의 볼록집합이라 하자. $S$를 $L(P)$가 $S'$에 속하는 $V$의 원소 $P$ 전체의 집합이라 하자. $S$는 볼록임을 보여라.

**참고.** 문제 3,4,5의 상황을 다시 살펴보면 이들이 문제 6의 특별한 경우임을 알 수 있을 것이다. 문제 6의 집합 $S$를 $L$에 의한 $S'$의 **역상**(逆像, inverse image)이라 한다.

7. 평행사변형은 볼록임을 보여라.

8. $S$를 $V$의 볼록집합이라 하고 $u$를 $V$의 원소라 하자. $T_u : V \to V$를 $u$에 의한 평행이동이라 하자. 상 $T_u(S)$가 볼록임을 보여라.

9. $S$를 벡터공간 $V$의 볼록집합이라 하고 $c$를 수라 하자. $cS$를 $v$가 $S$에 있을 때 $cv$ 꼴인 원소 전체의 집합이라 하자. $cS$가 볼록임을 보여라.

10. $u, w$를 벡터공간 $V$의 일차독립인 원소라 하자. $F : V \to V$를 선형사상이라 하고 $F(v), F(w)$가 일차종속이라 하자. $v$와 $w$에 의해 생성된 평행사변형의 $F$에 의한 상은 한 점이거나 선분임을 보여라.

# 제4장

# 선형사상과 행렬

## IV, §1. 행렬에 대응하는 선형사상

$A$를 $m \times n$ 행렬

$$A = \begin{pmatrix} a_{11} & \cdots & a_{1n} \\ \vdots & & \vdots \\ a_{m1} & \cdots & a_{mn} \end{pmatrix}$$

이라 하자. 이때 행렬 $A$에 사상

$$L_A : K^n \to K^m$$

를

$$L_A(X) = AX$$

라 놓음으로써 대응시킬 수 있다. 즉 $L_A$는 행렬의 곱에 의한 대응관계 $X \mapsto AX$에 의해 정의되는 사상이다. 이 $L_A$가 선형이라는 사실은 제2장의 행렬의 곱에 관한 정리 3.1로부터 알 수 있다. 즉 모든 벡터 $X, Y \in K^n$와 수 $c$에 대하여

$$A(X+Y) = AX + AY, \qquad A(cX) = cAX$$

가 성립한다. $L_A$를 행렬 $A$에 **대응하는 선형사상**(linear map associated with the matrix $A$) 이라 한다.

**보기 1.**

$$A = \begin{pmatrix} 2 & 1 \\ -1 & 5 \end{pmatrix}, \qquad X = \begin{pmatrix} 3 \\ 7 \end{pmatrix}$$

라 하면

$$L_A(X) = \begin{pmatrix} 2 & 1 \\ -1 & 5 \end{pmatrix} \begin{pmatrix} 3 \\ 7 \end{pmatrix} = \begin{pmatrix} 6+7 \\ -3+35 \end{pmatrix} = \begin{pmatrix} 13 \\ 32 \end{pmatrix}$$

이다.

**정리 1.1.** $A, B$가 $m \times n$ 행렬이고 $L_A = L_B$이면 $A = B$이다. 즉 행렬 $A, B$에 대응하는 선형사상이 같으면 두 행렬은 일치한다.

**증명.** 정의에 의하여, $A_i$를 $A$의 $i$번째 행이라 하고 $B_i$를 $B$의 $i$번째 행이라 하면, 모든 $i$에 대해 $A_i \cdot X = B_i \cdot X$이다. 그러므로 모든 $i$와 $X$에 대해 $(A_i - B_i) \cdot X = O$이다. 따라서 모든 $i$에 대해 $A_i - B_i = O$, 즉 $A_i = B_i$이다. 그러므로 $A = B$이다. □

이제 행렬에 대응하는 선형사상을 써서, 동차연립방정식을 새로운 방식으로 설명해 볼 수 있겠다. 즉, 연립방정식은

$$AX = O$$

으로 쓸 수 있으므로 **해집합은 선형사상 $L_A$의 핵이다**라고 할 수 있다.

## IV, §1. 연습문제

1. 다음 각 경우에 벡터 $L_A(X)$를 구하라.

(a) $A = \begin{pmatrix} 2 & 1 \\ 1 & 0 \end{pmatrix}, \quad X = \begin{pmatrix} 3 \\ -1 \end{pmatrix}$ (b) $A = \begin{pmatrix} 1 & 0 \\ 0 & 0 \end{pmatrix}, \quad X = \begin{pmatrix} 5 \\ 1 \end{pmatrix}$

(c) $A = \begin{pmatrix} 1 & 1 \\ 0 & 1 \end{pmatrix}, \quad X = \begin{pmatrix} 4 \\ 1 \end{pmatrix}$ (d) $A = \begin{pmatrix} 0 & 0 \\ 0 & 1 \end{pmatrix}, \quad X = \begin{pmatrix} 7 \\ -3 \end{pmatrix}$

## IV, §2. 선형사상에 대응하는 행렬

우선 특수한 경우를 살펴보자.

사상

$$L : K^n \to K$$

을 선형사상이라 하자. 그러면 $L = L_A$, 즉 모든 $X$에 대해

$$L(X) = A \cdot X$$

를 만족하는 벡터 $A$가 $K^n$에 유일하게 존재한다.

$E_1, \ldots, E_n$을 $K^n$의 단위벡터들이라 하자. 임의의 벡터 $X = x_1E_1 + \cdots + x_nE_n$에 대하여,

$$\begin{aligned} L(X) &= L(x_1E_1 + \cdots + x_nE_n) \\ &= x_1L(E_1) + \cdots + x_nL(E_n) \end{aligned}$$

이므로,

$$a_i = L(E_i)$$

라 두면,

$$L(X) = x_1a_1 + \cdots + x_na_n = X \cdot A$$

가 된다. 이것으로 원하는 것이 증명되었다. 위에서 $L = L_A$가 되는 $A$를 구체적으로 결정하였는데 그것은 $E_1, \ldots, E_n$이 $K^n$의 단위벡터일 때 성분이 $L(E_1), \ldots, L(E_n)$인 벡터이다.

이제 이를 $K$가 아닌 일반적인 $K^m$으로 가는 선형사상의 경우로 일반화해보자.

**정리 2.1.** $L : K^n \to K^m$을 선형사상이라 하자. 그러면 $L = L_A$가 되는 행렬 $A$는 유일하게 존재한다.

**증명.** $E^1, \ldots, E^n$을 $K^n$의 단위 열벡터라 하고, $e^1, \ldots, e^m$은 $K^m$의 단위 열벡터라 하자. $K^n$의 임의의 원소 $X$를 일차결합

$$X = x_1E^1 + \cdots + x_nE^n = \begin{pmatrix} x_1 \\ \vdots \\ x_n \end{pmatrix}$$

으로 쓸 수 있는데, 이때 $x_j$는 $X$의 $j$번째 성분이다. 선형성에 의하여

$$L(X) = x_1L(E^1) + \cdots + x_nL(E^n)$$

이고, 각 $L(E^j)$는 $e^1, \ldots, e^m$으로 나타낼 수 있다. 다시 말하면, 적당한 수 $a_{ij}$에 대하여

$$\begin{aligned} L(E^1) &= a_{11}e^1 + \cdots + a_{m1}e^m \\ &\vdots \\ L(E^n) &= a_{1n}e^1 + \cdots + a_{mn}e^m \end{aligned}$$

라 쓸 수 있다. 혹은 열벡터로 쓰면

$$(*) \qquad L(E^1) = \begin{pmatrix} a_{11} \\ \vdots \\ a_{m1} \end{pmatrix}, \quad \ldots, \quad L(E^n) = \begin{pmatrix} a_{1n} \\ \vdots \\ a_{mn} \end{pmatrix}$$

이라 쓸 수 있다. 따라서

$$\begin{aligned} L(X) &= x_1(a_{11}e^1 + \cdots + a_{m1}e^m) + \cdots + x_n(a_{1n}e^1 + \cdots + a_{mn}e^m) \\ &= (a_{11}x_1 + \cdots + a_{1n}x_n)e^1 + \cdots + (a_{m1}x_1 + \cdots + a_{mn}x_n)e^m \end{aligned}$$

이 되어, $A = (a_{ij})$라 하면

$$L(X) = AX$$

가 된다. 이를 모두 풀어 쓰면

$$\begin{pmatrix} a_{11} & \cdots & a_{1n} \\ \vdots & & \vdots \\ a_{m1} & \cdots & a_{mn} \end{pmatrix} \begin{pmatrix} x_1 \\ \vdots \\ \vdots \\ x_n \end{pmatrix} = \begin{pmatrix} a_{11}x_1 + \cdots + a_{1n}x_n \\ \vdots \\ a_{m1}x_1 + \cdots + a_{mn}x_n \end{pmatrix}$$

이고 $L = L_A$는 행렬 $A$에 대응하는 선형사상이다. 이때 또한 $A$를 **선형사상 $L$에 대응하는 행렬**(matrix associated with the linear map $L$)이라고도 한다. 정리 1.1에 의해 이 행렬은 유일하게 결정된다. □

**보기 1.** 사상 $F : \mathbb{R}^3 \to \mathbb{R}^2$를 $F(x_1, x_2, x_3) = (x_1, x_2)$인 사영이라 하자. 그러면 $F$에 대응하는 행렬은

$$\begin{pmatrix} 1 & 0 & 0 \\ 0 & 1 & 0 \end{pmatrix}$$

이다.

**보기 2.** $I : \mathbb{R}^n \to \mathbb{R}^n$를 항등사상이라 하면 $I$에 대응하는 행렬은 대각선 위의 원소가

모두 1이고 그 외에는 0인 행렬

$$\begin{pmatrix} 1 & 0 & 0 & \cdots & 0 \\ 0 & 1 & 0 & \cdots & 0 \\ \vdots & \vdots & \vdots & & \vdots \\ 0 & 0 & 0 & \cdots & 1 \end{pmatrix}$$

이다.

**보기 3.** 제3장의 정리 2.1에 의하여

$$L(E^1) = \begin{pmatrix} 2 \\ 1 \end{pmatrix}, \quad L(E^2) = \begin{pmatrix} 3 \\ -1 \end{pmatrix}, \quad L(E^3) = \begin{pmatrix} -5 \\ 4 \end{pmatrix}, \quad L(E^4) = \begin{pmatrix} 1 \\ 7 \end{pmatrix}$$

을 만족하는 선형사상 $L : \mathbb{R}^4 \to \mathbb{R}^2$이 유일하게 존재한다. 관계식 $(*)$에 의하여 $L$에 대응하는 행렬을 찾으면 다음과 같다.

$$\begin{pmatrix} 2 & 3 & -5 & 1 \\ 1 & -1 & 4 & 7 \end{pmatrix}.$$

**보기 4 (회전).** 회전을 행렬로 정의할 수 있다. 선형사상 $L : \mathbb{R}^2 \to \mathbb{R}^2$에 대응하는 행렬이

$$R(\theta) = \begin{pmatrix} \cos\theta & -\sin\theta \\ \sin\theta & \cos\theta \end{pmatrix}$$

와 같이 쓰여질 때, $L$을 **회전**(回轉, rotation)이라 한다. 그림 1을 보면 이 정의가 기하학적으로 타당하다는 것을 알 수 있다.

이때

$$L(E^1) = (\cos\theta)E^1 + (\sin\theta)E^2$$
$$L(E^2) = (-\sin\theta)E^1 + (\cos\theta)E^2$$

가 성립하므로 정의와 그림이 정확하게 일치한다. 회전의 행렬이 위와 같이 주어질 때, 이를 각 $\theta$만큼의 회전이라 한다. 예를 들어 각 $\pi/2$만큼의 회전에 대응하는 행렬은

$$R\left(\frac{\pi}{2}\right) = \begin{pmatrix} 0 & -1 \\ 1 & 0 \end{pmatrix}$$

로 주어진다.

마지막으로 행렬의 연산과 그 행렬에 대응하는 선형사상의 연산 사이에는 밀접한

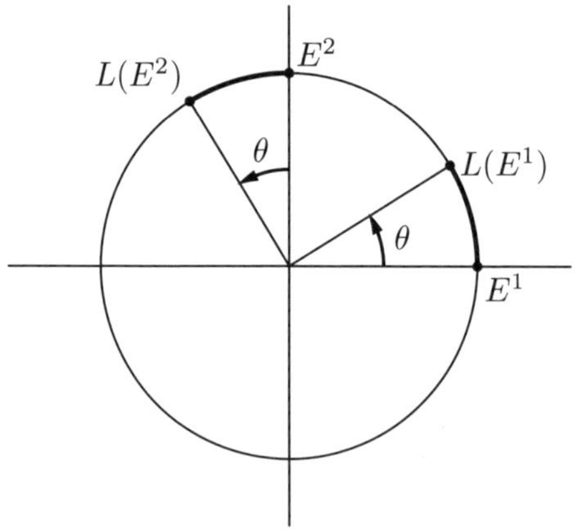


그림 1

관계가 있음을 살펴보기로 하자. 예를 들어 $A, B$가 $m \times n$ 행렬이면

$$L_{A+B} = L_A + L_B$$

이고 수 $c$에 대해

$$L_{cA} = cL_A$$

가 성립한다. 이는

$$(A+B)X = AX + BX, \qquad (cA)X = c(AX)$$

으로부터 명백하다. 사상의 합성에 대해서도 비슷한 관계가 성립한다. 실제로,

$$F : K^n \to K^m, \qquad G : K^m \to K^s$$

를 선형사상이라 하고 $A, B$를 각각 $F$와 $G$에 대응하는 행렬이라 하면 $K^n$의 임의의 벡터 $X$에 대해

$$(G \circ F)(X) = G(F(X)) = B(AX) = (BA)X$$

가 성립한다. 따라서 $BA$가 합성사상 $G \circ F$에 대응하는 행렬이다.

**정리 2.2.** $A$를 $n \times n$ 행렬이라 하고 $A^1, \ldots, A^n$을 $A$의 열벡터라 하자. 그러면 $A$가 가역일 필요충분조건은 $A^1, \ldots, A^n$이 일차독립인 것이다.

**증명.** $A^1, \ldots, A^n$이 일차독립이라 하자. 그러면 $\{A^1, \ldots, A^n\}$은 $K^n$의 기저가 되고, 따라서 단위벡터 $E^1, \ldots, E^n$을 $A^1, \ldots, A^n$의 일차결합으로 표현할 수 있다. 이는 제3

장의 정리 2.1에 의해

$$BA^j = E^j, \qquad j = 1, \dots, n$$

이 되는 행렬 $B$가 존재함을 뜻한다. 그런데 이 말은 $BA = I$라는 뜻이므로 $A$는 가역임을 알 수 있다.

역으로 $A$가 가역이라 하자. 선형사상 $L_A$는

$$L_A(X) = AX = x_1A^1 + \cdots + x_nA^n$$

을 만족하는데 $A$가 가역이기 때문에, $AX = O$이면 $A^{-1}AX = X = O$이므로, $\operatorname{Ker} L_A = \{O\}$이 되어야 한다. 그러므로 $A^1, \dots, A^n$은 일차독립이다. 이것으로 정리의 증명이 끝났다. □

## IV, §2. 연습문제

1. 다음 선형사상에 대응하는 행렬을 구하라. 인쇄상의 편의를 위해 열벡터를 행벡터로 쓰고 전치기호를 붙였다.
   (a) $F({}^t(x_1, x_2, x_3, x_4)) = {}^t(x_1, x_2)$(사영)으로 주어지는 $F : \mathbb{R}^4 \to \mathbb{R}^2$
   (b) $\mathbb{R}^4$에서 $\mathbb{R}^3$ 위로의 사영
   (c) $F({}^t(x, y)) = {}^t(3x, 3y)$로 주어지는 $F : \mathbb{R}^2 \to \mathbb{R}^2$
   (d) $F(X) = 7X$로 주어지는 $F : \mathbb{R}^n \to \mathbb{R}^n$
   (e) $F(X) = -X$로 주어지는 $F : \mathbb{R}^n \to \mathbb{R}^n$
   (f) $F({}^t(x_1, x_2, x_3, x_4)) = {}^t(x_1, x_2, 0, 0)$으로 주어지는 $F : \mathbb{R}^4 \to \mathbb{R}^4$

2. 아래의 각 $\theta$ 값만큼의 회전에 대응하는 행렬 $R(\theta)$를 구하라.
   (a) $\pi/2$ (b) $\pi/4$ (c) $\pi$ (d) $-\pi$ (e) $-\pi/3$
   (f) $\pi/6$ (g) $5\pi/4$

3. $\theta > 0$이라 하자. 각 $-\theta$(즉, 시계방향으로 $\theta$)만큼의 회전에 대응하는 행렬은 무엇인가?

4. $X = {}^t(1, 2)$를 평면의 한 점이라 하자. $F$를 $\pi/4$만큼의 회전이라 하자. $F(X)$의, 통상적인 기저 $\{E^1, E^2\}$에 대한, 좌표는 무엇인가?

5. 같은 문제를 $X = {}^t(-1, 3)$이고 $F$가 $\pi/2$만큼의 회전일 때 풀어라.

6. $F : \mathbb{R}^n \to \mathbb{R}^n$를 가역인 선형사상이라 하자. $A$가 $F$에 대응하는 행렬이면 $A^{-1}$은 $F$의 역사상에 대응하는 행렬임을 보여라.

7. $F$를 각 $\theta$만큼의 회전이라 하자. $\mathbb{R}^2$의 임의의 벡터 $X$에 대하여 $\|X\| = \|F(X)\|$임을 보여라. 여기서 $\|(a, b)\| = \sqrt{a^2 + b^2}$이다.

8. $c$를 수라 하고, $L : \mathbb{R}^n \to \mathbb{R}^n$을 $L(X) = cX$인 선형사상이라 하자. 이 선형사상에 대응하는 행렬은 무엇인가?

9. $F_\theta$를 각 $\theta$만큼의 회전이라 하자. $\theta, \varphi$가 수일 때, 선형사상 $F_\theta \circ F_\varphi$의 행렬을 계산하고, 그것이 $F_{\theta+\varphi}$의 행렬과 같음을 보여라.

10. $F_\theta$를 각 $\theta$만큼의 회전이라 하자. $F_\theta$가 가역임을 보이고, $F_\theta^{-1}$에 대응하는 행렬을 구하라.

## IV, §3. 기저, 행렬, 선형사상

앞의 두 절에서 행렬과 $K^n$에서 $K^m$으로 가는 선형사상 사이의 관계를 살펴보았다. 이제 $V, W$를 $K$ 위의 임의의 유한차원 벡터공간이라 하고,

$$\mathcal{B} = \{v_1, \ldots, v_n\}, \qquad \mathcal{B}' = \{w_1, \ldots, w_m\}$$

을 각각 $V$와 $W$의 기저라 하자. 그러면 $V$와 $W$의 각 원소는 이 기저에 대하여 좌표벡터를 갖는다. 달리 말하면 $v$가 $V$의 원소이면

$$v = x_1 v_1 + \cdots + x_n v_n, \qquad x_i \in K$$

로 유일하게 표현할 수 있다. 그러므로 $V$는

$$(x_1, \ldots, x_n) \mapsto x_1 v_1 + \cdots + x_n v_n$$

로 주어지는 사상 $K^n \to V$에 의해 $K^n$과 동형이다. 이것은 $W$에 대해서도 마찬가지이다. $F : V \to W$가 선형사상이면 위의 동형사상을 이용하여 $F$를 $K^n$에서 $K^m$으로 가는 선형사상으로 볼 수 있고, 따라서 $F$에, 기저에 따라 달라지는, 행렬을 대응시킬 수 있다. 이를

$$M^{\mathcal{B}}_{\mathcal{B}'}(F)$$

로 나타내기로 하자. 이 행렬은 다음의 성질을 가지는 유일한 행렬 $A$이다.

> $X$가 $V$의 원소 $v$의 기저 $\mathcal{B}$에 대한 (열벡터인) 좌표벡터이면 $AX$는 $F(v)$의 기저 $\mathcal{B}'$에 대한 (열벡터인) 좌표벡터이다.

좌표벡터 $X$가 $v$와 기저 $\mathcal{B}$에 따라 달라진다는 것을 나타내기 위해 기호

$$X_{\mathcal{B}}(v)$$

로 좌표벡터를 나타내기로 하자. 그러면 위의 성질을 다음과 같이 식으로 표현할 수 있다.

**정리 3.1.** $V, W$를 $K$ 위의 벡터공간이라 하고

$$F : V \to W$$

를 선형사상이라 하자. $\mathcal{B}$를 $V$의 기저라 하고 $\mathcal{B}'$을 $W$의 기저라 하면, 각 $v \in V$에 대해

$$X_{\mathcal{B}'}(F(v)) = M^{\mathcal{B}}_{\mathcal{B}'}(F)X_{\mathcal{B}}(v)$$

가 성립한다.

**따름정리 3.2.** $V$를 벡터공간이라 하고 $\mathcal{B}, \mathcal{B}'$을 $V$의 기저라 하면 $v \in V$에 대해

$$X_{\mathcal{B}'}(v) = M^{\mathcal{B}}_{\mathcal{B}'}(\mathrm{id})X_{\mathcal{B}}(v)$$

가 성립한다.

따름정리는 기저를 바꾸면 좌표벡터가 어떻게 변하는지를 간결하게 표현해준다.

$A = M^{\mathcal{B}}_{\mathcal{B}'}(F)$이고 $X$가 $\mathcal{B}$에 대한 $v$의 좌표벡터이면 정의에 의해

$$F(v) = (A_1 \cdot X)w_1 + \cdots + (A_m \cdot X)w_m$$

이다. 여기서 $w_1, \ldots, w_m$은 $W$의 기저 $\mathcal{B}'$의 원소들이다.

이 행렬 $A$는 $F$가 기저에 어떻게 작용하는가에 따라 다음과 같이 결정된다.

$$(*) \qquad \begin{array}{ccccc} F(v_1) &=& a_{11}w_1 &+ \cdots +& a_{m1}w_m \\ \vdots & & \vdots & & \vdots \\ F(v_n) &=& a_{1n}w_1 &+ \cdots +& a_{mn}w_m \end{array}$$

라 하자. 그러면 $A$는 행렬

$$\begin{pmatrix} a_{11} & a_{21} & \cdots & a_{m1} \\ a_{12} & a_{22} & \cdots & a_{m2} \\ \vdots & \vdots & & \vdots \\ a_{1n} & a_{2n} & \cdots & a_{mn} \end{pmatrix}$$

의 전치행렬이 된다. 실제로,

$$F(v) = F(x_1v_1 + \cdots + x_nv_n) = x_1F(v_1) + \cdots + x_nF(v_n)$$

에 $F(v_1), \ldots, F(v_n)$에 대한 식 $(*)$를 사용하면

$$F(v) = x_1(a_{11}w_1 + \cdots + a_{m1}w_m) + \cdots + x_n(a_{1n}w_1 + \cdots + a_{mn}w_m)$$

이 되고, $w_1, \ldots, w_m$에 관하여 정리하면

$$\begin{aligned}(a_{11}x_1 + \cdots + a_{1n}x_n)w_1 + \cdots + (a_{m1}x_1 + \cdots + a_{mn}x_n)w_m \\ = (A_1 \cdot X)w_1 + \cdots + (A_m \cdot X)w_m\end{aligned}$$

을 얻어 증명이 끝난다.

**보기 1.** $\dim V = 2$이고 $\dim W = 3$이라 하자. $F$를

$$\begin{aligned}F(v_1) &= 3w_1 - w_2 + 17w_3, \\ F(v_n) &= \ \ w_1 + w_2 - \ \ w_3\end{aligned}$$

인 선형사상이라 하자. 그러면 $F$에 대응하는 행렬은

$$\begin{pmatrix} 3 & 1 \\ -1 & 1 \\ 17 & -1 \end{pmatrix}$$

으로

$$\begin{pmatrix} 3 & -1 & 17 \\ 1 & 1 & -1 \end{pmatrix}$$

의 전치행렬과 같다.

**보기 2.** $\mathrm{id} : V \to V$를 항등사상이라 하자. 그러면 $V$의 임의의 기저 $\mathcal{B}$에 대해

$$M_{\mathcal{B}}^{\mathcal{B}}(\mathrm{id}) = I$$

임을 쉽게 보일 수 있다. 여기서 $I$는 ($\dim V = n$일 때) 단위 $n \times n$ 행렬이다.

**주의.** $V = W$라 가정하되, $V$의 서로 다른 두 기저 $\mathcal{B}$와 $\mathcal{B}'$을 가지고 생각하자. 그러면 이 서로 다른 두 기저에 대한 $V$에서 자기 자신으로 가는 항등사상에 대응하는 행렬은 단위행렬이 아니다.

**보기 3.** $\mathcal{B} = \{v_1, \ldots, v_n\}$와 $\mathcal{B}' = \{w_1, \ldots, w_n\}$을 벡터공간 $V$의 기저라 하자. 행렬 $A = (a_{ij})$를

$$\begin{aligned}w_1 &= a_{11}v_1 + \cdots + a_{1n}v_n \\ &\ \ \vdots \qquad\qquad\quad \vdots \\ w_n &= a_{n1}v_1 + \cdots + a_{nn}v_n\end{aligned}$$

을 만족하는 것이라 하자. 그러면 각 $i = 1, \ldots, n$에 대해 $w_i = \mathrm{id}(w_i)$가 성립하므로, 정의에 의해

$$M_{\mathcal{B}}^{\mathcal{B}'}(\mathrm{id}) = {}^tA$$

이다. 한편

$$F(v_1) = w_1, \ \ldots, \ F(v_n) = w_n$$

을 만족하는 선형사상 $F : V \to V$가 유일하게 존재하는데 이에 대해 다시 정의에 의하면

$$M_{\mathcal{B}}^{\mathcal{B}}(F) = {}^tA$$

임을 알 수 있다.

**정리 3.3.** $V, W$를 벡터공간이라 하자. $\mathcal{B}$를 $V$의 기저라 하고 $\mathcal{B}'$를 $W$의 기저라 하자. $f, g$를 $V$에서 $W$로 가는 두 선형사상이라 하고 $M = M_{\mathcal{B}'}^{\mathcal{B}}$라 하면

$$M(f+g) = M(f) + M(g)$$

이다. 또한 수 $c$에 대해

$$M(cf) = cM(f)$$

이다. 대응

$$f \mapsto M_{\mathcal{B}'}^{\mathcal{B}}(f)$$

는 선형사상공간 $\mathcal{L}(V, W)$와 ($\dim V = n, \dim W = m$일 때) $m \times n$ 행렬공간 사이의 동형사상이 된다.

**증명.** 대응 $f \mapsto M(f)$가 선형이라는 첫 식은 선형사상에 대응하는 행렬의 정의에서 바로 나온다. $M(f) = M(g)$이면 $f = g$이므로 대응 $f \mapsto M(f)$는 단사이고, 모든 선형사상은 행렬로 나타낼 수 있으므로 또한 전사이다. 그러므로 $f \mapsto M(f)$는 서술한 대로 동형사상이 된다. □

지금까지 선형사상에 대응하는 행렬의 덧셈의 성질에 관해 공부했는데 이제 곱셈의 성질에 대해 논의해 보자.

$U, V, W$를 집합이라 하자. $F : U \to V$를 사상이라 하고, $G : V \to W$를 또 다른 사상이라 하자. 그러면 이전에 보았던 대로 $U$에서 $W$로 가는 합성사상 $G \circ F$를 만들 수 있다.

**정리 3.4.** $V, W, U$를 벡터공간이라 하고, $\mathcal{B}, \mathcal{B}', \mathcal{B}''$를 각각 $V, W, U$의 기저라 하자.

$$F : V \to W, \qquad G : W \to U$$

가 선형사상이면

$$M_{\mathcal{B}''}^{\mathcal{B}'}(G)M_{\mathcal{B}'}^{\mathcal{B}}(F) = M_{\mathcal{B}''}^{\mathcal{B}}(G \circ F)$$

가 성립한다.

(노트. 이 정리는 기저가 일단 선택되고 나면 사상의 합성이 행렬의 곱에 대응함을 말해준다.)

**증명.** $A$를 기저 $\mathcal{B}, \mathcal{B}'$에 대해 $F$에 대응하는 행렬이라 하고 $B$를 기저 $\mathcal{B}', \mathcal{B}''$에 대해 $G$에 대응하는 행렬이라 하자. $v$를 $V$의 원소라 하고 $X$를 $\mathcal{B}$에 대한 (열벡터인) 좌표벡터라 하자. 그러면 $F(v)$의 $\mathcal{B}'$에 대한 좌표벡터는 $AX$이다. 정의에 의하여 $G(F(v))$의 $\mathcal{B}''$에 대한 좌표벡터는 $B(AX)$인데, 이것은 2절에 의해 $(BA)X$와 같다. 그런데 $G(F(v)) = (G \circ F)(v)$이므로 $(G \circ F)(v)$의 $\mathcal{B}''$에 대한 좌표벡터는 $(BA)X$와 같고, 정의에 의해 이는 $BA$가 $G \circ F$에 대응하는 행렬임을 의미하므로 증명이 끝났다. □

**참고.** 응용할 때 많은 경우에 벡터공간 $V$에서 자기 자신으로 가는 선형사상을 다루게 된다. $V$의 기저 $\mathcal{B}$가 정해지고 $F : V \to V$가 선형사상이면, 행렬

$$M_{\mathcal{B}}^{\mathcal{B}}(F)$$

를 보통 ('$\mathcal{B}, \mathcal{B}$에 대해'라고 하는 대신에) $\mathcal{B}$에 대해 $F$에 대응하는 행렬이라 한다. 정의에 따라 $I$를 단위행렬이라 하면

$$M_{\mathcal{B}}^{\mathcal{B}}(\mathrm{id}) = I$$

가 된다. 정리 3.2의 직접적인 결과로서 다음을 얻는다.

**따름정리 3.5.** $V$를 벡터공간이라 하고, $\mathcal{B}, \mathcal{B}'$을 $V$의 기저라 하자. 그러면

$$M_{\mathcal{B}'}^{\mathcal{B}}(\mathrm{id})M_{\mathcal{B}}^{\mathcal{B}'}(\mathrm{id}) = I = M_{\mathcal{B}}^{\mathcal{B}'}(\mathrm{id})M_{\mathcal{B}'}^{\mathcal{B}}(\mathrm{id})$$

가 된다. 특히 $M_{\mathcal{B}'}^{\mathcal{B}}(\mathrm{id})$는 가역이다.

**증명.** 정리 3.4에서 $V = W = U$라 하고, $F = G = \mathrm{id}$, $\mathcal{B}'' = \mathcal{B}$이라 두면 원하는 식을 얻는다. □

정리 3.2에 나오는 일반적인 식을 이용하여 선형사상에 대응하는 행렬이 기저를 바꿀 때 어떻게 바뀌는지를 정확하게 서술할 수 있다.

**정리 3.6.** $F : V \to V$를 선형사상이라 하고, $\mathcal{B}, \mathcal{B}'$을 $V$의 기저라 하자. 그러면

$$M_{\mathcal{B}'}^{\mathcal{B}'}(F) = N^{-1} M_{\mathcal{B}}^{\mathcal{B}}(F) N$$

을 만족하는 가역행렬 $N$이 존재한다. 실제로 $N$은

$$N = M_{\mathcal{B}}^{\mathcal{B}'}(\mathrm{id})$$

로 택하면 된다.

**증명.** 정리 3.2를 차례로 적용하여

$$M_{\mathcal{B}'}^{\mathcal{B}'}(F) = M_{\mathcal{B}'}^{\mathcal{B}}(\mathrm{id}) M_{\mathcal{B}}^{\mathcal{B}}(F) M_{\mathcal{B}}^{\mathcal{B}'}(\mathrm{id})$$

를 얻는다. 따름정리 3.5를 적용하면 증명이 끝난다. □

$V$를 $K$ 위의 유한차원 벡터공간이라 하고, $F : V \to V$를 선형사상이라 하자. $V$의 기저 $\mathcal{B}$에 대해 $F$에 대응하는 행렬이 대각행렬일 때 $\mathcal{B}$가 $F$를 대각화한다고 한다. $F$를 **대각화**(對角化, diagonalize)하는 기저가 존재할 때 $F$를 **대각화가능**(對角化可能, diagonalizable)이라 한다. 임의의 선형사상이 모두 대각화가능인 것은 아니다. 이 책의 뒷 부분에서 대각화가능한 충분조건을 찾을 것이다. $A$가 $K$에서 $n \times n$ 행렬일 때, $A$에 의해 표현된 $K^n$ 위의 선형사상이 대각화가능이면 $A$가 ($K$에서) 대각화가능이라 한다. 정리 3.6으로부터 다음을 곧 알 수 있다.

**정리 3.7.** $V$를 $K$ 위의 유한차원 벡터공간이라 하고, $F : V \to V$를 선형사상, $M$을 기저 $\mathcal{B}$에 대해 $F$에 대응하는 행렬이라 하자. 그러면 $F$가 (또는 $M$이) ($K$에서) 대각화가능일 필요충분조건은 $K$에서 $N^{-1}MN$이 대각행렬이 되도록 하는 가역행렬 $N$이 존재하는 것이다.

사상 $M \mapsto N^{-1}MN$은 중요한 의미가 있으며, 특히 두 행렬 $M, M'$에 대하여 $K$에서 $M' = N^{-1}MN$인 가역행렬 $N$이 존재할 때, $M, M'$이 (체 $K$ 위에서) **닮았다**(similar)고 한다.

## IV, §3. 연습문제

1. 다음의 각 경우에 $M_{\mathcal{B}'}^{\mathcal{B}}(\mathrm{id})$를 구하라. 각 경우의 벡터공간은 $\mathbb{R}^3$이다.
   (a) $\mathcal{B} = \{(1,1,0), (-1,1,1), (0,1,2)\}$, $\mathcal{B}' = \{(2,1,1), (0,0,1), (-1,1,1)\}$
   (b) $\mathcal{B} = \{(3,2,1), (0,-2,5), (1,1,2)\}$, $\mathcal{B}' = \{(1,1,0), (-1,2,4), (2,-1,1)\}$
2. $L : V \to V$을 선형사상이라 하고, $\mathcal{B} = \{v_1, \ldots, v_n\}$을 $V$의 기저라 하자. $i = 1, \ldots, n$에 대해 $L(v_i) = c_i v_i$가 되는 수 $c_1, \ldots, c_n$이 존재한다고 가정하자. $M_{\mathcal{B}}^{\mathcal{B}}(L)$은 무엇인가?

3. 각 실수 $\theta$에 대해 $F_\theta : \mathbb{R}^2 \to \mathbb{R}^2$를 행렬

$$R(\theta) = \begin{pmatrix} \cos\theta & -\sin\theta \\ \sin\theta & \cos\theta \end{pmatrix}$$

로 표현되는 선형사상이라 하자. $\theta, \theta'$이 실수일 때, $F_\theta F_{\theta'} = F_{\theta+\theta'}$ 임을 보여라. (sin과 cos에 대한 덧셈 공식을 이용하여야 한다.) 또 $F_\theta^{-1} = F_{-\theta}$ 임을 보여라.

4. $\theta > 0$이라 하자. 항등사상에 대응하는 행렬과 기저를 각 $-\theta$(즉, 시계방향으로 $\theta$)만큼 회전하는 사상에 대응하는 행렬은 무엇인가?

5. $X = {}^t(1, 2)$를 평면의 한 점이라 하자. $F$를 $\pi/4$만큼의 회전이라 하면 통상적인 기저 $\{E^1, E^2\}$에 대한 $F(X)$의 좌표는 어떻게 되는가?

6. 같은 문제를 $X = {}^t(-1, 3)$이고 $\pi/2$만큼의 회전에 대하여 풀어라.

7. $F$를 $\theta$만큼의 회전이라 하자. $(x, y)$를 표준좌표계로 쓴 평면의 한 점이라 하자. 회전된 좌표계에서의 이 점의 좌표를 $(x', y')$이라 하자. $x', y'$을 $x, y, \theta$로 표현하라.

8. $D = d/dt$를 미분작용소라 하자. 다음의 각 경우에 일차독립인 함수들 $\mathcal{B}$를 제시하였다. 이들은 벡터공간 $V$를 생성하고, $D$는 $V$를 $V$로 보낸다. 기저 $\mathcal{B}, \mathcal{B}$에 대해 $D$에 대응하는 행렬을 구하라.

   (a) $\{e^t, e^{2t}\}$ (b) $\{1, t\}$ (c) $\{e^t, te^t\}$

   (d) $\{1, t, t^2\}$ (e) $\{1, t, e^t, e^{2t}, te^{2t}\}$ (f) $\{\sin t, \cos t\}$

9. (a) $N$을 정사각행렬이라 하자. 어떤 양의 정수 $r$이 있어서 $N^r = O$이 될 때 $N$을 **거듭제곱이** $O$(nilpotent)인 행렬이라 한다. $N$이 거듭제곱이 $O$이면 $I - N$이 가역임을 보여라.

   (b) 하나의 벡터공간에서 자기 자신으로 가는 선형사상에 대해 유사한 명제를 서술하고 증명하라.

10. $P_n$을 $n$차 이하의 다항식으로 구성된 벡터공간이라 하자. 이때 미분작용소 $D : P_n \to P_n$는 $P_n$에서 $P_n$으로 가는 선형사상이다. $I$를 항등사상이라 할 때 다음 선형사상이 가역임을 보여라.

    (a) $I - D^2$

    (b) 임의의 양의 정수 $m$에 대해 $D^m - I$

    (c) 임의의 수 $c \neq 0$에 대해 $D^m - cI$

11. $A$를 다음과 같은 $n \times n$ 행렬

$$A = \begin{pmatrix} 0 & 1 & 0 & \cdots & & 0 \\ 0 & 0 & 1 & \cdots & & 0 \\ \vdots & \vdots & \ddots & & \ddots & \vdots \\ 0 & 0 & 0 & \cdots & 0 & 1 \\ 0 & 0 & 0 & \cdots & 0 & 0 \end{pmatrix}$$

로서 상삼각행렬이며, 대각원소는 모두 0이고 대각선 바로 위는 1이며 나머지는 0인 행렬이라 하자.

(a) $K^n$의 표준기저 벡터 $\{E^1, \ldots, E^n\}$에 끼치는 $L_A$의 효과를 어떻게 서술할 수 있는가?

(b) 기저 벡터에 $A$의 거듭제곱이 끼치는 효과를 이용하여 $A^n = O$이고 $A^{n-1} \neq O$임을 보여라.

# 제5장

# 스칼라 내적과 직교성

## V, §1. 스칼라 내적

$V$를 체 $K$ 위의 벡터공간이라 하자. $V$ 위에서의 **스칼라 내적**(內積, scalar product) 이란 $V$의 두 원소 $v, w$에, $\langle v, w\rangle$ 또는 $v \cdot w$로 표기되는, 스칼라를 대응시키는 것으로 다음을 만족한다.

**SP 1.** $V$의 모든 원소 $v, w$에 대해 $\langle v, w\rangle = \langle w, v\rangle$가 성립한다.

**SP 2.** $u, v, w$가 $V$의 원소일 때

$$\langle u, v + w\rangle = \langle u, v\rangle + \langle u, w\rangle$$

가 성립한다.

**SP 3.** $x \in K$이면

$$\langle xu, v\rangle = x\langle u, v\rangle, \quad \langle u, xv\rangle = x\langle u, v\rangle$$

가 성립한다.

다음 조건을 추가로 만족하는 스칼라 내적을 **퇴화되지 않은**(non-degenerate) 스칼라 내적이라 한다.

$v$가 $V$의 원소일 때, 모든 $w \in V$에 대해 $\langle v, w\rangle = 0$이면 $v = O$이다.

**보기 1.** $V = K^n$이라 하자. 그러면 $K^n$의 원소 $X, Y$에 대해 이미 앞에서 정의한 점적

$$(X, Y) = X \cdot Y$$

를 대응시키는 사상은 위에 정의한 스칼라 내적의 조건을 만족한다.

**보기 2.** $V$를 구간 $[0, 1]$ 위에서 정의된 실수 값을 갖는 연속함수들로 구성된 벡터공간이라 하자. $f, g \in V$일 때

$$\langle f, g \rangle = \int_0^1 f(t)g(t)\, dt$$

로 정의한다. 간단한 적분의 성질을 이용하면, 이것이 스칼라 내적이 됨을 보일 수 있다.

위의 두 보기에 나오는 스칼라 내적은 모두 퇴화되지 않은 것이다. $K^n$의 벡터에 대한 점적에 대해서는 이미 이를 보인 바 있다. 두 번째 보기에서는 적분의 간단한 성질을 쓰면 쉽게 보일 수 있다.

미적분학에서는 위의 두 번째 보기를 푸리에 급수(Fourier series) 이론의 하나의 출발점으로 공부하였으나 여기서는 단지 스칼라 내적의 일반적인 성질과 유클리드 공간에 대한 몇 가지 응용만 다루고자 한다. 점을 이용한 기호 $f \cdot g$는 흔히 쓰이는 함수의 곱과 혼동을 일으킬 수 있으므로 함수로 구성된 벡터공간을 다룰 때는 $\langle\ ,\ \rangle$를 사용한다.

$V$를 스칼라 내적이 정의된 벡터공간이라 하자. 언제나 그렇듯 $V$의 원소 $v, w$가 $\langle v, w \rangle = 0$이면, **직교**(直交, orthogonal) 또는 **수직**(垂直, perpendicular)이라 하고 $v \perp w$로 표기한다. $S$가 $V$의 부분집합일 때 $S$의 모든 원소에 수직인, 즉 $S$의 모든 원소 $v$에 대해 $\langle w, v \rangle = 0$인, 원소 $w$ 전체의 집합을 $S^\perp$으로 나타낸다. 그러면 **SP 2**와 **SP 3**를 이용하여 $S^\perp$이 $V$의 부분공간이 됨을 곧 알 수 있는데, 이 $S^\perp$을 $S$의 **직교공간**(直交空間, orthogonal space)이라 부른다. $w$가 $S$에 수직일 때도 $w \perp S$라 쓴다. $U$를 $S$에 의해 생성된 $V$의 부분공간이라 하자. $w$가 $S$에 수직이고 $v_1, v_2 \in S$이면

$$\langle w, v_1 + v_2 \rangle = \langle w, v_1 \rangle + \langle w, v_2 \rangle = 0$$

이다. $c$가 스칼라이면

$$\langle w, cv_1 \rangle = c\langle w, v_1 \rangle = 0$$

이다. 그러므로 $w$는 $S$의 원소의 일차결합에 수직이고, 따라서 $U$에 수직이다.

**보기 3.** $(a_{ij})$를 $K$에서의 $m \times n$ 행렬이라 하고 $A_1, \ldots, A_m$을 $A$의 행벡터라 하자.

$X = {}^t(x_1, \ldots, x_n)$이라 두면, 동차연립방정식

$$(**) \qquad \begin{matrix} a_{11}x_1 & + \cdots + & a_{1n}x_n & = 0 \\ \vdots & & \vdots & \\ a_{m1}x_1 & + \cdots + & a_{mn}x_n & = 0 \end{matrix}$$

을

$$A_1 \cdot X = 0, \ \ldots, \ A_m \cdot X = 0$$

와 같이 간단히 줄여 쓸 수 있다. 이 동차방정식의 해 $X$의 집합은 $K$ 위의 벡터공간이 된다. $W$를 $A_1, \ldots, A_m$으로 생성된 공간이라 하자. $U$를 $A_1, \ldots, A_m$에 수직인 $K^n$의 벡터 전체의 집합이라 하자. 그러면 $U$가 바로 $(**)$의 해로 구성된 벡터공간이다. 벡터 $A_1, \ldots, A_m$은 일차독립이 아닐 수도 있다. $\dim W \leqq m$임에 유의하자. 나중에 이 해공간의 차원에 대해 충분히 살펴보도록 하겠다.

$$\dim U = \dim W^{\perp}$$

을 **연립방정식의 해공간의 차원**(次元, dimension of the space of solutions of the system of linear equations)이라 부른다.

$V$를 다시 스칼라 내적이 정의된 체 $K$ 위의 벡터공간이라 하고, $\{v_1, \ldots, v_n\}$을 $V$의 기저라 하자. $i \neq j$이면 $\langle v_i, v_j \rangle = 0$일 때 이 기저를 **직교기저**(直交基底, orthogonal basis)라 한다. 뒤에서 $V$가 유한차원 벡터공간으로 스칼라 내적이 정의되어 있다면 항상 직교기저를 택할 수 있음을 보일 것이다. 지금은 우선 실수와 복소수 위에서의 특별한 경우를 다루기로 하자.

## 실수체 위에서 양의 정부호인 경우

$V$를 $\mathbb{R}$ 위의 벡터공간이라 하고, 스칼라 내적이 정의되었다 하자. $V$의 모든 원소 $v$에 대해 $\langle v, v \rangle \geqq 0$이고, $v \neq O$이면 $\langle v, v \rangle > 0$일 때, 이 스칼라 내적을 **양의 정부호**(陽의 定符號, positive definite)라 한다. $\mathbb{R}^n$의 점적은 양의 정부호이며, 위 보기 2의 스칼라 내적도 양의 정부호이다.

$V$를 $\mathbb{R}$ 위의 벡터공간이라 하고, 양의 정부호인 스칼라 내적 $\langle \ , \ \rangle$이 정의되어 있다 하자. $W$를 부분공간이라 하면 $W$에는 $V$에서 스칼라 내적을 정의하는 규칙을 똑같이 사용하여 정의된 스칼라 내적이 존재한다. 다시 말하면, $w, w'$이 $W$의 원소일 때, $V$에서 계산한 $\langle w, w' \rangle$을 생각하면 된다. 이 $W$ 위의 스칼라 내적은 물론 양의 정부호이다.

예컨대 $W$를 두 벡터 $(1, 2, 2)$와 $(\pi, -1, 0)$으로 생성된 $\mathbb{R}^3$의 부분공간이라 하면, $W$는 그 자체로 벡터공간이며, $W$에 속하는 벡터들의 점적을 택하여 $W$ 위에 양의 정부

호인 스칼라 내적을 정의할 수 있다. 때때로 이러한 부분공간을 다루어야 하는 경우가 생기는데, 이것이 점적을 가진 $\mathbb{R}^n$ 만을 생각하지 않고 $\mathbb{R}$ 위에서의 임의의 (유한차원) 공간에 대해 이론을 전개시키는 한 가지 이유이다. 또 다른 이유는 이 이론을 1절의 보기 2에서 서술한 상황에도 적용시킬 수 있도록 하기 위함이다.

$V$의 원소 $v$의 **노름**(norm)을

$$\|v\| = \sqrt{\langle v, v\rangle}$$

로 정의한다. $c$가 수이면

$$\|cv\| = \sqrt{\langle cv, cv\rangle} = \sqrt{c^2\langle v, v\rangle} = |c|\|v\|$$

이므로 곧바로

$$\|cv\| = |c|\|v\|$$

임을 알 수 있다. $V$의 두 원소 $v, w$ 사이의 **거리**(距離, distance)를

$$\text{dist}(v, w) = \|v - w\|$$

로 정의한다. 이 정의는 피타고라스 정리에서 기인하는데, 예컨대 $V = \mathbb{R}^3$이고 스칼라 내적이 통상의 점적이라 하자. $X = (x, y, z) \in V$이면

$$\|X\| = \sqrt{x^2 + y^2 + z^2}$$

인데 이는 피타고라스의 정리를 이용한 원점 $O$에서 점 $X$까지 거리라는 개념과 정확하게 일치한다.

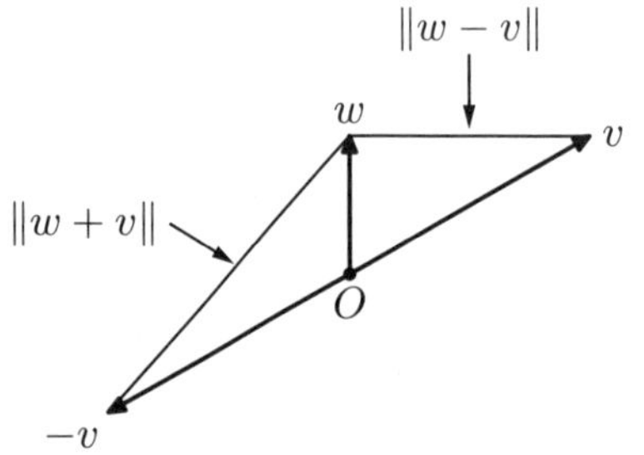

(a)

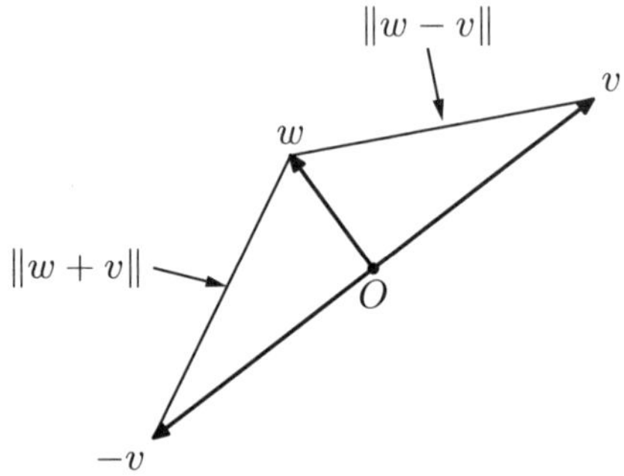

(b)

그림 1

또한 수직에 관한 우리의 정의가 타당하다고 말할 수 있다. 다시 평면 기하학과 다음의 그림에 의해 $v$가 $w$에 수직일 필요충분조건은

$$\|v - w\| = \|v + w\|$$

라 할 수 있다. 그러면

$$\begin{aligned}\|v-w\| = \|v+w\| &\iff \|v-w\|^2 = \|v+w\|^2 \\ &\iff (v-w)^2 = (v+w)^2 \\ &\iff v^2 - 2v\cdot w + w^2 = v^2 + 2v\cdot w + w^2 \\ &\iff 4v\cdot w = 0 \\ &\iff v\cdot w = 0.\end{aligned}$$

이 된다. 이것으로 원하는 것을 보였다.

독자들은 이전에 $n$순서쌍의 점적에 대해 공부한 적이 있을 것이다. 좌표를 사용하지 않고 증명한 기본적인 성질들은 여기서의 더 일반적인 스칼라 내적의 경우에도 증명할 수 있다. 앞으로 그러한 증명을 계속하면서 더 많은 보기를 살펴보기로 하겠다.

$\|v\| = 1$일 때 원소 $v \in V$를 **단위벡터**(單位벡터, unit vector)라 한다. $v \in V$이고 $v \neq O$이면 $v/\|v\|$는 단위벡터이다.

다음의 두 항등식은 노름의 정의로부터 직접 보일 수 있다.

**피타고라스의 정리.** $v, w$가 수직이면 다음이 성립한다.

$$\|v+w\|^2 = \|v\|^2 + \|w\|^2$$

**평행사변형의 법칙.** 임의의 $v, w$에 대해 다음이 성립한다.

$$\|v+w\|^2 + \|v-w\|^2 = 2\|v\|^2 + 2\|w\|^2$$

증명은 매우 쉽다. 여기서는 첫 번째 것만 증명하고 두 번째는 연습문제로 남긴다.

$$\begin{aligned}\|v+w\|^2 = \langle v+w, v+w\rangle &= \langle v,v\rangle + 2\langle v,w\rangle + \langle w,w\rangle \\ &= \|v\|^2 + \|w\|^2 \qquad (v \perp w\text{이므로})\end{aligned}$$

이므로 피타고라스의 정리가 증명되었다.

$w$를 $\|w\| \neq 0$인 $V$의 원소라 하자. 임의의 $v$에 대해 $v - cw$가 $w$에 수직인 수 $c$가 유일하게 존재한다. 실제로 구해 보면 $v - cw$가 $w$에 수직이기 위해서는

$$\langle v - cw, w\rangle = 0$$

이 되어야 하므로 $\langle v, w\rangle - \langle cw, w\rangle = 0$ 즉 $\langle v, w\rangle = c\langle w, w\rangle$가 된다. 그러므로

$$c = \frac{\langle v, w\rangle}{\langle w, w\rangle}$$

이다. 역으로 $c$를 이 값으로 두면 $v - cw$가 $w$에 수직하게 된다. 이 $c$를 **$w$를 따른 $v$의 성분**(成分, component of $v$ along $w$)이라 부른다. 그리고 $cw$를 **$w$를 따른 $v$의 사영**(射影, projection of $v$ along $w$)이라 한다.

$n$차원 공간의 경우와 마찬가지로 $w$를 따른 $v$의 사영을 $cw$로 정의한 이유는 다음 그림 2에서 알 수 있다.

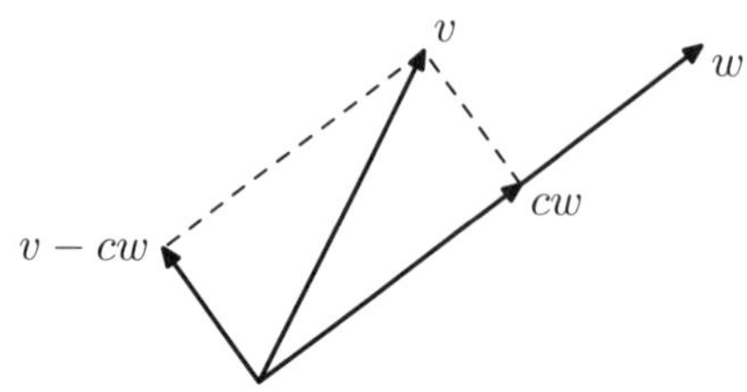


**그림 2**

특히 $w$가 단위벡터이면 $w$를 따른 $v$의 성분은 간단히

$$c = \langle v, w\rangle$$

가 된다.

**보기 4.** $V = \mathbb{R}^n$에서 통상의 스칼라 내적, 즉 점적을 생각하자. $E_i$가 $i$번째 단위벡터이고 $X = (x_1, \ldots, x_n)$이면 $E_i$를 따른 $X$의 성분은 간단히

$$X \cdot E_i = x_i,$$

즉 $X$의 $i$번째 성분이다.

**보기 5.** $V$를 $[-\pi, \pi]$ 위에서 연속인 함수의 공간이라 하자. $f$를 어떤 정수 $k > 0$에 대해 $f(x) = \sin kx$로 주어진 함수라 하자. 그러면

$$\|f\| = \sqrt{\langle f, f\rangle} = \left(\int_{-\pi}^{\pi} \sin^2 kx\, dx\right)^{1/2}$$
$$= \sqrt{\pi}$$

가 된다. $f$를 따른 $g$의 성분을 **$f$에 대한 $g$의 푸리에 계수**(Fourier coefficient of $g$ with respect to $f$)라 한다. $g$를 $[-\pi, \pi]$ 위에서 정의된 임의의 연속함수라 하면, $f$에 대한 $g$

의 푸리에 계수는

$$\frac{\langle g, f\rangle}{\langle f, f\rangle} = \frac{1}{\pi}\int_{-\pi}^{\pi} g(x)\sin kx\, dx$$

와 같다.

**정리 1.1 (슈바르츠의 부등식 (Schwarz inequality)).** 모든 $v, w \in V$에 대해

$$|\langle v, w\rangle| \leqq \|v\|\|w\|$$

가 성립한다.

**증명.** $w = O$이면 양변은 0과 같으므로 부등식은 자명하다. 다음으로 $w = e$를 단위벡터, 즉 $\|e\| = 1$이라 가정하자. $c$를 $e$를 따른 $v$의 성분이라 하면 $v - ce$는 $e$에 수직이므로 $ce$에도 수직이다. 그러므로 피타고라스의 정리에 의하여

$$\begin{aligned}\|v\| &= \|v - ce\|^2 + \|ce\|^2 \\ &= \|v - ce\|^2 + |c|^2\end{aligned}$$

가 된다. 따라서 $c^2 \leqq \|v\|^2$, 즉 $|c| \leqq \|v\|$를 얻는다. 마지막으로 $w$를 임의의 $O$이 아닌 벡터라 하면 $e = w/\|w\|$는 단위벡터이므로, 방금 보인 사실에 의해

$$\left|\left\langle v, \frac{w}{\|w\|}\right\rangle\right| \leqq \|v\|$$

가 성립한다. 따라서

$$|\langle v, w\rangle| \leqq \|v\|\|w\|$$

를 얻을 수 있다. □

**정리 1.2 (삼각부등식 (Triangle inequality)).** 모든 $v, w \in V$에 대해 다음이 성립한다.

$$\|v + w\| \leqq \|v\| + \|w\|$$

**증명.** 이 부등식의 양변은 0보다 크거나 같으므로 이들을 제곱한 부등식을 생각해도 충분하다. 즉

$$(v + w)^2 \leqq (\|v\| + \|w\|)^2$$

이 성립함을 증명하면 충분하다. 이제

$$\begin{aligned}(v + w)^2 = (v + w)\cdot(v + w) &= v^2 + 2v\cdot w + w^2 \\ &\leqq \|v\|^2 + 2\|v\|\|w\| + \|w\|^2 \quad (\text{정리 } 1.1)\end{aligned}$$

$$= (\|v\| + \|w\|)^2$$

이므로 삼각부등식이 증명되었다. □

$O$이 아닌 $V$의 원소 $v_1, \ldots, v_n$이 서로 수직, 즉 $i \neq j$이면 $\langle v_i, v_j \rangle = 0$이라 하자. $v_i$를 따른 $v$의 성분을 $c_i$라 하자. 그러면

$$v - c_1 v_1 - \cdots - c_n v_n$$

은 $v_1, \ldots, v_n$에 수직이다. 이를 보이려면 임의의 $j$에 대해 $v_j$와의 스칼라 내적을 계산해 보면 된다. $i \neq j$이면 $\langle v_i, v_j \rangle$를 포함하는 모든 항은 0이 되고 남은 항은 두 항

$$\langle v, v_j \rangle - c_j \langle v_j, v_j \rangle$$

으로 이것은 서로 상쇄될 것이다. 그러므로 $v$에서 위의 일차결합을 뺀 나머지는 $v_1, \ldots, v_n$에 수직하게 된다. 다음 정리는 $c_1 v_1 + \cdots + c_n v_n$이 $v_1, \ldots, v_n$의 일차결합 중에서 $v$에 가장 가까운 근사라는 것을 보여 준다.

**정리 1.3.** $v_1, \ldots, v_n$을 서로 수직이고, 모든 $i$에 대해 $\|v_i\| \neq 0$인 벡터라 하자. $v$를 $V$의 원소라 하고, $c_i$를 $v_i$를 따른 $v$의 성분이라 하자. $a_1, \ldots, a_n$을 임의의 수라 하면

$$\left\| v - \sum_{k=1}^{n} c_k v_k \right\| \leqq \left\| v - \sum_{k=1}^{n} a_k v_k \right\|$$

가 성립한다.

증명. 벡터

$$v - \sum_{k=1}^{n} c_k v_k$$

가 각 $v_i$, $i = 1, \ldots, n$에 수직임을 알고 있다. 그러므로 이 벡터는 $v_1, \ldots, v_n$의 임의의 일차결합에도 수직이다. 따라서 피타고라스의 정리에 의해

$$\begin{aligned} \|v - \sum a_k v_k\|^2 &= \left\| v - \sum c_k v_k + \sum (c_k - a_k) v_k \right\|^2 \\ &= \left\| v - \sum c_k v_k \right\|^2 + \left\| \sum (c_k - a_k) v_k \right\|^2 \end{aligned}$$

가 된다. 이것은

$$\|v - \sum c_k v_k\|^2 \leqq \|v - \sum a_k v_k\|^2$$

을 의미하므로 정리가 증명되었다. □

다음 정리를 **베셀 부등식**(Bessel inequality)이라 부른다.

**정리 1.4.** $v_1, \ldots, v_n$을 서로 수직인 단위벡터라 하고 $c_i$를 $v_i$를 따른 $v$의 성분이라 하자. 그러면

$$\sum_{i=1}^{n} c_i^2 \leqq \|v\|^2$$

이 성립한다.

**증명.** $n+1$개의 원소 $v - \sum c_i v_i, v_1, \ldots, v_n$은 서로 수직이다. 따라서, $v_1, \ldots, v_n$은 서로 수직이고 $\|v_i\|^2 = 1$이므로,

$$\begin{aligned}
\|v\|^2 &= \|v - \sum c_i v_i\|^2 + \|\sum c_i v_i\|^2 && \text{(피타고라스의 정리에 의해)} \\
&\geqq \|\sum c_i v_i\|^2 && \text{(노름은 } \geqq 0 \text{이므로)} \\
&= \sum c_i^2 && \text{(피타고라스의 정리에 의해)}
\end{aligned}$$

가 된다. □

## V, §1. 연습문제

1. $V$를 스칼라 내적이 정의된 벡터공간이라 하자. $V$의 모든 $v$에 대해 $\langle O, v\rangle = 0$임을 보여라.
2. 양의 정부호인 스칼라 내적이 주어져 있다 하자. $v_1, \ldots, v_n$을 $O$이 아닌 원소로서 서로 수직, 즉 $i \neq j$이면 $\langle v_i, v_j\rangle = 0$이라 하자. 이들이 일차독립임을 보여라.
3. $M$을 자기 자신의 전치행렬과 같은 $n \times n$ 행렬이라 하자. $n$차원 공간의 두 열벡터 $X, Y$에 대해

   $${}^tXMY$$

   는 $1 \times 1$ 행렬이므로 수로 볼 수 있다. 사상

   $$(X, Y) \mapsto {}^tXMY$$

   가 세 성질 **SP 1**, **SP 2**, **SP 3**를 만족함을 보여라. 이 곱이 양의 정부호가 되지 않는 $2 \times 2$ 행렬 $M$의 보기를 들어라.

## V, §2. 직교기저, 양의 정부호인 경우

이 절에서는 $V$를 양의 정부호인 스칼라 내적을 가지는 벡터공간이라 하자. $V$의 기저 $\{v_1, \ldots, v_n\}$의 원소가 서로 수직, 즉 $i \neq j$이면 $\langle v_i, v_j\rangle = 0$일 때, 이 기저를 **직교기**

저(直交基底, orthogonal basis)라 한다. 이에 더하여 기저의 각 원소의 노름이 1이면 그 기저를 **정규직교기저**(定規直交基底, orthonormal basis)라 한다.

$\mathbb{R}^n$의 표준단위벡터들은 점적이 정의되어 있는 $\mathbb{R}^n$의 정규직교기저를 이룬다.

**정리 2.1.** $V$를 양의 정부호인 스칼라 내적을 가지는 유한차원 벡터공간이라 하자. $W$를 $V$의 부분공간이라 하고 $\{w_1, \ldots, w_m\}$을 $W$의 직교기저라 하자. $W \neq V$이면 $\{w_1, \ldots, w_n\}$이 $V$의 직교기저가 되는 $V$의 원소 $w_{m+1}, \ldots, w_n$이 존재한다.

**증명.** 증명 방법은 정리의 내용만큼이나 중요한데, 이를 **그램-슈미트 직교화 과정**(Gram-Schmidt orthogonalization process)이라 부른다. 제2장 3절에서

$$\{w_1, \ldots, w_m, v_{m+1}, \ldots, v_n\}$$

이 $V$의 기저가 되게 $V$의 원소 $v_{m+1}, \ldots, v_n$을 택할 수 있음을 보였다. 물론 이것은 직교기저라 할 수 없다. $W_{m+1}$을 $w_1, \ldots, w_m, v_{m+1}$로 생성되는 공간이라 하자. 우선 $W_{m+1}$의 직교기저를 구한다. 아이디어는 $v_{m+1}$을 택하여 거기서 $w_1, \ldots, w_m$을 따른 사영을 빼는 것이다. 즉

$$c_1 = \frac{\langle v_{m+1}, w_1 \rangle}{\langle w_1, w_1 \rangle}, \ \ldots, \ c_m = \frac{\langle v_{m+1}, w_m \rangle}{\langle w_m, w_m \rangle}$$

이라 두고

$$w_{m+1} = v_{m+1} - c_1 w_1 - \cdots - c_m w_m$$

이라 하자. 그러면 $w_{m+1}$은 $w_1, \ldots, w_m$에 수직이다. 더욱이 $w_{m+1} \neq 0$($w_{m+1} = 0$이면 $v_{m+1}$이 $w_1, \ldots, w_m$와 일차종속이 된다)이고,

$$v_{m+1} = w_{m+1} + c_1 w_1 + \cdots + c_m w_m$$

이므로 $v_{m+1}$은 $w_1, \ldots, w_{m+1}$에 의해 생성된 공간에 속한다. 그러므로 $\{w_1, \ldots, w_{m+1}\}$은 $W_{m+1}$의 직교기저이다. 이제 귀납법에 의해 위의 과정을 계속하여 $s = 1, \ldots, n-m$에 대해

$$w_1, \ldots, w_m, v_{m+1}, \ldots, v_{m+s}$$

에 의해 생성된 공간 $W_{m+s}$가 직교기저

$$\{w_1, \ldots, w_{m+1}, \ldots, w_{m+s}\}$$

를 가진다는 것을 보일 수 있다. 이것으로 증명이 끝났다. □

**따름정리 2.2.** $V$를 양의 정부호인 스칼라 내적을 가지는 유한차원 벡터공간이라 하자. $V \neq \{O\}$이면 $V$는 직교기저를 가진다.

**증명.** 가정에 의하여 $v_1 \neq O$인 $V$의 원소 $v_1$이 존재한다. $W$를 $v_1$으로 생성된 부분공간이라 두고 앞의 정리를 적용하면 원하는 기저를 얻을 수 있다. □

정리 2.1의 과정을 다시 한 번 요약하자. $V$의 임의의 기저 $\{v_1, \ldots, v_n\}$이 주어졌다 하자. 그러면 이것을 직교화하는 과정은 다음과 같다.

$$\begin{aligned} v_1' &= v_1, \\ v_2' &= v_2 - \frac{\langle v_2, v_1' \rangle}{\langle v_1', v_1' \rangle} v_1', \\ v_3' &= v_3 - \frac{\langle v_3, v_2' \rangle}{\langle v_2', v_2' \rangle} v_2' - \frac{\langle v_3, v_1' \rangle}{\langle v_1', v_1' \rangle} v_1', \\ &\vdots \qquad \vdots \\ v_n' &= v_n - \frac{\langle v_n, v_{n-1}' \rangle}{\langle v_{n-1}', v_{n-1}' \rangle} v_{n-1}' - \cdots - \frac{\langle v_n, v_1' \rangle}{\langle v_1', v_1' \rangle} v_1' \end{aligned}$$

이라 하면 $\{v_1', \ldots, v_n'\}$은 직교기저가 된다.

어떤 직교기저가 있을 때 각 벡터를 그 벡터의 노름으로 나눔으로써 항상 정규직교기저를 얻을 수 있다.

**보기 1.** 벡터 $(1,1,0,1), (1,-2,0,0,), (1,0,-1,2)$로 생성된 벡터공간의 정규직교기저를 구하라.

위의 세 벡터를 $A, B, C$로 표시하자. $B'$을

$$B' = B - \frac{B \cdot A}{A \cdot A} A,$$

즉 $B$에서 $A$를 따른 $B$의 사영을 뺀 것으로 두자. 그러면 $B'$은 $A$에 수직이다. 실제로 계산하면

$$B' = \tfrac{1}{3}(4, -5, 0, 1)$$

이다. 이제 $C$에서 $A$와 $B'$을 따른 사영을 뺀 벡터를

$$C' = C - \frac{C \cdot A}{A \cdot A} A - \frac{C \cdot B'}{B' \cdot B'} B'$$

이라 두자. $A$와 $B'$이 수직이므로 $C'$을 $A, B'$과 각각 스칼라 내적해 보면 $C'$이 $A$와

$B'$ 모두에 수직임을 알 수 있다. 계산하면

$$C' = \tfrac{1}{7}(-4, -2, -7, 6)$$

이다. 벡터 $A, B', C'$은 $O$이 아니며 서로 수직이고 $A, B, C$로 생성된 공간에 속하므로 그 공간에서 직교기저를 이룬다. 정규직교기저를 원한다면 이 벡터들을 각각의 노름으로 나누어

$$\frac{A}{\|A\|} = \frac{1}{\sqrt{3}}(1, 1, 0, 1),$$
$$\frac{B'}{\|B'\|} = \frac{1}{\sqrt{42}}(4, -5, 0, 1),$$
$$\frac{C'}{\|C'\|} = \frac{1}{\sqrt{105}}(-4, -2, -7, 6)$$

를 정규직교기저로 택하면 된다.

**정리 2.3.** $V$를 $\mathbb{R}$ 위에서 양의 정부호인 스칼라 내적을 가지는 $n$차원 벡터공간이라 하고 $W$를 $V$의 $r$차원 부분공간이라 하자. $W^\perp$을 $W$에 수직인 모든 원소로 구성되는 $V$의 부분공간이라 하자. 그러면 $V$는 $W$와 $W^\perp$의 직합이고, $W^\perp$의 차원은 $n - r$이다. 바꾸어 말하면,

$$\dim W + \dim W^\perp = \dim V$$

가 성립한다.

**증명.** $W$가 $O$만으로 구성되었거나 $W = V$일 경우, 정리는 명백히 참이다. 그러므로 $W \neq V$이고 $W \neq \{O\}$라 가정한다. $\{w_1, \ldots, w_r\}$를 $W$의 정규직교기저라 하자. 정리 2.1에 의해 원소 $u_{r+1}, \ldots, u_n$을 택하여

$$\{w_1, \ldots, w_r, u_{r+1}, \ldots, u_n\}$$

이 $V$의 정규직교기저가 되게 할 수 있다. 이제 $\{u_{r+1}, \ldots, u_n\}$이 $W^\perp$의 정규직교기저가 됨을 보이기로 하자.

$u \in W^\perp$라 하자. 그러면 수 $x_1, \ldots, x_n$이 존재하여

$$u = x_1 w_1 + \cdots + x_r w_r + x_{r+1} u_{r+1} + \cdots + x_n u_n$$

을 만족한다. $u$가 $W$의 모든 원소에 수직이므로, 임의의 $w_i (i = 1, \ldots, r)$와 스칼라 내적을 취하면,

$$0 = \langle u, w_i \rangle = x_i \langle w_i, w_i \rangle = x_i$$

이다. 그러므로 모든 $x_i$는 0이 되어 $u$는 $u_{r+1}, \ldots, u_n$의 일차결합이다.

역으로 $u = x_{r+1}u_{r+1} + \cdots + x_n u_n$을 $u_{r+1}, \ldots, u_n$의 일차결합이라 하자. 이것을 임의의 $w_i$와 스칼라 내적을 취하면 0이 된다. 그러므로 $u$는 모든 $w_i$ $(i = 1, \ldots, r)$에 수직하고, 따라서 $W$에 수직하다. 이로써 $u_{r+1}, \ldots, u_n$이 $W^\perp$를 생성함이 증명되었다. 또한 이것들은 서로 수직하고 노름이 1이므로, $u_{r+1}, \ldots, u_n$는 $W^\perp$의 기저를 형성한다. 그러므로 $W^\perp$의 차원은 $n - r$임을 알 수 있다. 더욱이 $V$의 원소를, 일차결합

$$x_1 w_1 + \cdots + x_r w_r + x_{r+1} u_{r+1} + \cdots + x_n u_n$$

으로 유일하게 표현할 수 있으므로, $w \in W$이고 $u \in W^\perp$인 합 $w + u$로 유일하게 표현할 수 있다. 그러므로 $V$는 $W$와 $W^\perp$의 직합이다. □

이 공간 $W^\perp$를 $W$의 **직교여공간**(直交余空間, orthogonal complement)이라 한다.

**보기 2.** $\mathbb{R}^3$를 생각하자. $A, B$를 $\mathbb{R}^3$에서 일차독립인 두 벡터라 하자. 그러면 $A$와 $B$에 동시에 수직인 벡터로 이루어진 공간은 1차원이다. $\{N\}$을 이 공간의 기저라 하면, 이 공간의 다른 기저는 0이 아닌 $t$에 대해 $\{tN\}$ 꼴이다.

다시 $\mathbb{R}^3$에서 $N$을 $O$이 아닌 벡터라 하자. $N$에 수직인 벡터들로 이루어진 공간은 2차원 공간, 즉 원점을 지나는 평면이다.

$V$를 $\mathbb{R}$ 위에서 양의 정부호인 스칼라 내적을 가지는 유한차원 벡터공간이라 하자. $\{e_1, \ldots, e_n\}$을 정규직교기저라 하고, $v, w \in V$라 하자. 그러면

$$v = x_1 e_1 + \cdots + x_n e_n, \qquad w = y_1 e_1 + \cdots + y_n e_n$$

이 되는 적당한 수 $x_1, \ldots, x_n \in \mathbb{R}$와 $y_1, \ldots, y_n \in \mathbb{R}$가 존재한다. 이때

$$\begin{aligned}\langle v, w\rangle &= \langle x_1 e_1 + \cdots + x_n e_n, y_1 e_1 + \cdots + y_n e_n\rangle \\ &= \sum_{i,j=1}^{n} x_i y_j \langle e_i, e_j\rangle = x_1 y_1 + \cdots + x_n y_n\end{aligned}$$

이 성립하므로 이 정규직교기저에 대해, $X, Y$가 각각 $v, w$의 좌표벡터이면, 스칼라 내적은 통상의 점적 $X \cdot Y$로 주어진다. 물론 기저가 정규직교가 아니면 이는 참이 아니다. $\{v_1, \ldots, v_n\}$이 $V$의 어떤 기저일 때,

$$\begin{aligned}v &= x_1 v_1 + \cdots + x_n v_n \\ w &= y_1 v_1 + \cdots + y_n v_n\end{aligned}$$

이라 하면,

$$\langle v, w\rangle = \sum_{i,j=1}^{n} x_i y_j \langle v_i, v_j\rangle$$

가 된다. 각 $\langle v_i, v_j \rangle$는 수이고 $a_{ij} = \langle v_i, v_j \rangle$라 두면

$$\langle v, w \rangle = \sum_{i,j=1}^{n} a_{ij} x_i y_j$$

가 된다.

## 에르미트 내적

이제 앞의 결과를 복소수 위에서의 벡터공간에 대해 적용하려면 수정이 필요하므로 이에 관해 서술하기로 하자. 가능한 한 양의 정부호인 스칼라 내적이라는 개념을 유지하려 하는데, 복소수 좌표를 가지는 벡터인 경우 $O$이 아니면서 자기 자신과의 점적이 0이 될 수도 있으므로, 정의에서 몇 부분을 수정해야 한다. 그러나 실제로 바꾸어야 할 부분은 극히 적다.

$V$를 복소수 위의 벡터공간이라 하자. $V$ 위에서의 **에르미트 내적**(Hermitian product)이란 $V$의 두 원소 $v, w$에 다음 성질을 만족하는 복소수 $\langle v, w \rangle$를 대응시키는 것이다.

**HP 1.** 모든 $v, w \in V$에 대해 $\langle v, w \rangle = \overline{\langle w, v \rangle}$이다. (여기서 위에 줄을 그은 것은 켤레 복소수를 나타낸다.)

**HP 2.** $u, v, w$가 $V$의 원소일 때

$$\langle u, v + w \rangle = \langle u, v \rangle + \langle u, w \rangle$$

가 성립한다.

**HP 3.** $\alpha \in \mathbb{C}$이면

$$\langle \alpha u, v \rangle = \alpha \langle u, v \rangle, \quad \text{이고} \quad \langle u, \alpha v \rangle = \overline{\alpha} \langle u, v \rangle$$

가 성립한다.

모든 $v \in V$에 대해 $\langle v, v \rangle \geqq 0$이고 $v \neq O$에 대해 $\langle v, v \rangle > 0$일 때, 에르미트 내적을 **양의 정부호**(陽의 定符號, positive definite)라 한다.

**직교**, **수직**, **직교기저**, **직교여공간**과 같은 용어를 앞에서와 같이 정의할 수 있다. 마찬가지로 **$w$를 따른 $v$의 사영**과 **성분** 등의 정의 및 이와 관련된 성질도 수정 없이 그대로 받아들일 수 있다.

**보기 3.** $V = \mathbb{C}^n$이라 하자. $X = (x_1, \ldots, x_n)$와 $Y = (y_1, \ldots, y_n)$가 $\mathbb{C}^n$에 있는 벡터이면, 이들의 에르미트 내적을

$$\langle X, Y \rangle = x_1 \overline{y}_1 + \cdots + x_n \overline{y}_n$$

으로 정의한다. 그러면 조건 **HP 1**, **HP 2**, **HP 3**이 만족됨을 곧 보일 수 있다. $X \neq O$이면 적어도 하나의 성분 $x_i$가 0이 아니어야 하고 $x_i\overline{x}_i > 0$이므로 $\langle X, X\rangle > 0$이다.

그러나 $X = (1, i)$이면

$$X \cdot X = 1 - 1 = 0$$

이 된다.

**보기 4.** $V$를 구간 $[-\pi, \pi]$ 위에서 정의되고 복소수 값을 갖는 연속함수들로 구성된 벡터공간이라 하자. $f, g \in V$일 때

$$\langle f, g\rangle = \int_{-\pi}^{\pi} f(t)\overline{g(t)}\, dt$$

로 정의한다. 간단한 적분의 성질을 이용하면, 이것이 양의 정부호인 에르미트 내적임을 보일 수 있다. $f_n$을

$$f_n(t) = e^{int}$$

라 하자. $n, m$이 서로 다른 정수이면 $f_n$과 $f_m$이 직교함을 간단히 보일 수 있다. 더욱이

$$\langle f_n, f_n\rangle = \int_{-\pi}^{\pi} e^{int}e^{-int}\, dt = 2\pi$$

가 성립한다. 그러므로 $f \in V$일 때, $f$의 $f_n$에 대한 **푸리에 계수**(Fourier coefficient)는

$$\frac{\langle f, f_n\rangle}{\langle f_n, f_n\rangle} = \frac{1}{2\pi}\int_{-\pi}^{\pi} f(t)e^{-int}\, dt$$

와 같게 됨을 해석학을 공부한 독자들은 이미 잘 알고 있을 것이다.

이제 에르미트 내적에 대한 일반적인 논의로 되돌아 가서, 양의 정부호인 에르미트 내적에 대해서도 정리 2.1 및 그 따름정리에서와 같은 유사한 결과를 증명해 보자.

**정리 2.4.** $V$를 복소수 위에서 양의 정부호인 에르미트 내적을 가지는 유한차원 벡터공간이라 하자. $W$를 $V$의 부분공간이라 하고 $\{w_1, \ldots, w_m\}$을 $W$의 직교기저라 하자. $W \neq V$이면 $\{w_1, \ldots, w_n\}$이 $V$의 직교기저가 되는 $V$의 원소 $w_{m+1}, \ldots, w_n$이 존재한다.

**따름정리 2.5.** $V$를 복소수 위에서 양의 정부호인 에르미트 내적을 가지는 유한차원 벡터공간이라 하자. $V \neq \{O\}$이면 $V$는 항상 직교기저를 가진다.

위의 증명은 실수체 위의 경우와 똑같으므로 여기서 반복할 필요는 없겠다.

이제 노름에 관한 이론을 보기로 하자. $V$를 $\mathbb{C}$ 위에서 양의 정부호인 에르미트 내적이 정의된 벡터공간이라 하자. $v \in V$일 때 $v$의 **노름**(norm)을

$$\|v\| = \sqrt{\langle v, v \rangle}$$

으로 정의한다. $\langle v, v \rangle$가 실수이고 0보다 크거나 같으므로, 제곱해서 $\langle v, v \rangle$이 되고 0보다 크거나 같은 실수인 제곱근을 택할 수 있다.

슈바르츠의 부등식(Schwarz inequality)이 성립하는데, 즉

$$|\langle v, w \rangle| \leqq \|v\|\|w\|$$

가 만족된다. 다음의 세 성질이 실수체 위의 경우와 마찬가지로 성립한다.

**모든 $v \in V$에 대하여, $\|v\| \geqq 0$이고, $\|v\| = 0$일 필요충분조건은 $v = O$이다.**

**임의의 복소수 $\alpha$에 대하여, $\|\alpha v\| = |\alpha|\|v\|$이다.**

**임의의 원소 $v, w \in V$에 대하여, $\|v + w\| \leqq \|v\| + \|w\|$가 성립한다.**

이를 보이는 것은 모두 쉽다. 처음 두 성질을 보이는 것은 연습문제로 남기고, 여기서는 세 번째 성질을 슈바르츠의 부등식을 이용하여 자세하게 증명하자.

$$\|v + w\|^2 \leqq (\|v\| + \|w\|)^2$$

을 증명하면 충분하다. 이를 위해

$$\|v + w\|^2 = \langle v + w, v + w \rangle = \langle v, v \rangle + \langle w, v \rangle + \langle v, w \rangle + \langle w, w \rangle$$

에 주목하자. 그런데 $\langle w, v \rangle + \langle v, w \rangle = \overline{\langle v, w \rangle} + \langle v, w \rangle \leqq 2|\langle v, w \rangle|$이다. 그러므로 슈바르츠의 부등식에 의해

$$\begin{aligned} \|v + w\|^2 &\leqq \|v\|^2 + 2|\langle v, w \rangle| + \|w\|^2 \\ &\leqq \|v\|^2 + 2\|v\|\|w\| + \|w\|^2 = (\|v\| + \|w\|)^2 \end{aligned}$$

이 성립한다. 제곱근을 취하면 원하는 부등식을 얻는다.

실수체 위의 경우와 같이 $\|v\| = 1$인 $V$의 원소 $v$를 **단위벡터**(單位벡터, unit vector)라 한다. 직교기저 $\{v_1, \ldots, v_n\}$가 단위벡터로 구성될 때, **정규직교기저**(定規直交基底, orthonormal basis)라 부른다. 앞에서와 같이 직교기저가 주어지면 각 벡터를 그 벡터의 노름으로 나누어 정규직교기저를 얻을 수 있다.

$\{e_1, \ldots, e_n\}$을 $V$의 정규직교기저라 하고 $v, w \in V$라 하자. 그러면 적당한 $\alpha, \ldots, \alpha_n \in \mathbb{C}$ 및 $\beta_1, \ldots, \beta_n \in \mathbb{C}$에 대해

$$v = \alpha_1 e_1 + \cdots + \alpha_n e_n$$

$$w = \beta_1 e_1 + \cdots + \beta_n e_n$$

라 쓸 수 있고,

$$\begin{aligned}\langle v, w\rangle &= \langle \alpha_1 e_1 + \cdots + \alpha_n e_n, \beta_1 e_1 + \cdots + \beta_n e_n\rangle \\ &= \sum_{i,j=i}^{n} \alpha_i \overline{\beta_j} \langle e_i, e_j\rangle \\ &= \alpha_1 \overline{\beta}_1 + \cdots + \alpha_n \overline{\beta}_n\end{aligned}$$

이 된다. 그러므로 이 정규직교기저에 대해, $A, B$가 각각 $v, w$의 좌표벡터이면, 에르미트 내적은 보기 3에서 설명한 곱 $A \cdot \overline{B}$로 주어진다.

이제 실수와 복소수의 경우에 동시에 성립하는 정리를 얻을 수 있다. 증명은 정리 2.3의 경우와 완전히 같으므로 여기에 다시 반복하지는 않겠다.

**정리 2.6.** $V$를 $\mathbb{R}$ 위에서 양의 정부호인 스칼라 내적을 가지는 벡터공간이거나, 혹은 $\mathbb{C}$ 위에서 양의 정부호인 에르미트 내적을 가지는 벡터공간이라 하자. $V$가 유한차원 $n$을 갖는다 하자. $W$를 $V$의 $r$차원 부분공간이라 하고 $W^\perp$을 $W$에 수직인 모든 원소로 구성되는 $V$의 부분공간이라 하자. 그러면 $W^\perp$의 차원은 $n - r$이다. 달리 말하면,

$$\dim W + \dim W^\perp = \dim V$$

가 성립한다.

**정리 2.7.** $V$를 $\mathbb{R}$ 위에서 양의 정부호인 스칼라 내적을 가지는 벡터공간이거나, 혹은 $\mathbb{C}$ 위에서 양의 정부호인 에르미트 내적을 가지는 벡터공간이라 하자. $V$가 유한차원이고 $W$가 $V$의 부분공간이면 $V$는 $W$와 $W^\perp$의 직합이다.

## V, §2. 연습문제

0. $\mathbb{R}^6$에서 두 벡터 $(1, 1, -2, 3, 4, 5)$와 $(0, 0, 1, 1, 0, 7)$에 수직인 부분공간의 차원은 얼마인가?

1. 다음 벡터로 생성된 $\mathbb{R}^3$의 부분공간의 정규직교기저를 구하라.

   (a) $(1, 1, -1), (1, 0, 1)$ (b) $(2, 1, 1), (1, 3, -1)$

2. 다음 벡터로 생성된 $\mathbb{R}^4$의 부분공간의 정규직교기저를 구하라.

   (a) $(1, 2, 1, 0), (1, 2, 3, 1)$ (b) $(1, 1, 0, 0), (1, -1, 1, 1), (-1, 0, 2, 1)$

3. 문제 3에서 5까지는 구간 $[0, 1]$ 위에서 정의된 실수값을 가지는 연속함수들로 이루어진 벡터공간을 생각한다. 연속인 두 함수 $f, g$에 대하여

$$\langle f, g\rangle = \int_0^1 f(t)g(t)\,dt$$

라 정의할 때, 적분의 기본적인 성질을 이용하여, 이것이 스칼라 내적이 됨을 보여라.

4. $V$를 두 함수 $f(t) = t$와 $g(t) = t^2$으로 생성된 부분공간이라 하자. $V$의 정규직교기저를 구하라.

5. $V$를 세 함수 $1, t, t^2$으로 생성된 부분공간이라 할 때(여기서 1은 상수함수이다) $V$의 정규직교기저를 구하라.

6. 다음 벡터로 생성된 $\mathbb{C}^3$의 부분공간의 정규직교기저를 구하라.

   (a) $(1, i, 0)$, $(1, 1, 1)$ (b) $(1, -1, -i)$, $(i, 1, 2)$

7. (a) $V$를 $\mathbb{R}$ 위에서 $n \times n$ 행렬 전체로 이루어진 공간이라 할 때, 두 행렬 $A, B \in V$에 대해

$$\langle A, B\rangle = \mathrm{tr}(AB)$$

   로 주어지는 것은 실제로 퇴화되지 않은 스칼라 내적임을 보여라. 여기서 tr은 대각합(대각원소의 합)이다.

   (b) $A$를 실대칭행렬이라 할 때 $\mathrm{tr}(AA) \geqq 0$이고 $A \neq O$이면 $\mathrm{tr}(AA) > 0$임을 보여라. 그러므로 대각합은 실대칭행렬의 공간에서 양의 정부호인 스칼라 내적을 정의한다.

   (c) $V$를 $n \times n$ 실대칭행렬로 구성된 벡터공간이라 할 때 $\dim V$를 구하라. $\mathrm{tr}(A) = 0$인 행렬 $A$들로 구성되는 부분공간 $W$의 차원은 얼마인가? (b)의 양의 정부호인 스칼라 내적에 대한 직교여공간 $W^\perp$의 차원은 얼마인가?

8. 문제 7에서와 같은 상황에서 대각행렬로 구성된 부분공간의 직교여공간을 기술하라. 이 직교여공간의 차원은 얼마인가?

9. $V$를 $\mathbb{R}$ 위의 유한차원 벡터공간으로, 양의 정부호인 스칼라 내적이 정의되어 있다 하자. $\{v_1, \ldots, v_m\}$을 $V$의 원소로 노름이 1이고 서로 수직(즉 $i \neq j$이면 $\langle v_i, v_j\rangle = 0$)이라 하자. 모든 $v \in V$에 대해

$$\|v\|^2 = \sum_{i=1}^{m} \langle v, v_i\rangle^2$$

   가 된다 하자. $\{v_1, \ldots, v_m\}$이 $V$의 기저가 됨을 보여라.

10. $V$를 $\mathbb{R}$ 위의 유한차원 벡터공간으로, 양의 정부호인 스칼라 내적이 정의되어 있다 하자. 평행사변형의 법칙, 즉 모든 원소 $v, w \in V$에 대해

$$\|u + v\|^2 + \|u - v\|^2 = 2(\|u\|^2 + \|v\|^2)$$

가 성립함을 보여라.

## V, §3. 일차방정식에의 응용, 계수

앞 절의 정리 2.3을 일차방정식 이론에 응용하면 흥미로운 결과를 얻을 수 있다. 연립방정식

$$(**)\qquad \begin{aligned} a_{11}x_1 &+ \cdots + a_{1n}x_n = 0 \\ &\vdots \qquad\qquad \vdots \\ a_{m1}x_1 &+ \cdots + a_{mn}x_n = 0 \end{aligned}$$

을 생각하자. 이 연립방정식의 해공간을 다음의 세 가지 방법으로 설명할 수 있다.

(a) 해공간은 $A$의 열벡터 사이에

$$x_1A^1 + \cdots + x_nA^n = O$$

이라는 선형관계를 성립하게 하는 $X = (x_1, \ldots, x_n)$들로 구성된다.

(b) 해공간은 행렬 $A$의 행벡터들에 직교하는 공간을 형성한다.

(c) 해공간은 $A$에 대응되는 선형사상의 핵을 형성한다. 즉 해공간은 방정식 $AX = O$의 해집합이다.

일차방정식의 계수 $a_{ij}$들은 체 $K$에 속한다고 가정한다. 그러면 정리 2.3과 유사한 명제가 $K^n$ 위에서의 스칼라 내적에 대하여 성립한다. 사실 $W$를 $K^n$의 부분공간이라 하고 $W^\perp$을 모든 $Y \in W$에 대해

$$X \cdot Y = 0$$

인 모든 원소 $X \in K^n$의 집합이라 하자. 그러면 $W^\perp$은 $K^n$의 부분공간이다. $X \neq O$이어도 $X \cdot X = 0$이 될 수 있다. 예컨대 $K = \mathbb{C}$를 복소수라 하고 $X = (1, i)$라 하면 $X \cdot X = 1 - 1 = 0$이다. 그럼에도 정리 2.3과 유사한 명제가 다음과 같이 성립한다.

**정리 3.1.** $W$를 $K^n$의 부분공간이라 하자. 그러면 다음이 성립한다.

$$\dim W + \dim W^\perp = n.$$

이 정리는 6절의 정리 6.4에서 증명하기로 하고 여기서는 이를 이용하여 일차방정식을 공부해 보자.

$A = (a_{ij})$가 $m \times n$ 행렬일 때 그 열벡터 $A^1, \ldots, A^n$은 $K^m$의 부분공간을 생성하는데, 이 부분공간의 차원을 $A$의 **열계수**(列階數, column rank)라 한다. $A$의 행벡터 $A_1, \ldots, A_m$들도 $K^n$의 한 부분공간을 생성하는데, 그 부분공간의 차원을 $A$의 **행계수**(行階數, row rank)라 한다. $A$의 열계수를 일차독립인 열벡터의 최대 개수, $A$의 행계수를 일차독립인 행벡터의 최대 개수라 할 수도 있다.

**정리 3.2.** $A = (a_{ij})$를 $m \times n$ 행렬이라 하자. 그러면 $A$의 행계수와 열계수는 같다. 더욱이 이를 $r$이라 하면 일차연립방정식 $(**)$의 해공간의 차원은 $n - r$이다.

**증명.** 두 명제를 동시에 증명하기로 한다.

$$L(X) = x_1 A^1 + \cdots + x_n A^n$$

으로 주어지는 사상

$$L : K^n \to K^m$$

을 생각하자. 이 사상은 명백히 선형이고 그 상은 $A$의 열벡터로 생성되는 공간으로 구성된다. 이 사상의 핵은 정의에 의해 일차연립방정식의 해공간과 같다. 제3장 3절의 정리 3.2에 의해

$$\text{열계수} + \text{해공간의 차원} = n$$

이 된다. 반면 해공간을 행벡터들에 수직인 공간으로 보고 직교 부분공간의 차원에 관한 정리를 이용하여

$$\text{행계수} + \text{해공간의 차원} = n$$

을 얻을 수 있다. 이로부터 곧 원하는 결론을 얻을 수 있다. □

정리 3.2에 의하여 행계수와 열계수는 같으므로 이를 **계수**(階數, rank)로 통칭할 수 있다.

**참고.** $L = L_A : K^n \to K^m$를

$$X \mapsto AX$$

로 주어진 선형사상이라 하자. 이때 $L$을 식

$$L(X) = x_1 A^1 + \cdots + x_n A^n$$

으로 기술할 수도 있으므로 다음이 성립함을 알 수 있다.

$$\boxed{\operatorname{rank} A = \dim \operatorname{Im} L_A}$$

$b_1, \ldots, b_m$을 수라 하고, 비동차연립방정식

$$(*) \qquad \begin{aligned} A_1 \cdot X &= b_1 \\ \vdots \quad & \quad \vdots \\ A_m \cdot X &= b_m \end{aligned}$$

을 생각하자. 이러한 연립방정식은 해를 갖지 않을 수도 있다. 예컨대 연립방정식

$$2x + 3y - z = 1,$$
$$2x + 3y - z = 2$$

은 해를 갖지 않는다. 그러나 적어도 하나의 해를 가지면 이 해에, 대응하는 동차연립방정식 (**)의 임의의 해를 더하여 모든 해를 얻을 수 있다(연습문제 7). 그러므로 이 경우에도 해집합의 **차원**을 말할 수 있는데, 그것은 대응하는 동차연립방정식의 해공간의 **차원**이다.

**보기 1.** 행렬

$$\begin{pmatrix} 2 & 1 & 1 \\ 0 & 1 & -1 \end{pmatrix}$$

의 계수를 구하라. 행이 둘뿐이므로 계수는 기껏해야 2이다. 반면 두 열벡터

$$\begin{pmatrix} 2 \\ 0 \end{pmatrix}, \qquad \begin{pmatrix} 1 \\ 1 \end{pmatrix}$$

은 일차독립이다. 왜냐하면 $a, b$가

$$a \begin{pmatrix} 2 \\ 0 \end{pmatrix} + b \begin{pmatrix} 1 \\ 1 \end{pmatrix} = \begin{pmatrix} 0 \\ 0 \end{pmatrix}$$

이면

$$2a + b = 0,$$
$$b = 0$$

이므로 $a = 0$이다. 그러므로 두 열벡터는 일차독립이고 행렬 $A$의 계수는 2이다.

**보기 2.** 다음 연립방정식에 대해, $\mathbb{R}^3$에서 그 해공간을 찾고, 또 해공간의 차원을 구하라.

$$\begin{aligned} 2x + y + z &= 1, \\ y - z &= 0. \end{aligned}$$

암산에 의해 적어도 하나의 해(즉, $x = \frac{1}{2}, y = z = 0$)가 있다는 것을 알 수 있다. 행렬

$$\begin{pmatrix} 2 & 1 & 1 \\ 0 & 1 & -1 \end{pmatrix}$$

의 계수는 2이다. 그러므로 해집합의 차원은 1이다. 동차방정식의 해공간의 차원은 1이고

$$y = z = 1, \quad x = -\frac{1}{2}$$

이 하나의 해가 됨을 쉽게 알 수 있다. 따라서 비동차 방정식의 해의 집합은 $t$가 실수 범위에서 변할 때

$$(\tfrac{1}{2}, 0, 0) + t(-\frac{1}{2}, 1, 1)$$

인 모든 벡터의 집합이고 직선을 이룸을 알 수 있다.

**보기 3.** 방정식

$$3x - 2y + z = 0$$

의 해공간의 기저를 구하라.

$A = (3, -2, 1)$이라 하자. 해공간은 $A$에 수직한 공간이므로 2차원이다. 물론 이 공간의 기저는 많이 존재하지만 그 중 하나를 찾기 위해 우선 $(3, -2, 1) = A$를 포함하는 $\mathbb{R}^3$의 기저를 구하자. 이는 $A, B, C$가 일차독립이 되도록 $B, C$를 찾으면 되는데, 예를 들어

$$\begin{aligned} B &= (0, 1, 0), \\ C &= (0, 0, 1) \end{aligned}$$

로 택하자. 그러면 $A, B, C$는 일차독립이다. 이를 보이기 위해 $a, b, c$가

$$aA + bB + cC = O$$

을 만족하는 세 수라 하면

$$\begin{aligned} 3a \qquad\quad &= 0, \\ -2a + b \qquad &= 0, \\ a \qquad + c &= 0 \end{aligned}$$

이다. 이것을 풀면 $a = b = c = 0$가 되므로 $A, B, C$는 일차독립이다. 이제 이 벡터들을 직교화해야 한다.

$$\begin{aligned} B' &= B - \frac{\langle B, A\rangle}{\langle A, A\rangle}A = \left(\frac{3}{7}, \frac{5}{7}, \frac{1}{7}\right), \\ C' &= C - \frac{\langle C, A\rangle}{\langle A, A\rangle}A - \frac{\langle C, B'\rangle}{\langle B', B'\rangle}B' \\ &= (0, 0, 1) - \tfrac{1}{14}(3, -2, 1) - \tfrac{1}{35}(3, 5, 1) \end{aligned}$$

이라 두자. 그러면 $\{B', C'\}$은 주어진 방정식의 해공간의 기저이다.

## V, §3. 연습문제

1. 다음 행렬의 계수를 구하라.

(a) $\begin{pmatrix} 2 & 1 & 3 \\ 7 & 2 & 0 \end{pmatrix}$ (b) $\begin{pmatrix} -1 & 2 & -2 \\ 3 & 4 & -5 \end{pmatrix}$

(c) $\begin{pmatrix} 1 & 2 & 7 \\ 2 & 4 & -1 \end{pmatrix}$ (d) $\begin{pmatrix} 1 & 2 & -3 \\ -1 & -2 & 3 \\ 4 & 8 & -12 \\ 0 & 0 & 0 \end{pmatrix}$

(e) $\begin{pmatrix} 2 & 0 \\ 0 & -5 \end{pmatrix}$ (f) $\begin{pmatrix} -1 & 0 & 1 \\ 0 & 2 & 3 \\ 0 & 0 & 7 \end{pmatrix}$

(g) $\begin{pmatrix} 2 & 0 & 0 \\ -5 & 1 & 2 \\ 3 & 8 & -7 \end{pmatrix}$ (h) $\begin{pmatrix} 1 & 2 & -3 \\ -1 & -2 & 3 \\ 4 & 8 & -12 \\ 1 & -1 & 5 \end{pmatrix}$

2. $A, B$를 서로 곱할 수 있는 두 행렬이라 할 때,

$$\operatorname{rank} AB \leqq \operatorname{rank} A, \qquad \operatorname{rank} AB \leqq \operatorname{rank} B$$

이 성립함을 보여라.

3. $A$를 삼각행렬

$$\begin{pmatrix} a_{11} & a_{12} & \cdots & a_{1n} \\ 0 & a_{22} & \cdots & a_{2n} \\ \vdots & \vdots & \ddots & \vdots \\ 0 & 0 & \cdots & a_{nn} \end{pmatrix}$$

이라 하자. 대각원소는 모두 0이 아니라 가정하면 $A$의 계수는 얼마인가?

4. 다음 연립방정식의 해공간의 차원을 구하라. 또 그 해공간의 기저를 구하라.

(a) $\begin{cases} 2x + y - z = 0 \\ y + z = 0 \end{cases}$

(b) $x - y + z = 0$

(c) $\begin{cases} 4x + 7y - \pi z = 0 \\ 2x - y + z = 0 \end{cases}$

(d) $\begin{cases} x + y + z = 0 \\ x - y = 0 \\ y + z = 0 \end{cases}$

5. 다음 연립방정식의 해공간의 차원은 얼마인가?

(a) $\begin{cases} 2x - 3y + z = 0 \\ x + y - z = 0 \end{cases}$

(b) $\begin{cases} 2x + 7y = 0 \\ x - 2y + z = 0 \end{cases}$

(c) $\begin{cases} 2x - 3y + z = 0 \\ x + y - z = 0 \\ 3x + 4y = 0 \\ 5x + y + z = 0 \end{cases}$

(d) $\begin{cases} x + y + z = 0 \\ 2x + 2y + 2z = 0 \end{cases}$

6. $A$를 $n$차원 공간의 $O$이 아닌 벡터라 하자. $P$를 $n$차원 공간의 한 점이라 할 때 방정식

$$X \cdot A = P \cdot A$$

의 해집합의 차원은 얼마인가?

7. $A$가 $m \times n$ 행렬이고, $X$가 $n$벡터, $B$가 $m$벡터일 때, 연립방정식 $AX = B$가 해 $X = X_0$를 갖는다 하자. 모든 해는 동차방정식 $AY = O$의 한 해 $Y$에 대해 $X_0 + Y$ 꼴로 쓸 수 있으며, 역으로 $X_0 + Y$ 꼴인 임의의 벡터는 해가 됨을 보여라.

## V, §4. 겹선형사상과 행렬

$U, V, W$를 $K$ 위의 벡터공간이라 하고 다음 사상 $g$를 생각하자.

$$g : U \times V \to W$$

각 고정된 $u \in U$에 대해 사상

$$v \mapsto g(u, v)$$

가 선형이고, 또한 각 고정된 $v \in V$에 대해 사상

$$u \mapsto g(u, v)$$

도 선형일 때 $g$를 **겹선형**(bilinear)이라 한다. 첫 번째 조건을

$$g(u, v_1 + v_2) = g(u, v_1) + g(u, v_2),$$
$$g(u, cv) = cg(u, v)$$

이라 쓸 수 있고, 두 번째 조건도 마찬가지 방법으로 쓸 수 있다.

**보기.** $A = (a_{ij})$를 $m \times n$ 행렬이라 하자. 사상

$$g_A : K^m \times K^n \to K$$

를

$$g_A(X, Y) = {}^tXAY$$

로 정의하면

$$(x_1, \ldots, x_m)\begin{pmatrix} a_{11} & \cdots & a_{1n} \\ \vdots & & \vdots \\ a_{m1} & \cdots & a_{mn} \end{pmatrix}\begin{pmatrix} y_1 \\ \vdots \\ y_n \end{pmatrix}$$

과 같이 쓸 수 있다. 여기서 벡터 $X, Y$는 열벡터라 가정하고 있으며, 따라서 ${}^tX$는 위에 있는 대로 행벡터가 된다. 그러면 ${}^tXA$는 행벡터가 되고 ${}^tXAY$는 $1 \times 1$ 행렬, 즉 수가 된다. 그러므로 $g_A$는 한 쌍의 벡터를 $K$로 보낸다. 이러한 사상 $g_A$는 스칼라 내적과 유사한 성질을 만족한다. $X$를 고정하면 사상 $Y \mapsto {}^tXAY$가 선형이고, $Y$를 고정하면 사상 $X \mapsto {}^tXAY$가 선형이다. 달리 말하면, 예컨대 $X$를 고정할 때

$$g_A(X, Y + Y') = g_A(X, Y) + g_A(X, Y'),$$
$$g_A(X, cY) = cg_A(X, Y)$$

라 쓸 수 있고, 이것은 다른 쪽을 고정할 때도 마찬가지이다. 이는 단지 행렬의 곱의

성질, 즉

$$ {}^tXA(Y+Y') = {}^tXAY + {}^tXAY' $$
$$ {}^tXA(cY) = c{}^tXAY $$

을 다른 형식으로 써 본 것에 불과하다.

곱 ${}^tXAY$를 합으로 쓰면 편리한데,

$$ {}^tXA = \left(\sum_{i=1}^{m} x_i a_{i1}, \ldots, \sum_{i=1}^{m} x_i a_{in}\right) $$

이므로

$$ {}^tXAY = \sum_{j=1}^{n}\sum_{i=1}^{m} x_i a_{ij} y_j = \sum_{j=1}^{n}\sum_{i=1}^{m} a_{ij} x_i y_j $$

이다.

**보기.** $A$를

$$ A = \begin{pmatrix} 1 & 2 \\ 3 & -1 \end{pmatrix} $$

라 하자. $X = \begin{pmatrix} x_1 \\ x_2 \end{pmatrix}$이고 $Y = \begin{pmatrix} y_1 \\ y_2 \end{pmatrix}$라 하면

$$ {}^tXAY = x_1y_1 + 2x_1y_2 + 3x_2y_1 - x_2y_2 $$

이다.

**정리 4.1.** 임의의 겹선형사상 $g : K^m \times K^n \to K$에 대해 $g = g_A$, 즉

$$ g(X,Y) = {}^tXAY $$

를 만족하는 행렬 $A$가 유일하게 존재한다. $K^m \times K^n$에서 $K$로 가는 겹선형사상 전체의 집합은 벡터공간이 되며, 이를 $\mathrm{Bil}(K^m \times K^n, K)$로 나타내면, 대응관계

$$ A \mapsto g_A $$

는 $\mathrm{Mat}_{m\times n}(K)$와 $\mathrm{Bil}(K^m \times K^n, K)$ 사이의 동형사상이 된다.

**증명.** 먼저 $g = g_A$가 되는 행렬의 존재성과 유일성에 관한 첫 번째 명제부터 증명하자. 이 명제는 선형사상을 행렬로 표현할 수 있다는 명제와 비슷하므로 앞의 증명을 확장하면 될 것이다. 앞에서 $K^n$의 표준기저와 좌표를 사용했었으므로 여기서도 같은

방법을 사용한다. $E^1, \dots, E^m$을 $K^m$의 표준단위벡터라 하고 $U^1, \dots, U^n$을 $K^n$의 표준단위벡터라 하자. 그러면 임의의 $X \in K^m$를

$$X = \sum_{i=1}^{m} x_i E^i$$

로, 임의의 $Y \in K^n$를

$$Y = \sum_{j=1}^{n} y_j U^j$$

로 적을 수 있다. 그러면

$$g(X, Y) = g(x_1 E^1 + \cdots + x_m E^m, y_1 U^1 + \cdots + y_n U^n)$$

이다. 첫 번째 변수에 대한 선형성에서

$$g(X, Y) = \sum_{i=1}^{m} x_i g(E^i, y_1 U^1 + \cdots + y_n U^n)$$

가 되고, 다시 두 번째 변수에 대한 선형성에서

$$g(X, Y) = \sum_{i=1}^{m} \sum_{j=1}^{n} x_i y_j g(E^i, U^j)$$

가 된다. 이제

$$a_{ij} = g(E^i, U^j)$$

라 두면

$$g(X, Y) = \sum_{i=1}^{m} \sum_{j=1}^{n} a_{ij} x_i y_j$$

가 되는데, 이것은 $A = (a_{ij})$라 할 때

$${}^tXAY$$

와 같다. 따라서 $(a_{ij})$를 위와 같이 택하면 $g = g_A$가 됨이 증명되었다.

유일성 또한 쉽게 보일 수 있다. $B$가 $g = g_B$인 행렬이라 하자. 그러면 모든 벡터 $X, Y$에 대해

$${}^tXAY = {}^tXBY$$

가 성립한다. 이항하면, 모든 $X, Y$에 대해

$$^tX(A-B)Y=0$$

이 되고, $C=A-B$라 두면, 모든 $X, Y$에 대해

$$^tXCY=0$$

이 성립한다. $C=(c_{ij})$라 하자. 이제 모든 $c_{ij}$가 0임을 보여야 한다. 위 관계가 모든 $X, Y$에 대해 성립하므로, 특히 $X=E^k$와 $Y=U^l$일 때도 성립한다. ($X=E^k$와 $Y=U^l$는 단위벡터이다!) 그러면

$$0={}^tE^kCU^l=c_{kl}$$

이 되어 유일성이 증명되었다.

행렬공간과 겹선형공간 사이의 동형사상에 관한 마지막 명제를 증명하는 일은 연습문제로 남긴다. 연습문제 3과 4를 보라. □

## V, §4. 연습문제

1. $A$를 $n\times n$ 행렬이라 하고 $A$가 대칭, 즉 $A={}^tA$라 가정하자. $g_A: K^n\times K^n\to K$를 $A$에 대응하는 겹선형사상이라 하자. 모든 $X, Y\in K^n$에 대해

$$g_A(X,Y)=g_A(Y,X)$$

가 성립하여, $g_A$가 스칼라 내적이 됨, 즉 조건 **SP 1**, **SP 2**, **SP 3**을 만족함을 보여라.

2. 역으로, $A$가 모든 $X, Y$에 대해

$$g_A(X,Y)=g_A(Y,X)$$

를 만족하는 $n\times n$ 행렬이라 하자. $A$가 대칭임을 보여라.

3. $K^n\times K^m$에서 $K$로 가는 겹선형사상 전체는 벡터공간을 이룸을 보여라. 더 일반적으로 $\mathrm{Bil}(U\times V,W)$를 $U\times V$에서 $W$로 가는 겹선형사상 전체의 집합이라 하면 $\mathrm{Bil}(U\times V,W)$가 벡터공간이 됨을 보여라.

4. 대응

$$A\mapsto g_A$$

는 $m\times n$ 행렬의 공간과 $K^m\times K^n$에서 $K$로 가는 겹선형사상의 공간 사이의 동형사상임을 보여라.

노트: 미적분학에서 배웠듯이, $f$가 $n$변수 함수이면 $f$에 2차 편미분으로 구성된 대칭행렬

$$\left(\frac{\partial^2 f}{\partial x_i \partial x_j}\right)$$

를 대응시킬 수 있다. 이 행렬은 2차 미분작용소를 표현하는데, 이는 겹선형사상이다.

5. $A$가 다음의 행렬이고 $X, Y$가 적당한 차원의 백터일 때 ${}^tXAY$에 관한 표현을 자세하게 좌표로 서술하라.

(a) $\begin{pmatrix} 2 & -3 \\ 4 & 1 \end{pmatrix}$  (b) $\begin{pmatrix} 4 & 1 \\ -2 & 5 \end{pmatrix}$

(c) $\begin{pmatrix} -5 & 2 \\ \pi & 7 \end{pmatrix}$  (d) $\begin{pmatrix} 1 & 2 & -1 \\ -3 & 1 & 4 \\ 2 & 5 & -1 \end{pmatrix}$

(e) $\begin{pmatrix} -4 & 2 & 1 \\ 3 & 1 & 1 \\ 2 & 5 & 7 \end{pmatrix}$  (f) $\begin{pmatrix} -\frac{1}{2} & 2 & -5 \\ 1 & \frac{2}{3} & 4 \\ -1 & 0 & 3 \end{pmatrix}$

6. $C$를

$$C = \begin{pmatrix} 1 & 2 & 3 \\ -1 & 1 & 1 \\ 1 & 0 & 1 \end{pmatrix}$$

이라 하고 $g(X, Y) = {}^tXCY$라 정의하자.

$$g(X, Y) \neq g(Y, X)$$

인 두 벡터 $X, Y \in \mathbb{R}^3$를 찾아라.

## V, §5. 일반적인 직교기저

$V$를 체 $K$ 위에서 정의된 벡터공간으로 스칼라 내적이 주어져 있다 하자. 스칼라 내적이 양의 정부호일 필요는 없으며, 실제로 실수체 위의 경우에도 양의 정부호가 아닌 스칼라 내적의 흥미로운 예를 들 수 있다. 예컨대 두 벡터 $X = (x_1, x_2)$와 $Y = (y_1, y_2)$의 스칼라 내적을 $x_1y_1 - x_2y_2$라 정의하자. 그러면

$$\langle X, X \rangle = x_1^2 - x_2^2$$

이 된다. 이러한 스칼라 내적은 여러 곳에서 볼 수 있는데, 예를 들어 물리학에서는 4 차원 공간의 벡터의 스칼라 내적으로

$$X = (x, y, z, t)$$

일 때

$$\langle X, X \rangle = x^2 + y^2 + z^2 - t^2$$

이 되는 것을 다루기도 한다.

이 절에서는 직교기저에 관한 정리로부터 알 수 있는 것들을 살펴보자.

$V$를 스칼라 내적이 정의된, 체 $K$ 위의, 벡터공간이라 하자. $W$가 부분공간일 때 $V$가 항상 $W$와 $W^\perp$의 직합이 되는 것은 아니다. 이는 $V$에 $\langle v, v \rangle = 0$이 되는 $O$이 아닌 벡터 $v$가 존재할 수 있기 때문이다. 예컨대 복소수체 위의 경우에 $(1, i)$가 그러한 벡터이다. 그러나 직교기저의 존재성에 관한 정리는 여전히 성립하는데, 앞 절에서 사용한 논법을 적절히 수정하여 증명하겠다.

우선 몇 가지를 언급해 두자. 먼저 $V$의 모든 원소 $u$에 대해 $\langle u, u \rangle = 0$이면, 이 스칼라 내적을 **영**(零, null)이라 하고 $V$를 **영공간**(零空間, null space)이라 한다. 이렇게 부르는 이유는 결국 $V$의 모든 $v, w$에 대해 $\langle v, w \rangle = 0$이 되기 때문인데, 왜냐하면

$$\langle v, w \rangle = \tfrac{1}{2}[\langle v + w, v + w \rangle - \langle v, v \rangle - \langle w, w \rangle]$$

라 쓸 수 있고, 가정에 의해 우변은 0이기 때문이다. 그러므로 $V$의 임의의 기저는 정의에 의해 직교기저이다.

**정리 5.1.** $V$를 체 $K$ 위의 유한차원 벡터공간이라 하고 스칼라 내적이 정의되었다고 가정하자. $V \neq \{O\}$이면 $V$는 직교기저를 갖는다.

**증명.** $V$의 차원에 관한 귀납법으로 증명한다. $V$의 차원이 1이면, $V$의 임의의 $O$이 아닌 벡터는 $V$의 직교기저가 되므로 정리가 자명하게 성립한다.

이제 $\dim V = n > 1$이라 가정하자. 그러면 두가지의 경우로 나눌 수 있다.

**경우 1**. 모든 원소 $u \in V$에 대해 $\langle u, u \rangle = 0$인 경우. 이 경우 $V$의 임의의 기저가 직교기저가 됨을 이미 보였다.

**경우 2**. $\langle v_1, v_1 \rangle \neq 0$이 되는 어떤 원소 $v_1$이 $V$에 있을 경우. 이 경우 양의 정부호인 스칼라 내적이 주어진 경우에 사용하였던 방법, 즉 그램-슈미트 직교화과정을 똑같이 적용할 수 있다. 이제 $v_1$이 $\langle v_1, v_1 \rangle \neq 0$인 $V$의 원소이고 $V_1$이 $v_1$으로 생성된 1차원 벡터공간이면 $V$는 $V_1$과 $V_1^\perp$의 직합이다라는 명제를 증명하기로 한다. $v \in V$라 하고 $c$를

$$c = \frac{\langle v, v_1 \rangle}{\langle v_1, v_1 \rangle}$$

이라 하자. 그러면 $v - cv_1$은 $V_1^\perp$에 속하고, 따라서 표현

$$v = (v - cv_1) + cv_1$$

은 $V$가 $V_1$과 $V_1^\perp$의 합임을 말해준다. 이 합은 직합이다. 왜냐하면 $V_1 \cap V_1^\perp$가 $V_1$의 부분공간이지만 ($\langle v_1, v_1 \rangle \neq 0$이므로) $V_1$이 될 수 없고 $V_1$의 차원이 1이므로 $O$이 되어야 한다. $\dim V_1^\perp < \dim V$이므로 위의 과정을 $V_1^\perp$에 대해 반복할 수 있다. 즉 귀납법을 사용할 수 있다. 이렇게 하여 $V_1^\perp$의 직교기저 $\{v_2, \dots, v_n\}$을 찾을 수 있다. 그러면 $\{v_1, \dots, v_n\}$은 $V$의 직교기저가 된다. □

**보기 1.** $\mathbb{R}^2$에서 $X = (x_1, x_2)$라 하고 $Y = (y_1, y_2)$라 하자. 이들의 스칼라 내적을

$$\langle X, Y \rangle = x_1y_1 - x_2y_2$$

로 정의하자. 그러면 $(1, 0)$과 $(0, 1)$은 이 스칼라 내적에 대해서도 직교기저가 된다. 그러나 $(1, 2)$와 $(2, 1)$은 이 스칼라 내적에 대해 직교기저를 형성하지만 통상의 점적에 대해서는 직교기저가 되지 않는다.

**보기 2.** $V$를 벡터 $A = (1, 2, 1)$과 $B = (1, 1, 1)$로 생성되는 $\mathbb{R}^3$의 부분공간이라 하자. $X = (x_1, x_2, x_3)$와 $Y = (y_1, y_2, y_3)$가 $\mathbb{R}^3$의 벡터일 때, 이들의 스칼라 내적을

$$\langle X, Y \rangle = x_1y_1 - x_2y_2 - x_3y_3$$

로 정의하고 이 스칼라 내적에 대한 $V$의 직교기저를 찾아보자. $\langle A, A \rangle = 1 - 4 - 1 = -4 \neq 0$이다. $v_1 = A$라 두자. 그 다음으로 $B$를 직교화하자. $c$를

$$c = \frac{\langle B, A \rangle}{\langle A, A \rangle} = \frac{1}{2}$$

이라 하고 $v_2 = B - \frac{1}{2}A$라 하자. 그러면 $\{v_1, v_2\}$는 주어진 스칼라 내적에 대한 $V$의 직교기저이다.

## V, §5. 연습문제

1. 아래 $X \cdot Y$로 표시된 스칼라 내적에 대해 주어진 벡터 $A, B$에 의해 생성된 $\mathbb{R}^3$의 부분공간의 직교기저를 구하라.

   (a) $A = (1, 1, 1)$, $B = (1, -1, 2)$,
   $X \cdot Y = x_1y_1 + 2x_2y_2 + x_3y_3$

   (b) $A = (1, -1, 4)$, $B = (-1, 1, 3)$,
   $X \cdot Y = x_1y_1 - 3x_2y_2 + x_1y_3 + y_1x_3 - x_3y_2 - x_2y_3$

2. 스칼라 내적이 $X \cdot Y = x_1y_1 - ix_2y_1 - ix_1y_2 - 2x_2y_2$로 주어질 때 $\mathbb{C}$ 위에서 $\mathbb{C}^2$의 직교기저를 구하라.

3. 스칼라 내적이

$$X \cdot Y = x_1y_2 + x_2y_1 + 4x_1y_1$$

으로 주어질 때, 문제 2와 같은 질문에 답하라.

## V, §6. 쌍대공간과 스칼라 내적

이 절의 목적은 이미 살펴본 몇 가지 개념과 성질에 대한 용어를 더 일반적으로 확장하여 도입하는 단순한 것이다. 그러나 여기서 살펴볼 특별한 경우들은 모두 중요하다.

$V$를 체 $K$ 위의 벡터공간이라 하자. $K$는 그 자체로 1차원인 벡터공간으로 볼 수 있다. $V$에서 $K$로 가는 선형사상 전체의 집합을 **쌍대공간**(雙對空間, dual space)이라 하고 $V^*$로 표기한다. 정의에 의해

$$V^* = \mathcal{L}(V, K)$$

이다. 쌍대공간의 원소를 보통 **범함수**(凡函數, functional)라 한다.

$V$를 $n$차원 벡터공간이라 하자. 그러면 $V$는 $K^n$과 동형이다. 달리 말하면 하나의 기저를 택한 다음 $V$의 각 원소에 $K^n$에 속하는 그 원소의 좌표벡터를 대응시킬 수 있다. 이제 $V = K^n$이라 가정하자.

제4장 2절과 3절에서 공부한 내용에 의하면, 범함수

$$\varphi : K^n \to K$$

가 주어지면

$$\text{모든 } X \in K^n \text{에 대해} \quad \varphi(X) = A \cdot X$$

인 $A \in K^n$가 유일하게 존재한다. 그러므로 $\varphi = L_A$이다. 또한 대응관계

$$A \mapsto L_A$$

는 선형사상이므로 이 대응관계는 $K^n$과 $V^*$ 사이의 동형사상

$$K^n \to V^*$$

가 된다. 특히 다음이 성립한다.

**정리 6.1.** $V$를 유한차원 벡터공간이라 하자. 그러면 $\dim V^* = \dim V$이다.

**보기 1.** $V = K^n$이라 하자. $\varphi : K^n \to K$를 첫 번째 좌표로의 사영, 즉

$$\varphi(x_1, \ldots, x_n) = x_1$$

이라 하자. 그러면 $\varphi$는 범함수가 된다. 마찬가지로 각 $i = 1, \ldots, n$에 대해

$$\varphi_i(x_1, \ldots, x_n) = x_i$$

로 주어지는 범함수 $\varphi_i$도 생각할 수 있다.

이러한 범함수를 **좌표함수**(座標函數, coordinate function)라 한다.

$V$를 $n$차원 벡터공간이라 하고 $\{v_1, \ldots, v_n\}$을 하나의 기저라 하자. 각 원소 $v$를 좌표벡터로

$$v = x_1 v_1 + \cdots + x_n v_n$$

이라 쓸 수 있다. 각 $i$에 대해

$$\varphi_i : V \to K$$

를

$$\varphi_i(v_i) = 1\text{이고,} \quad i \neq j\text{일 때 } \varphi_i(v_j) = 0$$

인 범함수라 하자. 그러면

$$\varphi_i(v) = x_i$$

가 된다. 범함수 $\{\varphi_1, \ldots, \varphi_n\}$는 $V^*$의 기저를 형성하며 $\{v_1, \ldots, v_n\}$의 **쌍대기저**(雙對基底, dual basis)라 한다.

**보기 2.** $V$를 체 $K$ 위의 벡터공간으로 스칼라 내적이 정의되어 있다 하자. $v_0$를 $V$의 원소라 하자. 그러면 사상

$$v \mapsto \langle v, v_0 \rangle, \quad v \in V$$

가 범함수가 된다는 것을 스칼라 내적의 정의로부터 곧 알 수 있다.

**보기 3.** $V$를 구간 $[0, 1]$ 위에서 실수값을 갖는 연속함수들로 구성된 벡터공간이라 하자. 범함수 $L : V \to \mathbb{R}$을, $f \in V$에 대해

$$L(f) = \int_0^1 f(t)\, dt$$

로 정의하자. 적분의 기본적인 성질로부터 이것이 선형사상임을 보일 수 있다. $f_0$가 $V$

의 고정된 원소이면 사상

$$f \mapsto \int_0^1 f_0(t)f(t)\,dt$$

도 또한 $V$ 위에서의 범함수이다.

**보기 4.** $V$를 보기 3에서와 같다 하자. $\delta : V \to \mathbb{R}$를 $\delta(f) = f(0)$인 사상이라 하자. 그러면 $\delta$는 **Dirac 범함수**(Dirac functional)라 불리는 범함수가 된다.

**보기 5.** $V$를 복소수 위의 벡터공간이라 하고 에르미트 내적이 정의되어 있다고 하자. $v_0$를 $V$의 원소라 하자. 사상

$$v \mapsto \langle v, v_0 \rangle, \quad v \in V$$

은 범함수이다. 그러나 $v \mapsto \langle v_0, v \rangle$는 범함수가 아니다! 실제로 임의의 $\alpha \in \mathbb{C}$에 대해

$$\langle v_0, \alpha v \rangle = \overline{\alpha} \langle v_0, v \rangle$$

가 성립하므로 이 사상은 선형이 아니다. 이러한 사상을 때로 **빗선형**(anti-linear) 또는 **반선형**(半線形, semi-linear)이라 한다.

$V$를 체 $K$ 위의 벡터공간이라 하고 스칼라 내적이 주어져 있다고 가정하자. 각 원소 $v \in V$에 쌍대공간의 범함수 $L_v$를 대응시킬 수 있다. 여기서 $L_v$는 모든 $w \in V$에 대하여

$$L_v(w) = \langle v, w \rangle$$

으로 주어지는 사상이다. $v_1, v_2 \in V$이면 $L_{v_1+v_2} = L_{v_1} + L_{v_2}$이다. $c \in K$이면 $L_{cv} = cL_v$이 성립한다. 이 관계는 본질적으로 스칼라 내적의 정의를 다시 쓴 것이다. 사상

$$v \mapsto L_v$$

을 $V$에서 쌍대공간 $V^*$로 가는 선형사상이라 할 수 있다. 이제 매우 중요한 다음 정리를 증명해보자.

**정리 6.2.** $V$를 $K$ 위의 유한차원 벡터공간으로 퇴화되지 않은 스칼라 내적을 가진다 하자. 그러면 사상

$$v \mapsto L_v$$

는 $V$에서 쌍대공간 $V^*$로 가는 동형사상이다.

**증명.** 이 사상이 선형임은 이미 보았다. $L_v = O$이라 하자. 이는 모든 $w \in V$에 대해 $\langle v, w \rangle = 0$임을 뜻한다. 스칼라 내적이 퇴화되지 않았으므로 이는 $v = O$임을 뜻한다. 그러므로 사상 $v \mapsto L_v$는 단사이다. $\dim V = \dim V^*$이므로 제3장의 정리 3.3에 의해 이 사상은 동형사상이다. □

위 정리에서 벡터 $v$는, 퇴화되지 않은 스칼라 내적에 의해, 범함수 $L$을 **표현**(表現, represent)한다고 한다.

**보기 6.** $V = K^n$에 주어진 점적

$$X \cdot Y = x_1 y_1 + \cdots + x_n y_n$$

은 퇴화되지 않은 것이다.

$$\varphi : V \to K$$

가 선형사상이면 모든 $H \in K^n$에 대해

$$\varphi(H) = A \cdot H$$

가 되는 벡터 $A \in K^n$가 유일하게 존재한다. 이로써 **범함수** $\varphi$를 **벡터** $A$로 표현할 수 있다.

**보기 7 (미적분학).** $U$를 $\mathbb{R}^n$의 열린 집합이라 하고

$$f : U \to \mathbb{R}$$

를 미분가능한 함수라 하자. 다변수해석학에서, 이는 각 점 $X \in \mathbb{R}^n$에 대해 영벡터 근방에서 정의되고

$$\lim_{H \to O} g(H) = 0$$

을 만족하는 함수 $g(H)$와

$$f(X + H) = f(X) + L(H) + \|H\| g(H)$$

를 만족하는 선형사상 $L : \mathbb{R}^n \to \mathbb{R}$이 존재함을 뜻한다. 위에서 살펴본 바에 따라 $L = L_A$가 되는 $A \in \mathbb{R}^n$, 즉

$$f(X + H) = f(X) + A \cdot H + \|H\| g(H)$$

인 원소 $A \in \mathbb{R}^n$가 유일하게 존재한다. 실제로 이 벡터 $A$는

$$A = \left( \frac{\partial f}{\partial x_1}, \ldots, \frac{\partial f}{\partial x_n} \right)$$

이 되는데, 이를 $X$에서의 $f$의 **그래디언트**(gradient)라 한다. 그러므로 위의 식을

$$f(X+H) = f(X) + (\text{grad} f)(X) \cdot H + \|H\|g(H)$$

라 쓸 수 있고, 벡터 $(\text{grad} f)(X)$는 범함수 $L : \mathbb{R}^n \to \mathbb{R}$을 표현한다. 범함수 $L$을 보통 $f'(X)$로 나타내므로

$$f(X+H) = f(X) + f'(X)H + \|H\|g(H)$$

라고 쓸 수도 있다. 범함수 $L$을 $X$에서의 $f$의 **도함수**(導函數, derivative)라고도 한다.

**정리 6.3.** $V$를 $n$차원 벡터공간이라 하자. $W$를 $V$의 부분공간이라 하고

$$W^\perp = \{\varphi \in V^* \mid \varphi(W) = 0\}$$

이라 두면 다음이 성립한다.

$$\dim W + \dim W^\perp = n.$$

**증명.** $W = \{O\}$이면 정리는 자명하다. $W \neq \{O\}$이라 가정하고 $\{w_1, \ldots, w_r\}$을 $W$의 기저라 하자. 이 기저를 $V$의 기저

$$\{w_1, \ldots, w_r, w_{r+1}, \ldots, w_n\}$$

로 확장하고 $\{\varphi_1, \ldots, \varphi_n\}$을 그 쌍대기저라 하자. 이제 $\{\varphi_{r+1}, \ldots, \varphi_n\}$이 $W^\perp$의 기저임을 보이자. $j = r+1, \ldots, n$이면 $\varphi_j(W) = 0$이므로 $\{\varphi_{r+1}, \ldots, \varphi_n\}$은 $W^\perp$의 부분공간의 기저이다. 역으로 $\varphi \in W^\perp$라 하고

$$\varphi = a_1\varphi_1 + \cdots + a_n\varphi_n$$

이라 쓰자. $\varphi(W) = 0$이므로 $i = 1, \ldots, r$에 대해

$$\varphi(w_i) = a_i = 0$$

이다. 그러므로 $\varphi$는 $\varphi_{r+1}, \ldots, \varphi_n$으로 생성되는 공간에 속한다. 이것으로 정리가 증명되었다. □

$V$를 퇴화되지 않은 스칼라 내적이 정의된 $n$차원 벡터공간이라 하자. 정리 6.2에서 사상

$$v \mapsto L_v$$

는 $V$에서 쌍대공간 $V^*$로 가는 동형사상임을 보았다. $W$를 $V$의 부분공간이라 하자. 그러면 $W$의 직교여공간으로 두 가지가 가능하다.

첫 번째로

$$\operatorname{perp}_V(W) = \{v \in V \mid \text{모든 } w \in W\text{에 대해 } \langle v, w\rangle = 0\}$$

라 정의할 수도 있다.

두 번째로

$$\operatorname{perp}_{V^*}(W) = \{\varphi \in V^* \mid \varphi(W) = 0\}$$

라 정의할 수도 있다. 정리 6.2의 사상

$$v \mapsto L_v$$

는 동형사상

$$\operatorname{perp}_V(W) \xrightarrow{\approx} \operatorname{perp}_{V^*}(W)$$

을 정의한다. 그러므로 다음과 같이 정리 6.3의 따름정리를 얻는다.

**정리 6.4.** $V$를 퇴화되지 않은 스칼라 내적이 정의된 유한차원 벡터공간이라 하고 $W$를 부분공간이라 하자. $W^\perp$를 모든 $w \in W$에 대해 $\langle v, w\rangle = 0$인 원소 $v \in V$ 전체로 구성된 $V$의 부분공간이라 하자. 그러면

$$\dim W + \dim W^\perp = \dim V$$

이다.

이 정리가 일차방정식을 공부할 때 이용했던 정리 3.1을 증명해준다. 이 경우 스칼라 내적은 통상적인 점적이며, $W$가 $K^n$의 부분공간이고

$$W^\perp = \{X \in K^n \mid \text{모든 } Y \in W\text{에 대해 } X \cdot Y = 0\}$$

이면, 다음이 성립하는 것이다.

$$\dim W + \dim W^\perp = n.$$

## V, §6. 연습문제

1. $A, B$를 $\mathbb{R}^n$의 일차독립인 두 벡터라 하자. $A$와 $B$에 모두 수직인 공간의 차원은 얼마인가?
2. $A, B$를 $\mathbb{C}^n$의 일차독립인 두 벡터라 하자. $A$와 $B$에 모두 수직인 $\mathbb{C}^n$의 부분공간의 차원은 얼마인가? (수직성은 $\mathbb{C}^n$의 통상의 점적에 대한 것이다.)
3. $W$를 벡터 $(1, i, 0)$으로 생성된 $\mathbb{C}^3$의 부분공간이라 하자. $\mathbb{C}^3$에서 (통상의 점적에 대한) $W^\perp$의 기저를 구하라.

4. $n$이 유한일 때 $V$를 체 $K$ 위의 $n$차원 벡터공간이라 하자. $\varphi \neq 0$인 $V$ 위의 범함수 $\varphi$의 핵의 차원은 얼마인가? 자세한 증명을 제시하라.

5. $V$를 체 $K$ 위의 $n$차원 벡터공간이라 하자. $\psi, \varphi$를 $V$ 위에서 0이 아닌 두 범함수라 하자. $\psi = c\varphi$가 되는 $c \neq 0$인 $c \in K$가 존재하지 않는다고 가정하자.

$$(\operatorname{Ker} \varphi) \cap (\operatorname{Ker} \psi)$$

의 차원이 $(n-2)$임을 보여라.

6. $V$를 체 $K$ 위의 $n$차원 벡터공간이라 하자. $V^{**}$를 $V^*$의 쌍대공간이라 하자. 각 원소 $v \in V$에 $V^{**}$의 한 원소 $\lambda_v$가 대응하여 사상 $v \mapsto \lambda_v$가 $V$에서 $V^{**}$로 가는 동형사상이 됨을 보여라.

7. $V$를 $K$ 위의 유한차원 벡터공간으로 퇴화되지 않는 스칼라 내적을 가진다고 하고 $W$를 부분공간이라 하자. $W^{\perp\perp} = W$임을 보여라.

## V, §7. 이차형식

벡터공간 $V$ 위의 스칼라 내적을 **대칭겹선형형식**(對稱겹線形形式, symmetric bilinear form)이라고도 한다. "대칭"이라는 말은 제5장 1절의 조건 **SP 1**에 기인한다. "겹선형"이라는 말은 조건 **SP 2**와 **SP 3**에서 비롯된다. 또한 "형식"이라는 단어는

$$(v, w) \mapsto \langle v, w \rangle$$

가 스칼라 값을 갖기 때문에 사용한다. 이러한 스칼라 내적을 때로는 함수

$$g : V \times V \to K$$

처럼 나타낸다. 즉 다음과 같이 쓴다.

$$g(v, w) = \langle v, w \rangle.$$

$V$를 체 $K$ 위의 유한차원 벡터공간이라 하고 $g = \langle\ ,\ \rangle$를 $V$ 위에서의 스칼라 내적이라 하자. $g$에 의해 결정되는 **이차형식**(二次形式, quadratic form)이란 $f(v) = g(v, v) = \langle v, v \rangle$가 되는 함수

$$f : V \to K$$

를 말한다.

**보기 1.** $V = K^n$일 때 $f(X) = X \cdot X = x_1^2 + \cdots + x_n^2$은 통상의 점적이 결정하는 이차형식이다.

일반적으로 $V = K^n$이고 $C$가 $K$에서 대칭겹선형형식을 나타내는 대칭행렬이면, 이때의 이차형식은 $X$의 함수로서

$$\boxed{f(X) = {}^tXCX = \sum_{i,j=1}^{n} c_{ij}x_ix_j}$$

로 주어진다. $C$가 대각행렬

$$C = \begin{pmatrix} c_1 & 0 & \cdots & 0 \\ 0 & c_2 & \cdots & 0 \\ \vdots & \vdots & & \vdots \\ 0 & 0 & \cdots & c_n \end{pmatrix}$$

라 하면 이차형식은 더 간단한 형태인

$$f(X) = c_1x_1^2 + \cdots + c_nx_n^2$$

이 된다.

$V$를 다시 체 $K$ 위의 유한차원 벡터공간이라 하자. $g$를 스칼라 내적이라 하고 $f$를 $g$의 이차형식이라 하자. 이때 $f$의 값으로부터 $g$의 값을 다시 끌어낼 수 있다. 왜냐하면 $v, w \in V$에 대해

$$\boxed{\langle v, w\rangle = \tfrac{1}{4}[\langle v+w, v+w\rangle - \langle v-w, v-w\rangle]}$$

또는 $g, f$로 쓰면

$$g(v, w) = \tfrac{1}{4}[f(v+w) - f(v-w)]$$

가 성립하기 때문이다. 또한

$$\boxed{\langle v, w\rangle = \tfrac{1}{2}[\langle v+w, v+w\rangle - \langle v, v\rangle - \langle w, w\rangle]}$$

가 성립한다. 증명은 쉬운데 겹선형성을 이용하여 식을 전개하면 된다. 예컨대 두 번째 식은 다음과 같이 보이면 된다.

$$\begin{aligned}&\langle v+w, v+w\rangle - \langle v, v\rangle - \langle w, w\rangle \\ &\qquad = \langle v, v\rangle + 2\langle v, w\rangle + \langle w, w\rangle - \langle v, v\rangle - \langle w, w\rangle = 2\langle v, w\rangle.\end{aligned}$$

첫 번째 식을 보이는 일은 연습문제로 남긴다.

**보기 2.** $V = \mathbb{R}^2$라 하고 ${}^tX = (x, y)$를 $\mathbb{R}^2$의 원소라 하자. $f$를

$$f(x, y) = 2x^2 + 3xy + y^2$$

인 이차형식이라 하자. $f$의 대칭겹선형형식의 행렬을 찾아보자. 그 행렬을

$$C = \begin{pmatrix} a & b \\ b & d \end{pmatrix}$$

라 하면

$$f(x, y) = (x\ y)\begin{pmatrix} a & b \\ b & d \end{pmatrix}\begin{pmatrix} x \\ y \end{pmatrix}$$

또는, 달리 쓰면

$$2x^2 + 3xy + y^2 = ax^2 + 2bxy + dy^2$$

이 되어야 한다. 따라서 $a = 2, 2b = 3, d = 1$이다. 그러므로 구하는 행렬은

$$C = \begin{pmatrix} 2 & \frac{3}{2} \\ \frac{3}{2} & 1 \end{pmatrix}$$

이다.

### 미적분학에의 응용.

$$f : \mathbb{R}^n \to \mathbb{R}$$

를 1차와 2차 편미분을 갖는 함수라 하고, 그 편미분들이 모두 연속함수라 하자. 모든 $X \in \mathbb{R}^n$에 대해

$$f(tX) = t^2 f(X)$$

가 성립한다고 가정하자. 그러면 $f$는 이차형식이고

$$f(X) = \sum_{i,j=1}^{n} a_{ij} x_i x_j$$

가 되는 대칭행렬 $A = (a_{ij})$가 존재한다.

증명은 물론 다변수 미적분학을 필요로 한다. 이에 대해서는 이 분야에 관한 저자의 책 등을 참고하기 바란다.

## V, §7. 연습문제

1. $V$를 체 $K$ 위의 유한차원 벡터공간이라 하자. $f : V \to K$를 함수라 하고

$$g(v, w) = f(v + w) - f(v) - f(w)$$

로 정의된 함수 $g$가 겹선형이라 하자. 모든 $v \in V$와 $a \in K$에 대해 $f(av) = a^2 f(v)$가 성립한다 하자. 그러면 $f$는 겹선형형식에 의해 결정되는 이차형식이며, $f$를 결정하는 겹선형형식은 $\frac{1}{2}g$로 유일함을 보여라.

2. ${}^tX = (x, y, z)$일 때

$$f(X) = x^2 - 3xy + 4y^2$$

으로 주어지는 이차형식에 대응하는 행렬은 무엇인가?

3. $x_1, x_2, x_3, x_4$를 벡터 $X$의 좌표라 하고 $y_1, y_2, y_3, y_4$를 벡터 $Y$의 좌표라 하자. 다음 이차형식에 대응하는 겹선형형식을 이 좌표로 표현하라.

   (a) $x_1x_2$ (b) $x_1x_3 + x_4^2$ (c) $2x_1x_2 - x_3x_4$ (d) $x_1^2 - 5x_2x_3 + x_4^2$

4. $f_1$이 겹선형형식 $g_1$의 이차형식이고 $f_2$가 겹선형형식 $g_2$의 이차형식이면 $f_1 + f_2$가 겹선형형식 $g_1 + g_2$의 이차형식임을 보여라.

## V, §8. 실베스터의 정리

$V$를 실수 위의 차원이 1이상인 유한차원 벡터공간이라 하자. $\langle\ ,\ \rangle$를 $V$ 위의 스칼라 내적이라 하자. 이미 알고 있듯이 정리 5.1을 써서 직교기저를 찾을 수 있다. 여기서 스칼라 내적이 양의 정부호일 필요는 없으므로 $\langle v, v\rangle = 0$ 또는 $\langle v, v\rangle = -1$인 벡터 $v \in V$가 있을 수도 있다.

**보기 1.** $V = \mathbb{R}^2$라 하고, 어떤 이차형식이 행렬

$$C = \begin{pmatrix} -1 & +1 \\ +1 & -1 \end{pmatrix}$$

로 표현된다 하자. 그러면 벡터

$$v_1 = \begin{pmatrix} 1 \\ 0 \end{pmatrix}, \qquad v_2 = \begin{pmatrix} 1 \\ 1 \end{pmatrix},$$

는 이 이차형식에 대해 직교기저를 형성하고,

$$\langle v_1, v_1\rangle = -1, \qquad \langle v_2, v_2\rangle = 0$$

이 된다. 예컨대 좌표를 써서, ${}^tX = (1, 1)$이 $\mathbb{R}^2$의 표준기저에 대한 $v_2$의 좌표벡터라면 직접 계산하여

$$\langle X, X\rangle = {}^tXCX = 0$$

임을 쉽게 보일 수 있다.

이 절의 목적은 임의의 차원에서의 일반적인 상황을 분석하는 것이다.

$\{v_1, \ldots, v_n\}$을 $V$의 직교기저라 하고

$$c_i = \langle v_i, v_i\rangle$$

라 두자. 필요하다면 기저의 순서를 바꾸어, $\{v_1, \ldots, v_n\}$에 대해

$$c_1, \ldots, c_r > 0,$$
$$c_{r+1}, \ldots, c_s < 0,$$
$$c_{s+1}, \ldots, c_n = 0$$

이 된다고 가정할 수 있다. "제곱" $\langle v_i, v_i\rangle$ 중에 양인 항, 음인 항, 영인 항의 개수, 즉 $r, s$에 대해 조사하려 한다. 이 절에서는 이 개수가 직교기저의 선택과 무관하게 일정하다는 사실을 보일 것이다.

$X$를 앞의 기저에 대한 $V$의 어떤 원소의 좌표벡터라 하고 $f$를 앞에서 주어진 스칼라 내적에 대응하는 이차형식이라 하면, 좌표벡터로 써서

$$f(X) = c_1x_1^2 + \cdots + c_rx_r^2 + c_{r+1}x_{r+1}^2 + \cdots + c_sx_s^2$$

라 할 수 있다. 여기서 $f$의 표현에는 정확하게 $r$개의 양인 항과 $s - r$개의 음인 항이 있음을 알 수 있다. 또한 $n - s$개의 변수가 사라지는 것도 알 수 있다.

주어진 기저를 정규직교로 만들면 이를 더 명확히 보일 수 있다.

앞서의 정규직교기저의 개념을 확장하기로 하자. 직교기저 $\{v_1, \ldots, v_n\}$이 각 $i$에 대해

$$\langle v_i, v_i\rangle = 1 \quad \text{또는} \quad \langle v_i, v_i\rangle = -1 \quad \text{또는} \quad \langle v_i, v_i\rangle = 0$$

을 만족할 때 **정규직교기저**(定規直交基底, orthonormal basis)라 정의한다.

직교기저 $\{v_1, \ldots, v_n\}$이 주어지면, 이로부터 양의 정부호인 경우에 했던 것과 같은 방법으로 정규직교기저를 얻을 수 있다. $c_i = \langle v_i, v_i\rangle$라 하자. $c_i = 0$이면

$$v_i' = v_i$$

라 둔다. $c_i > 0$이면

$$v_i' = \frac{v_i}{\sqrt{c_i}}$$

라 두고, $c_i < 0$이면

$$v_i' = \frac{v_i}{\sqrt{-c_i}}$$

라 둔다. 그러면 $\{v_1', \ldots, v_n'\}$은 정규직교기저가 된다.

$\{v_1, \ldots, v_n\}$을 주어진 스칼라 내적에 대한 $V$의 정규직교기저라 하자. $X$가 $V$의 한 원소의 좌표벡터이면 주어진 정규직교기저로

$$f(X) = x_1^2 + \cdots + x_r^2 - x_{r+1}^2 - \cdots - x_s^2$$

이 된다. 정규직교기저를 사용하면 특히 양인 항과 음인 항의 개수를 명료하게 알 수 있다. 이 개수가 정규직교기저에 따라 달라지지 않음을 보이기 위해 우선 사라지는 항의 개수를 다루고 이를 기하학적으로 설명해 보기로 하겠다.

**정리 8.1.** $V$를, 스칼라 내적이 정의된, $\mathbb{R}$ 위의 유한차원 벡터공간으로 $\dim V > 0$이라 가정하자. $V_0$를 모든 $w \in V$에 대해 $\langle v, w \rangle = 0$이 되는 $v \in V$ 전체로 구성된 $V$의 부분공간이라 하자. $\{v_1, \ldots, v_n\}$을 $V$의 직교기저라 하자. 그러면 $\langle v_i, v_i \rangle = 0$이 되는 정수 $i$의 개수는 $V_0$의 차원과 같다.

**증명.** $\{v_1, \ldots, v_n\}$을

$$\langle v_1, v_1 \rangle \neq 0, \ldots, \langle v_s, v_s \rangle \neq 0$$

이고 $i > s$이면

$$\langle v_i, v_i \rangle = 0$$

이 되는 직교기저라 가정하자. $\{v_1, \ldots, v_n\}$이 직교기저이므로 명백히 $v_{s+1}, \ldots, v_n$은 $V_0$에 속한다. $v$를 $V_0$의 원소라 하면 $x_i \in \mathbb{R}$에 대해

$$v = x_1 v_1 + \cdots + x_s v_s + \cdots + x_n v_n$$

라 쓸 수 있다. $j \leqq s$인 $v_j$와 스칼라 내적하여

$$0 = \langle v, v_j \rangle = x_j \langle v_j, v_j \rangle$$

를 얻는다. $\langle v_j, v_j \rangle \neq 0$이므로 $x_j = 0$이 된다. 그러므로 $v$는 $\{v_{s+1}, \ldots, v_n\}$으로 생성되는 공간에 속한다. 따라서 $\{v_{s+1}, \ldots, v_n\}$은 $V_0$의 기저를 형성한다. □

정리 8.1에서 $V_0$의 차원을 이차형식의 **영의 지표**(零의 指標, index of nullity)라 부른다. 이차형식이 퇴화되지 않을 필요충분조건이 영의 지표가 0이 되는 것임을 알 수 있다.

**정리 8.2** (실베스터의 정리). $V$를 스칼라 내적이 정의된 $\mathbb{R}$ 위의 유한차원 벡터공간이라 하자. 그러면 다음 성질을 가지는 정수 $r \geqq 0$가 존재한다. $\{v_1, \ldots, v_n\}$이 $V$의 직교기저이면

$\langle v_i, v_i \rangle > 0$이 되는 $i$는 정확히 $r$개 존재한다.

증명. $\{v_1, \ldots, v_n\}$과 $\{w_1, \ldots, w_n\}$을 직교기저라 하자. 이들의 원소가

$$1 \leqq i \leqq r \text{ 이면 } \langle v_i, v_i \rangle > 0,$$
$$r+1 \leqq i \leqq s \text{ 이면 } \langle v_i, v_i \rangle < 0,$$
$$s+1 \leqq i \leqq n \text{ 이면 } \langle v_i, v_i \rangle = 0$$

이고, 마찬가지로

$$1 \leqq i \leqq r' \text{ 이면 } \langle w_i, w_i \rangle > 0,$$
$$r'+1 \leqq i \leqq s' \text{ 이면 } \langle w_i, w_i \rangle < 0,$$
$$s'+1 \leqq i \leqq n \text{ 이면 } \langle w_i, w_i \rangle = 0$$

이 되도록 순서가 주어졌다고 가정하자. 우선

$$v_1, \ldots, v_r, w_{r'+1}, \ldots, w_n$$

이 일차독립임을 증명하자.

다음 관계

$$x_1 v_1 + \cdots + x_r v_r + y_{r'+1} w_{r'+1} + \cdots + y_n w_n = O$$

이 성립한다 하자. 그러면

$$x_1 v_1 + \cdots + x_r v_r = -(y_{r'+1} w_{r'+1} + \cdots + y_n w_n)$$

이다. 모든 $i$에 대해 $c_i = \langle v_i, v_i \rangle, d_i = \langle w_i, w_i \rangle$라 하자. 위 식의 양변을 자기 자신과 스칼라 내적하여

$$c_1 x_1^2 + \cdots + c_r x_r^2 = d_{r'+1} y_{r'+1}^2 + \cdots + d_{s'} y_{s'}^2$$

를 얻는다. 좌변은 $\geqq 0$이고 우변은 $\leqq 0$이다. 그러므로 양변이 모두 0이 되어야 하고, 또 이는

$$x_1 = \cdots = x_r = 0$$

일 때만 성립한다. $w_{r'+1}, \ldots, w_n$의 일차독립성으로부터 모든 계수 $y_{r'+1}, \ldots, y_n$이 또한 0이 된다.

$\dim V = n$이므로 이제

$$r + n - r' \leqq n$$

또는 $r \leqq r'$이라 할 수 있다. 같은 방법으로 $r' \leqq r$이 역시 성립함을 알 수 있다. 그러므로 $r' = r$이 되고 실베스터의 정리가 증명되었다. □

실베스터의 정리에 나오는 $r$를 스칼라 내적의 **양의 지표**(零의 指標, index of positivity)라 한다.

## V, §8. 연습문제

1. $\mathbb{R}^2$에서 다음의 대칭행렬에 의해 결정되는 스칼라 내적에 대한 영의 지표와 양의 지표를 결정하라.

(a) $\begin{pmatrix} 1 & 2 \\ 2 & -1 \end{pmatrix}$ (b) $\begin{pmatrix} 1 & 1 \\ 1 & 1 \end{pmatrix}$ (c) $\begin{pmatrix} 1 & -3 \\ -3 & 2 \end{pmatrix}$

2. $V$를 $\mathbb{R}$ 위의 유한차원 벡터공간이라 하고, $\langle\ ,\ \rangle$를 $V$ 위의 스칼라 내적이라 하자. $V$를 직합

$$V = V^+ \oplus V^- \oplus V_0$$

로 쓸 수 있음을 보여라. 여기서 $V_0$는 정리 6.1에서 정의된 것이고, $V^+$는 스칼라 내적이 그 위에서 양의 정부호가 되는 것이며, $V^-$는 스칼라 내적이 그 위에서 음의 정부호가 되는 것이다. (이는

$$\text{모든 } v \in V^+ \text{에 대해 } \langle v, v\rangle > 0$$
$$\text{모든 } v \in V^- \text{에 대해 } \langle v, v\rangle < 0$$

가 됨을 뜻한다.) 위와 같은 임의의 직합에서, $V^+$ 및 $V^-$의 차원은 항상 일정함을 증명하라.

3. $V$를 $2 \times 2$ 대칭행렬들로 구성된 $\mathbb{R}$ 위의 벡터공간이라 하자.

(a) 대칭행렬

$$A = \begin{pmatrix} x & y \\ y & z \end{pmatrix}$$

가 주어질 때, $(x, y, z)$가 $2 \times 2$ 대칭행렬 전체로 구성된 벡터공간의 어떤 기저에 대해 $A$의 좌표가 됨을 보여라. 어떤 기저인가?

(b)

$$f(A) = xz - yy = xz - y^2$$

라 하자. $(x, y, z)$를 $A$의 좌표로 보면 $f$를 $V$ 위에서의 이차형식으로 볼 수 있다. 여기서 $f(A)$는 $A$의 행렬식의 정의로 받아들일 수 있다.

$W$를 $\text{tr}(A) = 0$이 되는 $A$ 전체로 구성된 $V$의 부분공간이라 하자. $O$이 아닌 $A \in W$에 대해 $f(A) < 0$이 됨을 보여라. 이는 $W$ 위에서 이차형식이 음의 정부호가 됨을 뜻한다.

# 제6장

# 행렬식

지금까지 벡터를 다루면서 벡터가 언제 일차독립인지를 결정하는 방법이 필요하다고 생각했을 것이다. 지금까지 우리가 쓸 수 있는 방법은 소거법으로 일차연립방정식을 푸는 것 외에는 없었다. 이 장에서는 일차방정식을 푸는 데 그리고 벡터가 언제 일차독립인지를 결정하는 데에 쓸 수 있는 매우 효과적인 방법을 제시할 것이다.

일반적인 $n \times n$인 경우의 행렬식은 복잡한 기호를 포함하므로 이해하기 어려운 점이 없지 않아, $2 \times 2$와 $3 \times 3$인 경우의 행렬식을 분리하여 자세하게 다룬다. 처음 읽을 때는 일반적인 경우에 대한 증명은 생략하고 지나갈 것을 권한다.

## VI, §1. 2차 행렬식

임의의 행렬식의 일반적 성질에 대하여 서술하기 전에 우선 특별한 경우를 고찰해 보자. 행렬

$$A = \begin{pmatrix} a & b \\ c & d \end{pmatrix}$$

를 체 $K$ 위의 $2 \times 2$ 행렬이라 하자. $A$의 **행렬식**(行列式, determinant)을 $ad - bc$로 정의한다. 행렬식은 $K$의 원소이며 이 행렬식을

$$\begin{vmatrix} a & b \\ c & d \end{vmatrix} = ad - bc$$

로 나타낸다.

예를 들어, 행렬

$$\begin{pmatrix} 2 & 1 \\ 1 & 4 \end{pmatrix}$$

의 행렬식은 $2 \cdot 4 - 1 \cdot 1 = 7$이고, 행렬

$$\begin{pmatrix} -2 & -3 \\ 4 & 5 \end{pmatrix}$$

의 행렬식은 $(-2) \cdot 5 - (-3) \cdot 4 = -10 + 12 = 2$이다.

행렬식을 행렬 $A$의 함수로 생각할 수도 있지만, 또 한편 $A$의 두 열의 함수로도 생각할 수 있다. 이 두 열을 $A^1$과 $A^2$라 할 때, 행렬식을 다음과 같이 쓴다.

$$D(A), \qquad \mathrm{Det}(A), \qquad D(A^1, A^2).$$

다음 성질은 직접 계산하면 쉽게 보일 수 있는 것이며 독자들이 꼭 해 보기를 바란다.

열벡터의 함수로서, 행렬식은 선형이다.

이는 다음을 뜻한다: $b', d'$을 두 수라 하면

$$\mathrm{Det}\begin{pmatrix} a & b+b' \\ c & d+d' \end{pmatrix} = \mathrm{Det}\begin{pmatrix} a & b \\ c & d \end{pmatrix} + \mathrm{Det}\begin{pmatrix} a & b' \\ c & d' \end{pmatrix}$$

이 성립한다.

$t$가 수이면

$$\mathrm{Det}\begin{pmatrix} a & tb \\ c & td \end{pmatrix} = t\,\mathrm{Det}\begin{pmatrix} a & b \\ c & d \end{pmatrix}$$

가 된다.

이와 유사한 성질이 첫 번째 열에 대해서도 성립한다. 위를 증명하는 것이 얼마나 쉬운

일인지 보이기 위해서 두 번째 열의 합에 관한 성질을 증명하기로 해보자면, 바로

$$\begin{aligned} a(d+d') - c(b+b') &= ad + ad' - cb - cb' \\ &= ad - bc + ad' - b'c \end{aligned}$$

가 그 성질이다. 제5장 4절의 용어를 빌리자면 행렬식은 겹선형이라 말할 수도 있다.

두 열이 같으면 행렬식은 0이다.

$A$가 단위행렬

$$A = \begin{pmatrix} 1 & 0 \\ 0 & 1 \end{pmatrix}$$

이면 $\mathrm{Det}(A) = 1$이다.

또한 행렬식은 다음의 성질도 가지고 있다.

어떤 열의 상수배를 다른 열에 더하여도 행렬식의 값은 변하지 않는다.

즉 $t$를 수라 하면, 행렬

$$\begin{pmatrix} a+tb & b \\ c+td & d \end{pmatrix}$$

의 행렬식은 $D(A)$와 같고, 첫 번째 열의 상수배를 두 번째 열에 더하여도 행렬식의 값은 마찬가지로 변하지 않는다.

두 열을 교환하면 행렬식은 부호만 바뀐다.

즉

$$\mathrm{Det}\begin{pmatrix} a & b \\ c & d \end{pmatrix} = -\mathrm{Det}\begin{pmatrix} b & a \\ d & c \end{pmatrix}$$

가 성립한다.

$A$의 행렬식은 그 전치행렬의 행렬식과 같다. 즉 다음이 성립한다

$$D(A) = D({}^tA).$$

구체적으로 적으면

$$\mathrm{Det}\begin{pmatrix} a & b \\ c & d \end{pmatrix} = \mathrm{Det}\begin{pmatrix} a & c \\ b & d \end{pmatrix}$$

이다.

> 두 벡터 $\begin{pmatrix} a \\ c \end{pmatrix}$와 $\begin{pmatrix} b \\ d \end{pmatrix}$가 일차종속일 필요충분조건은 행렬식 $ad-bc$가 0이 되는 것이다.

이 성질을 직접 증명하자.

$$xa + yb = 0,$$
$$xc + yd = 0$$

을 만족하는 모두 0은 아닌 수 $x, y$가 있다 하자. 예컨대 $x \neq 0$이라 하자. 첫 번째 식에 $d$를 곱하고 두 번째 식에 $b$를 곱하여 서로 빼면

$$xad - xbc = 0$$

이 되므로 $x(ad-bc) = 0$이다. 그러므로 $ad - bc = 0$이다. 역으로 $ad - bc = 0$이라 하고 $(a, c)$와 $(b, d)$가 모두 영벡터는 아니라 하자. (그렇지 않으면 당연히 일차종속이 된다.) 예컨대 $a \neq 0$라 하자. $y = -a, x = b$라 두자. 그러면

$$xa + yb = 0,$$
$$xc + yd = 0$$

이 성립하고, 이로부터 $(a, c)$와 $(b, d)$가 일차종속임을 알 수 있다.

## VI, §2. 행렬식의 존재

이제 귀납법을 이용하여 행렬식을 정의하고, 동시에 행렬식을 계산하는 공식을 구하기로 한다. 우선 $3 \times 3$ 행렬의 경우를 먼저 다루자.

앞에서 $2 \times 2$ 행렬식은 이미 정의한 바 있다.

$$A = (a_{ij}) = \begin{pmatrix} a_{11} & a_{12} & a_{13} \\ a_{21} & a_{22} & a_{23} \\ a_{31} & a_{32} & a_{33} \end{pmatrix}$$

를 $3 \times 3$ 행렬이라 하자. $A$의 행렬식을 **행에 대한 전개**(行에 대한 展開, expansion by a row)에 의하여, 특히 첫 번째 행에 대한 전개로 정의하자. 즉

$$(*)\qquad \begin{aligned}\operatorname{Det}(A) &= a_{11}\begin{vmatrix} a_{22} & a_{23} \\ a_{32} & a_{33}\end{vmatrix} - a_{12}\begin{vmatrix} a_{21} & a_{23} \\ a_{31} & a_{33}\end{vmatrix} + a_{13}\begin{vmatrix} a_{21} & a_{22} \\ a_{31} & a_{32}\end{vmatrix} \\ &= \begin{vmatrix} a_{11} & a_{12} & a_{13} \\ a_{21} & a_{22} & a_{23} \\ a_{31} & a_{32} & a_{33}\end{vmatrix}\end{aligned}$$

라 정의한다. 이 합을 다음과 같이 기술할 수도 있다. $A$에서 $i$번째 행과 $j$번째 열을 지워서 없앤 행렬을 $A_{ij}$라 하자. 그러면 위의 $\operatorname{Det}(A)$를 나타내는 합은

$$a_{11}\operatorname{Det}(A_{11}) - a_{12}\operatorname{Det}(A_{12}) + a_{13}\operatorname{Det}(A_{13})$$

이라 쓸 수 있다. 달리 말하면 각 항은 첫 번째 행의 한 원소와 그 원소를 포함하는 열과 첫 번째 행을 지워 없앰으로써 얻어지는 $2\times 2$ 행렬의 행렬식과의 곱에, 위에서 보이는 바와 같이 적당한 부호를 붙인 것으로 구성되어 있다.

**보기 1.** 행렬 $A$를

$$A = \begin{pmatrix} 2 & 1 & 0 \\ 1 & 1 & 4 \\ -3 & 2 & 5\end{pmatrix}$$

라 하자. 그러면

$$A_{11} = \begin{pmatrix} 1 & 4 \\ 2 & 5\end{pmatrix},\quad A_{12} = \begin{pmatrix} 1 & 4 \\ -3 & 5\end{pmatrix},\quad A_{13} = \begin{pmatrix} 1 & 1 \\ -3 & 2\end{pmatrix}$$

가 되고 앞에서 주어진 공식에 의하여 $A$의 행렬식은

$$\begin{aligned}\operatorname{Det}(A) &= 2\begin{vmatrix} 1 & 4 \\ 2 & 5\end{vmatrix} - 1\begin{vmatrix} 1 & 4 \\ -3 & 5\end{vmatrix} + 0\begin{vmatrix} 1 & 1 \\ -3 & 2\end{vmatrix} \\ &= 2(5-8) - 1(5+12) + 0 \\ &= -23\end{aligned}$$

이다.

$3\times 3$ 행렬의 행렬식을

$$D(A) = \operatorname{Det}(A) = D(A^1, A^2, A^3)$$

라 쓸 수 있다. 행렬식을 $A$의 열의 함수로서 생각하고 싶을 때는 마지막 우변의 표현을

사용한다.

나중에 $n \times n$ 행렬의 행렬식을 정의하겠지만 그 경우에도 같은 기호, 즉

$$|A| = D(A) = \mathrm{Det}(A) = D(A^1, \dots, A^n)$$

을 사용한다.

$3 \times 3$ 행렬의 경우에 쉽게 증명할 수 있는 다음 정리의 성질들은 기술한 바와 같이 일반적인 경우에도 성립한다.

**정리 2.1.** 행렬식은 다음 성질을 만족한다.

1. 행렬식은 각 열벡터의 함수로서 선형이다. 즉 $j$번째 열 $A^j$가 두 열벡터의 합이면, 예컨대 $A^j = C + C'$이면

$$\begin{aligned}&\mathrm{Det}(A^1, \dots, C + C', \dots, A^n)\\ &\quad = \mathrm{Det}(A^1, \dots, C, \dots, A^n) + \mathrm{Det}(A^1, \dots, C', \dots, A^n)\end{aligned}$$

이다. 또 $t$가 수이면

$$\mathrm{Det}(A^1, \dots, tA^j, \dots, A^n) = t\,\mathrm{Det}(A^1, \dots, A^j, \dots, A^n)$$

이 성립한다.

2. 두 개의 인접한 열이 같으면, 즉 어떤 $j = 1, \dots, n-1$에 대해 $A^j = A^{j+1}$이면, 행렬식 $D(A)$는 0이다.

3. $I$가 단위행렬이면 $D(I) = 1$이다.

**증명.** [$3 \times 3$의 경우] 직접 계산함으로써 증명하자. 첫 번째 열이 두 열의 합이라 가정하자.

$$A^1 = B + C, \quad \text{즉} \quad \begin{pmatrix} a_{11} \\ a_{21} \\ a_{31} \end{pmatrix} = \begin{pmatrix} b_1 \\ b_2 \\ b_3 \end{pmatrix} + \begin{pmatrix} c_1 \\ c_2 \\ c_3 \end{pmatrix}$$

라 하자. (*)의 각 항에 대입하면, 각 항이 $B$와 $C$에 대응하는 두 항의 합으로 나눠지는 것을 알 수 있다. 예를 들어

$$a_{11}\begin{vmatrix} a_{22} & a_{23} \\ a_{32} & a_{33} \end{vmatrix} = b_1\begin{vmatrix} a_{22} & a_{23} \\ a_{32} & a_{33} \end{vmatrix} + c_1\begin{vmatrix} a_{22} & a_{23} \\ a_{32} & a_{33} \end{vmatrix}$$

$$a_{12}\begin{vmatrix} b_2 + c_2 & a_{23} \\ b_3 + c_3 & a_{33} \end{vmatrix} = a_{12}\begin{vmatrix} b_2 & a_{23} \\ b_3 & a_{33} \end{vmatrix} + a_{12}\begin{vmatrix} c_2 & a_{23} \\ c_3 & a_{33} \end{vmatrix}$$

가 되고 세 번째 항에 대해서도 마찬가지이다. 다른 열에 관한 증명도 유사한 방법으로 보일 수 있다. 또 $t$가 수이면

$$\begin{aligned}\operatorname{Det}(tA^1, A^2, A^3) &= ta_{11}\begin{vmatrix} a_{22} & a_{23} \\ a_{32} & a_{33} \end{vmatrix} - a_{12}\begin{vmatrix} ta_{21} & a_{23} \\ ta_{31} & a_{33} \end{vmatrix} + a_{13}\begin{vmatrix} ta_{21} & a_{22} \\ ta_{31} & a_{32} \end{vmatrix} \\ &= t\operatorname{Det}(A^1, A^2, A^3)\end{aligned}$$

가 되는데, 왜냐하면 각 $2 \times 2$ 행렬식이 첫 번째 열에 대해 선형이므로 두 번째와 세 번째 항에서 $t$를 앞으로 빼낼 수 있기 때문이다. 여기서도 다른 열에 관한 증명은 같은 방법으로 보일 수 있다. 인접한 두 열이 같으면 행렬식이 0이 되는 것은 $(*)$에 직접 대입해 보면 알 수 있다. 마지막으로 $A$가 단위행렬이면 $\operatorname{Det}(I) = 1$이 되는 것도 곧 알 수 있다. 그러므로 위의 세 성질이 성립한다. □

위의 증명에서 $3 \times 3$ 행렬식의 성질을 증명하기 위해 $2 \times 2$ 행렬식의 성질이 이용되었음을 알 수 있다.

또한, 첫 번째 행에 대한 전개를 택해야 하는 특별한 이유는 없으며, 대신 두 번째 행을 이용하여 비슷한 식

$$\begin{aligned}&-a_{21}\begin{vmatrix} a_{12} & a_{13} \\ a_{32} & a_{33} \end{vmatrix} + a_{22}\begin{vmatrix} a_{11} & a_{13} \\ a_{31} & a_{33} \end{vmatrix} - a_{23}\begin{vmatrix} a_{11} & a_{12} \\ a_{31} & a_{32} \end{vmatrix} \\ &\qquad = -a_{21}\operatorname{Det}(A_{21}) + a_{22}\operatorname{Det}(A_{22}) - a_{23}\operatorname{Det}(A_{23})\end{aligned}$$

을 얻을 수도 있다. 여기서도 각 항은 $a_{2j}$에 두 번째 행과 $j$열을 지워 없앰으로써 얻어진 $2 \times 2$ 행렬의 행렬식을 곱하고 적당한 부호를 붙인 것이다. 이 부호는 다음 양식에 따라서 결정된다.

$$\begin{pmatrix} + & - & + \\ - & + & - \\ + & - & + \end{pmatrix}$$

또 행렬식을 임의의 행에 대해 전개하고, 다시 그 합에 나타나는 $2\times2$ 행렬식을 전개하면 결국 다음과 같은 여섯 개의 항의 합이 된다는 것을 직접 계산하여 보일 수 있다.

$$(**)\qquad \begin{aligned}\operatorname{Det}(A) &= a_{11}a_{22}a_{33} - a_{11}a_{32}a_{23} - a_{12}a_{21}a_{33} \\ &\quad + a_{12}a_{23}a_{31} + a_{13}a_{21}a_{32} - a_{13}a_{22}a_{31}\end{aligned}$$

또한 행렬식은 위와 같은 원리에 따라 열에 대하여 전개할 수도 있다. 예컨대 첫 번째

열에 대해 전개하면

$$a_{11}\begin{vmatrix} a_{22} & a_{23} \\ a_{32} & a_{33} \end{vmatrix} - a_{21}\begin{vmatrix} a_{12} & a_{13} \\ a_{32} & a_{33} \end{vmatrix} + a_{31}\begin{vmatrix} a_{12} & a_{13} \\ a_{22} & a_{23} \end{vmatrix}$$

이 되고 이것을 전개하면 정확히 $(**)$에서와 똑같은 여섯 개 항의 합이 된다.

이제 독자들은 정리 2.4에 나오는 열이나 행에 대한 전개에 관한 일반적인 표현을, $3 \times 3$의 경우에 대해 $i, j$를 $1, 2$나 $3$으로 해석하여, 다시 한번 고찰해 보기 바란다.

$3 \times 3$ 행렬의 행렬식은 열의 함수로서 선형이므로 **삼선형**(三線形, trilinear)이라 할 수 있다. 이는 $2 \times 2$ 행렬식이 겹선형인 것과 같은 맥락이다. $n \times n$의 경우에는 $n$**선형**($n$-線形, $n$-linear) 또는 **다선형**(多線形, multilinear)이라 할 수 있겠다.

$3 \times 3$ 행렬식의 경우에 다음과 같은 결과가 성립한다.

**정리 2.2.** 행렬식은 행과 열에 대한 전개 법칙을 만족하며 $\mathrm{Det}(A) = \mathrm{Det}({}^tA)$이 성립한다. 즉 행렬의 행렬식은 그 행렬의 전치행렬의 행렬식과 같다.

뒷부분의 명제가 성립하는 이유는 행렬의 전치행렬을 택하면 행과 열이 뒤바뀌고, 또 역으로 행과 열을 뒤바꾸면 전치행렬이 되기 때문이다.

**보기 2.** 행렬식

$$\begin{vmatrix} 3 & 0 & 1 \\ 1 & 2 & 5 \\ -1 & 4 & 2 \end{vmatrix}$$

를 두 번째 열에 대해 전개하여 계산하라.

이 행렬식은

$$2\begin{vmatrix} 3 & 1 \\ -1 & 2 \end{vmatrix} - 4\begin{vmatrix} 3 & 1 \\ 1 & 5 \end{vmatrix} = 2(6-(-1)) - 4(15-1) = -42$$

와 같다. 이때, 두 번째 열에 0이 있으므로 전개식에서 하나의 항이 0이 되어 없어졌음에 주목할 필요가 있다.

위 행렬식을 아래와 같이 세 번째 열에 대해 전개하여 계산할 수도 있다.

$$+1\begin{vmatrix} 1 & 2 \\ -1 & 4 \end{vmatrix} - 5\begin{vmatrix} 3 & 0 \\ -1 & 4 \end{vmatrix} + 2\begin{vmatrix} 3 & 0 \\ 1 & 2 \end{vmatrix} = -42.$$

### $n \times n$ 행렬의 경우

각 변수가 $K^n$에 속하는 $n$변수 함수

$$F : K^n \times \cdots \times K^n \to K$$

가 정리 2.1에 기술된 첫 번째 성질, 즉

$$F(A^1, \ldots, C + C', \ldots, A^n) = F(A^1, \ldots, C, \ldots, A^n) + F(A^1, \ldots, C', \ldots, A^n)$$
$$F(A^1, \ldots, tC, \ldots, A^n) = tF(A^1, \ldots, C, \ldots, A^n)$$

을 만족하면 **다선형사상**(多線形寫像, multilinear map)이라 한다. 이는 어떤 $j$를 생각하고 $k \neq j$인 각 $k$들에 대해 $A^k$를 고정시키면 함수 $X^j \mapsto F(A^1, \ldots, X^j, \ldots, A^n)$이 $j$번째 변수에 대해 선형이 됨을 뜻한다.

어떤 $j$에 대해 $A^j = A^{j+1}$인 경우

$$F(A^1, \ldots, A^j, A^j, \ldots, A^n) = 0$$

을 만족할 때 $F$를 **교대함수**(交代函數, alternating function)라 한다. 이는 행렬식의 두 번째 성질과 같다.

다음은 이 장에서 공부할 중요한 정리 중 하나이다.

**정리 2.3.** $F(I) = 1$이 되는 다선형 교대함수

$$F : K^n \times \cdots \times K^n \to K$$

가 존재하며, 이 함수는 이 세 성질($F(I) = 1$, 다선형, 교대)에 의해 유일하게 결정된다.

유일성에 관한 증명은 정리 7.2에서 하기로 한다. 이미 $n = 2$와 $n = 3$인 경우에는 존재성을 증명하였다. 이제 일반적인 경우의 존재성을 증명하기로 하자.

일반적인 $n \times n$ 행렬식의 존재성은 귀납법으로 증명한다. $(n-1) \times (n-1)$ 행렬의 행렬식이 정의되었다고 가정하자. $i, j$를 1과 $n$ 사이의 정수라 하자. $n \times n$ 행렬 $A$에서 $i$번째 행과 $j$번째 열을 지워 버리면 $(n-1) \times (n-1)$ 행렬이 되는데, 이를 $A_{ij}$로 나타내자. 이것은

$$\begin{array}{c} \\ \\ i \\ \\ \\ \end{array}\begin{pmatrix} a_{11} & \cdots & | & \cdots & a_{1n} \\ \vdots & & | & & \vdots \\ \text{---} & \text{---} & a_{ij} & \text{---} & \text{---} \\ \vdots & & | & & \vdots \\ a_{n1} & \cdots & | & \cdots & a_{nn} \end{pmatrix}$$

(위 행렬의 $j$번째 열 위에 $j$가 표시됨)

과 같은 형태이다.

$n \times n$ 행렬의 행렬식을 $(n-1) \times (n-1)$ 행렬의 행렬식으로 표현하자. $i$를 $1 \leqq i \leqq n$인 정수라 하자. 이제

$$D(A) = (-1)^{i+1} a_{i1} \operatorname{Det}(A_{i1}) + \cdots + (-1)^{i+n} a_{in} \operatorname{Det}(A_{in})$$

라 정의한다. 여기서 각 $A_{ij}$는 $(n-1) \times (n-1)$ 행렬이다.

이 합을 다음과 같이 설명할 수 있다. 합에는 $i$번째 행의 각 원소마다 그에 대응하는 항이 하나씩 보인다. 그 항은 그 원소에 + 또는 −를 곱한 값에, $A$에서 $i$번째 행과 그 원소가 속한 열을 지워 얻어지는 행렬의 행렬식을 곱한 것이다. 부호 + 또는 −는 다음과 같은 서양 장기 모양을 따라 주어진다.

$$\begin{pmatrix} + & - & + & - & \cdots \\ - & + & - & + & \cdots \\ + & - & + & - & \cdots \\ & & \cdots & & \end{pmatrix}$$

이 합을 **$i$번째 행에 대한 행렬식의 전개**(expansion of the determinant according to the $i$-th row)라 부른다. 이제 이러한 함수 $D$가 성질 **1, 2, 3**을 만족함을 증명하자.

$D(A)$를

$$D(A) = \sum_{j=1}^{n} (-1)^{i+j} a_{ij} \operatorname{Det}(A_{ij})$$

라 쓸 수 있음에 유의하라.

**1**. $D$를 $k$번째 열의 함수로 생각하고, 임의의 항

$$(-1)^{i+j} a_{ij} \operatorname{Det}(A_{ij})$$

를 생각하자. $j \neq k$이면 $a_{ij}$는 $k$번째 열과 무관하고 $\operatorname{Det}(A_{ij})$는 $k$번째 열에 대해 선형이다. $j = k$이면 $a_{ij}$는 $k$번째 열에 대해 선형이고 $\operatorname{Det}(A_{ij})$는 $k$번째 열과 무관하다. 어느 경우든 위의 항은 $k$번째 열에 대해 선형이다. $D(A)$는 이러한 항들의 합이므로 $k$번째 열에 대해 선형이다.

**2**. $A$의 인접한 두 열이 같다고, 즉 $A^k = A^{k+1}$이라 가정하자. $j$를 $k$나 $k+1$이 아니라 하자. 그러면 $A_{ij}$는 인접한 두 열이 같게 되고, 따라서 그 행렬식은 0이다. 그러므로 $j$가 $j \neq k$이고 $j \neq k+1$일 때는 $D(A)$에 기여하는 바가 없다. 이때 남은 두 항은

$$(-1)^{i+k} a_{ik} \operatorname{Det}(A_{ik}) + (-1)^{i+k+1} a_{i,k+1} \operatorname{Det}(A_{i,k+1})$$

라 쓸 수 있다. 두 행렬 $A_{ik}$와 $A_{i,k+1}$은 $A$의 $k$번째 열과 $(k+1)$번째 열이 같다는 가정에 의해 똑같은 행렬이다. 같은 이유로 $a_{ik} = a_{i,k+1}$이다. 그런데 이 두 항은 서로 부호가 다르므로 위의 합은 0이 된다.

**3.** $A$를 단위행렬이라 하자. 그러면 $i \neq j$일 때 $a_{ij} = 0$이고 $i = j$이면 $a_{ii} = 1$이다. 각 $A_{ij}$는 $(n-1) \times (n-1)$ 단위행렬이다. 합에서 0이 안 되는 유일한 항

$$(-1)^{i+i} a_{ii} \operatorname{Det}(A_{ii})$$

은 1이다.

**보기 3.** 행렬식

$$\begin{vmatrix} 1 & 2 & 1 \\ -1 & 3 & 1 \\ 0 & 1 & 5 \end{vmatrix}$$

를 구해보자. (세 번째 행에 0이 있으므로) 세 번째 열에 대해 전개하면 두 개의 0이 아닌 항이 남아

$$(-1) \begin{vmatrix} 1 & 1 \\ -1 & 1 \end{vmatrix} + 5 \begin{vmatrix} 1 & 2 \\ -1 & 3 \end{vmatrix}$$

가 된다. $2 \times 2$ 행렬식을 1절에서와 같이 구체적으로 계산하여 주어진 $3 \times 3$ 행렬의 행렬식의 값이 23이 됨을 보일 수 있다.

다음 절에서는 행렬 $A$의 행렬식이 $A$의 전치행렬의 행렬식과 같음을 보일 것이다. 이것을 증명하면 다음 정리도 성립함을 알 수 있다.

**정리 2.4.** 행렬식은 행과 열에 대한 전개 규칙을 만족한다. 행렬 $A = (a_{ij})$의 임의의 열 $A^j$에 대해

$$\boxed{D(A) = (-1)^{1+j} a_{1j} \operatorname{Det}(A_{1j}) + \cdots + (-1)^{n+j} a_{nj} \operatorname{Det}(A_{nj})}$$

가 성립한다.

실제 계산에 있어 행렬식은 주로 어떤 행이나 열에 대한 전개를 사용하여 수행하게 된다.

## VI, §2. 연습문제

1. $c$를 수라 하고 $A$를 $3\times 3$ 행렬이라 할 때, 다음을 보여라.

$$D(cA) = c^3 D(A).$$

2. $c$를 수라 하고 $A$를 $n\times n$ 행렬이라 할 때, 다음을 보여라.

$$D(cA) = c^n D(A).$$

## VI, §3. 행렬식의 기타 성질

행렬식을 효율적으로 계산하려면 정리 2.2의 성질 **1**, **2**, **3**으로부터 쉽게 알 수 있는 다음 성질들이 필요하다. $3\times 3$의 경우와 $n\times n$의 경우 사이에 다른 점이 없으므로 모두 $n$이라 쓰자. 그렇지만 여기서도 독자들은 처음에는 $n=3$이라 두고 읽어도 좋겠다.

**4.** $i, j$를 $1 \leqq i, j \leqq n$이고 $i \neq j$인 정수라 하자. $i$번째 열과 $j$번째 열을 교환하면 행렬식은 부호만 바뀐다.

**증명.** 우선 $j$번째와 $(j+1)$번째 열을 교환하는 경우를 먼저 증명하자. 행렬 $A$에서 $j$번째 열과 $(j+1)$번째 열을 $A^j + A^{j+1}$로 바꾸어 넣자. 그러면 인접한 두 열이 같아지므로 성질 **2**에 의해

$$0 = D(\ldots, A^j + A^{j+1}, A^j + A^{j+1}, \ldots)$$

이다. 성질 **1**을 반복하여 이용하면

$$\begin{aligned} 0 =& D(\ldots, A^j, A^j, \ldots) + D(\ldots, A^j, A^{j+1}, \ldots) \\ &+ D(\ldots, A^{j+1}, A^j, \ldots) + D(\ldots, A^{j+1}, A^{j+1}, \ldots) \end{aligned}$$

을 얻는다. 성질 **2**를 이용하면 이 네 항 중 두 항이 **0**이 되고 따라서

$$0 = D(\ldots, A^j, A^{j+1}, \ldots) + D(\ldots, A^{j+1}, A^j, \ldots)$$

이다. 이 합에서 한 항은 나머지 항의 음수배와 같아야 하므로 원하는 것이 증명되었다.

임의의 두 열을 교환할 때의 성질을 증명하기 전에 다른 성질을 하나 더 증명하자.

**5.** $A$의 두 열 $A^j, A^i$가 같고 $j \neq i$이면 $A$의 행렬식은 0이다.

**증명.** 행렬 $A$의 두 열이 같다 하자. 인접한 두 열을 교환하는 것을 계속하여 인접한 두 열이 같은 행렬로 만들 수 있다. (이를 귀납법으로 엄밀하게 증명할 수 있다.) 매번 인접한 열을 교환할 때마다 부호만 바뀌므로 행렬식이 0이냐 아니냐에는 영향을 끼치지 않는다. 그러므로 성질 **2**에 의해 두 열이 같으면 $D(A) = 0$이라 할 수 있다. □

이제 임의의 $i \neq j$에 대해 성질 **4**를 증명하는 일로 돌아가자. $j$와 $j+1$에 대한 성질 **4**의 증명에서 주어진 논법과 정확하게 같은 논법이, 성질 **5**를 쓰면, 일반적인 경우에도 성립한다. 이제

$$0 = D(\ldots, A^i + A^j, \ldots, A^i + A^j, \ldots)$$

가 됨에 주목하고 앞서와 같이 이 식을 전개해 보면 성질 **4**가 성립함을 알 수 있다. □

**6**. 어떤 열의 상수배를 다른 열에 더하여도 행렬식의 값은 변하지 않는다.

**증명.** 서로 다른 두 열, 예컨대 $k \neq j$에 대해 $k$번째 열 $A^k$와 $j$번째 열 $A^j$를 생각하자. $t$를 스칼라라 하자. $tA^j$를 $A^k$에 더한다. 성질 **1**에 의하여 행렬식은

$$D(\ldots, \underset{\substack{\uparrow \\ k}}{A^k + tA^j}, \ldots) = D(\ldots, \underset{\substack{\uparrow \\ k}}{A^k}, \ldots) + D(\ldots, \underset{\substack{\uparrow \\ k}}{tA^j}, \ldots)$$

가 된다. (화살표 $k$는 $k$번째 열을 가리킨다.) 우변의 두 항에 표시된 열은 모두 $k$번째에서 나타난다. 그런데 $D(\ldots, A^k, \ldots)$는 바로 $D(A)$이다. 또

$$D(\ldots, \underset{\substack{\uparrow \\ k}}{tA^j}, \ldots) = tD(\ldots, \underset{\substack{\uparrow \\ k}}{A^j}, \ldots)$$

가 성립한다. $k \neq j$이므로 우변의 행렬식은 같은 열을 두 개 갖는데, $A^j$가 $k$번째 열에도 있고 $j$번째 열에도 있기 때문이다. 그러므로 이 행렬식은 0이 된다. 따라서

$$D(\ldots, A^k + tA^j, \ldots) = D(\ldots, A^k, \ldots)$$

가 되어 성질 **6**이 증명되었다. □

위에서 설명한 방법을 자유로이 사용하여 이제 $3 \times 3$ 행렬식을 매우 효율적으로 계산할 수 있다. 성질 **6**에 기술한 연산은, $\mathrm{Det}(A) = \mathrm{Det}({}^tA)$이므로, 행이나 열에 대해 모두 이용할 수 있다. 이 연산을 적용하여 되도록 행렬 $A$의 많은 성분이 0이 되도록 한다. 특히 어떤 한 열 (또는 행)을 한 성분만 남기고 모두 0이 되도록 한다. 그 다음에 그 열 (또는 행)에 대하여 전개한다. 그러면 전개식은 단 한 개의 항으로만 이루어지게 되고 행렬식 $A$의 계산은 결국 간단한 $2 \times 2$ 행렬식을 계산하는 것이 된다.

**보기 1.** 행렬식

$$\begin{vmatrix} 3 & 0 & 1 \\ 1 & 2 & 5 \\ -1 & 4 & 2 \end{vmatrix}$$

를 계산하라.

첫 번째 행에 이미 0이 있다. 두 번째 행에 2를 곱하여 세 번째 행에서 뺀다. 그러면 주어진 행렬식은

$$\begin{vmatrix} 3 & 0 & 1 \\ 1 & 2 & 5 \\ -3 & 0 & -8 \end{vmatrix}$$

과 같게 된다. 이것을 두 번째 열에 대해 전개한다. 그 전개에는 + 부호인 단 한 개의 0이 아닌 항만 남는데, 그것은

$$2\begin{vmatrix} 3 & 1 \\ -3 & -8 \end{vmatrix}$$

이다. 이 $2\times2$ 행렬식을 정의 $ad-bc$에 따라 계산하면 구하는 행렬식은 $2(-24-(-3)) = -42$가 된다.

**보기 2.** 행렬식

$$\begin{vmatrix} 1 & 3 & 1 & 1 \\ 2 & 1 & 5 & 2 \\ 1 & -1 & 2 & 3 \\ 4 & 1 & -3 & 7 \end{vmatrix}$$

을 계산해 보자. 세 번째 행을 두 번째 행에 더하고 다음에 세 번째 행을 네 번째 행에 더한다. 그러면

$$\begin{vmatrix} 1 & 3 & 1 & 1 \\ 3 & 0 & 7 & 5 \\ 1 & -1 & 2 & 3 \\ 4 & 1 & -3 & 7 \end{vmatrix} = \begin{vmatrix} 1 & 3 & 1 & 1 \\ 3 & 0 & 7 & 5 \\ 1 & -1 & 2 & 3 \\ 5 & 0 & -1 & 10 \end{vmatrix}$$

이 된다. 다음에 세 번째 행의 세 배를 첫 번째 행에 더하여

$$\begin{vmatrix} 4 & 0 & 7 & 10 \\ 3 & 0 & 7 & 5 \\ 1 & -1 & 2 & 3 \\ 5 & 0 & -1 & 10 \end{vmatrix}$$

을 얻고, 이것을 두 번째 열에 대해 전개한다. 그러면 단 한 개의 항

$$\begin{vmatrix} 4 & 7 & 10 \\ 3 & 7 & 5 \\ 5 & -1 & 10 \end{vmatrix}$$

이 남는다. 두 번째 행의 두 배를 첫 번째 행과 세 번째 행에서 빼면

$$\begin{vmatrix} -2 & -7 & 0 \\ 3 & 7 & 5 \\ -1 & -15 & 0 \end{vmatrix}$$

이 되고, 이것을 세 번째 열에 대해 전개하면

$$-5(30-7) = -5(23) = -115$$

를 얻는다.

## VI, §3. 연습문제

1. 다음 행렬식을 계산하라.

(a) $\begin{vmatrix} 2 & 1 & 2 \\ 0 & 3 & -1 \\ 4 & 1 & 1 \end{vmatrix}$ (b) $\begin{vmatrix} 3 & -1 & 5 \\ -1 & 2 & 1 \\ -2 & 4 & 3 \end{vmatrix}$ (c) $\begin{vmatrix} 2 & 4 & 3 \\ -1 & 3 & 0 \\ 0 & 2 & 1 \end{vmatrix}$

(d) $\begin{vmatrix} 1 & 2 & -1 \\ 0 & 1 & 1 \\ 0 & 2 & 7 \end{vmatrix}$ (e) $\begin{vmatrix} -1 & 5 & 3 \\ 4 & 0 & 0 \\ 2 & 7 & 8 \end{vmatrix}$ (f) $\begin{vmatrix} 3 & 1 & 2 \\ 4 & 5 & 1 \\ -1 & 2 & -3 \end{vmatrix}$

2. 다음 행렬식을 계산하라.

(a) $\begin{vmatrix} 1 & 1 & -2 & 4 \\ 0 & 1 & 1 & 3 \\ 2 & -1 & 1 & 0 \\ 3 & 1 & 2 & 5 \end{vmatrix}$ (b) $\begin{vmatrix} -1 & 1 & 2 & 0 \\ 0 & 3 & 2 & 1 \\ 0 & 4 & 1 & 2 \\ 3 & 1 & 5 & 7 \end{vmatrix}$ (c) $\begin{vmatrix} 3 & 1 & 1 \\ 2 & 5 & 5 \\ 8 & 7 & 7 \end{vmatrix}$

(d) $\begin{vmatrix} 4 & -9 & 2 \\ 4 & -9 & 2 \\ 3 & 1 & 0 \end{vmatrix}$ (e) $\begin{vmatrix} 4 & -1 & 1 \\ 2 & 0 & 0 \\ 1 & 5 & 7 \end{vmatrix}$ (f) $\begin{vmatrix} 2 & 0 & 0 \\ 1 & 1 & 0 \\ 8 & 5 & 7 \end{vmatrix}$

(g) $\begin{vmatrix} 4 & 0 & 0 \\ 0 & 1 & 0 \\ 0 & 0 & 27 \end{vmatrix}$ (h) $\begin{vmatrix} 5 & 0 & 0 \\ 0 & 3 & 0 \\ 0 & 0 & 9 \end{vmatrix}$ (i) $\begin{vmatrix} 2 & -1 & 4 \\ 3 & 1 & 5 \\ 1 & 2 & 3 \end{vmatrix}$

3. 일반적으로 대각행렬의 행렬식

$$\begin{vmatrix} a_{11} & 0 & 0 & \cdots & 0 \\ 0 & a_{22} & 0 & \cdots & 0 \\ \vdots & \vdots & & & \vdots \\ 0 & 0 & & \ddots & 0 \\ 0 & 0 & 0 & \cdots & a_{nn} \end{vmatrix}$$

은 무엇이 되는가?

4. 행렬식 $\begin{vmatrix} \cos\theta & -\sin\theta \\ \sin\theta & \cos\theta \end{vmatrix}$를 계산하라.

5. (a) $x_1, x_2, x_3$를 수라 할 때, 다음을 보여라.

$$\begin{vmatrix} 1 & x_1 & {x_1}^2 \\ 1 & x_2 & {x_2}^2 \\ 1 & x_3 & {x_3}^2 \end{vmatrix} = (x_2 - x_1)(x_3 - x_1)(x_3 - x_2).$$

(b) $x_1, \ldots, x_n$을 수라 할 때 귀납법에 의해서 다음이 성립함을 보여라.

$$\begin{vmatrix} 1 & x_1 & \cdots & {x_1}^{n-1} \\ 1 & x_2 & \cdots & {x_2}^{n-1} \\ & & \cdots & \\ 1 & x_n & \cdots & {x_n}^{n-1} \end{vmatrix} = \prod_{i<j}(x_j - x_i).$$

여기서 우변의 기호는 1에서 $n$까지의 정수 $i, j$ 중 $i < j$인 쌍에 대한 모든 항 $x_j - x_i$

의 곱을 뜻한다. 이 행렬식을 **반데르몽드 행렬식**(반데르몽드 行列式, Vandermonde determinant) $V_n$ 이라 부른다. 이를 귀납법으로 쉽게 증명하려면, 각 열에 $x_1$ 을 곱하여 그 열의 바로 오른쪽 열에서 뺀다. 그러면

$$V_n = (x_n - x_1) \cdots (x_2 - x_1) V_{n-1}$$

이 됨을 알 수 있을 것이다.

6. 다음 행렬의 행렬식을 구하라.

(a) $\begin{pmatrix} 1 & 2 & 5 \\ 0 & 1 & 7 \\ 0 & 0 & 3 \end{pmatrix}$ (b) $\begin{pmatrix} -1 & 5 & 20 \\ 0 & 4 & 8 \\ 0 & 0 & 6 \end{pmatrix}$

(c) $\begin{pmatrix} 2 & -6 & 9 \\ 0 & 1 & 4 \\ 0 & 0 & 8 \end{pmatrix}$ (d) $\begin{pmatrix} -7 & 98 & 54 \\ 0 & 2 & 46 \\ 0 & 0 & -1 \end{pmatrix}$

(e) $\begin{pmatrix} 1 & 4 & 6 \\ 0 & 0 & 1 \\ 0 & 0 & 8 \end{pmatrix}$ (f) $\begin{pmatrix} 4 & 0 & 0 \\ -5 & 2 & 0 \\ 79 & 54 & 1 \end{pmatrix}$

(g) $\begin{pmatrix} 1 & 5 & 2 & 3 \\ 0 & 2 & 7 & 6 \\ 0 & 0 & 4 & 1 \\ 0 & 0 & 0 & 5 \end{pmatrix}$ (h) $\begin{pmatrix} -5 & 0 & 0 & 0 \\ 7 & 2 & 0 & 0 \\ -9 & 4 & 1 & 0 \\ 96 & 2 & 3 & 1 \end{pmatrix}$

(i) $A$를 $n \times n$ 삼각행렬, 즉 대각선 아래의 모든 성분이 0인 행렬이라 하자.

$$A = \begin{pmatrix} a_{11} & & & \\ 0 & a_{22} & & * \\ 0 & 0 & & \\ \vdots & \vdots & \ddots & \\ 0 & 0 & \cdots & a_{nn} \end{pmatrix}$$

$D(A)$는 무엇이 되겠는가?

7. $a(t), b(t), c(t), d(t)$가 $t$의 함수일 때도, 각 성분이 수로 주어진 경우와 똑같이 행렬식

$$\begin{vmatrix} a(t) & b(t) \\ c(t) & d(t) \end{vmatrix}$$

를 정의할 수 있다. 행렬식

$$\begin{vmatrix} \sin t & \cos t \\ -\cos t & \sin t \end{vmatrix}$$

를 상세하게 풀어 써라.

8. 행렬식

$$\begin{vmatrix} t+1 & t-1 \\ t & 2t+5 \end{vmatrix}$$

를 상세하게 풀어 써라.

9. $f(t), g(t)$를 모든 차수의 도함수를 갖는 두 함수라 하고 $\varphi(t)$를 행렬식

$$\varphi(t) = \begin{vmatrix} f(t) & g(t) \\ f'(t) & g'(t) \end{vmatrix}$$

으로 주어지는 함수라 하자. 이때

$$\varphi(t)' = \begin{vmatrix} f(t) & g(t) \\ f''(t) & g''(t) \end{vmatrix},$$

즉 $\varphi(t)$의 도함수는 두 번째 행의 도함수를 취함으로써 얻어짐을 보여라.

10. 행렬

$$A(t) = \begin{pmatrix} b_1(t) & c_1(t) \\ b_2(t) & c_2(t) \end{pmatrix}$$

를 미분가능한 함수를 성분으로 하는 $2 \times 2$ 행렬이라 하고, $B(t)$와 $C(t)$를 $A(t)$의 열벡터라 하자.

$$\varphi(t) = \mathrm{Det}(A(t))$$

라 하면

$$\varphi'(t) = D(B'(t), C(t)) + D(B(t), C'(t))$$

임을 보여라.

11. $\alpha_1, \ldots, \alpha_n$을 0이 아닌 서로 다른 수라 할 때, 함수

$$e^{\alpha_1 t}, \ldots, e^{\alpha_n t}$$

가 복소수 위에서 일차독립임을 보여라.

[힌트: 선형관계

$$c_1 e^{\alpha_1 t} + \cdots + c_n e^{\alpha_n t} = 0$$

이 모든 $t$에 대해 성립한다고 가정하자. 여기서 $c_i$는 모두 상수이다. 모든 $c_i$가 0인 것이 아니라면 일반성을 잃지 않고 어느 것도 0이 아니라고 가정할 수 있다. 위 관계를 $n-1$번 미분하면 연립방정식을 얻는데 그 계수행렬의 행렬식은 0이 되어야 한다. (왜 그런가?) 이로부터 모순을 끌어 내라.]

## VI, §4. 크레이머의 법칙

앞 절의 성질을 이용하여 일차연립방정식을 푸는 데 이용되는 잘 알려진 법칙을 증명할 수 있다.

**정리 4.1 (크레이머의 법칙(Cramer's rule)).** $A^1, \ldots, A^n$을

$$D(A^1, \ldots, A^n) \neq 0$$

인 열벡터들이라 하자. $B$가 열벡터이고, $x_1, \ldots, x_n$이

$$x_1 A^1 + \cdots + x_n A^n = B$$

인 수이면 각 $j = 1, \ldots, n$에 대해

$$x_j = \frac{D(A^1, \ldots, B, \ldots, A^n)}{D(A^1, \ldots, A^n)}$$

이 성립한다. 이때 분자에 $B$가 $A^j$ 대신 $j$번째 열에 나타난다. 즉

$$x_j = \frac{\begin{vmatrix} a_{11} & \ldots & b_1 & \ldots & a_{1n} \\ a_{21} & \ldots & b_2 & \ldots & a_{2n} \\ \vdots & & \vdots & & \vdots \\ a_{n1} & \ldots & b_n & \ldots & a_{nn} \end{vmatrix}}{\begin{vmatrix} a_{11} & \ldots & a_{1j} & \ldots & a_{1n} \\ a_{21} & \ldots & a_{2j} & \ldots & a_{2n} \\ \vdots & & \vdots & & \vdots \\ a_{n1} & \ldots & a_{nj} & \ldots & a_{nn} \end{vmatrix}}$$

이다. (분자는 $A$에서 $j$번째 열 $A^j$를 $B$로 바꾸어 얻는다. 분모는 행렬 $A$의 행렬식이다.)

정리 4.1은 $A^1, \ldots, A^n$에 대한 $B$의 좌표를 구체적으로 구하는 방법을 제시해 준다. 일차방정식의 관점에서 보면, 정리 4.1은 $n$개의 미지수와 $n$개의 방정식으로 이루어진 일차연립방정식

$$\begin{gathered} x_1 a_{11} + \cdots + x_n a_{1n} = b_1 \\ \cdots \\ x_1 a_{n1} + \cdots + x_n a_{nn} = b_n \end{gathered}$$

을 행렬식을 이용하여 구체적으로 풀 수 있는 방법을 보여준다. 이제 정리 4.1을 증명하자.

$B$를 정리에서와 같은 벡터라 하고, $A$의 $j$번째 열을 $B$로 바꿔 놓은 행렬의 행렬식을 생각하자. 그러면

$$D(A^1, \ldots, B, \ldots, A^n) = D(A^1, \ldots, x_1 A^1 + \cdots + x_n A^n, \ldots, A^n)$$

이 된다. 성질 **1**을 쓰면 우변은 합

$$\begin{aligned} D(A^1, \ldots, x_1 A^1, \ldots, A^n) + \cdots + D(A^1, \ldots, x_j A^j, \ldots, A^n) \\ + \cdots + D(A^1, \ldots, x_n A^n, \ldots, A^n) \end{aligned}$$

이 되고, 다시 성질 **1**을 쓰면

$$\begin{aligned} x_1 D(A^1, \ldots, A^1, \ldots, A^n) + \cdots + x_j D(A^1, \ldots, A^j, \ldots, A^n) \\ + \cdots + x_n D(A^1, \ldots, A^n, \ldots, A^n) \end{aligned}$$

와 같다. 이 합에서 $j$번째 항을 제외한 모든 항에서는 두 열벡터가 같으므로 성질 **5**에 의해 $j$번째 항을 제외한 모든 항은 0이다. 또 $j$번째 항은

$$x_j D(A^1, \ldots, A^n)$$

와 같고, 따라서 이것은 처음의 행렬식 $D(A^1, \ldots, B, \ldots, A^n)$과 같다. 이것을 $x_j$에 대해 풀면 바로 정리에서 서술한 식을 얻는다.

**보기 1.** 다음 일차연립방정식을 풀어라.

$$\begin{aligned} 3x + 2y + 4z &= 1, \\ 2x - \ y + \ z &= 0, \\ x + 2y + 3z &= 1. \end{aligned}$$

답은

$$x = \frac{\begin{vmatrix} 1 & 2 & 4 \\ 0 & -1 & 1 \\ 1 & 2 & 3 \end{vmatrix}}{\begin{vmatrix} 3 & 2 & 4 \\ 2 & -1 & 1 \\ 1 & 2 & 3 \end{vmatrix}}, \qquad y = \frac{\begin{vmatrix} 3 & 1 & 4 \\ 2 & 0 & 1 \\ 1 & 1 & 3 \end{vmatrix}}{\begin{vmatrix} 3 & 2 & 4 \\ 2 & -1 & 1 \\ 1 & 2 & 3 \end{vmatrix}}, \qquad z = \frac{\begin{vmatrix} 3 & 2 & 1 \\ 2 & -1 & 0 \\ 1 & 2 & 1 \end{vmatrix}}{\begin{vmatrix} 3 & 2 & 4 \\ 2 & -1 & 1 \\ 1 & 2 & 3 \end{vmatrix}}$$

이다. 여기서 열벡터

$$B = \begin{pmatrix} 1 \\ 0 \\ 1 \end{pmatrix}$$

가 어떻게 $x$를 풀 때는 첫 번째 열에 있다가, $y$를 풀 때는 두 번째 열로, $z$를 풀 때는 세 번째 열로 옮겨 갔는가에 주목하라. 분모는 세 식에서 모두 똑같이 방정식의 계수행렬의 행렬식이다.

$3 \times 3$ 행렬식을 계산하는 방법은 알고 있으므로, 실제로 계산하면

$$x = -\tfrac{1}{5}, \qquad y = 0, \qquad z = \tfrac{2}{5}$$

를 얻는다.

행렬식을 이용하면 주어진 벡터들이 언제 일차독립인지 결정할 수 있게 된다.

**정리 4.2.** $A^1, \ldots, A^n$을 ($n$차원) 열벡터들이라 하자. 이들이 일차종속이면

$$D(A^1, \ldots, A^n) = 0$$

이다. $D(A^1, \ldots, A^n) \neq 0$ 이면 $A^1, \ldots, A^n$은 일차독립이다.

**증명.** 두 번째 명제는 첫 번째 명제와 동치이므로 첫 번째 명제만 증명하면 충분하다. $A^1, \ldots, A^n$이 일차종속이면 모두 0은 아닌 수 $x_1, \ldots, x_n$이 있어서

$$x_1 A^1 + \cdots + x_n A^n = O$$

을 만족한다. $x_j \neq 0$이라 가정하면

$$x_j A^j = -\sum_{k \neq j} x_k A^k$$

이다. 우변에는 $j$번째 항이 없음에 유의하자. $x_j$로 나누면 $A^j$를 $k \neq j$인 벡터 $A^k$의

일차결합으로 쓸 수 있다. 즉, 수 $y_k = -x_k/x_j (k \neq j)$에 대해

$$A^j = \sum_{k \neq j} y_k A^k$$

이 성립한다. 선형성에 의해

$$\begin{aligned} D(A^1, \ldots, A^n) &= D(A^1, \ldots, \sum_{k \neq j} y_k A^k, \ldots, A^n) \\ &= \sum_{k \neq j} y_k D(A^1, \ldots, A^k, \ldots, A^n) \end{aligned}$$

인데 여기서 $A^k$는 $j$번째에 나타나고 $k \neq j$이다. 우변의 합에서 각 행렬식은 $k$번째 열과 $j$번째 열이 같으므로 성질 **5**에 의해 0이다. 이것으로 정리 4.2가 증명되었다. □

**따름정리 4.3.** $A^1, \ldots, A^n$이 $D(A^1, \ldots, A^n) \neq 0$인 $K^n$의 열벡터들이고, $B$도 $K^n$의 열벡터이면

$$x_1 A^1 + \cdots + x_n A^n = B$$

가 되는 수 $x_1, \ldots, x_n$이 존재한다.

**증명.** 앞의 정리에 의해 $A^1, \ldots, A^n$은 일차독립인 벡터이므로 $K^n$의 기저를 형성한다. 따라서 $K^n$의 임의의 벡터를 $A^1, \ldots, A^n$의 일차결합으로 쓸 수 있다. □

일차방정식과 관련하여 위의 따름정리는 다음을 의미한다.

> $n$개의 미지수와 $n$개의 방정식으로 구성된 일차연립방정식이 행렬식이 0이 아닌 계수행렬을 가지면 이 연립방정식은 해를 가지며 그 해는 크레이머의 법칙에 따라 결정할 수 있다.

정리 5.3에서 따름정리 4.3의 역도 성립함을 보일 것이다. 따라서 다음이 성립한다.

**정리 4.4.** 행렬식 $D(A^1, \ldots, A^n)$이 0이 될 필요충분조건은 $A^1, \ldots, A^n$이 일차종속이 되는 것이다.

## VI, §4. 연습문제

1. 다음 일차연립방정식을 풀어라.

(a) $\begin{cases} 3x + y - z = 0 \\ x + y + z = 0 \\ y - z = 1 \end{cases}$
(b) $\begin{cases} 2x - y + z = 1 \\ x + 3y - 2z = 0 \\ 4x - 3y + z = 2 \end{cases}$

(c) $\begin{cases} 4x + y + z + w = 1 \\ x - y + 2z - 3w = 0 \\ 2x + y + 3z + 5w = 0 \\ x + y - z - w = 2 \end{cases}$
(d) $\begin{cases} x + 2y - 3z + 5w = 0 \\ 2x + y - 4z - w = 1 \\ x + y + z + w = 0 \\ -x - y - z + w = 4 \end{cases}$

## VI, §5. 열연산에 의한 행렬의 삼각화

행렬식을 계산할 때 열에 관한 다음의 두 연산을 사용했었다.

**COL 1.** 한 열의 스칼라배를 다른 열에 더한다.

**COL 2.** 두 열을 교환한다.

$A$에 열연산 **COL 1**과 **COL 2**를 유한번 계속 시행하여 $B$를 얻을 수 있을 때 ($n \times n$인) 두 행렬 $A$와 $B$가 **열동치**(列同値, column equivalent)라고 한다. 이때 다음이 성립한다.

**명제 5.1.** $A$와 $B$가 열동치라 하자. 그러면 다음이 성립한다.

$$\text{rank}\, A = \text{rank}\, B.$$

$A$가 가역일 필요충분조건은 $B$가 가역인 것이다. $\text{Det}(A) = 0$일 필요충분조건은 $\text{Det}(B) = 0$이다.

증명. $A$를 $n \times n$ 행렬이라 하자. $A$의 두 열을 교환해도 열공간, 즉 $A$의 열벡터들로 생성된 공간은 변하지 않는다. $A^1, \ldots, A^n$을 $A$의 열벡터들이라 하고 $x$를 스칼라라 하자. 그러면

$$A^1 + xA^2, A^2, \ldots, A^n$$

으로 생성된 공간은 $A^1, \ldots, A^n$으로 생성된 공간과 같다. (이는 쉽게 검증될 수 있다.) 그러므로 $B$가 $A$와 열동치라면 $B$의 열공간은 $A$의 열공간과 같으므로 $\text{rank}\, A = \text{rank}\, B$이다.

열연산을 할 때 행렬식은 단지 부호만 변할 수 있으므로 $\text{Det}(A) = 0$일 필요충분조건은 $\text{Det}(B) = 0$이다.

마지막으로 $A$가 가역이면 제4장의 정리 2.2에 의하여 $\operatorname{rank} A = n$이고, 따라서 $\operatorname{rank} B = n$이므로 $B$도 같은 정리에 의하여 가역이다. 이것으로 증명이 끝났다. □

**정리 5.2.** $A$를 $n \times n$ 행렬이라 하자. 그러면 $A$는 어떤 삼각행렬

$$B = \begin{pmatrix} b_{11} & 0 & \cdots & 0 \\ b_{21} & b_{22} & \cdots & 0 \\ \vdots & \vdots & \ddots & \vdots \\ b_{n1} & b_{n2} & \cdots & b_{nn} \end{pmatrix}$$

와 열동치이다.

증명. $n$에 대한 귀납법으로 증명한다. $A = (a_{ij})$라 하자. $n = 1$이면 자명하다. $n > 1$이라 하자. $A$의 첫 번째 행의 모든 원소가 0이면 $(n-1) \times (n-1)$ 행렬

$$\begin{pmatrix} a_{22} & \cdots & a_{2n} \\ \vdots & \ddots & \vdots \\ a_{n2} & \cdots & a_{nn} \end{pmatrix}$$

에 열연산을 시행하여 귀납법에 의해 증명이 끝난다. 이제 $A$의 첫 번째 열의 어떤 원소가 0이 아니라 하자. 열연산에 의해 $a_{11} \neq 0$이라 가정할 수 있다. 첫 번째 열의 스칼라배를 다른 열들에 더하여

$$b_{12} = \cdots = b_{1n} = 0$$

이고 $A$와 열동치인 행렬 $B$를 얻을 수 있는데, $B$는 $a_{11}$을 제외한 첫 번째 행의 모든 원소가 0인 행렬이다. 이제 다시 첫 번째 행과 첫 번째 열을 제거한 행렬에 귀납법을 적용할 수 있다. 이로써 증명이 끝났다. □

**정리 5.3.** $A = (A^1, \ldots, A^n)$을 정사각행렬이라 하자. 그러면 다음 조건은 동치이다.

(a) $A$는 가역이다.

(b) 열벡터 $A^1, \ldots, A^n$은 일차독립이다.

(c) $D(A) \neq 0$이다.

증명. (a)가 (b)와 동치임은 제4장의 정리 2.2에서 증명되었다. 정리 5.1과 정리 5.2에 의해 $A$를 삼각행렬이라 가정할 수 있다. 그러면 행렬식은 대각원소의 곱이고, 0이 될 필요충분조건은 어떤 대각원소가 0이 되는 것이다. 그런데 이 조건은 열벡터들이 일차종속이 되는 것과 동치이다. 그러므로 증명이 끝났다. □

## VI, §5. 연습문제

1. (a) $1 \leqq r, s \leqq n$이고 $r \neq s$라 하자. $J_{rs}$를 $rs$-성분이 1이고 다른 모든 성분이 0인 $n \times n$ 행렬이라 하자. $E_{rs} = I + J_{rs}$라 하자. $D(E_{rs}) = 1$임을 보여라.
   (b) $A$를 $n \times n$ 행렬이라 하자. $E_{rs}$를 $A$에 곱하여 $E_{rs}A$를 만드는 것은 $A$에 어떤 일을 하는 것과 같은가? $AE_{rs}$를 만드는 것은 $A$에 어떤 일을 하는 것과 같은가?
2. 정리 5.3의 증명에서 $A$가 삼각행렬일 때, 열벡터들이 일차독립일 필요충분조건은 대각원소가 0이 되지 않는 것이라는 사실을 이용하였다. 이 사실을 자세히 증명하라.

## VI, §6. 치환

여기서는 정수의 집합 $J_n = \{1, \ldots, n\}$의 치환만을 다루기로 한다. 이 집합의 **치환**(置換, permutation)이란 정의에 따르면 $J_n$에서 자기 자신으로 가는 사상

$$\sigma : \{1, \ldots, n\} \to \{1, \ldots, n\}$$

로서, $i, j \in J_n$이고 $i \neq j$이면 $\sigma(i) \neq \sigma(j)$인 것을 말한다. 그러므로 치환이란 $J_n$에서 자기 자신으로 가는 전단사인 사상이다. $\sigma$를 이와 같은 치환이라 하면 정수의 집합

$$\{\sigma(1), \ldots, \sigma(n)\}$$

도 서로 다른 $n$개의 원소를 가지므로, 이것 또한 $1, \ldots, n$을 배열을 달리한 것으로 구성된다. 따라서 임의의 정수 $j \in J_n$에 대해 $\sigma(k) = j$인 정수 $k$가 유일하게 존재한다. $\sigma^{-1}$로 표기하는 **역치환**(逆置換, inverse permutation)을 사상

$$\sigma^{-1} : J_n \to J_n$$

로서 $\sigma^{-1}(k)$는 $\sigma(j) = k$가 되는 유일한 정수 $j \in J_n$으로 정의할 수 있다. $\sigma, \tau$가 $J_n$의 치환이면 이들의 합성

$$\sigma \circ \tau$$

를 생각할 수 있는데, 이것도 다시 치환이 된다. 보통 가운데의 작은 원을 생략하여 이것을 $\sigma\tau$라 쓴다. 그러므로

$$(\sigma\tau)(i) = \sigma(\tau(i))$$

이다. 정의에 의하여 임의의 치환 $\sigma$에 대해

$$\sigma\sigma^{-1} = \text{id}, \qquad \sigma^{-1}\sigma = \text{id}$$

인데, 여기서 id는 항등치환, 즉 모든 $i = 1, \ldots, n$에 대해 $\text{id}(i) = i$인 치환이다.

$\sigma_1, \ldots, \sigma_r$ 이 $J_n$ 의 치환이면 합성사상

$$\sigma_1 \cdots \sigma_r$$

의 역사상은 치환

$$\sigma_r^{-1} \cdots \sigma_1^{-1}$$

이다. 이는 직접 곱해 보면 알 수 있다.

두 수를 서로 바꾸고 나머지는 그대로 고정하는 치환을 **호환**(互換, transposition)이라 한다. 호환 $\tau$의 역은 명백히 원래의 호환 $\tau$와 일치하므로 $\tau^2 = \mathrm{id}$이다.

**명제 6.1.** $J_n$의 임의의 치환은 호환의 곱으로 나타낼 수 있다.

**증명.** $n$에 대한 귀납법으로 증명하자. $n = 1$인 경우에는 자명하다. $n > 1$이라 하고 주어진 명제가 $n-1$에 대해서 증명되었다고 가정하자. $\sigma$를 $J_n$의 치환이라 하고 $\sigma(n) = k$라 하자. $k \neq n$이면 $\tau$를 $\tau(k) = n, \tau(n) = k$인 $J_n$의 호환이라 하고, 만일 $k = n$이면 $\tau = \mathrm{id}$라 하자. 그러면 $\tau\sigma$는

$$\tau\sigma(n) = \tau(k) = n$$

인 치환이다. 즉 $\tau\sigma$는 $n$을 고정시키므로 $\tau\sigma$는 $J_{n-1}$의 치환으로 생각할 수 있고, 귀납법에 의해, $n$을 고정시킴으로써,

$$\tau\sigma = \tau_1 \cdots \tau_s$$

가 되는 $J_{n-1}$의 호환 $\tau_1, \ldots, \tau_s$가 존재한다. 이제

$$\sigma = \tau^{-1}\tau_1 \cdots \tau_s = \tau\tau_1 \cdots \tau_s$$

라 쓸 수 있으므로 정리가 증명되었다. □

**보기 1.** 정수 $\{1, \ldots, n\}$의 치환 $\sigma$를

$$\begin{bmatrix} 1 & \cdots & n \\ \sigma(1) & \cdots & \sigma(n) \end{bmatrix}$$

로 나타낸다. 그러므로

$$\begin{bmatrix} 1 & 2 & 3 \\ 2 & 1 & 3 \end{bmatrix}$$

은 $\sigma(1) = 2, \sigma(2) = 1, \sigma(3) = 3$인 치환 $\sigma$를 나타내는데. 이 치환은 호환이다. $\sigma'$을

치환

$$\begin{bmatrix} 1 & 2 & 3 \\ 3 & 1 & 2 \end{bmatrix}$$

라 하면 $\sigma\sigma' = \sigma \circ \sigma'$은

$$\begin{aligned} \sigma\sigma'(1) &= \sigma(\sigma'(1)) = \sigma(3) = 3 \\ \sigma\sigma'(2) &= \sigma(\sigma'(2)) = \sigma(1) = 2 \\ \sigma\sigma'(3) &= \sigma(\sigma'(3)) = \sigma(2) = 1 \end{aligned}$$

인 치환이다. 따라서

$$\sigma\sigma' = \begin{bmatrix} 1 & 2 & 3 \\ 3 & 2 & 1 \end{bmatrix}$$

이라 쓸 수 있다. 또한 $\sigma'$의 역치환은

$$\begin{bmatrix} 1 & 2 & 3 \\ 2 & 3 & 1 \end{bmatrix}$$

이다. 왜냐하면 $\sigma'(1) = 3$이므로 ${\sigma'}^{-1}(3) = 1$이어야 하고, $\sigma'(2) = 1$이므로 ${\sigma'}^{-1}(1) = 2$이어야 하고, 마지막으로 $\sigma'(3) = 2$이므로 ${\sigma'}^{-1}(2) = 3$이어야 하기 때문이다.

**보기 2.** 치환

$$\sigma = \begin{bmatrix} 1 & 2 & 3 \\ 3 & 1 & 2 \end{bmatrix}$$

를 호환의 곱으로 표현해 보자. $\tau$를 3과 1을 서로 바꾸고 2를 고정시키는 호환이라 하자. 그러면 정의에 의하여

$$\tau\sigma = \begin{bmatrix} 1 & 2 & 3 \\ 1 & 3 & 2 \end{bmatrix}$$

가 되므로 $\tau\sigma$는 호환이 되는데, 이를 $\tau'$으로 나타내자. 이때 $\tau\sigma = \tau'$이고 $\tau^{-1} = \tau$이므로

$$\sigma = \tau^{-1}\tau' = \tau\tau'$$

이다. 이것이 구하려던 호환의 곱이다.

**보기 3.** 치환

$$\sigma = \begin{bmatrix} 1 & 2 & 3 & 4 \\ 2 & 3 & 4 & 1 \end{bmatrix}$$

을 호환의 곱으로 나타내어라.

$\tau_1$을 1과 2를 서로 바꾸고 3과 4를 고정시키는 호환이라 하자. 그러면

$$\tau_1\sigma = \begin{bmatrix} 1 & 2 & 3 & 4 \\ 1 & 3 & 4 & 2 \end{bmatrix}$$

이다. 이제 $\tau_2$를 2와 3을 서로 바꾸고 1과 4를 고정시키는 호환이라 하자. 그러면

$$\tau_1\tau_2\sigma = \begin{bmatrix} 1 & 2 & 3 & 4 \\ 1 & 2 & 4 & 3 \end{bmatrix}$$

이고 따라서 $\tau_1\tau_2\sigma$는 호환이 된다. 이를 $\tau_3$라 쓰자. 그러면 $\tau_2\tau_1\sigma = \tau_3$이므로

$$\sigma = \tau_1\tau_2\tau_3$$

가 된다.

**명제 6.2.** $J_n$의 모든 치환 $\sigma$에 다음 성질을 만족하도록 부호 1 또는 $-1$을 대응시킬 수 있는데 이를 $\epsilon(\sigma)$로 나타낸다.

(a) $\tau$가 호환이면 $\epsilon(\tau) = -1$이다.

(b) $\sigma, \sigma'$이 $J_n$의 치환이면

$$\epsilon(\sigma\sigma') = \epsilon(\sigma)\epsilon(\sigma')$$

이 성립한다.

사실 만일 $A = (A^1, \ldots, A^n)$이 $n \times n$ 행렬이면 $\epsilon(\sigma)$는 조건

$$D(A^{\sigma(1)}, \ldots, A^{\sigma(n)}) = \epsilon(\sigma)D(A^1, \ldots, A^n)$$

에 의하여 정의할 수 있다.

**증명.** $(A^{\sigma(1)}, \ldots, A^{\sigma(n)})$은 단지 $(A^1, \ldots, A^n)$의 순서를 달리한 것임에 주목하자. $\sigma$를 $J_n$의 치환이라 하자. 그러면

$$D(A^{\sigma(1)}, \ldots, A^{\sigma(n)}) = \pm D(A^1, \ldots, A^n)$$

이고 부호 $+$ 또는 $-$는 $\sigma$에 의하여 결정되며 $A^1, \ldots, A^n$에 따라 달라지지는 않는다. 실제로 호환을 거듭 시행함으로써 $(A^{\sigma(1)}, \ldots, A^{\sigma(n)})$을 본래의 $(A^1, \ldots, A^n)$으로 되돌릴 수 있고, 이때 호환은 행렬식의 부호만 바꾼다. 그러므로 예를 들어 단위벡터

$E^1, \ldots, E^n$과 같이 $D(A^1, \ldots, A^n)$이 0이 안 되는 임의의 벡터 $A^1, \ldots, A^n$에 대해

$$\epsilon(\sigma) = \frac{D(A^{\sigma(1)}, \ldots, A^{\sigma(n)})}{D(A^1, \ldots, A^n)}$$

으로 정의할 수 있다. 물론 호환을 계속 시행하여 $(A^{\sigma(1)}, \ldots, A^{\sigma(n)})$을 본래의 순서로 되돌리는 방법은 여러 가지가 있겠지만, 행렬식 자체가 잘 정의된 함수이므로 부호 $\epsilon(\sigma)$도 또한 잘 정의되고, 또 어떤 방법을 택하든 그 결과는 항상 같다. 그러므로

$$D(A^{\sigma(1)}, \ldots, A^{\sigma(n)}) = \epsilon(\sigma) D(A^1, \ldots, A^n)$$

이 성립하는데 물론 이 식은 $D(A^1, \ldots, A^n) = 0$인 경우에도 양변이 0이 되므로, 성립한다.

$\tau$가 호환일 때는 명제 (a)는 성질 **4**를 다시 쓴 것에 불과하다.

마지막으로 $\sigma, \sigma'$을 $J_n$의 두 치환이라 하자. $j = 1, \ldots, n$에 대해 $C^j = A^{\sigma'(j)}$라 하자. 그러면 한편으론

$$(*) \qquad D(A^{\sigma'\sigma(1)}, \ldots, A^{\sigma'\sigma(n)}) = \epsilon(\sigma'\sigma) D(A^1, \ldots, A^n)$$

이고, 또 다른 한편으로는

$$(**) \qquad \begin{aligned} D(A^{\sigma'\sigma(1)}, \ldots, A^{\sigma'\sigma(n)}) &= D(C^{\sigma(1)}, \ldots, C^{\sigma(n)}) \\ &= \epsilon(\sigma) D(C^1, \ldots, C^n) \\ &= \epsilon(\sigma) D(A^{\sigma'(1)}, \ldots, A^{\sigma'(n)}) \\ &= \epsilon(\sigma)\epsilon(\sigma') D(A^1, \ldots, A^n) \end{aligned}$$

이다. $A^1, \ldots, A^n$을 단위벡터 $E^1, \ldots, E^n$으로 두면 $(*)$과 $(**)$에 의해 $\epsilon(\sigma'\sigma) = \epsilon(\sigma')\epsilon(\sigma)$라 할 수 있으므로 정리가 증명되었다. □

**따름정리 6.3.** $J_n$의 치환 $\sigma$가 호환 $\tau_i$의 곱

$$\sigma = \tau_1 \cdots \tau_s$$

로 표현될 때, $\epsilon(\sigma)$이 1이냐 $-1$이냐에 따라 $s$는 짝수이거나 홀수이다.

증명.

$$\epsilon(\sigma) = \epsilon(\tau_1) \cdots \epsilon(\tau_s) = (-1)^s$$

이므로 명백하다. □

**따름정리 6.4.** $\sigma$가 $J_n$의 치환이면 다음이 성립한다.

$$\epsilon(\sigma) = \epsilon(\sigma^{-1}).$$

증명. 식

$$1 = \epsilon(\mathrm{id}) = \epsilon(\sigma\sigma^{-1}) = \epsilon(\sigma)\epsilon(\sigma^{-1})$$

으로부터 $\epsilon(\sigma)$와 $\epsilon(\sigma^{-1})$은 모두 1이거나 또는 모두 $-1$이다. □

부호가 1인 치환을 **우치환**(偶置換, even permutation)이라 하고 부호가 $-1$인 치환을 **기치환**(奇置換, odd permutation)이라 한다. 그러므로 모든 호환은 기치환이다.

**보기 4.** 보기 2의 치환 $\sigma$의 부호는 $\sigma = \tau\tau'$이므로 1이다. 보기 3의 치환 $\sigma$의 부호는 $\sigma = \tau_1\tau_2\tau_3$이므로 $-1$이다.

## VI, §6. 연습문제

1. 다음 치환의 부호를 결정하라.

(a) $\begin{bmatrix} 1 & 2 & 3 \\ 2 & 3 & 1 \end{bmatrix}$ (b) $\begin{bmatrix} 1 & 2 & 3 \\ 3 & 1 & 2 \end{bmatrix}$ (c) $\begin{bmatrix} 1 & 2 & 3 \\ 3 & 2 & 1 \end{bmatrix}$

(d) $\begin{bmatrix} 1 & 2 & 3 & 4 \\ 2 & 3 & 1 & 4 \end{bmatrix}$ (e) $\begin{bmatrix} 1 & 2 & 3 & 4 \\ 2 & 1 & 4 & 3 \end{bmatrix}$ (f) $\begin{bmatrix} 1 & 2 & 3 & 4 \\ 3 & 2 & 4 & 1 \end{bmatrix}$

(g) $\begin{bmatrix} 1 & 2 & 3 & 4 \\ 4 & 2 & 1 & 3 \end{bmatrix}$ (h) $\begin{bmatrix} 1 & 2 & 3 & 4 \\ 3 & 1 & 4 & 2 \end{bmatrix}$ (i) $\begin{bmatrix} 1 & 2 & 3 & 4 \\ 2 & 4 & 1 & 3 \end{bmatrix}$

2. 문제 1의 각 치환에 대하여 그 역치환을 구하라.

3. $n \geqq 2$일 때 $\{1, \ldots, n\}$의 기치환의 개수와 우치환의 개수가 같음을 보여라. [힌트: $\tau$를 어떤 고정된 호환이라 하자. 사상 $\sigma \mapsto \tau\sigma$가 우치환의 집합과 기치환의 집합 사이의 전단사사상이 됨을 보여라.]

## VI, §7. 행렬식의 전개식과 유일성

행렬식의 전개에 관해 몇 가지 언급해 두자. 제5장 4절에서 논의했던 겹선형성을 일반화하기 위해, 먼저 $3 \times 3$의 경우부터 논의해 보기로 하자.

$X^1, X^2, X^3$ $K^3$의 세 벡터라 하고 $(b_{ij})$ $(i, j = 1, \ldots, 3)$를 $3 \times 3$ 행렬이라 하자.

$$A^1 = b_{11}X^1 + b_{21}X^2 + b_{31}X^3 = \sum_{k=1}^{3} b_{k1}X^k,$$

$$A^2 = b_{12}X^1 + b_{22}X^2 + b_{32}X^3 = \sum_{l=1}^{3} b_{l2}X^l,$$

$$A^3 = b_{13}X^1 + b_{23}X^2 + b_{33}X^3 = \sum_{m=1}^{3} b_{m3}X^m$$

라 하자. 그러면 선형성을 이용하여 다음과 같이 전개할 수 있다.

$$\begin{aligned} D(A^1, A^2, A^3) &= D(\sum_{k=1}^{3} b_{k1}X^k, \sum_{l=1}^{3} b_{l2}X^l, \sum_{m=1}^{3} b_{m3}X^m) \\ &= \sum_{k=1}^{3} b_{k1}D(X^k, \sum_{l=1}^{3} b_{l2}X^l, \sum_{m=1}^{3} b_{m3}X^m) \\ &= \sum_{k=1}^{3}\sum_{l=1}^{3} b_{k1}b_{l2}D(X^k, X^l, \sum_{m=1}^{3} b_{m3}X^m) \\ &= \sum_{k=1}^{3}\sum_{l=1}^{3}\sum_{m=1}^{3} b_{k1}b_{l2}b_{m3}D(X^k, X^l, X^m). \end{aligned}$$

또는 결과만 다시 쓴다면 다음과 같은 전개식을 얻는다.

$$\boxed{D(A^1, A^2, A^3) = \textstyle\sum_{k=1}^{3}\sum_{l=1}^{3}\sum_{m=1}^{3} b_{k1}b_{l2}b_{m3}D(X^k, X^l, X^m).}$$

$n \times n$의 경우에 비슷한 전개식을 얻으려면 기호를 다소 조정하여야 한다. 그렇지 않으면 문자 $k, l, m$만으로는 부족하기 때문이다. 그러므로 $k, l, m$을 사용하는 대신에, 이 값 $k, l, m$이, $b_{ij}$의 두 번째 첨자로서 나타나는 수 $1, 2, 3$ 중의 하나인, 정수 $1, 2$ 또는 3을 임의로 선택한 것에 해당한다는 것에 주목하자. 그와 같은 선택을 $\sigma$로 나타내면

$$k = \sigma(1), \quad l = \sigma(2), \quad m = \sigma(3)$$

라 적을 수 있고, 이때

$$b_{k1}b_{l2}b_{m3} = b_{\sigma(1),1}b_{\sigma(2),2}b_{\sigma(3),3}$$

이다. 따라서 $\sigma : \{1,2,3\} \to \{1,2,3\}$는 다름 아닌, 즉 $J_3$에서 $J_3$으로 가는 함수이고,

$$\boxed{D(A^1, A^2, A^3) = \sum_\sigma b_{\sigma(1),1} b_{\sigma(2),2} b_{\sigma(3),3} D(X^{\sigma(1)}, X^{\sigma(2)}, X^{\sigma(3)})}$$

으로 쓸 수 있는데, 여기서 합은 위와 같은 모든 가능한 $\sigma$에 대해 더한 것이다.

$3 \times 3$의 경우에 여섯 개의 항으로 된 행렬식의 전개식에 해당하는 일반적인 경우의 행렬식 표현을 구해 보자. 동시에, 증명에서 이용되었던 성질은 단지 성질 **1**, **2**, **3**과 또 이들의 결과인 **4**, **5**, **6**이므로 여기서의 증명은 이들 성질을 만족하는 임의의 함수 $D$에도 적용할 수 있음을 주목하자.

우선 $2 \times 2$의 경우를 생각해 보자.

$$A = \begin{pmatrix} a & b \\ c & d \end{pmatrix}$$

를 $2 \times 2$ 행렬이라 하고

$$A^1 = \begin{pmatrix} a \\ c \end{pmatrix} \qquad A^2 = \begin{pmatrix} b \\ d \end{pmatrix}$$

를 $A$의 열벡터라 하자. $E^1, E^2$를 단위벡터라 하면

$$A^1 = aE^1 + cE^2 \text{ 이고,} \qquad A^2 = bE^1 + dE^2$$

라 쓸 수 있다. 그러므로

$$\begin{aligned} D(A) &= D(A^1, A^2) = D(aE^1 + cE^2, bE^1 + dE^2) \\ &= abD(E^1, E^1) + cbD(E^2, E^1) + adD(E^1, E^2) + cdD(E^2, E^2) \\ &= -bcD(E^1, E^2) + adD(E^1, E^2) \\ &= ad - bc \end{aligned}$$

이다. 이것이 행렬식의 기본성질을 만족하는 임의의 함수 $D$는 1절의 식, 즉 $ad - bc$로 주어진다는 것을 증명한다. 일반적인 경우에 대한 증명도, 성분이 $n$개라는 것만 참작하면, 위와 매우 유사하다. 그 증명은 $2 \times 2$의 경우에 방금 사용한 것과 비슷한 전개에 기초하며, 다음의 핵심 보조정리에서 공식화할 수 있다.

**보조정리 7.1.** $X^1, \ldots, X^n$을 $n$차원 공간의 $n$개의 벡터라 하자. $B = (b_{ij})$를 $n \times n$ 행렬

이라 하고

$$\begin{aligned} A^1 &= b_{11}X^1 + \cdots + b_{n1}X^n \\ \vdots \quad & \quad \vdots \qquad\qquad\quad \vdots \\ A^n &= b_{1n}X^1 + \cdots + b_{nn}X^n \end{aligned}$$

이라 하자. 그러면

$$D(A^1, \ldots, A^n) = \sum_\sigma \epsilon(\sigma) b_{\sigma(1),1} \cdots b_{\sigma(n),n} D(X^1, \ldots, X^n)$$

이 되는데, 여기서 합은 $\{1, \ldots, n\}$의 모든 치환 $\sigma$에 대한 합이다.

증명. 행렬식

$$D(b_{11}X^1 + \cdots + b_{n1}X^n, \ldots, b_{1n}X^1 + \cdots + b_{nn}X^n)$$

을 계산하여야 한다. 각 열에 대한 선형성을 이용하여 이것을, $\sigma(1), \ldots, \sigma(n)$이 각각 $1, \ldots, n$에서 뽑은 1과 $n$ 사이의 정수를 나타낸다고 할 때, 합으로서

$$\sum_\sigma b_{\sigma(1),1} \cdots b_{\sigma(n),n} D(X^{\sigma(1)}, \ldots, X^{\sigma(n)})$$

로 쓸 수 있다. 그러므로 각 $\sigma$는 정수의 집합 $\{1, \ldots, n\}$에서 자기 자신으로 가는 사상이고, 합은 이와 같은 모든 사상에 대해 더한 것이다. 만일 어떤 $\sigma$가 1과 $n$ 사이의 서로 다른 $i, j$에 같은 정수를 대응시키면, 우변의 행렬식은 두 열이 같아지므로, 그 값은 0이 된다. 그러므로 결국 $i \neq j$이면 $\sigma(i) \neq \sigma(j)$가 되는 $\sigma$, 즉 **치환**에 대해서만 합을 택해도 된다. 정리 5.2에 의해

$$D(X^{\sigma(1)}, \ldots, X^{\sigma(n)}) = \epsilon(\sigma) D(X^1, \ldots, X^n)$$

이므로 이것을 위에서 얻은 $D(A^1, \ldots, A^n)$에 대한 표현에 대입하면 이 보조정리에서 원하는 결과를 얻을 수 있다. □

**정리 7.2.** 행렬식은 성질 **1**, **2**, **3**에 의하여 유일하게 결정된다. $A = (a_{ij})$라 하자. 행렬식은

$$D(A^1, \ldots, A^n) = \sum_\sigma \epsilon(\sigma) a_{\sigma(1),1} \cdots a_{\sigma(n),n}$$

이 되는데, 여기서 합은 정수 $\{1, \ldots, n\}$의 모든 치환 $\sigma$에 대하여 더하는 것이다.

증명. 보조정리 7.1에서 $X^j = E^j$를 $j$번째 성분이 1인 단위벡터라 하고 $b_{ij} = a_{ij}$라 하자. 가정에 의하여 $D(E^1, \ldots, E^n) = 1$이므로 정리 7.2의 식을 곧 얻을 수 있다. □

핵심 보조정리 7.1을 더 응용해 보자. 다음 결과는 모두 이 보조정리의 직접적인 응용이다.

**정리 7.3.** $A, B$를 두 개의 $n \times n$ 행렬이라 하자. 그러면

$$\mathrm{Det}(AB) = \mathrm{Det}(A)\,\mathrm{Det}(B)$$

이다. 즉 곱한 행렬의 행렬식은 행렬식의 곱과 같다.

증명. $A = (a_{ij})$라 하고 $B = (b_{jk})$라 하자. 그러면 $AB$는

$$\begin{pmatrix} a_{11} & \cdots & a_{1n} \\ \vdots & & \vdots \\ a_{n1} & \cdots & a_{nn} \end{pmatrix} \begin{pmatrix} b_{11} & \cdots & b_{1k} & \cdots & b_{1n} \\ \vdots & & \vdots & & \vdots \\ b_{n1} & \cdots & b_{nk} & \cdots & b_{nn} \end{pmatrix}$$

과 같다. $AB = C$라 하고 $C^k$를 $C$의 $k$번째 열이라 하자. 그러면 정의에 의해

$$C^k = b_{1k}A^1 + \cdots + b_{nk}A^n$$

이다. 따라서

$$\begin{aligned} D(AB) &= D(C^1, \ldots, C^n) \\ &= D(b_{11}A^1 + \cdots + b_{n1}A^n, \ldots, b_{1n}A^1 + \cdots + b_{nn}A^n) \\ &= \sum_{\sigma} b_{\sigma(1),1} \cdots b_{\sigma(n),n} D(A^{\sigma(1)}, \ldots, A^{\sigma(n)}) \\ &= \sum_{\sigma} \epsilon(\sigma) b_{\sigma(1),1} \cdots b_{\sigma(n),n} D(A^1, \ldots, A^n) && \text{(보조정리 7.1에 의해)} \\ &= D(B)D(A) && \text{(정리 7.2에 의해)} \end{aligned}$$

가 되어 정리가 증명되었다. □

**따름정리 7.4.** $A$를 $n \times n$ 가역행렬이라 하면 다음이 성립한다.

$$\mathrm{Det}(A^{-1}) = \mathrm{Det}(A)^{-1}.$$

증명. $1 = D(I) = D(AA^{-1}) = D(A)D(A^{-1})$이 성립하므로 증명되었다. □

**정리 7.5.** $A$를 정사각행렬이라 하자. 그러면 $\mathrm{Det}(A) = \mathrm{Det}({}^tA)$이다.

**증명.** 정리 7.2에 의하여

$$(*) \qquad \mathrm{Det}(A) = \sum_{\sigma} \epsilon(\sigma) a_{\sigma(1),1} \cdots a_{\sigma(n),n}$$

이다.

$\sigma$를 $\{1, \ldots, n\}$의 치환이라 하자. $\sigma(j) = k$이면 $\sigma^{-1}(k) = j$이다. 그러므로

$$a_{\sigma(j),j} = a_{k,\sigma^{-1}(k)}$$

라 쓸 수 있다. 곱

$$a_{\sigma(1),1} \cdots a_{\sigma(n),n}$$

에서 1부터 $n$까지의 각 정수 $k$는 $\sigma(1), \ldots, \sigma(n)$ 중에서 꼭 한 번씩만 나타난다. 따라서 이 곱을

$$a_{1,\sigma^{-1}(1)} \cdots a_{n,\sigma^{-1}(n)}$$

이라 쓸 수 있고, $\epsilon(\sigma) = \epsilon(\sigma^{-1})$이므로 위의 합 $(*)$은

$$\sum_{\sigma} \epsilon(\sigma^{-1}) a_{1,\sigma^{-1}(1)} \cdots a_{n,\sigma^{-1}(n)}$$

과 같다. 이 합에서 각 항은 하나의 치환 $\sigma$에 대응한다. 그런데 각 치환은 그 역치환을 유일하게 결정하므로 $\sigma$가 모든 치환을 나타내면 $\sigma^{-1}$도 마찬가지이다. 그러므로 합 $(*)$은

$$(**) \qquad \sum_{\sigma} \epsilon(\sigma) a_{1,\sigma(1)} \cdots a_{n,\sigma(n)}$$

과 같다. 이 합 $(**)$는 바로 $A$의 전치행렬의 행렬식을 전개한 식과 같다. 그러므로 정리가 증명되었다. □

## VI, §7. 연습문제

1. $n = 3$일 때, 정리 7.2의 전개식이 2절에서 주어진 여섯 개의 항으로 표현된 것과 같게 됨을 보여라.

2. 보조정리 7.1의 증명을 살펴보고 증명에서 행렬식의 모든 성질을 사용하지는 않았음을 보여라. 실은 처음 두 성질만 사용하였다. $F$를 임의의 다선형 교대함수라 하자. 보조정리 7.1에서와 같이 $j = 1, \ldots, n$에 대해

$$A^j = \sum_{i=1}^{n} b_{ij} X^i$$

라 하자. 그러면

$$F(A^1, \ldots, A^n) = \sum_{\sigma} \epsilon(\sigma) b_{\sigma(1),1} \cdots b_{\sigma(n),n} F(X^1, \ldots, X^n)$$

이다. 이때 왜 $B$가 행렬 $(b_{ij})$일 때

$$F(A^1, \ldots, A^n) = D(B) F(X^1, \ldots, X^n)$$

라고 할 수 있는가?

3. $n$개의 변수를 가지는 함수 $F : \mathbb{R}^n \times \cdots \times \mathbb{R}^n \to \mathbb{R}$가 각 변수에 대해 선형이라 하자. $A^1, \ldots, A^n \in \mathbb{R}^n$이 어떤 서로 다른 정수 $r, s (1 \leqq r, s \leqq n)$에 대해 $A^r = A^s$일 때 $F$는 $F(A^1, \ldots, A^n) = 0$을 만족한다고 가정하자. $B^i (i = 1, \ldots, n)$를 벡터라 하고, $c_{ij}$를

$$A^j = \sum_{i=1}^{n} c_{ij} B^i$$

가 되는 수라 하자.

(a) $F(B^1, \ldots, B^n) = -3$이고 $\mathrm{Det}(c_{ij}) = 5$이면, $F(A^1, \ldots, A^n)$은 얼마인가? 적절한 정리를 인용하거나, 증명을 제시하여 답이 정당하다는 것을 보여라.

(b) $E^1, \ldots, E^n$이 표준단위벡터일 때 $F(E^1, \ldots, E^n) = 2$이고 $F(A^1, \ldots, A^n) = 10$이면 $D(A^1, \ldots, A^n)$은 얼마인가? 여기서도 구한 답이 정당하다는 것을 보여라.

## VI, §8. 역행렬

우선 특별한 경우를 생각하자.

$$A = \begin{pmatrix} a & b \\ c & d \end{pmatrix}$$

를 $2 \times 2$ 행렬이라 하고 행렬식이 $ad - bc \neq 0$이라 가정하자. $A$의 역행렬, 즉

$$AX = XA = I$$

인 $2 \times 2$ 행렬

$$X = \begin{pmatrix} x & y \\ z & w \end{pmatrix}$$

를 구하고자 한다. 첫 번째 조건 $AX = I$를 자세하게 풀어 쓰면 다음과 같다.

$$\begin{pmatrix} a & b \\ c & d \end{pmatrix} \begin{pmatrix} x & y \\ z & w \end{pmatrix} = \begin{pmatrix} 1 & 0 \\ 0 & 1 \end{pmatrix}.$$

$AX$의 첫 번째 열을 살펴보면 방정식

$$\begin{aligned} ax + bz &= 1, \\ cx + dz &= 0 \end{aligned}$$

을 풀어야 함을 알 수 있다. 이것은 두 개의 미지수 $x, z$에 대한 두 개의 방정식으로 이루어진 연립방정식으로 우리는 그 풀이법을 이미 알고 있다. 마찬가지로 두 번째 열을 살펴보면 두 미지수 $y, w$에 대한 두 방정식으로 이루어진 연립방정식, 즉

$$\begin{aligned} ay + bw &= 0, \\ cy + dw &= 1 \end{aligned}$$

을 풀어야 함을 알 수 있다.

**보기 1.** $A$를

$$A = \begin{pmatrix} 2 & 1 \\ 4 & 3 \end{pmatrix}$$

이라 하자. $AX = I$인 행렬 $X$을 구하려면 두 연립방정식

$$\begin{cases} 2x + \phantom{3}z = 1, \\ 4x + 3z = 0, \end{cases} \quad \text{와} \quad \begin{cases} 2y + \phantom{3}w = 0, \\ 4y + 3w = 1 \end{cases}$$

을 풀어야 한다. 두 미지수를 갖는 두 방정식을 푸는 통상의 방법에 의하여

$$x = \tfrac{3}{2}, \quad z = -2, \quad y = -\tfrac{1}{2}, \quad w = 1$$

임을 알 수 있으며, 따라서 행렬

$$X = \begin{pmatrix} \frac{3}{2} & -\frac{1}{2} \\ -2 & 1 \end{pmatrix}$$

는 $AX = I$를 만족한다. 또한 직접 곱셈을 통해 $XA = I$인 것을 보일 수 있다. 이것으로 원하는 역행렬을 구하였다.

마찬가지로 $3 \times 3$의 경우에도 첫 번째 열, 두 번째 열, 세 번째 열에 대응하는 세 개의 일차연립방정식을 얻을 수 있고 각 연립방정식을 풀어서 역행렬을 구할 수 있을 것이다.

이제 일반적 논의에 들어가기로 한다.

$A$를 $n \times n$ 행렬이라 하자. $B$가 $AB = I$이고 $BA = I$($I$는 $n \times n$ 단위행렬)인 행렬일 때, $B$를 $A$의 **역행렬**(逆行列, inverse matrix)이라 하고 $B = A^{-1}$이라 쓴다.

$A$의 역행렬이 존재하면 유일하다.

**증명.** $C$를 $A$의 역행렬이라 하자. 그러면 $CA = I$이다. $B$를 오른쪽에서 곱하여 $CAB = B$를 얻는다. 그런데 $CAB = C(AB) = CI = C$이므로 $C = B$이다. 같은 논리로 $AC = I$임을 이용하여 증명할 수도 있다. □

행렬식이 0이 아닌 (혹은 역행렬을 갖는) 정사각행렬을 **정칙**(定則, non-singular)이라 한다.

**정리 8.1.** $A = (a_{ij})$를 $n \times n$ 행렬이라 하고, $D(A) \neq 0$이라 가정하자. 그러면 $A$는 가역이다. $E^j$를 $j$번째 단위 열벡터라 하고,

$$b_{ij} = \frac{D(A^1, \ldots, E^j, \ldots, A^n)}{D(A)}$$

라 두자. 여기서 $E^j$는 $i$번째 열에 나타나는 것이다. 그러면 행렬 $B = (b_{ij})$는 $A$의 역행렬이 된다.

**증명.** $X = (x_{ij})$를 $n \times n$ 행렬이라 하고 $AX = I$가 되는 성분 $x_{ij}$를 구하려 한다. 행렬의 곱의 정의에 의하면 이는 각 $j$에 대해

$$E^j = x_{1j}A^1 + \cdots + x_{nj}A^n$$

을 풀어야 함을 의미한다. 이 연립방정식을 크레이머의 법칙을 이용해서 풀면 유일한 해

$$x_{ij} = \frac{D(A^1, \ldots, E^j, \ldots, A^n)}{D(A)}$$

를 얻는데 이것이 정리에서 주어진 식이다.

아직 $XA = I$라는 것이 증명되지는 않았다. $D({}^tA) \neq 0$에 주목하자. 그러면 이미 증명한 것에 의해 ${}^tAY = I$인 행렬 $Y$를 구할 수 있다. 이것의 전치행렬을 취하면 ${}^tYA = I$이다. 이제

$$I = {}^tY(AX)A = {}^tYA(XA) = XA$$

가 되고, 따라서 $X = B$가 $A$의 역행렬이라는 것이 증명되었다. □

정리 8.1에서 행렬 $B$의 성분을 다 풀어 쓰면 다음과 같다.

$$b_{ij} = \frac{\begin{vmatrix} a_{11} & \dots & 0 & \dots & a_{1n} \\ \vdots & & \vdots & & \vdots \\ a_{j1} & \dots & 1 & \dots & a_{jn} \\ \vdots & & \vdots & & \vdots \\ a_{n1} & \dots & 0 & \dots & a_{nn} \end{vmatrix}}{\operatorname{Det}(A)}$$

분자를 $i$번째 열에 대해 전개하면 하나의 항을 빼고 모두 0이 되므로, $b_{ij}$의 분자를 Det$(A)$의 부분행렬식으로 표현할 수 있다. $A$에서 $i$번째 행과 $j$번째 열을 지워 얻은 $(n-1) \times (n-1)$ 행렬을 $A_{ij}$라 하자. 그러면

$$b_{ij} = \frac{(-1)^{i+j} \operatorname{Det}(A_{ji})}{\operatorname{Det}(A)}$$

가 되고(첨자가 역순으로 주어짐에 주의하라!) 따라서

$$\boxed{A^{-1} = \left( \frac{(-1)^{i+j} \operatorname{Det}(A_{ij})}{\operatorname{Det}(A)} \right) \text{의 전치행렬}}$$

이라는 공식을 얻는다.

## VI, §8. 연습문제

1. 3절 연습문제 1번에 나오는 행렬들의 역행렬을 구하라.

2. $A, B$가 $n \times n$ 행렬이면

$$\operatorname{Det}(AB) = \operatorname{Det}(A) \operatorname{Det}(B)$$

가 된다는 사실을 이용하여 Det$(A) = 0$이면 역행렬을 갖지 않음을 보여라.

3. 다음 $2 \times 2$ 행렬의 역행렬을 구하라.

(a) $\begin{pmatrix} 3 & -1 \\ 1 & 4 \end{pmatrix}$ (b) $\begin{pmatrix} -2 & 1 \\ 1 & 1 \end{pmatrix}$ (c) $\begin{pmatrix} a & b \\ c & d \end{pmatrix}$

4. $A$를 행렬식이 0이 아닌 $n \times n$ 행렬이라 하고, $B$를 $n$차원 공간에서 주어진 벡터라 할 때, 연립방정식 $AX = B$가 유일한 해를 가짐을 보여라. $B = O$이면 이 해는 $X = O$이다.

## VI, §9. 행렬의 계수와 부분행렬식

행렬식은 일차독립성을 판별할 때 이용되므로, 행렬의 계수를 결정하는 데에도 응용할 수 있다.

**보기 1.** $A$를

$$A = \begin{pmatrix} 3 & 1 & 2 & 5 \\ 1 & 2 & -1 & 2 \\ 1 & 1 & 0 & 1 \end{pmatrix}$$

이라 하자. 이것은 $3 \times 4$ 행렬이므로 계수는 3을 넘지 않는다. 세 개의 일차독립인 열이 있다면 계수는 정확히 3임을 알 수 있는데 행렬식

$$\begin{vmatrix} 3 & 1 & 5 \\ 1 & 2 & 2 \\ 1 & 1 & 1 \end{vmatrix}$$

은 0이 아니다. (실은 $-4$이다. 두 번째 열을 첫 번째에서 빼고 마지막 행에 대해 전개하면 알 수 있다.) 그러므로 rank$A$=3이다.

$3 \times 4$ 행렬에서 어떤 $3 \times 3$ 부분행렬의 행렬식이 0이어도 원래의 $3 \times 4$ 행렬은 계수가 3이 될 수도 있다. 예컨대

$$B = \begin{pmatrix} 3 & 1 & 2 & 5 \\ 1 & 2 & -1 & 2 \\ 4 & 3 & 1 & 1 \end{pmatrix}$$

이라 하자. 그러면 처음 세 열의 행렬식

$$\begin{vmatrix} 3 & 1 & 2 \\ 1 & 2 & -1 \\ 4 & 3 & 1 \end{vmatrix}$$

은 0이다. (사실, 마지막 행은 처음 두 행의 합이다.) 그렇지만 행렬식

$$\begin{vmatrix} 1 & 2 & 5 \\ 2 & -1 & 2 \\ 3 & 1 & 1 \end{vmatrix}$$

은 0이 아니므로 (그 값은 얼마인가?) 앞서와 같이 $B$의 계수는 3이다.

만일 어떤 $3 \times 4$ 행렬

$$C = \begin{pmatrix} c_{11} & c_{12} & c_{13} & c_{14} \\ c_{21} & c_{22} & c_{23} & c_{24} \\ c_{31} & c_{32} & c_{33} & c_{34} \end{pmatrix}$$

의 계수가 2이거나 혹은 그보다 작다면 모든 $3 \times 3$ 부분행렬의 행렬식은 0이어야 한다. 그렇지 않으면 위에서와 같은 논법에 의하여 일차독립인 세 열을 찾을 수 있기 때문이다. 네 개의 열 중 하나를 지울 때마다 $3 \times 3$ 행렬식을 하나씩 얻게 되므로 이러한 행렬식은 모두 네 개가 있다. 역으로 만일 이와 같은 $3 \times 3$ 행렬의 부분행렬식이 모두 0이 될 때, 계수는 2보다 클 수 없음을 쉽게 보일 수 있다. 왜냐하면 만일 계수가 3이면 세 개의 일차독립인 열이 존재할 것이고, 그 열들의 행렬식이 0이 되지 않을 것이기 때문이다. 이렇게 부분행렬식을 계산하여 계수를 추측한 후, 시행착오를 거쳐서 정확한 계수를 얻을 수 있다.

**보기 2.** $C$를

$$C = \begin{pmatrix} 3 & 1 & 2 & 5 \\ 1 & 2 & -1 & 2 \\ 4 & 3 & 1 & 7 \end{pmatrix}$$

이라 하자. $3 \times 3$ 부분행렬식을 계산해 보면 모두 0이다. 그러므로 $C$의 계수는 커야 2와 같다. 한편 처음 두 행은 일차독립인데 왜냐하면 행렬식

$$\begin{vmatrix} 3 & 1 \\ 1 & 2 \end{vmatrix}$$

가 0이 아니기 때문이다. 이것은 $2 \times 4$ 행렬

$$\begin{pmatrix} 3 & 1 & 2 & 5 \\ 1 & 2 & -1 & 2 \end{pmatrix}$$

의 처음 두 열의 부분행렬식이다. 그러므로 이 행렬의 계수는 2이다.

물론 $C$의 마지막 행이 처음 두 행의 합과 같다는 것을 알아차렸다면 계수가 $\leqq 2$이라는 것을 금방 알 수도 있었을 것이다.

## VI, §9. 연습문제

다음 행렬의 계수를 구하라.

1. $\begin{pmatrix} 2 & 3 & 5 & 1 \\ 1 & -1 & 2 & 1 \end{pmatrix}$

2. $\begin{pmatrix} 3 & 5 & 1 & 4 \\ 2 & -1 & 1 & 1 \\ 5 & 4 & 2 & 5 \end{pmatrix}$

3. $\begin{pmatrix} 3 & 5 & 1 & 4 \\ 2 & -1 & 1 & 1 \\ 8 & 9 & 3 & 9 \end{pmatrix}$

4. $\begin{pmatrix} 3 & 5 & 1 & 4 \\ 2 & -1 & 1 & 1 \\ 7 & 1 & 2 & 5 \end{pmatrix}$

5. $\begin{pmatrix} -1 & 1 & 6 & 5 \\ 1 & 1 & 2 & 3 \\ -1 & 2 & 5 & 4 \\ 2 & 1 & 0 & 1 \end{pmatrix}$

6. $\begin{pmatrix} 2 & 1 & 6 & 6 \\ 3 & 1 & 1 & -1 \\ 5 & 2 & 7 & 5 \\ -2 & 4 & 3 & 2 \end{pmatrix}$

7. $\begin{pmatrix} 2 & 1 & 6 & 6 \\ 3 & 1 & 1 & -1 \\ 5 & 2 & 7 & 5 \\ 8 & 3 & 8 & 4 \end{pmatrix}$

8. $\begin{pmatrix} 3 & 1 & 1 & -1 \\ -2 & 4 & 3 & 2 \\ -1 & 9 & 7 & 3 \\ 7 & 4 & 2 & 1 \end{pmatrix}$

## 제7장

# 대칭 작용소, 에르미트 작용소, 유니타리 작용소

$V$를 실수나 복소수 위의 유한차원 벡터공간으로 그 위에 양의 정부호인 스칼라 내적이 정의되어 있다 하고,

$$A : V \to V$$

를 선형사상이라 하자. 이 장에서는 제목에 등장한 세 가지 특별한 경우의 선형사상을 공부하기로 한다. $V$의 기저가 주어지면, 이러한 사상들은 동일한 이름을 갖는 행렬로 표현된다.

제8장에서 이러한 사상을 더 깊이 공부하여 대각행렬로 표현되도록 기저를 택할 수 있음을 보일 것이다. 이 사실은 고유벡터와 고유치에 관한 이론과 밀접하게 관련되어 있다.

## VII, §1. 대칭 작용소

이 절에서는 $V$를 체 $K$ 위의 유한차원 벡터공간이라 하기로 한다. 또 $V$에는 $v, w \in V$에 대하여 $\langle v, w \rangle$로 표기되는 퇴화되지 않은 스칼라 내적이 정의되어 있다고 가정하자.

독자들은 $V = K^n$이라 하고, $K^n$의 열벡터 $X, Y$에 대해 스칼라 내적을 통상의 점적

$$\langle X, Y \rangle = {}^t XY$$

라 생각해도 좋다. 그러나 응용할 때는 이렇게 곧바로 기저를 고정시키는 것은 좋은 생각이 아니다.

$V$에서 자기 자신으로 가는 선형사상

$$A : V \to V$$

를 **작용소**(作用素, operator)라고도 한다.

**보조정리 1.1.** $A : V \to V$를 작용소라 하자. 그러면 모든 $v, w \in V$에 대하여

$$\langle Av, w \rangle = \langle v, Bw \rangle$$

를 만족하는 작용소 $B : V \to V$가 유일하게 존재한다.

**증명.** 주어진 $w \in V$에 대해

$$L : V \to K$$

을 $L(v) = \langle Av, w \rangle$로 주어지는 사상이라 하자. 그러면 $L$은 선형임을 곧 알 수 있으므로, $L$이 쌍대공간 $V^*$의 원소라 할 수 있다. 제5장의 정리 6.2에 의하여 모든 $v \in V$에 대해

$$L(v) = \langle v, w' \rangle$$

이 되는 $w' \in V$가 유일하게 존재한다. 이 원소 $w'$은 $w$에 (물론 $A$에도) 따라 결정된다. 이 원소 $w'$을 $Bw$로 나타내자. 그러면 대응관계

$$w \mapsto Bw$$

는 $V$에서 자기 자신으로 가는 사상이다. 이제 $B$가 선형임을 보이면 충분하다. $w_1, w_2 \in V$라 하자. 그러면 모든 $v \in V$에 대하여 다음이 성립한다.

$$\begin{aligned} \langle v, B(w_1 + w_2) \rangle = \langle Av, w_1 + w_2 \rangle &= \langle Av, w_1 \rangle + \langle Av, w_2 \rangle \\ &= \langle v, Bw_1 \rangle + \langle v, Bw_2 \rangle \\ &= \langle v, Bw_1 + Bw_2 \rangle. \end{aligned}$$

그러므로 $B(w_1 + w_2)$와 $Bw_1 + Bw_2$는 같은 범함수를 표현하며, 따라서 같은 벡터이다. 마지막으로 $c \in K$라 하자. 그러면

$$\begin{aligned} \langle v, B(cw) \rangle = \langle Av, cw \rangle &= c\langle Av, w \rangle \\ &= c\langle v, Bw \rangle \end{aligned}$$

$$= \langle v, cBw \rangle$$

가 성립한다. 그러므로 $B(cw)$와 $cBw$는 같은 범함수를 표현하며, 따라서 같은 벡터이다. 이것으로 보조정리의 증명이 끝났다. □

앞의 증명의 작용소 $B$를 $A$의 전치사상이라 하고 ${}^tA$로 나타낸다. ${}^tA = A$가 될 때 (주어진 퇴화되지 않은 스칼라 내적 $\langle\ ,\ \rangle$에 대해) **대칭**(對稱, symmetric)이라 한다.

$A$가 $V$ 위의 작용소이면, 정의에 의해 모든 $v, w \in V$에 대해

$$\boxed{\langle Av, w \rangle = \langle v, {}^tAw \rangle}$$

이다. $A$가 대칭이면 $\langle Av, w \rangle = \langle v, Aw \rangle$이고, 그 역도 성립한다.

**보기 1.** $V = K^n$이라 하고 스칼라 내적으로 통상의 점적이 주어져 있다 하자. $A$를 $K$의 원소를 성분으로 갖는 행렬이라 하고, 열벡터 $X, Y$를 $K^n$의 원소라 하자. 그러면 이 두 벡터의 점적은 행렬 곱

$$\langle X, Y \rangle = {}^tXY$$

로 쓸 수 있다. 이때 ${}^tA$를 행렬 $A$의 전치행렬이라 하면

$$\langle AX, Y \rangle = {}^t(AX)Y = {}^tX\,{}^tAY = \langle X, {}^tAY \rangle$$

가 성립한다. 그러므로 $n$순서쌍의 점적을 다룰 때는 작용소의 전치사상은 대응하는 행렬의 전치행렬로 표현된다. 이 때문에 두 경우에 모두 같은 용어와 기호를 사용한다.

전치사상은 다음을 만족한다.

**정리 1.2.** 체 $K$ 위의 유한차원 벡터공간 $V$에 퇴화되지 않은 스칼라 내적 $\langle\ ,\ \rangle$이 정의되어 있다고 하자. $A, B$를 $V$의 작용소라 하고, $c \in K$라 하자. 그러면

$$\begin{aligned} {}^t(A+B) &= {}^tA + {}^tB, \qquad & {}^t(AB) &= {}^tB\,{}^tA, \\ {}^t(cA) &= c\,{}^tA, \qquad & {}^{tt}A &= A \end{aligned}$$

가 성립한다.

**증명.** 두 번째 식만 보이기로 한다. 모든 $v, w \in V$에 대해

$$\langle ABv, w \rangle = \langle Bv, {}^tAw \rangle = \langle v, {}^tB\,{}^tAw \rangle$$

가 성립한다. 정의에 의해 이는 ${}^t(AB) = {}^tB{}^tA$를 뜻한다. 다른 식도 마찬가지로 쉽게 증명된다. □

## VII, §1. 연습문제

1. (a) 행렬 $A$가 ${}^tA = -A$를 만족할 때 **비대칭**(非對稱, skew-symmetric)이라 한다. 임의의 행렬 $M$을 대칭행렬과 비대칭행렬의 합으로 항상 표현할 수 있으며 또 그 표현이 유일함을 보여라. [힌트: $A = \frac{1}{2}(M + {}^tM)$이라 두라.]

   (b) $A$가 비대칭일 때 $A^2$이 대칭임을 증명하라.

   (c) $A$를 비대칭이라 하자. $A$가 $n \times n$ 행렬이고 $n$이 홀수이면 $\mathrm{Det}(A) = 0$임을 보여라.

2. $A$를 가역인 대칭행렬이라 하자. $A^{-1}$이 대칭행렬임을 보여라.

3. 대칭인 삼각행렬은 대각행렬임을 보여라.

4. 비대칭행렬의 대각원소는 0이 됨을 보여라.

5. $V$를 체 $K$ 위의, 퇴화되지 않은 스칼라 내적을 가지는, 유한차원 벡터공간이라 하자. $v_0, w_0$를 $V$의 원소라 하고 $A : V \to V$를 $A(v) = \langle v_0, v\rangle w_0$로 주어지는 선형사상이라 하자. ${}^tA$가 어떻게 되는지 기술하라.

6. $V$를 무한번 미분가능하고 어떤 구간 밖에서 0이 되는 함수들로 구성된 $\mathbb{R}$ 위의 벡터공간이라 하자. 스칼라 내적을 여느 때와 같이

$$\langle f, g\rangle = \int_{-\infty}^{\infty} f(t)g(t)\,dt$$

로 정의하자. $D$를 미분작용소라 하자. 그러면 ${}^tD$를 이전과 같이 정의할 수 있으며, ${}^tD = -D$가 됨을 보여라.

7. $V$를 체 $K$ 위의 유한차원 벡터공간으로, 퇴화되지 않은 스칼라 내적이 주어져 있다고 하자. $A : V \to V$를 선형사상이라 하자. ${}^tA$의 상은 $A$의 핵에 수직인 공간임을 보여라.

8. $V$를 $\mathbb{R}$ 위의, 양의 정부호인 스칼라 내적을 가지는, 유한차원 벡터공간이라 하자. $P : V \to V$를 $PP = P$가 되는 선형사상으로 ${}^tPP = P{}^tP$가 성립한다고 가정하자. $P = {}^tP$임을 보여라.

9. $n \times n$ 실대칭행렬 $A$가 모든 $X \neq O$에 대해 ${}^tXAX > 0$을 만족하면 **양의 정부호**(positive definite)라 한다. $A, B$가 (같은 크기의) 대칭행렬일 때 $B - A$가 양의 정부호이면 $A < B$라 정의한다. $A < B$이고 $B < C$이면 $A < C$임을 보여라.

10. $V$를 $\mathbb{R}$ 위의, 양의 정부호인 스칼라 내적 $\langle\ ,\ \rangle$을 가지는, 유한차원 벡터공간이라 하자. $V$의 작용소 $A$가 $O$이 아닌 모든 $v \in V$에 대해 $\langle Av, v\rangle \geqq 0$일 때 **양의 준정부호**(semipositive 또는 positive semidefinite)라 한다. $V = W + W^\perp$를 $W$와 $W$의 직교여공간 $W^\perp$의 직합이라 하자. $P$를 $W$ 위로의 사영이라 하고 $W \neq \{O\}$이라 가정하자. 그러면 $P$가 대칭이고 양의 준정부호임을 보여라.

11. 문제 10에서와 같은 상황이라 하고 $c$를 실수라 하자. $A$를, $v = w + w'$, $w \in W$, $w' \in W^{\perp}$에 대해

$$Av = cw$$

로 주어지는 작용소라 하면, $A$는 대칭임을 보여라.

12. 문제 10에서와 같은 상황이라 하자. $P$를 $W$ 위로의 사영이라 하면. $A^2 = I + P$가 되는 대칭 작용소 $A$가 존재함을 보여라.

13. $A$를 실대칭행렬이라 하자. $A + cI$가 양의 정부호가 되는 실수 $c$가 존재함을 보여라.

14. $V$를 퇴화되지 않은 스칼라 내적 $\langle\ ,\ \rangle$을 가지는 체 $K$ 위의 유한차원 벡터공간이라 하자. $A : V \to V$가 모든 $v, w \in V$에 대해

$$\langle Av, Aw \rangle = \langle v, w \rangle$$

를 만족하는 선형사상이면 $\mathrm{Det}(A) = \pm 1$이 됨을 보여라. [힌트: 우선 $V$를 통상의 스칼라 내적을 가지는 $K^n$이라 가정하자. 그러면 ${}^tAA$는 무엇인가? $\mathrm{Det}({}^tAA)$는 무엇인가?]

15. $A, B$를 체 $K$ 위의 원소를 성분으로 갖는 같은 크기의 대칭행렬이라 하자. $AB$가 대칭일 필요충분조건은 $AB = BA$임을 보여라.

## VII, §2. 에르미트 작용소

이 절에서는 $V$를 복소수체 위의 유한차원 벡터공간이라 하기로 한다. $V$에 제5장 2절에서 정의된 것처럼 양의 정부호인 에르미트 내적이 정의되어 있다고 가정하자. 이 스칼라 내적을 $v, w \in V$에 대하여 $\langle v, w \rangle$로 표기한다.

에르미트 내적을 또한 **에르미트 형식**(hermitian form)이라고도 한다. 독자는 원한다면 $V = \mathbb{C}^n$으로 하고, $K^n$의 열벡터 $X, Y$에 대해 에르미트 내적을 표준 스칼라 내적인

$$\langle X, Y \rangle = {}^tX\overline{Y}$$

로 둘 수도 있다.

$A : V \to V$를 작용소, 즉 $V$에서 자기 자신으로 가는 선형사상이라 하자. 각 $w \in V$에 대해,

$$L_w(v) = \langle Av, w \rangle, \qquad v \in V$$

로 주어지는 사상

$$L_w : V \to \mathbb{C}$$

는 하나의 범함수이다.

**정리 2.1.** $V$를 $\mathbb{C}$ 위의 유한차원 벡터공간이라 하고, 양의 정부호인 에르미트 형식 $\langle\ ,\ \rangle$이 주어져 있다고 가정하자. $L$이 $V$ 위의 범함수이면, 모든 $v \in V$에 대해 $L(v) = \langle v, w' \rangle$를 만족하는 벡터 $w'$이 유일하게 존재한다.

**증명.** 증명은 실수의 경우인 제5장의 정리 6.2와 비슷하므로 독자에게 맡긴다. □

정리 2.1에 의해서 $w$가 주어지면, 모든 $v \in V$에 대해

$$\langle Av, w \rangle = \langle v, w' \rangle$$

을 만족하는 $w'$이 유일하게 존재한다.

**참고.** 대응관계 $w \mapsto L_w$는 $V$와 $V$의 쌍대공간 사이의 동형사상이 아니다. 실제로 $\alpha \in \mathbb{C}$이면 $L_{\alpha w} = \overline{\alpha} L_w$가 된다. 그렇지만 원소 $w'$이 존재하는 것에는 영향을 끼치지 않는다.

$V$에서 자기 자신으로 가는 사상 $w \mapsto w'$을 $A^*$로 표기하자. 이제 $A^*$의 기본적인 성질을 다음과 같이 요약할 수 있다.

**보조정리 2.2.** $A : V \to V$가 작용소이면, 모든 $v, w \in V$에 대해

$$\langle Av, w \rangle = \langle v, A^* w \rangle$$

를 만족하는 작용소 $A^* : V \to V$가 유일하게 존재한다.

**증명.** 보조정리 1.1의 경우와 유사하게 증명하면 된다. □

작용소 $A^*$를 $A$의 **수반작용소**(隨伴作用素, adjoint operator)라 한다. $A^* : V \to V$가 빗선형(antilinear)이 아니라 선형임에 유의하라.

**보기 1.** $V = \mathbb{C}^n$이라 하고 $\mathbb{C}^n$의 열벡터 $X, Y$에 대해

$$(X, Y) \mapsto {}^t X \overline{Y} = \langle X, Y \rangle$$

로 주어지는 표준 형식을 생각하자. 그러면 $V$에서 자기 자신으로 가는 선형사상을 표현하는 임의의 행렬 $A$에 대해

$$\langle AX, Y \rangle = {}^t(AX)\overline{Y} = {}^t X\, {}^t A \overline{Y} = {}^t X \overline{({}^t\overline{A} Y)}$$

가 성립한다. 더욱이 정의에 의해 스칼라 내적 $\langle AX, Y \rangle$는

$$\langle X, A^* Y \rangle = {}^t X \overline{A^* Y}$$

와 같다. 이는

$$\boxed{A^* = {}^t\overline{A}}$$

를 의미한다. 따라서 $\mathbb{C}$ 위의 작용소의 수반작용소를 나타낼 때 $\mathbb{R}$ 위에서 전치작용소를 나타낼 때와 같은 기호 $t$를 사용하는 것은 합당하지 않다는 것을 알 수 있다.

$A^* = A$일 때 작용소 $A$를 **에르미트 작용소**(hermitian operator) (또는 **자기수반작용소**(自己隨伴作用素, self-adjoint operator))라 한다. 이는 모든 $v, w \in V$에 대해

$$\langle Av, w\rangle = \langle v, Aw\rangle$$

가 됨을 뜻한다. 앞의 보기에 의해, 복소정사각행렬 $A$가 ${}^t\overline{A} = A$ 또는 동치인 조건 ${}^tA = \overline{A}$을 만족할 때 **에르미트 행렬**(hermitian matrix)이라 한다. $A$가 에르미트 행렬이면, $\mathbb{C}^n$ 위에 에르미트 내적을

$$(X, Y) \mapsto {}^t(AX)\overline{Y}$$

으로 정의할 수 있다. (이 사상이 에르미트 내적이 됨을 자세하게 증명해 보라.)

*를 취하는 연산은 전치를 취하는 경우와 유사한 규칙을 만족한다.

**정리 2.3.** $V$를 $\mathbb{C}$ 위의 유한차원 벡터공간이라 하고, 양의 정부호인 에르미트 형식 $\langle\ ,\ \rangle$가 정의되어 있다 하자. $A, B$를 $V$의 작용소라 하고 $\alpha \in \mathbb{C}$라 하자. 그러면

$$(A+B)^* = A^* + B^*, \qquad (AB)^* = B^*A^*,$$
$$(\alpha A)^* = \overline{\alpha}A^*, \qquad A^{**} = A$$

가 성립한다.

**증명.** 세 번째 식만 증명하고, 나머지는 독자에게 맡기겠다. 모든 $v, w \in V$에 대해

$$\langle \alpha Av, w\rangle = \alpha\langle Av, w\rangle = \alpha\langle v, A^*w\rangle = \langle v, \overline{\alpha}A^*w\rangle$$

가 성립한다. 마지막 항은 정의에 의해

$$\langle v, (\alpha A)^*w\rangle$$

와 같으므로, 따라서 $(\alpha A)^* = \overline{\alpha}A^*$이다. □

모든 $v, w \in V$에 대해 **극화항등식**(極化恒等式, polarization identity)

$$\boxed{\langle A(v+w), v+w\rangle - \langle A(v-w), v-w\rangle = 2[\langle Aw, v\rangle + \langle Av, w\rangle]}$$

와

$$\boxed{\langle A(v+w), v+w\rangle - \langle Av, v\rangle - \langle Aw, w\rangle = \langle Av, w\rangle + \langle Aw, v\rangle}$$

가 성립한다. 이 항등식은 좌변을 전개해 봄으로써 쉽게 보일 수 있다.

다음 정리는 본질적으로 복소수의 성질에 기인하는 것으로 실수 위에서는 유사한 명제가 성립하지 않는다.

**정리 2.4.** $V$를 앞에서와 같은 벡터공간이라 하자. $A$를 모든 $v \in V$에 대해 $\langle Av, v\rangle = 0$인 작용소라 하자. 그러면 $A = O$이다.

**증명.** 이 경우 극화항등식의 좌변은 모든 $v, w \in V$에 대해 0이다. 그러므로 모든 $v, w \in V$에 대해

$$\langle Aw, v\rangle + \langle Av, w\rangle = 0$$

이 된다. $v$를 $iv$로 바꾸어 대입하자. 그러면 좌변은 에르미트 내적의 성질에 의해

$$-i\langle Aw, v\rangle + i\langle Av, w\rangle = 0$$

이므로

$$-\langle Aw, v\rangle + \langle Av, w\rangle = 0$$

을 얻는다. 이를 앞에서 얻은 첫 식에 더하면

$$2\langle Av, w\rangle = 0$$

이 되므로 $\langle Av, w\rangle = 0$이다. 따라서 $A = O$이다. □

**정리 2.5.** $V$를 앞에서와 같다고 하고 $A$를 $V$ 위의 작용소라 하자. 그러면 $A$가 에르미트일 필요충분조건은 모든 $v \in V$에 대해 $\langle Av, v\rangle$가 실수인 것이다.

**증명.** $A$가 에르미트라 하자. 그러면

$$\langle Av, v\rangle = \langle v, Av\rangle = \overline{\langle Av, v\rangle}$$

이다. 어떤 복소수가 자신의 컬레복소수와 같으려면 실수가 되어야 하므로, $\langle Av, v\rangle$는 실수이다. 역으로 모든 $v \in V$에 대해 $\langle Av, v\rangle$가 실수라 하자. 그러면

$$\langle Av, v\rangle = \overline{\langle Av, v\rangle} = \langle v, Av\rangle = \langle A^*v, v\rangle$$

가 되어, 모든 $v \in V$에 대해 $\langle (A - A^*)v, v\rangle = 0$이고, 정리 2.4에 의해 $A - A^* = O$이라 할 수 있다. 그러므로 $A = A^*$이다. □

## VII, §2. 연습문제

1. $A$를 가역인 에르미트 행렬이라 하자. $A^{-1}$이 에르미트임을 보여라.
2. $V$가 $\mathbb{R}$ 위에서 유한차원 공간일 때 정리 2.4와 유사한 정리가 참이 아님을 보여라. 바꾸어 말하면 $A$가 영사상이 아니면서도 모든 $v \in V$에 대해 $Av$가 $v$에 수직일 수 있다.
3. $A$가 대칭이라 가정하면 $V$가 $\mathbb{R}$ 위의 유한차원 공간일 때도 정리 2.4와 유사한 정리가 성립함을 보여라.
4. 다음 중 어느 행렬이 에르미트인가?

   (a) $\begin{pmatrix} 2 & i \\ -i & 5 \end{pmatrix}$ (b) $\begin{pmatrix} 1+i & 2 \\ 2 & 5i \end{pmatrix}$ (c) $\begin{pmatrix} 1 & 1+i & 5 \\ 1-i & 2 & i \\ 5 & -i & 7 \end{pmatrix}$

5. 에르미트 행렬의 대각원소는 실수임을 보여라.
6. 삼각꼴 에르미트 행렬은 대각행렬임을 보여라.
7. $A, B$를 (같은 크기의) 에르미트 행렬이라 하자. $A+B$가 에르미트임을 보여라. $AB = BA$이면 $AB$도 에르미트임을 보여라.
8. $V$를, 양의 정부호인 에르미트 내적을 가지는, $\mathbb{C}$ 위의 유한차원 벡터공간이라 하고 $A : V \to V$를 에르미트 작용소라 하자. $I + iA$와 $I - iA$가 가역임을 보여라. [힌트: $v \neq O$일 때 $\|(I + iA)v\| \neq 0$임을 보여라.]
9. $A$를 에르미트 행렬이라 하자. ${}^tA$와 $\overline{A}$가 에르미트임을 보여라. $A$가 가역이면 $A^{-1}$이 에르미트임을 보여라.
10. $V$를 양의 정부호인 에르미트 형식 $\langle\ ,\ \rangle$을 가지는 $\mathbb{C}$ 위의 유한차원 벡터공간이라 하자. $A : V \to V$에 대해 다음 조건이 동치임을 보여라.
    (a) $AA^* = A^*A$이다.
    (b) 모든 $v \in V$에 대해 $\|Av\| = \|A^*v\|$이다. (여기서 $\|v\| = \sqrt{\langle v, v\rangle}$.)
    (c) $BC = CB$인 에르미트인 사상 $B, C$에 대해 $A = B + iC$라 쓸 수 있다.
11. $A$를 영이 아닌 에르미트 행렬이라 할 때 $\mathrm{tr}(AA^*) > 0$임을 보여라.

## VII, §3. 유니타리 작용소

$V$를 $\mathbb{R}$ 위의 벡터공간이라 하고, 그 위에 양의 정부호인 스칼라 내적이 정의되어 있다 하자.

선형사상 $A : V \to V$가 모든 $v, w \in V$에 대해

$$\langle Av, Aw \rangle = \langle v, w \rangle$$

를 만족하면, $A$를 **실유니타리 사상**(real unitary map)이라 한다. $A$가 유니타리란 $A$가 스칼라 내적을 보존함을 뜻한다고 할 수 있다. 다른 문헌에서는 실유니타리 사상을 **직교사상**(直交寫像, orthogonal map)이라고도 한다. 다음 정리를 보면 왜 유니타리라는 용어를 사용하는지 알 수 있을 것이다.

**정리 3.1.** $V$를 앞에서와 같다고 하고 $A : V \to V$를 선형사상이라 하자. 그러면 $A$에 관한 다음 조건들은 모두 동치이다.

(1) $A$는 유니타리이다.

(2) $A$는 벡터의 노름을 보존한다. 즉 모든 $v \in V$에 대해

$$\|Av\| = \|v\|$$

가 성립한다.

(3) 모든 단위벡터 $v \in V$에 대해 $Av$도 단위벡터이다.

**증명.** (2)와 (3)이 동치임을 보이는 것은 독자에게 맡긴다. 노름의 제곱 $\langle Av, Av \rangle$은 스칼라 내적의 특수한 경우이므로 (1)이면 (2)가 성립한다는 것은 자명하다. 역으로 (2)이면 (1)이 성립한다는 것을 보이자. 우선

$$\langle A(v+w), A(v+w) \rangle - \langle A(v-w), A(v-w) \rangle = 4\langle Av, Aw \rangle$$

가 성립함에 유의하자. (2)를 가정하면, 위 식의 좌변은 노름의 제곱들로 되어 있으므로

$$\langle v+w, v+w \rangle - \langle v-w, v-w \rangle$$

와 같다. 그런데 이것은 또한 $4\langle v, w \rangle$와 같으므로 이로부터 정리가 성립한다. □

정리 3.1이 왜 위와 같은 사상을 유니타리라 부르는지 말해 준다. 즉 유니타리 사상은 단위벡터(unit vector)를 단위벡터로 보내는 특성을 가지고 있기 때문이다.

유니타리 사상 $U$는 벡터간의 수직성도 보존한다. 즉 $v, w$가 수직이면

$$\langle Uv, Uw \rangle = \langle v, w \rangle = 0$$

이므로 $Uv, Uw$도 수직이다. 반대로 수직성을 보존하면 유니타리인가 하면 반드시 그렇지는 않다. 예컨대 실수 위에서 $v$를 $2v$로 보내는 사상은 수직성을 보존하지만 유니타리가 아니다. 유감스럽게도 실유니타리 사상이라는 말 대신 직교사상이라는 말이 표준용어로 쓰이고 있다. 그러나 실제로 직교(즉, 유니타리)사상은 직교성만 보존하는 것이 아니라 **노름도 보존**한다는 사실을 강조해 두고 싶다.

**정리 3.2.** $V$를 $\mathbb{R}$ 위의 유한차원 벡터공간이라 하고, 그 위에 양의 정부호인 스칼라 내적이 정의되어 있다고 가정하자. 이때 선형사상 $A: V \to V$가 유니타리일 필요충분조건은

$$^{t}AA = I$$

가 성립하는 것이다.

**증명.** 작용소 $A$가 유니타리일 필요충분조건은 모든 $v, w \in V$에 대해

$$\langle Av, Aw \rangle = \langle v, w \rangle$$

가 성립하는 것이다. 이 조건은 모든 $v, w \in V$에 대해

$$\langle {}^{t}AAv, w \rangle = \langle v, w \rangle$$

가 성립하는 것과 동치이다. 또 이것은 $^{t}AA = I$와 동치이다. □

이제 $A$가 유니타리라는 조건을 행렬 용어로 해석하는 일만 남았다. 우선 유니타리 사상은 가역임에 유의하자. 이것은 $A$가 유니타리이고 $Av = O$이면, $A$가 노름을 보존하므로 $v = O$이기 때문이다.

정리 3.2에서 $V = \mathbb{R}^n$으로 택하고 스칼라 내적으로는 통상의 점적을 택하면 $A$를 실행렬로 표현할 수 있다. 그러므로 실행렬 $A$가 $^{t}AA = I_n$, 또는 이와 동치인

$$\boxed{^{t}A = A^{-1}}$$

을 만족할 때 $A$를 **유니타리 행렬**(unitary matrix) (또는 **직교행렬**(直交行列, orthogonal matrix))이라 정의하는 것은 자연스럽다.

**보기 1.** 평면 $\mathbb{R}^2$에서 자기 자신으로 가는 유니타리 사상은

$$\begin{pmatrix} \cos\theta & -\sin\theta \\ \sin\theta & \cos\theta \end{pmatrix} \quad \text{또는} \quad \begin{pmatrix} \cos\theta & \sin\theta \\ \sin\theta & -\cos\theta \end{pmatrix}$$

와 같은 형태뿐이다. 이러한 사상의 행렬식이 1이면 이 행렬은 어떤 정규직교기저에 대하여 필연적으로 첫 번째 형태가 되며 이를 **회전**(回轉, rotation)이라 부른다. 그림을

그려 보면 곧 이런 용어를 쓰는 것이 타당하다는 것을 알 수 있다. 평면의 유니타리 사상에 관한 몇 가지 성질이 연습문제에 있는데 쉽게 풀 수 있고 공부하기 좋은 문제들이므로 여기에 그 풀이를 제시하는 것보다 독자들이 직접 해 보는 것이 더 도움이 될 것이다. 또 이 연습문제들은 이 절의 내용에 관한 보기를 추가로 제시하기 위해 넣은 것이다.

**복소수체 위의 경우.** 여느 때와 같이 복소수 위의 경우에도 유사한 개념이 있다. $V$를 $\mathbb{C}$ 위의 유한차원 벡터공간으로 양의 정부호인 에르미트 내적을 가지고 있다 하자. 선형사상 $A : V \to V$가 모든 $v, w \in V$에 대해

$$\langle Av, Aw \rangle = \langle v, w \rangle$$

를 만족할 때 $A$를 **복소유니타리 사상**(complex unitary map)이라 한다. 그러면 정리 3.1과 유사한 정리가 똑같이 성립한다. 즉 사상 $A$가 유니타리일 필요충분조건은 노름을 보존하는 것이고, 또 이는 단위벡터를 보존하는 것과 동치이다. 증명은 연습문제로 남긴다.

**정리 3.3.** $V$를 $\mathbb{C}$ 위의, 양의 정부호인 에르미트 내적이 정의된 유한차원 벡터 공간이라 하자. 선형사상 $A$가 유니타리인 것은

$$A^*A = I$$

가 성립하는 것과 동치이다.

이 정리를 증명하는 것도 연습문제로 남긴다.

$V = \mathbb{C}^n$이고, 그 위에 통상적인 에르미트 형식

$$\langle X, Y \rangle = x_1\overline{y}_1 + \cdots + x_n\overline{y}_n$$

이 주어져있을 때 선형사상 $A$는 복소행렬로 표현할 수 있다. 따라서 복소행렬 $A$가 ${}^t\overline{A}A = I_n$, 또는 이와 동치인

$$\boxed{{}^t\overline{A} = A^{-1}}$$

을 만족할 때 $A$를 **유니타리 행렬**(unitary matrix)이라 정의하는 것은 자연스럽다.

**정리 3.4.** $V$를 $\mathbb{R}$ 위의 벡터공간으로 양의 정부호인 스칼라 내적, 또는 $\mathbb{C}$ 위의 벡터공간으로 양의 정부호인 에르미트 내적이 정의되어 있다 하자.

$$A : V \to V$$

를 선형사상이라 하고 $\{v_1, \ldots, v_n\}$을 $V$의 정규직교기저라 하자.

(a) $A$가 유니타리이면 $\{Av_1, \ldots, Av_n\}$도 정규직교기저이다.

(b) $\{w_1, \ldots, w_n\}$을 또 다른 정규직교기저라 하고 모든 $i = 1, \ldots, n$에 대해 $Av_i = w_i$라 하자. 그러면 $A$는 유니타리이다.

**증명.** 정의로부터 곧 증명할 수 있으므로 연습문제로 남긴다. 연습문제 1과 2를 보라. □

## VII, §3. 연습문제

1. (a) $V$를 양의 정부호인 스칼라 내적을 가지는 $\mathbb{R}$ 위의 유한차원 벡터공간이라 하자. $\{v_1, \ldots, v_n\}$과 $\{w_1, \ldots, w_n\}$을 정규직교기저라 하자. $A : V \to V$가 $Av_i = w_i$인 $V$의 작용소이면 $A$는 실유니타리임을 보여라.

   (b) 복소수의 경우에 유사한 결과를 서술하고 증명하라.

2. $V$를 문제 1에서와 같다 하자. $\{v_1, \ldots, v_n\}$을 $V$의 정규직교기저라 하자. $A$를 $V$의 유니타리 작용소라 하면 $\{Av_1, \ldots, Av_n\}$이 정규직교기저가 됨을 보여라.

3. $A$를 실유니타리 행렬이라 하자.

   (a) ${}^tA$가 유니타리임을 보여라.

   (b) $A^{-1}$가 존재하고 유니타리임을 보여라.

   (c) $B$가 실유니타리이면 $AB$가 유니타리이고, 또 $B^{-1}AB$도 유니타리임을 보여라.

4. $A$를 복소유니타리 행렬이라 하자.

   (a) ${}^tA$가 유니타리임을 보여라.

   (b) $A^{-1}$가 존재하고 유니타리임을 보여라.

   (c) $B$가 복소유니타리이면 $AB$가 유니타리이고, 또 $B^{-1}AB$도 유니타리임을 보여라.

5. (a) $V$를 양의 정부호인 스칼라 내적을 가지는 $\mathbb{R}$ 위의 유한차원 벡터공간이라 하고, $\mathcal{B} = \{v_1, \ldots, v_n\}$와 $\mathcal{B}' = \{w_1, \ldots, w_n\}$을 $V$의 정규직교기저라 하자. 행렬 $M^{\mathcal{B}}_{\mathcal{B}'}(\mathrm{id})$이 실유니타리임을 보여라. [힌트: $\langle w_i, w_i \rangle = 1$이고, $i \neq j$이면 $\langle w_i, w_j \rangle = 0$임과 적당한 $a_{ij} \in \mathbb{R}$에 대해 $w_i = \sum a_{ij} v_j$임을 사용하라.]

   (b) $F : V \to V$를 모든 $i$에 대해 $F(v_i) = w_i$라 하자. $M^{\mathcal{B}}_{\mathcal{B}'}(F)$가 유니타리임을 보여라.

6. 실유니타리 행렬의 행렬식은 절댓값이 1임을 보여라. 이로부터 $A$가 실유니타리이면 $\mathrm{Det}(A) = 1$ 또는 $-1$이라 결론지을 수 있다.

7. $A$가 복소정사각행렬이면 $\mathrm{Det}(\overline{A}) = \overline{\mathrm{Det}(A)}$임을 보여라. 이로부터 복소유니타리 행렬의 행렬식의 절댓값이 1과 같음을 보여라.

8. $A$를 실대각유니타리 행렬이라 하자. $A$의 각 대각원소는 1 또는 $-1$임을 보여라.

9. $A$를 복소대각유니타리 행렬이라 하자. 각 대각원소의 절댓값이 1임을, 따라서 실수 $\theta$에 대해 $e^{i\theta}$꼴임을 보여라.

다음 문제들은 평면 $\mathbb{R}^2$의 실유니타리 사상의 여러 성질을 기술하고 있다.

10. $V$는 양의 정부호인 스칼라 내적을 가지는 $\mathbb{R}$ 위의 2차원 벡터공간이고, $A$는 $V$에서 $V$로 가는 실유니타리 사상이라 하자. $\{v_1, v_2\}$와 $\{w_1, w_2\}$를 $V$의 정규직교기저로 $i = 1, 2$에 대해 $Av_i = w_i$가 된다 하자. $a, b, c, d$를

$$w_1 = av_1 + bv_2$$
$$w_2 = cv_1 + dv_2$$

인 실수라 하자. $a^2 + b^2 = 1, c^2 + d^2 = 1, ac + bd = 0, a^2 = d^2, c^2 = b^2$임을 보여라.

11. 행렬식 $ad - bc$는 1 또는 $-1$임을 보여라. (제곱이 1이 됨을 보여라.)

12. $V$의 **회전**(回轉, rotation)이란 $V$ 위의 실유니타리 사상으로 행렬식이 1이 되는 사상 $A$로 정의한다. $V$의 어떤 직교기저에 대한 $A$의 행렬이 $a^2 + b^2 = 1$이 되는 실수 $a, b$에 대해

$$\begin{pmatrix} a & -b \\ b & a \end{pmatrix}$$

인 꼴이 됨을 보여라. 또 역도 증명하라. 즉 어떤 직교기저에 대해 위와 같은 행렬로 표현되는 $V$에서 $V$로 가는 임의의 선형사상은 유니타리이고 행렬식이 1이 됨을 증명하라. 이제 미적분학을 이용하여 $a = \cos\theta, b = \sin\theta$가 되는 실수 $\theta$가 존재함을 보여라.

13. $A, B$를

$$A = \begin{pmatrix} \cos\theta & -\sin\theta \\ \sin\theta & \cos\theta \end{pmatrix}, \qquad B = \begin{pmatrix} e^{i\theta} & 0 \\ 0 & e^{-i\theta} \end{pmatrix}$$

라 하면 $U^{-1}AU = B$가 되는 복소유니타리 행렬 $U$가 있음을 보여라.

14. $V = \mathbb{C}$를 $\mathbb{R}$ 위의 2차원 벡터공간으로 생각하자. $\alpha \in \mathbb{C}$라 하고 $L_\alpha : \mathbb{C} \to \mathbb{C}$를 $z \mapsto \alpha z$인 사상이라 하자. $L_\alpha$가 $V$에서 $V$로 가는 $\mathbb{R}$-선형사상임을 보여라. 어떠한 복소수 $\alpha$에 대해 $L_\alpha$가 스칼라 내적 $\langle z, w\rangle = \mathrm{Re}(z\overline{w})$에 대해 유니타리 사상이 되는가? $\mathbb{C}$의 $\mathbb{R}$ 위의 기저 $\{1, i\}$에 대한 $L_\alpha$의 행렬은 무엇인가?

# 제8장

# 고유벡터와 고유치

이 장에서는 고유벡터와 고유치에 관한 간단하고 기본적인 성질을 다룬다. 또한 특성다항식을 구하는데, 그 과정에서 행렬식을 응용하게 될 것이다. 그리고 3절에서는 고유벡터를 구면 위에 정의된 이차함수의 최댓값과 최솟값을 구하는 문제에 연관지음으로써 미적분학과 선형대수학의 절묘한 조화를 보게 될 것이다. 선형대수학을 배우는 대부분의 학생은 이미 미적분학을 어느 정도 알고 있겠지만, 미적분학을 피해야 하는 경우에는 최댓값정리를 사용하지 않고 복소수를 사용한 증명을 이용하여 대칭행렬의 실수 고유치를 구할 수 있을 것이다. 복소수의 기본적인 성질은 부록에서 찾아볼 수 있다.

## VIII, §1. 고유벡터와 고유치

$V$를 벡터공간이라 하고

$$A : V \to V$$

를 $V$에서 자기 자신으로 가는 선형사상이라 하자. 어떤 수 $\lambda$가 있어서 $Av = \lambda v$가 성립할 때, 원소 $v \in V$를 $A$의 **고유벡터**(固有벡터, eigenvector)라 한다. $v \neq O$이면, $\lambda_1 v = \lambda_2 v$가 곧 $\lambda_1 = \lambda_2$를 의미하므로, $\lambda$는 **유일하게 정해진다**. 이 경우 $\lambda$를 고유벡터 $v$에 대한 $A$의 **고유치**(固有値, eigenvalue of $A$ belonging to $v$)라 하고, $v$를 고유치가 $\lambda$

인 고유벡터 또는 고유치 $\lambda$에 대한 고유벡터라 한다. 고유벡터와 고유치 대신에 **특성벡터**(特性벡터, characteristic vector)와 **특성치**(特性値, characteristic value)라 하기도 한다.

$A$가 $n \times n$ 정사각행렬일 때는, 행렬 $A$에 대응하는 $K^n$에서 자기 자신으로 가는 선형사상 $L_A$의 고유벡터를 $A$의 **고유벡터**로 정의한다. 그러므로 $A$의 고유벡터 $X$는 $AX = \lambda X$인 $\lambda \in K$가 존재하는 $K^n$의 (열)벡터이다.

**보기 1.** $V$를 무한번 미분가능한 함수들로 구성된 $\mathbb{R}$ 위의 벡터공간이라 하고 $\lambda \in \mathbb{R}$라 하자. 그러면 $f(t) = e^{\lambda t}$로 주어지는 함수 $f$는 $df/dt = \lambda e^{\lambda t}$이므로 미분작용소 $d/dt$의 고유벡터가 된다.

**보기 2.** 행렬 $A$를

$$A = \begin{pmatrix} a_1 & \cdots & 0 \\ \vdots & \ddots & \vdots \\ 0 & \cdots & a_n \end{pmatrix}$$

인 대각행렬이라 하자. 그러면 모든 단위벡터 $E^i \, (i = 1, \ldots, n)$는 $A$의 고유벡터이다. 왜냐하면 다음과 같이 $AE^i = a_i E^i$이기 때문이다.

$$\begin{pmatrix} a_1 & 0 & \cdots & 0 \\ 0 & a_2 & \cdots & 0 \\ \vdots & \vdots & & \vdots \\ 0 & 0 & \cdots & a_n \end{pmatrix} \begin{pmatrix} 0 \\ \vdots \\ 1 \\ \vdots \\ 0 \end{pmatrix} = \begin{pmatrix} 0 \\ \vdots \\ a_i \\ \vdots \\ 0 \end{pmatrix}.$$

**보기 3.** $A : V \to V$가 선형사상이고 $v$가 $A$의 고유벡터이면, 임의의 0이 아닌 스칼라 $c$에 대하여 $cv$도 동일한 고유치를 가지는 $A$의 고유벡터이다.

**정리 1.1.** $V$를 벡터공간이라 하고, $A : V \to V$를 선형사상이라 하자. $\lambda \in K$에 대해, $V_\lambda$를, 고유치가 $\lambda$인 모든 고유벡터들로 생성된 $V$의 부분공간이라 하자. 그러면 $V_\lambda$의 $O$이 아닌 모든 원소는 고유치가 $\lambda$인 $A$의 고유벡터이다.

**증명.** $v_1, v_2 \in V$가 $Av_1 = \lambda v_1$와 $Av_2 = \lambda v_2$을 만족한다고 하자. 그러면

$$A(v_1 + v_2) = Av_1 + Av_2 = \lambda v_1 + \lambda v_2 = \lambda(v_1 + v_2)$$

가 성립한다. 또 $c \in K$이면 $A(cv_1) = cAv_1 = c\lambda v_1 = \lambda cv_1$이다. 따라서 증명이 끝났다. □

정리 1.1의 부분공간 $V_\lambda$를 $\lambda$에 대한 $A$의 **고유공간**(固有空間, eigenspace)이라 한다.

**노트.** $v_1$과 $v_2$가 서로 다른 고유치 $\lambda_1 \neq \lambda_2$에 대한 고유벡터이면 $v_1 + v_2$는 물론 고유벡터가 아니다. 실제로 다음 정리가 성립한다.

**정리 1.2.** $V$를 벡터공간이라 하고 $A : V \to V$를 선형사상이라 하자. $v_1, \ldots, v_m$을 각각 고유치 $\lambda_1, \ldots, \lambda_m$에 대한 $A$의 고유벡터라 하자. 그리고 이 고유치는 서로 다르다고, 즉

$$i \neq j \quad \text{이면} \quad \lambda_i \neq \lambda_j$$

라 가정하자. 그러면 $v_1, \ldots, v_m$은 일차독립이다.

증명. $m$에 대한 수학적 귀납법을 사용한다. $m = 1$이면, 원소 $v_1 \in V, v_1 \neq O$는 일차독립이다. $m > 1$이라 하자. 스칼라 $c_i$가 있어서

$$(*) \qquad c_1 v_1 + \cdots + c_m v_m = O$$

인 관계가 성립한다 하자. 모든 $c_i$가 0임을 보여야 한다. 관계식 $(*)$에 $\lambda_1$을 곱하여

$$c_1 \lambda_1 v_1 + \cdots + c_m \lambda_1 v_m = O$$

을 얻는다. 또 관계식 $(*)$의 양변에 $A$를 적용하면 $A$의 선형성에 의해

$$c_1 \lambda_1 v_1 + \cdots + c_m \lambda_m v_m = O$$

을 얻는다. 이제 위의 두 식을 서로 빼면

$$c_2(\lambda_2 - \lambda_1) v_2 + \cdots + c_m(\lambda_m - \lambda_1) v_m = O$$

이 되고, $j = 2, \ldots, m$에 대해 $\lambda_j - \lambda_1 \neq 0$이므로 귀납적 가정에 의하여

$$c_2 = \cdots = c_m = 0$$

을 얻는다. 원래의 관계식으로 되돌아가면 $c_1 v_1 = O$이 되므로 $c_1 = 0$이 되어야 한다. 이것으로 정리가 증명되었다. □

**보기 4.** $V$를 실변수 $t$에 대해 미분가능한 함수 전체로 구성된 벡터공간이라 하자. $\alpha_1, \ldots, \alpha_m$을 서로 다른 수라 하면 함수

$$e^{\alpha_1 t}, \ldots, e^{\alpha_m t}$$

는 미분작용소의 고유벡터이며, 서로 다른 고유치 $\alpha_1, \ldots, \alpha_m$을 가지므로 일차독립이다.

**참고 1.** 정리 1.2에서 $V$가 $n$차원 벡터공간이고, 선형사상 $A : V \to V$가 고유벡터 $v_1, \ldots, v_n$을 가지며, 이들의 고유치 $\lambda_1, \ldots, \lambda_n$이 서로 다르다 하자. 그러면 $\{v_1, \ldots, v_n\}$은 $V$의 기저가 된다.

**참고 2.** 정리 1.2와 같은 상황을 일차미분방정식론에서도 볼 수 있다. $A = (a_{ij})$를 $n \times n$ 행렬이라 하고, 각 성분이 함수로 주어진 열벡터

$$F(t) = \begin{pmatrix} f_1(t) \\ \vdots \\ f_n(t) \end{pmatrix}$$

가 방정식

$$\frac{dF}{dt} = AF(t)$$

를 만족한다 하자. 좌표별로 쓰면 위 식은

$$\frac{df_i}{dt} = \sum_{j=1}^{n} a_{ij} f_j(t)$$

와 같다. 이제 $A$를 대각행렬

$$A = \begin{pmatrix} a_1 & 0 & \cdots & 0 \\ \vdots & \vdots & & \vdots \\ 0 & 0 & \cdots & a_n \end{pmatrix}, \qquad \text{모든 } i\text{에 대해 } a_i \neq 0$$

이라 가정하면 각 함수 $f_i(t)$는 방정식

$$\frac{df_i}{dt} = a_i f_i(t)$$

를 만족한다. 미적분학에 의하여, 모든 $i = 1, \ldots, n$에 대해

$$f_i(t) = c_i e^{a_i t}$$

가 되는 수 $c_1, \ldots, c_n$이 존재한다. [증명: $df/dt = af(t)$이면 $f(t)/e^{at}$의 미분은 0이 되므로 $f(t)/e^{at}$는 상수함수이다.] 역으로 $c_1, \ldots, c_n$이 수이고

$$F(t) = \begin{pmatrix} c_1 e^{a_1 t} \\ \vdots \\ c_n e^{a_n t} \end{pmatrix}$$

라 하자. 그러면 $F(t)$는 미분방정식

$$\frac{dF}{dt} = AF(t)$$

를 만족한다. $V$를 미분방정식

$$\frac{dF}{dt} = AF(t)$$

의 해집합이라 하자. 그러면 $V$가 벡터공간이 됨을 보일 수 있고, 위에서 논의한 바에 의하여 $n$개의 원소

$$\begin{pmatrix} e^{a_1 t} \\ \vdots \\ 0 \\ 0 \end{pmatrix}, \begin{pmatrix} 0 \\ e^{a_2 t} \\ \vdots \\ 0 \end{pmatrix}, \ldots, \begin{pmatrix} 0 \\ 0 \\ \vdots \\ e^{a_n t} \end{pmatrix}$$

가 $V$의 기저를 형성함을 보일 수 있다. 더욱이 이 원소들은 $A$의 고유벡터이며 동시에 (선형사상으로 본) 미분작용소의 고유벡터이다.

위 내용은 $A$가 대각행렬이면 항상 성립한다. $A$가 대각행렬이 아닌 경우에는 선형사상 $A$를 대각행렬로 표현하는 기저가 있는지 찾아보아야 한다.

일반적으로 $V$를 유한차원 벡터공간이라 하고

$$L : V \to V$$

을 선형사상이라 하고 $\{v_1, \ldots, v_n\}$을 $V$의 기저라 하자. 각 $v_i$가 $L$의 고유벡터, 즉 어떤 스칼라 $c_i$에 대해 $Lv_i = c_i v_i$일 때, 이 기저가 $L$을 **대각화한다**(對角化, diagonalize)고 한다. 이때 이 기저에 대해 $L$을 표현하는 행렬은 대각행렬

$$A = \begin{pmatrix} c_1 & 0 & \cdots & 0 \\ 0 & c_2 & \cdots & 0 \\ \vdots & \vdots & \ddots & \vdots \\ 0 & 0 & \cdots & c_n \end{pmatrix}$$

가 된다. 선형사상 $L$의 고유벡터로 구성된 $V$의 기저가 존재할 때 선형사상 $L$이 **대각화될 수 있다**(對角化, diagonalized)고 한다. 이 장의 뒷 부분에서 $A$가 대칭행렬이고

$$L_A : \mathbb{R}^n \to \mathbb{R}^n$$

가 $A$에 대응하는 선형사상이면 $L_A$가 대각화될 수 있음을 보일 것이다. 어떤 행렬 $A$에 대응하는 선형사상 $L_A$가 대각화될 수 있을 때 그 $n \times n$ 행렬을 **대각화될 수 있다**고 한다.

## VIII, §1. 연습문제

1. $a \in K$를 $a \neq 0$이라 하자. 행렬

$$\begin{pmatrix} 1 & a \\ 0 & 1 \end{pmatrix}$$

의 고유벡터들은 1차원 공간을 생성함을 보이고, 그 공간의 기저를 구하라.

2. 행렬

$$\begin{pmatrix} 2 & 0 \\ 0 & 2 \end{pmatrix}$$

의 고유벡터들은 2차원 공간을 생성함을 보이고 그 공간의 기저를 구하라. 이 행렬의 고유치는 무엇인가?

3. $A$를 대각원소가 $a_{11}, \ldots, a_{nn}$인 대각행렬이라 하자. $A$의 고유벡터들로 생성되는 공간은 몇 차원인가? 이 공간의 기저와 고유치를 구하라.

4. $A = (a_{ij})$를 각 $i = 1, \ldots, n$에 대해

$$\sum_{j=1}^{n} a_{ij} = 0$$

이 되는 $n \times n$ 행렬이라 하자. 0이 $A$의 고유치가 됨을 보여라.

5. (a) $\theta \in \mathbb{R}$이면 행렬

$$A = \begin{pmatrix} \cos\theta & \sin\theta \\ \sin\theta & -\cos\theta \end{pmatrix}.$$

는 $\mathbb{R}^2$에서 항상 고유벡터를 가짐을, 실제로 $Av_1 = v_1$가 되는 벡터 $v_1$이 존재함을 보여라. [힌트: $\cos\theta \neq 1$이면 $v_1$의 첫 번째 성분을

$$x = \frac{\sin\theta}{1 - \cos\theta}$$

라 두고 $y$에 대해 풀어라. $\cos\theta = 1$이면 어떻게 하여야 하는가? ]

(b) $v_2$를 (a)에서 구한 벡터 $v_1$에 수직인 $\mathbb{R}^2$의 벡터라 하자. $Av_2 = -v_2$임을 보여라. $A$가 반사(reflection)가 되도록 반사를 정의하라.

6. 행렬

$$R(\theta) = \begin{pmatrix} \cos\theta & -\sin\theta \\ \sin\theta & \cos\theta \end{pmatrix}$$

를 회전행렬이라 하자. $R(\theta) = \pm I$가 아니면 $R(\theta)$는 실고유치를 갖지 않음을 보여라. [다음 절을 읽은 뒤에는 더 쉽게 풀 수 있을 것이다.]

7. $V$를 유한차원 벡터공간이라 하고 $A, B$를 $V$에서 $V$로 가는 선형사상으로 $AB = BA$를 만족한다 하자. $v$가 고유치 $\lambda$에 대한 $A$의 고유벡터이면, $Bv \neq O$일 때 $Bv$ 또한 고유치 $\lambda$에 대한 $A$의 고유벡터가 됨을 보여라.

## VIII, §2. 특성다항식

이제 행렬식을 이용하여 행렬의 고유치를 구하는 방법을 알아보자.

**정리 2.1.** $V$를 유한차원 벡터공간이라 하고, $A : V \to V$를 선형사상이라 하자. 그러면 $\lambda$가 $A$의 고유치가 될 필요충분조건은 $A - \lambda I$가 가역이 아닌 것이다.

**증명.** $\lambda$를 $A$의 고유치라 하자. 그러면 $Av = \lambda v$를 만족하는 $O$이 아닌 벡터 $v \in V$가 존재한다. 이때 $Av - \lambda v = O$이고, 따라서 $(A - \lambda I)v = O$이다. 그러므로 $A - \lambda I$는 $\{O\}$이 아닌 핵을 가지게 되어 $A - \lambda I$는 가역이 될 수 없다.

역으로 $A - \lambda I$가 가역이 아니라 하자. 제3장의 정리 3.3에 의하여 $A - \lambda I$는 $\{O\}$이 아닌 핵을 가져야 하는데, 이는 $(A - \lambda I)v = O$을 만족하는 원소 $v \in V, v \neq O$가 존재함을 뜻한다. 따라서 $Av - \lambda v = O$, 즉 $Av = \lambda v$이다. 그러므로 $\lambda$는 $A$의 고유치이다. 이것으로 정리가 증명되었다. □

$A$를 $n \times n$ 행렬 $A = (a_{ij})$이라 하자. $A$의 **특성다항식**(特性多項式, characteristic polynomial) $P_A$란

$$P_A(t) = \mathrm{Det}(tI - A)$$

또는 자세하게 풀어쓰면

$$P_A(t) = \begin{vmatrix} t - a_{11} & & -a_{ij} \\ & \ddots & \\ -a_{ij} & & t - a_{nn} \end{vmatrix}$$

로 정의된 다항식을 말한다. $A$를 $K^n$에서 $K^n$으로 가는 선형사상으로 볼 수도 있는데, 이때도 $P_A(t)$를 이 선형사상의 **특성다항식**이라 부른다.

**보기 1.** 행렬

$$A = \begin{pmatrix} 1 & -1 & 3 \\ -2 & 1 & 1 \\ 0 & 1 & -1 \end{pmatrix}$$

의 특성다항식은

$$\begin{vmatrix} t-1 & 1 & -3 \\ 2 & t-1 & -1 \\ 0 & -1 & t+1 \end{vmatrix}$$

로 첫 번째 열에 대해 전개하면

$$P_A(t) = t^3 - t^2 - 4t + 6$$

이 됨을 알 수 있다.

임의의 행렬 $A = (a_{ij})$에 대해, 특성다항식은 첫 번째 열에 대해 전개하여 구할 수 있으므로 언제나 합

$$(t - a_{11}) \cdots (t - a_{nn}) + \cdots$$

으로 구성된다. 위에 쓰인 첫 번째 항을 제외한 다른 항의 차수는 $n$보다 작다. 그러므로 특성다항식은

$$P_A(t) = t^n + \text{차수가 더 작은 항}$$

과 같은 형태가 된다.

**정리 2.2.** $A$를 $n \times n$ 행렬이라 하자. 어떤 수 $\lambda$가 $A$의 고유치가 될 필요충분조건은 $\lambda$가 $A$의 특성다항식의 근이 되는 것이다.

**증명.** $\lambda$를 $A$의 고유치라 하자. 그러면 정리 2.1에 의하여 $\lambda I - A$는 가역이 아니므로 제6장의 정리 5.3에 의하여 $\mathrm{Det}(\lambda I - A) = 0$이다. 따라서 $\lambda$는 특성다항식의 근이 된다. 역으로 $\lambda$가 특성다항식의 근이면

$$\mathrm{Det}(\lambda I - A) = 0$$

이고, 따라서 제6장의 같은 정리 5.3에 의하여 $\lambda I - A$는 가역이 아니라고 결론지을 수 있다. 그러므로 정리 2.1에 의해 $\lambda$는 $A$의 고유치가 된다. □

정리 2.2는 행렬의 고유치를 결정하는 구체적인 방법을 제시해 주고 있다. 단, 특성다항식의 근을 구체적으로 구할 수 있는 경우에 한한다. 근을 찾는 일은, 특별히 이 장의

끝에 있는 연습문제의 경우에서와 같이, 쉽게 짐작할 수 있거나 혹은 간단한 방법으로 구할 수 있게 행렬이 주어진 경우에는 쉬운 일이겠으나 그렇지 않으면 대단히 어려운 일이다.

예컨대 보기 1의 다항식의 근을 구하기 위해서는 3차방정식의 근에 관한 이론을 전개해야 할 것이다. 이는 가능하기는 하지만 2차방정식의 근을 구하는 공식보다 다소 어려운 공식을 이용해야 한다. 또 근을 근사적으로 결정하는 방법을 모색할 수도 있다. 어떤 경우든 그러한 방법을 확정하는 것은 이 장에서 다루는 아이디어와는 다른 영역에 속하는 것이다.

**보기 2.** 다음 행렬의 고유치와 고유공간의 기저를 구하라.

$$\begin{pmatrix} 1 & 4 \\ 2 & 3 \end{pmatrix}.$$

특성다항식은 행렬식

$$\begin{vmatrix} t-1 & -4 \\ -2 & t-3 \end{vmatrix} = (t-1)(t-3) - 8 = t^2 - 4t - 5 = (t-5)(t+1)$$

과 같으므로, 고유치는 5와 $-1$이다.

고유치 $\lambda$에 대한 고유벡터 $\begin{pmatrix} x \\ y \end{pmatrix}$는

$$x + 4y = \lambda x,$$
$$2x + 3y = \lambda y$$

즉

$$(1-\lambda)x + 4y = 0,$$
$$2x + (3-\lambda)y = 0$$

을 만족한다. 이제 $x$에 임의의 값, 예를 들어 $x = 1$이라 하고 $y$에 대해 풀면 두 번째 식에서 $y = -2/(3-\lambda)$를 얻는다. 이로부터 고유벡터

$$X(\lambda) = \begin{pmatrix} 1 \\ -2/(3-\lambda) \end{pmatrix}$$

를 얻을 수 있다. 이제 $\lambda = 5$와 $\lambda = -1$을 대입하면 두 고유벡터

$$X^1 = \begin{pmatrix} 1 \\ 1 \end{pmatrix}, \qquad \lambda = 5\text{의경우}$$
$$X^2 = \begin{pmatrix} 1 \\ -\frac{1}{2} \end{pmatrix}, \qquad \lambda = -1\text{의경우}$$

를 얻는다. 고유치 5에 대한 고유공간은 기저로 $X^1$을 가지고 고유치 $-1$에 대하여는 $X^2$를 가진다. 이 벡터에 0이 아닌 임의의 수를 곱하여 얻은 벡터도 또한 기저가 되는데, 예컨대 $X^2$ 대신에

$$\begin{pmatrix} 2 \\ -1 \end{pmatrix}$$

을 택할 수도 있다.

**보기 3.** 다음 행렬의 고유치와 고유공간의 기저를 구하라.

$$\begin{pmatrix} 2 & 1 & 0 \\ 0 & 1 & -1 \\ 0 & 2 & 4 \end{pmatrix}.$$

특성다항식은 행렬식으로

$$\begin{vmatrix} t-2 & -1 & 0 \\ 0 & t-1 & 1 \\ 0 & -2 & t-4 \end{vmatrix} = (t-2)^2(t-3)$$

이다. 그러므로 고유치는 2와 3이다.

고유벡터를 구하려면 방정식

$$(2-\lambda)x + y = 0,$$
$$(1-\lambda)y - z = 0,$$
$$2y + (4-\lambda)z = 0$$

을 풀어야 한다. 여기서 $x$의 계수가 $(2-\lambda)$임에 주목하자.

우선 고유치 $\lambda = 2$에 대한 고유공간을 구하기로 하자. $\lambda = 2$이므로 첫 번째 식은 $y = 0$이 되고, 따라서 두 번째 식에서 $z = 0$을 얻는다. $x$를 임의의 값, 예를 들어

$x=1$이라 하면 벡터

$$X^1 = \begin{pmatrix} 1 \\ 0 \\ 0 \end{pmatrix}$$

은 고유치 2에 대한 고유공간의 기저가 된다.

다음으로 $\lambda \neq 2$, 즉 $\lambda = 3$이라 하자. $x=1$이라 놓고 첫 번째 방정식을 $y$에 대해 풀면 $y=1$이고, 두 번째 식을 $z$에 대해 풀면 $z=-2$이다. 그러므로

$$X^2 = \begin{pmatrix} 1 \\ 1 \\ -2 \end{pmatrix}$$

는 고유치 3에 대한 고유공간의 기저가 된다. $X^2$의 0이 아닌 상수배도 또한 기저가 된다.

**보기 4.** 행렬

$$\begin{pmatrix} 1 & 1 & 2 \\ 0 & 5 & -1 \\ 0 & 0 & 7 \end{pmatrix}$$

의 특성다항식은 $(t-1)(t-5)(t-7)$이다. 이를 일반화하면 어떻게 말할 수 있겠는가?

**보기 5.** 보기 4에 있는 행렬에 대한 고유치와 고유공간의 기저를 구하라.

고유치는 $1, 5, 7$이다. $X$를 $O$이 아닌 고유벡터로

$$X = \begin{pmatrix} x \\ y \\ z \end{pmatrix}, \quad \text{또는} \quad {}^tX = (x, y, z)$$

라 하자. 고유벡터의 정의에 의하여 어떤 수 $\lambda$가 존재하여 $AX = \lambda X$, 즉

$$\begin{aligned} x + y + 2z &= \lambda x, \\ 5y - z &= \lambda y, \\ 7z &= \lambda z \end{aligned}$$

를 만족한다.

**경우 1.** $z=0, y=0$의 경우: 0이 아닌 고유벡터를 찾아야 하므로 $x \neq 0$이어야 하고, 첫 번째 식에서 $\lambda = 1$을 얻는다. $X^1$을 첫 번째 단위벡터 $E^1$, 또는 $E^1$의 임의의

0이 아닌 상수배라 하면 고유치 1에 대한 고유벡터가 된다.

**경우 2**. $z = 0, y \neq 0$의 경우: 두 번째 식에서 $\lambda = 5$가 되어야 한다. $y$를 특정한 값, 예컨대 $y = 1$이라 하자. 그 다음에 첫 번째 식을 $x$에 대해 풀면

$$x + 1 = 5x, \quad \text{즉} \quad x = \frac{1}{4}$$

을 얻는다.

$$X^2 = \begin{pmatrix} \frac{1}{4} \\ 1 \\ 0 \end{pmatrix}$$

이라 하면, $X^2$가 구하는 고유치 5에 대한 고유벡터가 된다.

**경우 3**. $z \neq 0$의 경우: 이 경우에는 세 번째 식에 의해 $\lambda = 7$이 되어야 한다. $z$를 0이 아닌 수, 예컨대 $z = 1$이라 하자. 그러면 연립방정식

$$\begin{aligned} x + y + 2 &= 7x, \\ 5y - 1 &= 7y \end{aligned}$$

를 풀어 $y = -\frac{1}{2}$과 $x = \frac{1}{4}$을 얻는다.

$$X^3 = \begin{pmatrix} \frac{1}{4} \\ -\frac{1}{2} \\ 1 \end{pmatrix}$$

이라 두면, $X^3$이 구하는 고유치 7에 대한 고유벡터가 된다.

$X^1, X^2, X^3$의 상수배는 각각 $X^1, X^2, X^3$와 같은 고유치를 가지는 고유벡터가 된다. 이 세 벡터는, 서로 다른 고유치를 가지므로, 일차독립이고, 따라서 $\mathbb{R}^3$의 기저를 형성한다. 연습문제 14번에 의해 다른 고유벡터는 없다.

$K$가 복소수체인 경우 부록에 증명된 다음 사실을 이용할 수 있다.

복소계수를 갖는 상수가 아닌 모든 다항식은 항상 복소근을 갖는다.

$A$가 $n \times n$ 복소행렬이면 $A$의 특성다항식은 복소계수를 갖고, 차수는 1 이상이므로 고유치가 되는 근을 갖는다. 그러므로 다음이 성립한다.

**정리 2.3.** $A$가 $n \times n$ 행렬로 복소수를 성분으로 갖는다 하자. 그러면 $A$는 $O$이 아닌 고유벡터와 복소수인 고유치를 갖는다.

위 정리는 실수체 위에서는 성립하지 않는다. (보기를 들어라.) 다음 절에서는 실행렬이 항상 실수인 고유치를 갖게 되는 아주 중요한 경우에 대해 볼 것이다.

**정리 2.4.** $A, B$를 $n \times n$ 행렬이라 하고, $B$는 가역이라 하자. 그러면 $A$의 특성다항식은 $B^{-1}AB$의 특성다항식과 같다.

**증명.** 정의와 행렬식의 성질에 의해

$$\begin{aligned}\mathrm{Det}(tI - A) &= \mathrm{Det}(B^{-1}(tI - A)B) = \mathrm{Det}(tB^{-1}B - B^{-1}AB)\\ &= \mathrm{Det}((tI - B^{-1}AB)\end{aligned}$$

가 성립하여 정리가 증명되었다. □

이제

$$L : V \to V$$

을 어떤 유한차원 벡터공간에서 자기 자신으로 가는 선형사상이라 하자. $V$의 기저를 택하여

$$A = M_{\mathcal{B}}^{\mathcal{B}}(L)$$

을 그 기저에 대하여 $L$에 대응하는 행렬이라 하자. $L$의 **특성다항식**(特性多項式, characteristic polynomial)은 $A$의 특성다항식으로 정의한다. 기저를 바꾸면 $A$는 어떤 가역행렬 $B$에 대해 $B^{-1}AB$로 바뀌게 된다. 정리 2.4에 의해 선형사상의 특성다항식은 기저와 무관하게 정해진다는 것을 알 수 있다.

정리 2.3은 $L$에 대해 다음과 같이 서술할 수 있다.

> $V$를 $\mathbb{C}$ 위의 $\dim_{\mathbb{C}} V > 0$인 유한차원 벡터공간이라 하고 $L : V \to V$을 작용소라 하자. 그러면 $L$은 $O$이 아닌 고유벡터를 가지며 복소수인 고유치를 갖는다.

이제 행렬 자체는 성분이 실수이지만 복소수를 이용하여 고유치와 고유벡터를 계산하는 보기를 살펴보기로 한다. 복소수인 고유치의 경우에는, 벡터공간이 복소수 위에서 정의되고, 따라서 그 공간은 주어진 기저의 원소들의 복소계수에 의한 일차결합으로 구성되어 있음을 기억해야 한다.

**보기 6.** 다음 행렬의 고유치와 고유공간의 기저를 구하라.

$$A = \begin{pmatrix} 2 & -1 \\ 3 & 1 \end{pmatrix}.$$

특성다항식은 행렬식

$$\begin{vmatrix} t-2 & 1 \\ -3 & t-1 \end{vmatrix} = (t-2)(t-1)+3 = t^2-3t+5$$

로 주어진다. 따라서 고유치는

$$\frac{3 \pm \sqrt{9-20}}{2}$$

이다. 그러므로 두 개의 서로 다른 (실수가 아닌) 고유치

$$\lambda_1 = \frac{3+\sqrt{-11}}{2}, \qquad \lambda_2 = \frac{3-\sqrt{-11}}{2}$$

가 존재한다. $X = \begin{pmatrix} x \\ y \end{pmatrix}$를 $O$이 아닌 벡터라 하자. 그러면 $X$가 고유벡터가 되기 위한 필요충분조건은 $\lambda$를 고유치라 할 때 $AX = \lambda X$, 즉

$$\begin{aligned} 2x - y &= \lambda x, \\ 3x + y &= \lambda y \end{aligned}$$

가 성립하는 것이다. 이 연립방정식은

$$\begin{aligned} (2-\lambda)x - y &= 0, \\ 3x + (1-\lambda)y &= 0 \end{aligned}$$

과 동치이다. 이제 $x$를 임의의 값, 예컨대 $x = 1$이라 하고 $y$에 대하여 풀어 첫 번째 식에서 $y = (2-\lambda)$를 얻는다. 따라서 고유벡터

$$X(\lambda_1) = \begin{pmatrix} 1 \\ 2-\lambda_1 \end{pmatrix} \quad \text{과} \quad X(\lambda_2) = \begin{pmatrix} 1 \\ 2-\lambda_2 \end{pmatrix}$$

를 얻는다.

**참고.** 앞에서 $y$ 값은 연립방정식 중 하나를 풀어 얻었다. 이는 $\lambda$가 고유치이기 때문에, 다른 방정식과 모순되지 않는다. 실제로 $x = 1, y = 2-\lambda$를 두 번째 방정식의 좌변에 대입하면 $\lambda$가 특성다항식의 근이기 때문에

$$3 + (1-\lambda)(2-\lambda) = 0$$

이 된다.

그러면 $X(\lambda_1)$은 $\lambda_1$의 1차원 고유공간의 기저가 되고, $X(\lambda_2)$는 $\lambda_2$의 1차원 고유공

간의 기저가 된다.

**보기 7.** 다음 행렬의 고유치와 고유공간의 기저를 구하라.

$$A = \begin{pmatrix} 1 & 1 & -1 \\ 0 & 1 & 0 \\ 1 & 0 & 1 \end{pmatrix}.$$

특성다항식을 계산하면 행렬식

$$\begin{vmatrix} t-1 & -1 & 1 \\ 0 & t-1 & 0 \\ -1 & 0 & t-1 \end{vmatrix}$$

이므로, 쉽게

$$P(t) = (t-1)(t^2 - 2t + 2)$$

이 됨을 보일 수 있다. 이제 다항식 $P(t)$의 실근 혹은 복소근을 구해야 한다. 근의 공식을 이용하면 $t^2 - 2t + 2$의 근은

$$\frac{2 \pm \sqrt{4-8}}{2} = 1 \pm \sqrt{-1}$$

이다. 선형대수학 이론 전체를 복소수 위에서 전개할 수도 있고, 그렇다면 주어진 행렬의 고유치들 또한 복소수 위에서 정의될 수 있다. 그러면 위에서 계산한 결과로 실수인 고유치는 1뿐이고 다른 둘은 복소수인 고유치

$$1 + \sqrt{-1} \quad \text{과} \quad 1 - \sqrt{-1}$$

이다. 이 고유치를

$$\lambda_1 = 1, \quad \lambda_2 = 1 + \sqrt{-1}, \quad \lambda_3 = 1 - \sqrt{-1}$$

이라 하자. $X$가 $O$이 아닌 벡터

$$X = \begin{pmatrix} x \\ y \\ z \end{pmatrix}$$

이면 $X$가 $A$의 고유벡터가 되기 위한 필요충분조건은 어떤 고유치 $\lambda$에 대하여 방정식

$$\begin{aligned} x + y - z &= \lambda x, \\ y \phantom{{}-z} &= \lambda y, \\ x \phantom{{}+y} + z &= \lambda z \end{aligned}$$

를 만족하는 것이다. 이 연립방정식은

$$\begin{aligned} (1-\lambda)x + \quad y \quad -z &= 0, \\ (1-\lambda)y \qquad &= 0, \\ x \qquad + (1-\lambda)z &= 0 \end{aligned}$$

과 동치이다.

**경우 1**. $\lambda = 1$의 경우: 이 경우 두 번째 방정식은 임의의 $y$에 대하여 성립할 것이다. $y = 1$이라 놓자. 첫 번째 방정식에서 $z = 1$을 얻고 세 번째 방정식에서 $x = 0$을 얻는다. 그러므로 첫 번째 고유벡터

$$X^1 = \begin{pmatrix} 0 \\ 1 \\ 1 \end{pmatrix}$$

을 얻는다.

**경우 2**. $\lambda \neq 1$의 경우: 이 경우 두 번째 방정식에서 $y = 0$을 얻는다. 이제 첫 번째와 세 번째 방정식으로 이루어진 연립방정식

$$\begin{aligned} (1-\lambda)x - z &= 0, \\ x + (1-\lambda)z &= 0 \end{aligned}$$

을 풀기로 하자. 만일 이 두 방정식이 서로 독립이라면 해는 $x = z = 0$뿐이다. 그러나 주어진 고유치에 대해 $O$이 아닌 고유벡터가 존재하여야 하므로, 이러한 경우는 있을 수 없다. 실제로 두 번째 방정식은 첫 번째 방정식의 $(\lambda - 1)$배임을 직접 확인할 수 있을 것이다. 어쨌든 어느 한 변수에 임의의 값을 주고 다른 변수를 구할 수 있다. 예컨대 $z = 1$이라 하자. 그러면 $x = 1/(1-\lambda)$이다. 그러므로 고유벡터

$$X(\lambda) = \begin{pmatrix} 1/(1-\lambda) \\ 0 \\ 1 \end{pmatrix}$$

을 얻는다. $\lambda = \lambda_1$과 $\lambda = \lambda_2$를 대입하여 고유치 $\lambda_1, \lambda_2$에 대한 고유벡터를 각각 얻는다.

이렇게 하여 서로 다른 고유치에 대한 세 개의 고유벡터

$$X^1, \quad X(\lambda_1), \quad X(\lambda_2)$$

를 얻었다.

**보기 8.** 다음 행렬에 대한 고유치와 고유공간의 기저를 구하라

$$\begin{pmatrix} 1 & -1 & 2 \\ -2 & 1 & 3 \\ 1 & -1 & 1 \end{pmatrix}.$$

특성 다항식은

$$\begin{vmatrix} t-1 & 1 & -2 \\ 2 & t-1 & -3 \\ -1 & 1 & t-1 \end{vmatrix} = (t-1)^3 - (t-1) - 1$$

이고, 고유치는 이 3차 다항식의 근이다. 일반적으로 3차 다항식의 근을 구하는 것은 쉽지 않은데, 이 경우도 그렇다. $u = t - 1$이라 놓자. $u$를 변수로 보면 위의 다항식을

$$Q(u) = u^3 - u - 1$$

이라 쓸 수 있다. 계산을 통해, 이 다항식이 유리수인 근을 갖는다면 그것은 정수가 되어야 하고, 또 1을 나누어야 하므로, 가능한 유리수인 근은 $\pm 1$뿐인데 이것은 근이 될 수 없음을 알 수 있다. 따라서 유리수인 근은 존재하지 않는다. 그런데 3차 다항식은 일반적으로 다음 그림 1과 같은 형태를 갖는다.

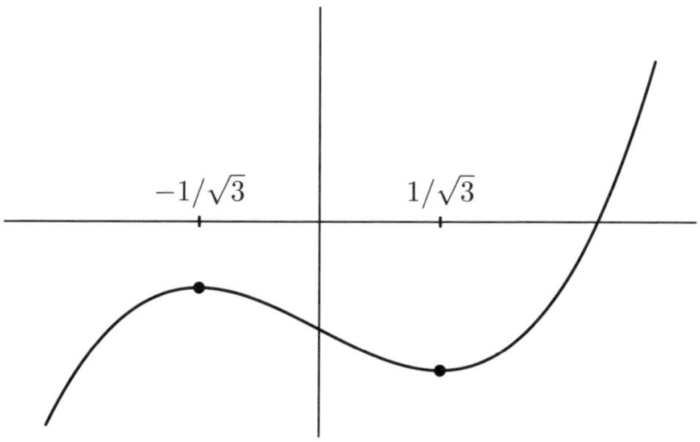


**그림 1**

이는 적어도 하나의 실근이 있음을 뜻한다. 미적분학을 이용하여 함수 $u^3 - u - 1$의 극대 및 극소를 구하면 $u = -1/\sqrt{3}$에서 극대인데 $Q(-1/\sqrt{3})$이 음수이므로 실근은 하나 뿐이다. 따라서 다른 두 근은 복소근이다. 이상이 우리가 가진 도구로 얻을 수 있는 최대한의 결과이다. 어쨌든 이 세 근에 이름을 붙여서 세 고유치를

$$\lambda_1, \lambda_2, \lambda_3$$

이라 하자. 이들은 서로 다르다.

그렇지만 고유치로 고유벡터를 표현할 수는 있다. $O$이 아닌 벡터 $X$를

$$X = \begin{pmatrix} x \\ y \\ z \end{pmatrix}$$

라 하자. 그러면 $X$가 고유벡터가 되기 위한 필요충분조건은 $AX = \lambda X$, 즉

$$\begin{aligned} x - y + 2z &= \lambda x \\ -2x + y + 3z &= \lambda y \\ x - y + z &= \lambda z \end{aligned}$$

가 성립하는 것이다. 이 연립방정식은

$$\begin{aligned} (1-\lambda)x - y + 2z &= 0 \\ -2x + (1-\lambda)y + 3z &= 0 \\ x - y + (1-\lambda)z &= 0 \end{aligned}$$

와 동치이다. $z$를 임의의 값, 예컨대 $z = 1$이라 두고 처음 두 방정식을 이용하여 $x, y$에 대해 풀어 보자. 즉

$$\begin{aligned} (\lambda - 1)x + y &= 2 \\ 2x + (\lambda - 1)y &= 3 \end{aligned}$$

을 풀어보자. 첫 번째 방정식에 2를 곱하고 두 번째 방정식에 $(\lambda - 1)$을 곱하여 뺀다. 그리고 $y$에 대해 풀어

$$y(\lambda) = \frac{3(\lambda-1) - 4}{(\lambda-1)^2 - 2}$$

를 얻을 수 있고 첫 번째 방정식으로부터

$$x(\lambda) = \frac{2 - y}{\lambda - 1}$$

을 얻을 수 있다. 그러므로 세 고유치 $\lambda_1, \lambda_2, \lambda_3$에 대한 고유벡터는

$$X(\lambda_1) = \begin{pmatrix} x(\lambda_1) \\ y(\lambda_1) \\ 1 \end{pmatrix}, \quad X(\lambda_2) = \begin{pmatrix} x(\lambda_2) \\ y(\lambda_2) \\ 1 \end{pmatrix}, \quad X(\lambda_3) = \begin{pmatrix} x(\lambda_3) \\ y(\lambda_3) \\ 1 \end{pmatrix}$$

이다. 이것이 고유치를 결정할 수 있을 때 얻을 수 있는 구체적인 해답이다. 계산기나

컴퓨터를 써서 $\lambda_1, \lambda_2, \lambda_3$의 근사치를 얻는 방법을 동원하여 고유치의 근사치를 얻으면 이 고유치에 상응하는 근사치로서 고유벡터를 구할 수 있다. 여기서 복소수 성분을 갖는 고유벡터가 구해졌음에 유의하자. $\lambda_1$을 실수인 고유치라 하자. (앞에서 본 대로 이러한 고유치는 단 하나뿐이다.) 그러면 $X(\lambda)$의 좌표에 관한 방정식에서 $x(\lambda)$나 $y(\lambda)$가 실수 성분을 갖기 위한 필요충분조건은 $\lambda$가 실수가 되는 것임을 알 수 있다. 그러므로 실수 성분을 갖는 고유벡터는 단 하나 $X(\lambda_1)$ 뿐이고, 나머지 둘은 복소고유벡터이다. 각 고유벡터는 대응하는 고유공간의 기저가 된다.

## VIII, §2. 연습문제

1. $A$를 대각행렬

$$A = \begin{pmatrix} a_1 & 0 & \cdots & 0 \\ 0 & a_2 & \cdots & 0 \\ \vdots & \vdots & & \vdots \\ 0 & 0 & \cdots & a_n \end{pmatrix}$$

이라 하자.

(a) $A$의 특성다항식은 무엇인가?

(b) $A$의 고유치를 구하라.

2. $A$를 삼각행렬

$$A = \begin{pmatrix} a_{11} & 0 & \cdots & 0 \\ a_{21} & a_{22} & \cdots & 0 \\ \vdots & \vdots & & \vdots \\ a_{n1} & a_{n2} & \cdots & a_{nn} \end{pmatrix}$$

이라 하자. $A$의 특성다항식은 무엇이고, 또 그 고유치는 무엇인가?

다음 행렬들의 특성다항식, 고유치, 고유공간의 기저를 구하라.

3. (a) $\begin{pmatrix} 1 & 2 \\ 3 & 2 \end{pmatrix}$ (b) $\begin{pmatrix} 3 & 2 \\ -1 & 0 \end{pmatrix}$ (c) $\begin{pmatrix} -2 & -7 \\ 1 & 2 \end{pmatrix}$ (d) $\begin{pmatrix} 1 & 4 \\ 2 & 3 \end{pmatrix}$

4. (a) $\begin{pmatrix} 4 & 0 & 1 \\ -2 & 1 & 0 \\ -2 & 0 & 1 \end{pmatrix}$ (b) $\begin{pmatrix} 1 & -3 & 3 \\ 3 & -5 & 3 \\ 6 & -6 & 4 \end{pmatrix}$ (c) $\begin{pmatrix} 3 & 1 & 1 \\ 2 & 4 & 2 \\ 1 & 1 & 3 \end{pmatrix}$ (d) $\begin{pmatrix} 1 & 2 & 2 \\ 1 & 2 & -1 \\ -1 & 1 & 4 \end{pmatrix}$

5. 다음 행렬의 고유치와 고유벡터를 구하라. 또 고유벡터들이 1차원 공간을 형성함을 보여라.

(a) $\begin{pmatrix} 2 & -1 \\ 1 & 0 \end{pmatrix}$ (b) $\begin{pmatrix} 1 & 1 \\ 0 & 1 \end{pmatrix}$ (c) $\begin{pmatrix} 2 & 0 \\ 1 & 2 \end{pmatrix}$ (d) $\begin{pmatrix} 2 & -3 \\ 1 & -1 \end{pmatrix}$

6. 다음 행렬의 고유치와 고유벡터를 구하라. 또 고유벡터들이 1차원 공간을 형성함을 보여라.

(a) $\begin{pmatrix} 1 & 1 & 1 \\ 0 & 1 & 1 \\ 0 & 0 & 1 \end{pmatrix}$ (b) $\begin{pmatrix} 1 & 1 & 0 \\ 0 & 1 & 1 \\ 0 & 0 & 1 \end{pmatrix}$

7. 다음 행렬의 고유치와 고유공간의 기저를 구하라.

(a) $\begin{pmatrix} 0 & 1 & 0 & 0 \\ 0 & 0 & 1 & 0 \\ 0 & 0 & 0 & 1 \\ 1 & 0 & 0 & 0 \end{pmatrix}$ (b) $\begin{pmatrix} -1 & 0 & 1 \\ -1 & 3 & 0 \\ -4 & 13 & -1 \end{pmatrix}$

8. 다음 행렬의 고유치와 고유공간의 기저를 구하라.

(a) $\begin{pmatrix} 2 & 4 \\ 5 & 3 \end{pmatrix}$ (b) $\begin{pmatrix} 1 & 2 \\ 2 & -2 \end{pmatrix}$ (c) $\begin{pmatrix} 3 & 2 \\ -2 & 3 \end{pmatrix}$

(d) $\begin{pmatrix} -1 & 2 & 2 \\ 2 & 2 & 2 \\ -3 & -6 & -6 \end{pmatrix}$ (e) $\begin{pmatrix} 3 & 2 & 1 \\ 0 & 1 & 2 \\ 0 & 1 & -1 \end{pmatrix}$ (f) $\begin{pmatrix} -1 & 4 & -2 \\ -3 & 4 & 0 \\ -3 & 1 & 3 \end{pmatrix}$

9. $V$를 $n$차원 벡터공간이라 하고, 선형사상 $A : V \to V$의 특성다항식이 $n$개의 서로 다른 근을 갖는다 하자. $V$가 $A$의 고유벡터들로 구성된 기저를 가짐을 보여라.

10. $A$를 정사각행렬이라 하자. ${}^tA$의 고유치와 $A$의 고유치가 같음을 보여라.

11. $A$를 가역행렬이라 하자. $\lambda$가 $A$의 고유치이면 $\lambda \neq 0$이고 $\lambda^{-1}$이 $A^{-1}$의 고유치가 됨을 보여라.

12. $V$를 두 함수 $\sin t$와 $\cos t$로 생성된 실벡터공간이라 하자. 미분작용소는 ($V$에서 $V$로 가는 선형사상으로 볼 때) $V$에서 $O$이 아닌 고유벡터를 갖는가? 만일 갖는다면 그것은 무엇인가?

13. 미분작용소 $D$는 미분가능한 함수들로 구성된 벡터공간 위의 선형사상이다. $k$를 0이 아닌 정수라 하자. 함수 $\sin kx$와 $\cos kx$는 $D^2$의 고유벡터임을 보여라. 고유치는 무엇인가?

14. $A : V \to V$를 $V$에서 $V$로 가는 선형사상이라 하고, $\{v_1, \ldots, v_n\}$을 서로 다른 고유치 $c_1, \ldots, c_n$에 대한 고유벡터로 이루어진 기저라 하자. $V$에서 $A$의 임의의 고유벡터 $v$는 어떤 $v_i$의 스칼라배임을 보여라.

15. $A, B$를 같은 크기의 정사각행렬이라 하자. $AB$의 고유치와 $BA$의 고유치는 같음을 보여라.

## VIII, §3. 대칭행렬의 고유치와 고유벡터

다음 정리를 두 가지 방법으로 증명하기로 한다.

**정리 3.1.** $A$를 $n \times n$ 실대칭행렬이라 하자. 그러면 $A$는 $O$이 아닌 실고유벡터를 갖는다.

첫 번째 증명은 복소수를 이용한다. 정리 2.3에 의해 $A$는 어떤 고유치 $\lambda \in \mathbb{C}$를 갖고 성분이 복소수인 고유벡터 $Z$를 갖는다. 이제 다음을 보이면 된다.

**정리 3.2.** $A$를 실대칭행렬이라 하고 $\lambda \in \mathbb{C}$를 $A$의 고유치라 하자. 그러면 $\lambda$는 실수가 된다. $Z \neq O$이 고유치 $\lambda$에 대한 복소고유벡터이고 $Z = X + iY$, $X, Y \in \mathbb{R}^n$이라 하면, $X, Y$는 모두 $\lambda$에 대한 실고유벡터가 되며 $X \neq O$이거나 $Y \neq O$이다.

증명. $Z = {}^t(z_1, \ldots, z_n) \neq O$를 복소좌표 $z_i$를 갖는 열벡터라 하자. 그러면

$$Z \cdot \overline{Z} = \overline{Z} \cdot Z = {}^t\overline{Z}Z = \overline{z}_1 z_1 + \cdots + \overline{z}_n z_n = |z_1|^2 + \cdots + |z_n|^2 > 0$$

이 성립한다. 가정에 의해 $AZ = \lambda Z$이다. 그러므로

$${}^t\overline{Z}AZ = {}^t\overline{Z}\lambda Z = \lambda {}^t\overline{Z}Z$$

이다. $1 \times 1$ 행렬의 전치행렬은 자신과 같으므로

$${}^tZ\,{}^tA\overline{Z} = {}^t\overline{Z}AZ = \lambda {}^t\overline{Z}Z$$

도 성립한다. 그런데 $\overline{AZ} = \overline{A}\,\overline{Z} = A\overline{Z}$이고 $\overline{AZ} = \overline{\lambda Z} = \overline{\lambda}\,\overline{Z}$이므로

$$\lambda {}^t\overline{Z}Z = \overline{\lambda}\,{}^tZ\overline{Z}$$

이다. ${}^tZ\overline{Z} \neq 0$이므로 $\lambda = \overline{\lambda}$, 즉 $\lambda$는 실수가 된다.

이제 $AZ = \lambda Z$에서

$$AX + iAY = \lambda X + i\lambda Y$$

가 되고 $A, X, Y$의 성분이 모두 실수이므로 $AX = \lambda X, AY = \lambda Y$이다. 이것으로 정리가 증명되었다. □

다음으로 다변수 미적분학을 이용한 증명을 보자.

함수 $f$를 다음과 같이 정의하자.

$$f(X) = {}^tXAX, \qquad X \in \mathbb{R}^n.$$

이러한 함수 $f$를 행렬 $A$에 대응하는 **이차형식**(二次形式, quadratic form associated with $A$)이라 부른다. ${}^tX$를 좌표로 풀어 써서 ${}^tX = (x_1, \ldots, x_n)$라 하고 $A = (a_{ij})$라 하면

$$f(X) = \sum_{i,j=1}^{n} a_{ij}x_ix_j$$

가 된다.

**보기 1.** $A$를

$$\begin{pmatrix} 3 & -1 \\ -1 & 2 \end{pmatrix}$$

라 하고 ${}^tX = (x,\ y)$라 하자. 그러면

$${}^tXAX = (x,\ y)\begin{pmatrix} 3 & -1 \\ -1 & 2 \end{pmatrix}\begin{pmatrix} x \\ y \end{pmatrix} = 3x^2 - 2xy + 2y^2$$

를 얻는다.

더 일반적으로

$$A = \begin{pmatrix} a & b \\ b & d \end{pmatrix}$$

라 하면

$$(x,\ y)\begin{pmatrix} a & b \\ b & d \end{pmatrix}\begin{pmatrix} x \\ y \end{pmatrix} = ax^2 + 2bxy + dy^2$$

이다.

**보기 2.** 이차형식

$$f(x, y) = 3x^2 + 5xy - 4y^2$$

이 주어졌다고 가정하자. 그러면 이것은 대칭행렬

$$A = \begin{pmatrix} 3 & \frac{5}{2} \\ \frac{5}{2} & -4 \end{pmatrix}$$

에 대응하는 이차형식이다.

많은 경우에, 위와 같은 함수의 단위구면 위에서의 최댓값을 구해야 될 때가 있다. 독자들은 단위구면(單位球面, unit sphere)이 $\|X\| = \sqrt{X \cdot X} = 1$을 만족하는 $X$ 전체의

집합이라는 사실을 기억하고 있을 것이다. 해석학 과목에서 위와 같은 함수는 단위구면 위에서 반드시 최댓값을 갖는다는 사실을 배우게 된다.

단위구면 위에서 **최대**(最大, maximum)란 $\|X\| = 1$인 모든 $X$에 대하여

$$f(P) \geqq f(X)$$

를 만족하는 $\|P\| = 1$인 점 $P$를 말한다. 다음 정리는 이 문제와 고유벡터를 구하는 문제가 서로 어떤 관계가 있는지를 설명해 준다.

**정리 3.3.** $A$를 실대칭행렬이라 하고, $f(X) = {}^tXAX$를 이에 대응하는 이차형식이라 하자. $P$를 $f(P)$가 구면 위에서 $f$의 최댓값이 되는 점이라 하자. 그러면 $P$는 $A$의 고유벡터이다. 달리 말하면 $AP = \lambda P$를 만족하는 $\lambda$가 존재한다.

증명. $W$를 $P$에 수직인 $\mathbb{R}^n$의 부분공간, 즉 $W = P^\perp$이라 하자. 그러면 $\dim W = n-1$이다. 임의의 원소 $w \in W$, $\|w\| = 1$에 대하여 곡선 $C(t)$를

$$C(t) = (\cos t)P + (\sin t)w$$

로 정의하자. 단위벡터 $w \in W$의 방향은 점 $P$에서 구면에 접하는 방향임을 아래 그림에서 볼 수 있다.

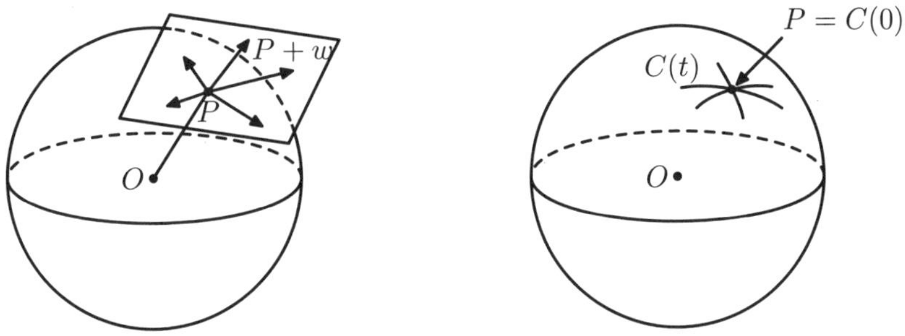


그림 2

$P \cdot w = 0$이라는 가정을 이용하여 $C(t) \cdot C(t)$를 계산하면 $\|C(t)\| = 1$임을 보일 수 있어, 곡선 $C(t)$는 이 단위구면 위에 있다고 할 수 있다. 더욱이 $C(0) = P$이므로 $C(t)$는 점 $P$를 지나는 구면 위의 곡선이다. 또한 미분하면

$$C'(t) = (-\sin t)P + (\cos t)w$$

이므로 $C'(0) = w$이다. 그러므로 점 $P$에서 곡선의 방향은 $w$의 방향과 같고 또한 $w \cdot P = 0$이므로 $P$에 수직인 구면에 접하는 방향이다. 함수 $g$를

$$g(t) = f(C(t)) = C(t) \cdot AC(t)$$

라 정의하자. 곱셈에 대한 미분 규칙을 좌표별로 이용하면, $A$가 대칭이라는 사실에 의해 다음의 미분을 얻는다.

$$\begin{aligned} g'(t) &= C'(t) \cdot AC(t) + C(t) \cdot AC'(t) \\ &= 2C'(t) \cdot AC(t). \end{aligned}$$

$f(P)$가 최댓값이고 $g(0) = f(P)$이므로 $g'(0) = 0$이다. 그러므로

$$0 = g'(0) = 2C'(0) \cdot AC(0) = 2w \cdot AP$$

가 되어 $AP$는 모든 $w \in W$와 직교한다. 그런데 $W^{\perp}$은 $P$로 생성되는 1차원 공간이다. 따라서 어떤 수 $\lambda$가 존재하여 $AP = \lambda P$가 되므로 정리가 성립한다. □

**따름정리 3.4.** 단위구면 위에서 $f$의 최댓값은 $A$의 가장 큰 고유치와 같다.

**증명.** $\lambda$를 $A$의 고유치라 하고 $P$를 단위구면 위에 있는 고유벡터라 하자. 즉 $\|P\| = 1$라 하자. 그러면

$$f(P) = {}^tPAP = {}^tP\lambda P = \lambda {}^tPP = \lambda$$

이다. 그러므로 단위구면 위에 있는 고유벡터에서의 $f$의 함수값은 그 고유벡터에 대한 고유치와 일치한다. 정리 3.3에 의하면 단위구면 위에서 $f$는 고유벡터에서 최댓값을 가진다. 그러므로 단위구면 위에서의 $f$의 최댓값은 $A$의 가장 큰 고유치와 같다. □

**보기 3.** $f(x, y) = 2x^2 - 3xy + y^2$이라 하자. $A$를 $f$에 대응하는 대칭행렬이라 하자. 단위원 위에 있는 $A$의 고유벡터와 단위원 위에서의 $f$의 최댓값을 구하라.

먼저 $f$가 행렬

$$A = \begin{pmatrix} 2 & -\frac{3}{2} \\ -\frac{3}{2} & 1 \end{pmatrix}$$

에 대응하는 이차형식임에 유의하자. 정리 3.3에 의해 최대는 고유벡터가 되어야 하므로 우선 고유치와 고유벡터를 찾기로 하자.

$A$의 특성다항식은 행렬식

$$\begin{vmatrix} t-2 & \frac{3}{2} \\ \frac{3}{2} & t-1 \end{vmatrix} = t^2 - 3t - \frac{1}{4}$$

이다. 그러므로 고유치는

$$\lambda = \frac{3 \pm \sqrt{10}}{2}$$

이다. 고유벡터를 구하기 위해서는 연립방정식

$$2x - \frac{3}{2}y = \lambda x,$$
$$-\frac{3}{2}x + y = \lambda y$$

를 풀어야 한다. $x = 1$이라 놓으면 가능한 고유벡터는

$$X(\lambda) = \begin{pmatrix} 1 \\ \frac{2}{3}(2-\lambda) \end{pmatrix}$$

이다. 그러므로 0이 아닌 상수배의 관계에 있는 것을 모두 동일시하면 서로 다른 두 개의 고유벡터가 있다. 따라서 단위원 위에 놓여 있는 고유벡터는

$$P(\lambda) = \frac{X(\lambda)}{\|X(\lambda)\|}, \quad \text{여기서 } \lambda = \frac{3+\sqrt{10}}{2} \text{과 } \lambda = \frac{3-\sqrt{10}}{2}$$

이다. 따름정리 3.4에 의해 최대가 되는 점은 가장 큰 고유치를 가지는 고유벡터이므로 점

$$P(\lambda), \qquad \lambda = \frac{3+\sqrt{10}}{2}$$

일 때이다. 또한 단위원 위에서 $f$의 최댓값은 $\frac{3+\sqrt{10}}{2}$이다.

같은 방법으로 단위원 위에서의 $f$의 최솟값은 $\frac{3-\sqrt{10}}{2}$임을 알 수 있다.

## VIII, §3. 연습문제

1. 다음 행렬의 고유치와 이 행렬들에 대응하는 이차형식의 단위원 위에서의 최댓값을 구하라.

(a) $\begin{pmatrix} 2 & -1 \\ -1 & 2 \end{pmatrix}$ (b) $\begin{pmatrix} 1 & 1 \\ 1 & 0 \end{pmatrix}$

2. 1번에서와 같이 고유치를 구하고 대응하는 이차형식의 단위구 위에서의 최댓값을 구하라.

(a) $\begin{pmatrix} 1 & -1 & 0 \\ -1 & 2 & -1 \\ 0 & -1 & 1 \end{pmatrix}$ (b) $\begin{pmatrix} 2 & -1 & 0 \\ -1 & 2 & -1 \\ 0 & -1 & 2 \end{pmatrix}$

3. 단위원 위에서 함수

$$f(x, y) = 3x^2 + 5xy - 4y^2$$

의 최댓값과 최솟값을 구하라.

## VIII, §4. 대칭선형사상의 대각화

이 절에서는 별 언급이 없는 한 $V$를 $\mathbb{R}$ 위의 $n$차원 벡터공간으로 양의 정부호인 스칼라 내적이 정의되어 있다고 가정한다.

3절에서 증명한 고유벡터가 존재한다는 사실을 응용해 보자. $A$를 선형사상

$$A : V \to V$$

라 하자. $A$가 모든 $v, w \in V$에 대해

$$\langle Av, w \rangle = \langle v, Aw \rangle$$

를 만족할 때 **(주어진 스칼라 내적에 대해) 대칭**(symmetric (with respect to the scalar product))이라 한다.

그러면 정리 3.1을 다음과 같이 고쳐 쓸 수 있다.

**정리 4.1.** $V$를 양의 정부호인 스칼라 내적을 가진 유한차원 벡터공간이라 하고 $A : V \to V$를 대칭선형사상이라 하자. 그러면 $A$는 $O$이 아닌 고유벡터를 갖는다.

$W$를 $V$의 부분공간이라 하고 $A : V \to V$를 대칭선형사상이라 하자. $A(W) \subset W$일 때, 즉 모든 $u \in W$에 대하여 $A(u) \in W$일 때 이 $W$를 $A$ 아래서 **불변**(不變, invariant) 또는 **$A$-불변**($A$-不變, $A$-invariant)이라 한다. 때로는 $W$가 $A$ 아래서 **안정하다**(安定, stable)고도 한다.

**정리 4.2.** $A : V \to V$를 대칭선형사상이라 하자. $v$를 $A$의 $O$이 아닌 고유벡터라 하자. $w$가 $V$의 원소로 $v$에 수직이면 $Aw$도 $v$에 수직이다.

$W$가 $A$ 아래서 불변인 부분공간이면 $W^{\perp}$도 또한 $A$ 아래서 불변이다.

**증명.** 우선 $v$가 $A$의 고유벡터라 가정하자. 그러면

$$\langle Aw, v \rangle = \langle w, Av \rangle = \langle w, \lambda v \rangle = \lambda \langle w, v \rangle = 0$$

이다. 그러므로 $Aw$는 $v$에 수직이다.

다음으로 $W$가 $A$ 아래서 불변이라고 가정하고 $u \in W^{\perp}$라 하자. 그러면 모든 $w \in W$에 대해 $Aw \in W$이므로

$$\langle Au, w \rangle = \langle u, Aw \rangle = 0$$

이 성립한다. 그러므로 $Au \in W^{\perp}$가 되어 두 번째 명제가 증명되었다. □

**정리 4.3 (스펙트럼 정리(Spectral theorem)).** $V$를 실수 위에서 양의 정부호인 스칼라 내적을 갖는 $n > 0$차원 벡터공간이라 하자.

$$A : V \to V$$

를 이 스칼라 내적에 대해 대칭인 선형사상이라 하자. 그러면 $V$는 고유벡터들로 구성된 정규직교기저를 갖는다.

**증명.** 정리 3.1에 의해 $O$이 아닌 $A$의 고유벡터 $v$가 존재한다. $W$를 $v$로 생성된 1차원 공간이라 하자. 그러면 $W$는 $A$ 아래서 불변이다. 정리 4.2에 의해 $W^\perp$ 역시 $A$ 아래서 불변이며 차원이 $n-1$인 벡터공간이다. 따라서 $A$를 $W^\perp$에서 $W^\perp$으로 가는 대칭선형사상으로 볼 수 있고 위의 과정을 $W^\perp$ 위에서 반복할 수 있다. $v = v_1$이라 두고 귀납법에 의해 고유벡터로 구성된 $W^\perp$의 기저 $\{v_2, \ldots, v_n\}$를 찾을 수 있다. 그러면

$$\{v_1, v_2, \ldots, v_n\}$$

은 고유벡터들로 구성된 $V$의 직교기저이다. 각 벡터를 그 벡터의 노름으로 나누면 원하는 정규직교기저를 구할 수 있다. □

$\{e_1, \ldots, e_n\}$을 각 $e_i$가 고유벡터인 $V$의 정규직교기저라 하면, 이 기저에 대한 $A$의 행렬표현은 대각행렬이 되고 그 대각원소는 바로 $A$의 고유치이다. 따라서 $A$의 행렬표현은

$$\begin{pmatrix} \lambda_1 & 0 & \cdots & 0 \\ 0 & \lambda_2 & \cdots & 0 \\ \vdots & \vdots & & \vdots \\ 0 & 0 & \cdots & \lambda_n \end{pmatrix}$$

이다. 이렇게 간단히 표현하면 다른 기저에 대한 더 복잡한 행렬표현에 비해 $A$의 효과는 더 명확해진다.

$A$의 고유벡터 $v_i$들로 구성된 $V$의 기저 $\{v_1, \ldots, v_n\}$을 $A$의 **스펙트럼 기저**(spectral basis)라 한다. 이 기저에 대해 $A$의 행렬이 대각행렬이 되므로 이 기저가 $A$를 **대각화**(對角化, diagonalize)한다고 한다.

**보기 1.** 이제 일차미분방정식에 응용한 보기를 보자. $A$를 $n \times n$ 실대칭행렬이라 하자. $X(t)$를 좌표가 $t$의 함수인

$$X(t) = \begin{pmatrix} x_1(t) \\ \vdots \\ x_n(t) \end{pmatrix}$$

라 할 때, 미분방정식

$$\frac{dX(t)}{dt} = AX(t)$$

의 해를 구하려 한다. 여기서

$$\frac{dX(t)}{dt} = \begin{pmatrix} dx_1(t)/dt \\ \vdots \\ dx_n(t)/dt \end{pmatrix}$$

이다. 이 방정식을 좌표로 풀어 쓰면 매우 복잡할 것이므로 우선은 좌표에 대해서는 생각하지 말고 $\mathbb{R}^n$을 양의 정부호인 스칼라 내적을 갖는 $n$차원 벡터공간 $V$로 보기로 하자. (보통 원래의 기저와는 다른) $A$의 고유벡터들로 구성된 $V$의 정규직교기저를 택하자. 이제 이 새로운 기저로 $V$를 $\mathbb{R}^n$과 동일시하고 좌표를 $y_1, \ldots, y_n$이라 하자. 이 새로운 좌표에 대해 선형사상 $L_A$의 행렬표현은 $\lambda_1, \ldots, \lambda_n$을 고유치라 하면

$$\begin{pmatrix} \lambda_1 & 0 & \cdots & 0 \\ 0 & \lambda_2 & \cdots & 0 \\ \vdots & \vdots & & \vdots \\ 0 & 0 & \cdots & \lambda_n \end{pmatrix}$$

이 된다. 그런데 이렇게 편리한 좌표를 쓰면 원래의 미분방정식은 간단하게

$$\frac{dy_1}{dt} = \lambda_1 y_1, \ \ldots, \ \frac{dy_n}{dt} = \lambda_n y_n$$

이 되므로 일반해는

$$y_i(t) = c_i e^{\lambda_i t}, \quad c_i \text{는 상수}$$

와 같은 형태이다.

이 보기의 교훈은 문제의 해를 단순하게 하기 위해 어쩔 수 없이 좌표를 택해야 할 때까지 기저를 너무 일찍 택하지 말고, 또 가능한 한 좌표를 포함하지 않는 기호를 사용하라는 것이다.

**정리 4.4.** $A$를 $n \times n$ 실대칭행렬이라 하자. 그러면

$${}^tUAU = U^{-1}AU$$

가 대각행렬이 되는 $n \times n$ 실유니타리 행렬 $U$가 존재한다.

증명. $A$를 표준기저 $\mathcal{B} = \{e^1, \ldots, e^n\}$에 대해 어떤 대칭선형사상

$$F : \mathbb{R}^n \to \mathbb{R}^n$$

에 대응하는 행렬이라 볼 수 있다. 정리 4.3에 의해

$$M_{\mathcal{B}'}^{\mathcal{B}'}(F)$$

가 대각행렬이 되는 $\mathbb{R}^n$의 정규직교기저 $\mathcal{B}' = \{w_1, \ldots, w_n\}$을 찾을 수 있다. $U = M_{\mathcal{B}'}^{\mathcal{B}}(\mathrm{id})$라 하자. 그러면 $U^{-1}AU$는 대각행렬이다. 더욱이 $U$는 유니타리이다. 이를 보이기 위해 $U = (c_{ij})$라 하자. 그러면 $i = 1, \ldots, n$에 대해

$$w_i = \sum_{j=1}^{n} c_{ji} e_j$$

이다. $\langle w_i, w_i \rangle = 1$이고, $i \neq j$이면 $\langle w_i, w_j \rangle = 0$이라는 조건에 의해

$${}^tUU = I, \quad \text{즉} \quad {}^tU = U^{-1}$$

가 됨을 바로 알 수 있다. 이것으로 정리 4.4가 증명되었다. □

**참고.** 정리 4.4는 **모든** 실대칭행렬을 얻는 방법을 보여 준다. 모든 실대칭행렬 $A$는 대각행렬 $B$와 실유니타리 행렬 $U$에 대해

$${}^tUBU$$

꼴로 쓸 수 있다.

## VIII, §4. 연습문제

1. $A$를 $n \times n$ 대각행렬이라 하자. 임의의 $X \in \mathbb{R}^n$에 대해, ${}^tXAX$를 $X$의 좌표와 $A$의 대각원소로 풀어 쓰면 어떻게 되는가?

2. 행렬

$$A = \begin{pmatrix} \lambda_1 & 0 & \cdots & 0 \\ 0 & \lambda_2 & \cdots & 0 \\ \vdots & \vdots & & \vdots \\ 0 & 0 & \cdots & \lambda_n \end{pmatrix}$$

을 $\lambda_1 \geqq 0, \ldots, \lambda_n \geqq 0$인 대각행렬이라 하자. $B^2 = A$를 만족하는 $n \times n$ 대각행렬 $B$가 존재함을 보여라.

3. $V$를 양의 정부호인 스칼라 내적을 가지는 유한차원 벡터공간이라 하자. $A : V \to V$를 대칭선형사상이라 하자. 모든 $v \in V, v \neq O$에 대하여 $\langle Av, v \rangle > 0$을 만족할 때 $A$를 **양의 정부호**(positive definite)라 한다. 다음을 증명하라.

(a) $A$가 양의 정부호이면 모든 고유치는 0보다 크다.

(b) $A$가 양의 정부호이면 $B^2 = A$이고 $BA = AB$인 대칭선형사상 $B$가 존재한다. $B$의 고유치는 무엇인가? [힌트: 고유벡터로 구성된 $V$의 기저를 사용하라.]

4. 모든 $v \in V$에 대하여 $\langle Av, v \rangle \geqq 0$을 만족할 때 $A$를 **양의 준정부호**(semipositive 또는 positive semidefinite)라 한다. $A$가 양의 준정부호일 때 문제 3번의 (a), (b)와 유사한 결과를 증명하라. 즉 고유치는 $\geqq 0$이고, $B^2 = A$인 대칭선형사상 $B$가 존재함을 보여라.

5. $A$를 대칭이고 양의 정부호라 하자. $A^2$과 $A^{-1}$이 대칭이고 양의 정부호임을 보여라.

6. $A : \mathbb{R}^n \to \mathbb{R}^n$를 가역인 선형사상이라 하자.

(a) ${}^tAA$가 대칭이고 양의 정부호임을 보여라.

(b) 문제 3(b)에 의해 $B^2 = {}^tAA$인 대칭이고 양의 정부호인 $B$가 존재한다. $U = AB^{-1}$이라 하자. $U$가 유니타리임을 보여라.

(c) $A = UB$임을 보여라.

7. $B$를 대칭이고 양의 정부호이며 동시에 유니타리라 하자. $B = I$임을 보여라.

8. 실대칭행렬 $A$가 양의 정부호일 필요충분조건은 $A = {}^tNN$인 실정칙행렬 $N$이 존재하는 것임을 보여라. [힌트: 정리 4.4를 이용하고, ${}^tUAU$를 어떤 대각행렬, 예컨대 $B$의 제곱으로 쓰라. $N = UB^{-1}$이라 두라.]

9. 주어진 행렬의 고유벡터들로 구성된 $\mathbb{R}^2$의 직교기저를 구하라.

(a) $\begin{pmatrix} 1 & 3 \\ 3 & 2 \end{pmatrix}$ (b) $\begin{pmatrix} -1 & 1 \\ 1 & 2 \end{pmatrix}$ (c) $\begin{pmatrix} 2 & 0 \\ 0 & 2 \end{pmatrix}$

(d) $\begin{pmatrix} 1 & 1 \\ 1 & 1 \end{pmatrix}$ (e) $\begin{pmatrix} 1 & -1 \\ -1 & 1 \end{pmatrix}$ (f) $\begin{pmatrix} 2 & -3 \\ -3 & 1 \end{pmatrix}$

10. $A$를 대칭인 $2 \times 2$ 실행렬이라 하자. $A$의 고유치가 서로 다르면 고유벡터들은 $\mathbb{R}^2$의 직교기저를 형성함을 보여라.

11. $V$를 4절에서와 같다 하자. $A : V \to V$를 대칭선형사상이라 하자. $v_1, v_2$를 각각 고유치 $\lambda_1, \lambda_2$에 대한 고유벡터라 하자. $\lambda_1 \neq \lambda_2$이면 $v_1$이 $v_2$에 수직임을 보여라.

12. $V$를 4절에서와 같다 하자. $A : V \to V$를 대칭선형사상이라 하자. $A$가 고유치를 하나만 가진다면 $V$의 **모든** 직교기저는 $A$의 고유벡터로 이루어짐을 보여라.

13. $V$를 4절에서와 같다 하자. $A : V \to V$를 대칭선형사상이라 하자. $\dim V = n$이라 하고, $A$의 서로 다른 고유치가 $n$개 존재한다고 가정하자. 이에 대응하는 고유벡터들이 $V$의 직교기저를 형성함을 보여라.

14. $V$를 4절에서와 같다 하자. $A : V \to V$를 대칭선형사상이라 하자. $A$의 핵이 $\{O\}$이면 $A$의 고유치는 어느 것도 0이 아니고 역도 성립함을 보여라.

15. $V$를 4절에서와 같다 하자. $A : V \to V$를 대칭선형사상이라 하자. $A$에 관한 다음의 조건은 동치임을 보여라.

(a) $A$의 모든 고유치는 0보다 크다.

(b) 모든 원소 $v \in V, v \neq O$에 대해 $\langle Av, v \rangle > 0$이다.

이 조건을 만족하는 사상 $A$를 **양의 정부호**(positive definite)라 한다. 그러므로 두 번째 조건은 $\mathbb{R}^n$의 좌표벡터와 통상적인 스칼라 내적으로 다음과 같이 쓸 수 있다.

(c) 모든 $X \in \mathbb{R}^n, X \neq O$에 대해

$$^tXAX > 0$$

이다.

16. 다음 행렬 중 어느 것이 양의 정부호인지 결정하라.

(a) $\begin{pmatrix} 1 & 2 \\ 2 & 1 \end{pmatrix}$ (b) $\begin{pmatrix} 1 & -1 \\ -1 & 2 \end{pmatrix}$ (c) $\begin{pmatrix} 3 & 2 \\ 2 & 1 \end{pmatrix}$

(d) $\begin{pmatrix} 1 & 2 & 3 \\ 2 & 0 & 1 \\ 3 & 1 & 1 \end{pmatrix}$ (e) $\begin{pmatrix} 1 & -1 & 0 \\ -1 & 0 & 1 \\ 0 & 1 & 2 \end{pmatrix}$

17. 실대칭행렬에 관한 다음의 조건이 동치임을 증명하라. 다음 조건을 만족하는 행렬을 **음의 정부호**(negative definite)라 한다.

(a) $A$의 모든 고유치는 0보다 작다.

(b) 모든 벡터 $X \in \mathbb{R}^n, X \neq O$에 대해 $^tXAX < 0$이다.

18. $A$를 정칙인 $n \times n$ 실대칭행렬이라 하자. 다음을 증명하라.

(a) $\lambda$가 $A$의 고유치이면 $\lambda \neq 0$이다.

(b) $\lambda$가 $A$의 고유치이면 $\lambda^{-1}$은 $A^{-1}$의 고유벡터이다.

(c) 행렬 $A$와 $A^{-1}$의 고유벡터의 집합은 같다.

19. $A$를 대칭이고 양의 정부호인 실행렬이라 하자. $A^{-1}$이 존재하고 양의 정부호임을 보여라.

20. $V$를 4절에서와 같다 하자. $A$와 $B$를 $AB = BA$인 $V$ 위의 두 대칭인 작용소라 하자. $A$와 $B$ 모두에 대한 고유벡터로 이루어진 $V$의 직교기저가 존재함을 보여라. [힌트: $\lambda$를 $A$의 고유치라 하고 $V_\lambda$를 $Av = \lambda v$인 모든 $v \in V$로 이루어진 집합이라 하면 $BV_\lambda$가 $V_\lambda$에 속함을 보여라. 그러므로 문제는 $A = \lambda I$인 경우에만 증명하면 충분하다.]

21. $V$를 4절에서와 같다 하고, $A : V \to V$를 대칭인 작용소라 하자. $\lambda_1, \ldots, \lambda_r$를 $A$의 서로 다른 고유치라 하자. $\lambda$가 $A$의 고유치일 때 $V_\lambda(A)$를 $Av = \lambda v$인 모든 $v \in V$로 이루어진 집합이라 하자.

(a) $V_\lambda(A)$가 $V$의 부분공간임을 보이고, $A$가 $V_\lambda(A)$를 $V_\lambda(A)$로 보냄을 보여라. $V_\lambda(A)$를 $\lambda$에 속하는 $A$의 **고유공간**(固有空間, eigenspace)이라 한다.

(b) $V$가 직합

$$V = V_{\lambda_1}(A) \oplus \cdots \oplus V_{\lambda_r}(A)$$

임을 보여라. 이는 각 원소 $v \in V$가

$$v = v_1 + \cdots + v_r, \qquad v_i \in V_{\lambda_i}$$

로 유일하게 표현됨을 뜻한다.

(c) $\lambda_1, \lambda_2$를 서로 다른 두 고유치라 하자. $V_{\lambda_1}$이 $V_{\lambda_2}$에 수직함을 보여라.

22. $P_1, P_2$가 (같은 크기의) 양의 정부호인 실대칭행렬이고 $t, u$가 양의 실수이면, $tP_1 + uP_2$가 대칭이고 양의 정부호임을 보여라.

23. $V$를 4절에서와 같다 하고, $A : V \to V$를 대칭인 작용소라 하자. $\lambda_1, \ldots, \lambda_r$를 $A$의 서로 다른 고유치라 하자. 다음을 보여라.

$$(A - \lambda_1 I) \cdots (A - \lambda_r I) = O.$$

24. $V$를 4절에서와 같다 하고, $A : V \to V$를 대칭인 작용소라 하자. 모든 $w \in W$에 대해 $Aw \in W$, 즉 $AW \subset W$일 때 $V$의 부분공간 $W$를 $A$ 아래서 **불변**(不變, invariant) 또는 **안정**(安定, stable)하다고 한다. $A$가 $O$과 $V$ 이외에 불변인 부분공간을 갖지 않으면 어떤 수 $\lambda$에 대해 $A = \lambda I$임을 보여라. [힌트: 먼저 $A$가 단 한 개의 고유치만 가짐을 보여라.]

25. (실베스터의 정리를 읽은 이에게.) $A : V \to V$를 대칭인 선형사상이라 하자. 실베스터의 정리를 이용하여, 형식

$$(v, w) \mapsto \langle Av, w \rangle$$

의 영의 지표가 $A$의 핵의 차원과 같음을 보여라. 양의 지표가 스펙트럼 기저에서 양의 고유치를 가지는 고유벡터의 개수와 같음을 보여라.

## VIII, §5. 에르미트의 경우

이 절 전체에 걸쳐 $V$를 $\mathbb{C}$ 위의 유한차원 벡터공간으로 양의 정부호인 에르미트 내적이 정의되어 있다고 가정한다.

에르미트의 경우도 앞에서 본 실벡터공간 상의 스칼라 내적의 경우와 유사할 뿐만 아니라 실제로 거의 같다는 것을 다음 결과에서 볼 수 있다.

**정리 5.1.** $A : V \to V$를 에르미트 작용소라 하자. 그러면 $A$의 고유치는 모두 실수이다.

**증명.** $v$를 고유치 $\lambda$에 대응하는 고유벡터라 하자. 제7장의 정리 2.4에 의해 $\langle Av, v \rangle$는 실수이다. $Av = \lambda v$이므로

$$\langle Av, v \rangle = \lambda \langle v, v \rangle$$

이다. 가정에 의해 $\langle v, v\rangle > 0$이므로 $\lambda$는 실수이다. □

$\mathbb{C}$ 위의 모든 작용소는 고유벡터와 고유치를 갖는다는 사실을 이미 알고 있다. 그러므로 정리 4.1과 유사한 정리를 현 상황에서 기술하려면 주의하여야 한다. 다음으로 정리 4.2및 4.3과 유사한 정리를 아래와 같이 기술할 수 있다.

**정리 5.2.** $A : V \to V$를 에르미트 작용소라 하고 $v$를 $A$의 $O$이 아닌 고유벡터라 하자. $w$가 $V$의 원소로 $v$에 수직이면 $Aw$도 $v$에 수직이다.

$W$가 $A$ 아래서 불변인 부분공간이면 $W^{\perp}$도 또한 $A$ 아래서 불변이다.

증명은 정리 4.2의 증명과 같다.

**정리 5.3 (스펙트럼 정리(Spectral theorem)).** $A : V \to V$를 에르미트 선형사상이라 하자. 그러면 $V$는 고유벡터들로 구성된 직교기저를 갖는다.

여기서도 증명은 정리 4.3의 증명과 같다.

**참고.** $\{v_1, \ldots, v_n\}$을 정리에 있는 기저라 하면 이 기저에 대한 $A$의 행렬표현은 실대각행렬이 된다. 이는 에르미트 사상(또는 행렬)에 대한 이론을 실대칭의 경우와 같이 다룰 수 있음을 뜻한다.

**정리 5.4.** $A$를 $n \times n$ 복소에르미트 행렬이라 하자. 그러면

$$U^*AU = U^{-1}AU$$

가 대각행렬이 되는 복소유니타리 행렬이 존재한다.

증명은 정리 4.4의 증명과 비슷하다.

## VIII, §5. 연습문제

다음의 모든 문제에서 $V$를 $\mathbb{C}$ 위에서 양의 정부호인 에르미트 내적을 가지는 유한차원 벡터공간이라 가정하자. 또 $\dim V > 0$이라 가정하자.

$A : V \to V$를 에르미트 작용소라 하자. 모든 $v \in V, v \neq O$에 대해

$$\langle Av, v\rangle > 0$$

일 때, $A$가 **양의 정부호**(positive definite)라 정의한다. 모든 $v \in V$에 대해

$$\langle Av, v\rangle \geqq 0$$

일 때, $A$가 **양의 준정부호**(semipositive 또는 positive semidefinite)라 정의한다.

1. 다음을 증명하라.

   (a) $A$가 양의 정부호이면 모든 고유치는 0보다 크다.

   (b) $A$가 양의 정부호이면 $B^2 = A$이고 $BA = AB$인 에르미트 선형사상 $B$가 존재한다. $B$의 고유치는 무엇인가? [힌트: 4절의 문제 3을 보라.]

2. $A$가 양의 준정부호인 것만 가정할 때 문제 1번의 (a), (b)와 유사한 결과를 증명하라.

3. $A$가 에르미트이고 양의 정부호라 가정하자. $A^2$과 $A^{-1}$이 에르미트이고 양의 정부호임을 보여라.

4. $A : V \to V$를 임의의 가역인 작용소라 하자. $A = UP$가 되는 복소유니타리 작용소 $U$와 양의 정부호인 에르미트 작용소 $P$가 존재함을 보여라. [힌트: $P$를 $P^2 = A^*A$가 되는 양의 정부호인 에르미트 작용소라 하자. $U = AP^{-1}$이라 하고 $U$가 유니타리임을 보여라.]

5. $A$를 정칙복소행렬이라 하자. $A$가 에르미트이고 양의 정부호일 필요충분조건은 $A = N^*N$인 정칙행렬 $N$이 존재하는 것임을 보여라.

6. 행렬

$$A = \begin{pmatrix} 1 & i \\ -i & 1 \end{pmatrix}$$

   이 양의 준정부호임을 보이고, 제곱근을 구하라.

7. $A$가 다음과 같을 때 $U^*AU$가 대각행렬이 되는 유니타리 행렬 $U$를 구하라.

   (a) $\begin{pmatrix} 2 & 1+i \\ 1-i & 1 \end{pmatrix}$  (b) $\begin{pmatrix} 1 & i \\ -i & 1 \end{pmatrix}$

8. $A : V \to V$를 에르미트 작용소라 하자. $A = P_1 - P_2$가 되는 양의 준정부호 작용소 $P_1, P_2$가 존재함을 보여라.

9. $AA^* = A^*A$가 될 때 $A$를 **정규**(定規, normal)이라 한다.

   (a) $A, B$를 $AB = BA$가 되는 정규작용소라 하자. $AB$가 정규임을 보여라.

   (b) $A$가 정규일 때, $A$에 대한 스펙트럼 정리를 기술하고 증명하라. [증명에 대한 힌트: $A$와 $A^*$의 공통 고유벡터를 찾아라.]

10. 복소행렬

$$\begin{pmatrix} i & -i \\ -i & i \end{pmatrix}$$

   는 정규이지만, 에르미트도 유니타리도 아님을 보여라.

## VIII, §6. 유니타리 작용소

5절의 스펙트럼 정리에서 에르미트 작용소의 고유벡터로 구성된 벡터공간의 직교기저를 구할 수 있었다. 이제 유니타리 작용소에 대해 이와 유사한 경우를 다루자.

복소수체 위의 경우가 더 쉽고 명확하므로 이 경우를 먼저 보고 실수체가 포함된 경우는 나중에 다루기로 한다.

$V$를 양의 정부호인 에르미트 내적을 가지는 $\mathbb{C}$ 위의 유한차원 벡터공간이라 하자.

$U$를

$$U : V \to V$$

인 유니타리 작용소라 하자. 이는 $U$가 다음 동치조건 중 어느 하나를 만족한다는 것을 의미한다.

$U$는 노름을 보존한다. 즉 모든 $v \in V$에 대해 $\|Uv\| = \|v\|$이다.

$U$는 스칼라 내적을 보존한다. 즉 모든 $v, w \in V$에 대해 $\langle Uv, Uw \rangle = \langle v, w \rangle$가 성립한다.

$U$는 단위벡터를 단위벡터로 보낸다.

복소수 위에서 생각하고 있으므로 $U$는 고유치 $\lambda \neq 0$인($U$가 가역이므로) 고유벡터 $v$를 가진다. $v$로 생성되는 1차원 부분공간은 불변 부분공간이다.

**보조정리 6.1.** $W$를 $U$-불변인 $V$의 부분공간이라 하자. 그러면 $W^\perp$도 $U$-불변이다.

증명. $v \in W^\perp$라 하면 모든 $w \in W$에 대해 $\langle w, v \rangle = 0$이다. $U^* = U^{-1}$인데, $U : W \to W$는 $W$를 자기 자신으로 보내고 $U$의 핵은 $\{O\}$이므로, $U^{-1}$도 $W$를 자기 자신으로 보낸다. 따라서

$$\langle w, Uv \rangle = \langle U^* w, v \rangle = \langle U^{-1} w, v \rangle = 0$$

이 되고 증명이 끝난다. □

**정리 6.2.** $V$를 복소수 위의 $\{O\}$이 아닌 유한차원 벡터공간으로 양의 정부호인 에르미트 내적을 가진다 하자. $U : V \to V$가 유니타리 작용소이면 $U$의 고유벡터로 이루어진 $V$의 직교기저가 존재한다.

**증명.** $v_1$을 $O$이 아닌 고유벡터라 하고, $V_1$을 $v_1$으로 생성된 1차원 벡터공간이라 하자. 보조정리 6.1의 경우와 마찬가지로 직교여공간 $V_1^\perp$은 $U$-불변이고, 귀납법에 의해 $U$의 고유벡터로 이루어진 $V_1^\perp$의 직교기저 $\{v_2, \ldots, v_n\}$이 존재한다. 그러면 $\{v_1, \ldots, v_n\}$이 찾고자 하는 $V$의 기저이다. □

다음으로 실수체 위의 경우를 다루자.

**정리 6.3.** $V$를 실수 위에서 양의 정부호인 스칼라 내적을 가지는 $\{O\}$이 아닌 유한차원 벡터공간이라 하고, $T$를 $V$ 위의 유니타리 작용소라 하자. 그러면 각 $i$에 대해 서로 수직이고 (즉 $i \neq j$이면 $V_i$가 $V_j$에 수직이고) 차원이 1 또는 2인 $T$-불변 부분공간 $V_i$들의 직합

$$V = V_1 \oplus \cdots \oplus V_r$$

로 $V$를 표현할 수 있다.

**증명.** $\mathbb{R}$ 위에서 $V$의 정규직교기저를 택하면, $V = \mathbb{R}^n$이라 가정할 수 있고 양의 정부호인 스칼라 내적이 통상의 점적으로 주어져 있다고 가정할 수 있다. 그리고 $T$를 행렬로 표현할 수 있는데 이를 $M$으로 나타내면 $M$은 유니타리 행렬이다.

이제 $M$을 $\mathbb{C}^n$에 작용한다고 보자. $M$이 실행렬이고 ${}^tM = M^{-1}$이므로

$${}^t\overline{M} = M^{-1}$$

이 성립하여 $M$은 복소유니타리 행렬도 된다.

$Z$를 고유치 $\lambda$에 대응하는 $\mathbb{C}^n$에 속하는 $M$의 고유벡터라 하면

$$MZ = \lambda Z$$

이다. $\|MZ\| = \|Z\|$이므로 $|\lambda| = 1$이다. 그러므로 $\lambda = e^{i\theta}$가 되는 실수 $\theta$가 존재하여

$$MZ = e^{i\theta} Z$$

가 된다.

$$Z = X + iY, \quad X, Y \in \mathbb{R}^n$$

이라 쓰자.

**경우 1.** $\lambda = e^{i\theta}$가 실수인 경우. 이때에는 $e^{i\theta}$는 1 또는 $-1$이다. 그러면

$$MX = \lambda X \quad \text{이고} \quad MY = \lambda Y$$

이다. $Z \neq O$이므로 $X, Y$ 중 적어도 하나는 $O$이 아니다. 그러므로 $O$이 아닌 $T$의 고유벡터 $v$가 존재한다. 다음으로 통상적인 과정을 따른다. $V_1 = (v)$를 $\mathbb{R}$ 위에서 $v$에

의해 생성된 부분공간이라 하자. 그러면

$$V = V_1 \oplus V_1^\perp$$

이 된다. 보조정리 6.1은 실수체 위의 경우에도 성립하므로 $T$는 $V_1^\perp$를 $V_1^\perp$로 보낸다. 그러면 귀납법을 적용하여 증명을 마칠 수 있다.

**경우 2.** $\lambda = e^{i\theta}$가 실수가 아닌 경우. 이 경우 $\lambda \neq \overline{\lambda}$이고 $\overline{\lambda} = e^{-i\theta}$이다. $M$이 실행렬이므로

$$M\overline{Z} = \overline{\lambda}\,\overline{Z}$$

가 되어 $\overline{Z} = X - iY$도 고유치 $\overline{\lambda}$에 대응하는 고유벡터가 된다. $e^{i\theta}$를

$$e^{i\theta} = \cos\theta + i\sin\theta$$

라 쓰면

$$\begin{aligned} MZ = MX + iMY &= (\cos\theta + i\sin\theta)(X + iY) \\ &= ((\cos\theta)X - (\sin\theta)Y) + i((\cos\theta)Y + (\sin\theta)X) \end{aligned}$$

이므로 실수부와 허수부를 각각 비교하여

$$\begin{aligned} MX &= (\cos\theta)X - (\sin\theta)Y \\ MY &= (\sin\theta)X + (\cos\theta)Y \end{aligned}$$

를 얻는다. 두 벡터 $X, Y$는 $\mathbb{R}$ 위에서 일차독립인데, 일차독립이 아니라면 $Z$와 $\overline{Z}$가 서로 다른 고유치를 가질 수 없기 때문이다. $V_1$을

$$V_1 = \mathbb{R} \text{ 위에서 } X, Y \text{로 생성된 부분공간}$$

이라 두자. 그러면 위의 $MX$와 $MY$에 대한 식에 의해 $V_1$은 $T$ 아래서 불변이다. 그러므로 $T$-불변인 2차원 부분공간을 얻었다. 보조정리 6.1을 적용하여, $V_1^\perp$가 $T$-불변이고

$$V = V_1 \oplus V_1^\perp$$

임을 보일 수 있다. 귀납법을 사용하면 증명을 완결할 수 있다. □

실제로는 증명 과정에서 더 많은 것을 알 수 있는데, 예컨대 다음과 같이 적당한 기저를 택하면 $T$의 행렬이 어떤 꼴인지를 말할 수 있다.

**정리 6.4.** $V$를 실수 위에서 양의 정부호인 스칼라 내적을 가지는 $\{O\}$이 아닌 유한차원 벡터 공간이라 하자. $T$를 $V$ 위의 유니타리 작용소라 하자. 그러면 $V$에 어떤 기저가 존재하여 그

기저에 대한 $T$의 행렬이

$$\begin{pmatrix} M_1 & O & \cdots & O \\ O & M_2 & \cdots & O \\ \vdots & \vdots & & \vdots \\ O & O & \cdots & M_r \end{pmatrix}$$

과 같은 형태가 된다. 여기서 각 $M_i$는

$$(1), \quad (-1), \quad \begin{pmatrix} \cos\theta & -\sin\theta \\ \sin\theta & \cos\theta \end{pmatrix}$$

와 같은 형태의 $1 \times 1$ 또는 $2 \times 2$ 행렬이다.

여기서 직합

$$V = V_1 \oplus \cdots \oplus V_r$$

의 각 성분 공간 $V_i$ 위에서 선형사상 $T$는 항등사상 $I$이거나, 반사 $-I$이거나 혹은 회전이 됨을 알 수 있다. 이것이 정리 6.3과 정리 6.4가 담고 있는 기하학적 내용이다.

# 제9장

# 다항식과 행렬

## IX, §1. 다항식

$K$를 체라 하자. $K$ 위의 **다항식**(多項式, polynomial)이란 형식적인 표현

$$f(t) = a_n t^n + \cdots + a_0$$

를 뜻하는데, 여기서 $t$를 "변수"라 한다. 이러한 표현의 합과 곱을 어떻게 정의하는지 설명하기로 하자.

$$g(t) = b_m t^m + \cdots + b_0$$

를 $b_j \in K$인 또 다른 다항식이라 하자. 예컨대 $n \geqq m$일 때는, $j > m$에 대해 $b_j = 0$이라 두고

$$g(t) = 0t^n + \cdots + b_m t^m + \cdots + b_0$$

라 하면 합 $f + g$를

$$(f + g)(t) = (a_n + b_n)t^n + \cdots + (a_0 + b_0)$$

라 쓸 수 있다. 그러므로 $f + g$는 다시 다항식이 된다. $c \in K$일 때

$$(cf)(t) = ca_n t^n + \cdots + ca_0$$

라 하면 $cf$는 다항식이 된다. 그러므로 다항식 전체의 집합은 $K$ 위에서 벡터공간을 형성한다.

또 두 다항식의 곱 $fg$를

$$(fg)(t) = (a_n b_m)t^{n+m} + \cdots + a_0 b_0$$

로 택하여 $fg$가 다시 다항식이 되게 할 수 있다. 실제로

$$(fg)(t) = c_{n+m}t^{n+m} + \cdots + c_0$$

라 하면

$$c_k = \sum_{i=0}^{k} a_i b_{k-i} = a_0 b_k + a_1 b_{k-1} + \cdots + a_k b_0$$

이다. 이와 같은 규칙은 이미 독자들에게는 익숙한 것들이겠지만 엄밀성을 기하기 위하여 다시 써 보았다.

다항식을

$$f(t) = a_n t^n + \cdots + a_0$$

라고 쓸 때 $a_0, \ldots, a_n \in K$를 다항식의 **계수**(係數, coefficient)라 한다. $n$을 $a_n \neq 0$가 되는 가장 큰 정수라 하면 $n$을 $f$의 **차수**(次數, degree)라 하고 $n = \deg f$라 쓴다. 또 $a_n$을 $f$의 **선두계수**(先頭係數, leading coefficient)라 하고, $a_0$를 $f$의 **상수항**(常數項, constant term)이라 한다. $f$가 영 다항식이면 $\deg f = -\infty$로 두는 관례를 따르기로 한다. 이때 모든 정수 $a$에 대해

$$-\infty + -\infty = -\infty,$$
$$-\infty + a = -\infty, \quad -\infty < a$$

라 하기로 하고, 그 외에는 $-\infty$와의 연산을 정의하지 않기로 한다.

이렇게 약속하는 이유는 다음 정리가 예외 없이 성립하게 하기 위해서이다.

**정리 1.1.** $f, g$가 $K$의 원소를 계수로 갖는 다항식이라 하자. 그러면

$$\deg(fg) = \deg f + \deg g$$

가 성립한다.

증명. 다항식 $f, g$가

$$f(t) = a_n t^n + \cdots + a_0, \qquad g(t) = b_m t^m + \cdots + b_0$$

이고 $a_n \neq 0, b_m \neq 0$라 하자. 그러면 $fg$에 대한 곱의 규칙에 의해

$$f(t)g(t) = a_n b_m t^{n+m} + \text{차수가 낮은 항}$$

이고 $a_n b_m \neq 0$이다. 그러므로 $\deg fg = n + m = \deg f + \deg g$가 된다. $f$나 $g$가 0이면 $-\infty$에 관한 약속에 의하여 정리가 성립한다. □

차수가 1인 다항식을 일차다항식 또는 **선형다항식**(線形多項式, linear polynomial)이라 한다.

$f(\alpha) = 0$이 되는 수 $\alpha$를 $f$의 **근**(根, root)이라 한다. 증명 없이 다음을 받아들이기로 하자.

**정리 1.2.** $f$를 복소계수를 가지는 $\deg f = n \geqq 1$인 다항식이라 하자. 그러면 $f$는 복소수 안에서 근을 갖는다.

부록에서 이 정리를 해석학의 사실들을 이용하여 증명할 것이다.

**정리 1.3.** $f$를 복소계수를 가지는 다항식으로 선두계수가 1이고 $\deg f = n \geqq 1$이라 하자. 그러면 복소수 $\alpha_1, \ldots, \alpha_n$이 존재하여

$$f(t) = (t - \alpha_1) \cdots (t - \alpha_n)$$

이라 할 수 있다. 수 $\alpha_1, \ldots, \alpha_n$는 순서를 무시하면 유일하게 정해진다. $f$의 모든 근 $\alpha$는 어떤 $\alpha_i$와 같고, 역으로 $\alpha_i$는 $f$의 근이다.

**증명.** (정리 1.2를 가정하고) 정리 1.3을 제11장에서 완벽하게 증명하겠다. 이 장과 다음 두 장에서는, 다항식에 관하여 이 절에서 간단히 서술한 것 외에는 필요하지 않기 때문에, 이 정리에 대한 증명은 뒤로 미루는 것이 좋겠다. 더욱이 제11장에서 전개되는 다항식에 관한 보다 깊은 이론은 선형사상과 행렬에 관한 이론에 더욱 깊이 응용될 것이다. □

용어를 하나 살펴보자. $\alpha_1, \ldots, \alpha_r$를 $f$의 서로 다른 근이라 하자. 그러면 유일하게 정해지는 정수 $m_1, \ldots, m_r > 0$에 대해

$$f(t) = (t - \alpha_1)^{m_1} \cdots (t - \alpha_r)^{m_r}$$

라 쓸 수 있다. 이때 $m_i$를 $\alpha_i$의 $f$에서의 **중복도**(重複度, multiplicity)라 한다.

## IX, §2. 행렬과 선형사상의 다항식

$K$의 원소를 계수로 갖는 다항식 전체의 집합을 기호 $K[t]$로 나타낸다.

$A$를 성분이 $K$에 있는 정사각행렬이라 하자. $f \in K[t]$라 하고

$$f(t) = a_n t^n + \cdots + a_0, \quad a_i \in K$$

라 쓰자. 이제

$$f(A) = a_n A^n + \cdots + a_0 I$$

라 정의한다.

**보기 1.** $f(t) = 3t^2 - 2t + 5$라 하고 $A = \begin{pmatrix} 1 & -1 \\ 2 & 0 \end{pmatrix}$라 하자. 그러면

$$f(A) = 3\begin{pmatrix} 1 & -1 \\ 2 & 0 \end{pmatrix}^2 - \begin{pmatrix} 2 & -2 \\ 4 & 0 \end{pmatrix} + \begin{pmatrix} 5 & 0 \\ 0 & 5 \end{pmatrix} = \begin{pmatrix} 0 & -1 \\ 2 & -1 \end{pmatrix}$$

이다.

**정리 2.1.** $f, g \in K[t]$라 하자. $A$를 성분이 $K$에 속하는 정사각행렬이라 하자. 그러면

$$(f+g)(A) = f(A) + g(A)$$
$$(fg)(A) = f(A)g(A)$$

가 성립한다. 또 $c \in K$이면 $(cf)(A) = cf(A)$가 된다.

증명. $f(t)$와 $g(t)$를

$$f(t) = a_n t^n + \cdots + a_0$$

와

$$g(t) = b_m t^m + \cdots + b_0$$

라 두자. 그러면

$$(fg)(t) = c_{n+m} t^{n+m} + \cdots + c_0$$

이고, 여기서

$$c_k = \sum_{i=0}^{k} a_i b_{k-i}$$

이다. 정의에 의해

$$(fg)(A) = c_{m+n} A^{m+n} + \cdots + c_0 I$$

이다. 반면

$$f(A) = a_n A^n + \cdots + a_0 I$$

이고

$$g(A) = b_m A^m + \cdots + b_0 I$$

이므로

$$f(A)g(A) = \sum_{i=0}^{n} \sum_{j=0}^{m} a_i A^i b_j A^j = \sum_{i=0}^{n} \sum_{j=0}^{m} a_i b_j A^{i+j} = \sum_{k=0}^{m+n} c_k A^k$$

가 성립한다. 따라서 $f(A)g(A) = (fg)(A)$이다.

덧셈에 대해 보기 위해, $n \geqq m$이라 가정하고 $j > m$이면 $b_j = 0$이라 두자. 그러면

$$\begin{aligned}(f+g)(A) &= (a_n + b_n)A^n + \cdots + (a_0 + b_0)I \\ &= a_n A^n + b_n A^n + \cdots + a_0 I + b_0 I \\ &= f(A) + g(A)\end{aligned}$$

가 성립한다.

$c \in K$이면

$$(cf)(A) = ca_n A^n + \cdots + ca_0 I = cf(A)$$

가 된다. 이것으로 증명이 끝났다. □

**보기 2.** $f(t) = (t-1)(t+3) = t^2 + 2t - 3$이라 하자. 그러면

$$f(A) = A^2 + 2A - 3I = (A - I)(A + 3I)$$

이다. 마지막 곱을 행렬의 곱의 규칙을 써서 계산하면

$$A^2 - IA + 3AI - 3I^2 = A^2 + 2A - 3I$$

를 얻는다.

**보기 3.** $\alpha_1, \ldots, \alpha_n$를 수라 하고

$$f(t) = (t - \alpha_1) \cdots (t - \alpha_n)$$

라 하자. 그러면

$$f(A) = (A - \alpha_1 I) \cdots (A - \alpha_n I)$$

이다.

$V$를 $K$ 위의 벡터공간이라 하고 $A: V \to V$를 선형작용소(즉 $V$를 자기 자신으로 보내는 선형사상)라 하자. 그러면 $A^2 = A \circ A = AA$를 형성할 수 있고, 일반적으로 임의의 양의 정수 $n$에 대해 $A$를 $n$번 반복하여 $A^n$을 형성할 수 있다. $A^0 = I$(여기서 $I$는 항등사상을 나타낸다)로 정의한다. 그러면 모든 정수 $m, n \geqq 0$에 대해

$$A^{m+n} = A^m A^n$$

이 성립한다. $f$가 $K[t]$에 속하는 다항식일 때, 행렬에 대해 했던 것과 같은 방법으로 $f(A)$를 만들 수 있고, 이때 정리 2.1에 서술한 것과 같은 규칙이 성립한다. 증명은 앞에서와 같은데, 앞에서 우리가 사용한 본질적인 것은 덧셈과 곱셈에 관한 통상의 법칙이었으며, 이것은 선형사상에 대해서도 성립한다.

**정리 2.2.** $A$를 체 $K$에서의 $n \times n$ 행렬이라 하자. 그러면 $f(A) = O$이 되는 0이 아닌 다항식 $f \in K[t]$가 존재한다.

**증명.** $K$ 위의 $n \times n$ 행렬로 구성된 벡터공간은 차원이 $n^2$인 유한차원 벡터공간이다. 그러므로

$$I,\ A,\ A^2,\ \ldots,\ A^N$$

은 $N > n^2$이면 일차종속이다. 이는 모두는 0이 아닌 $a_0, \ldots, a_N \in K$가 존재하여

$$a_N A^N + \cdots + a_0 I = O$$

이 됨을 뜻한다. $f(t) = a_N t^N + \cdots + a_0$라 두면 원하는 다항식이 된다. □

정리 2.1과 같이 정리 2.2도 $K$ 위의 유한차원 벡터공간의 선형사상에 대해서도 성립한다. 증명은 앞서와 같다. 앞으로는 정리 2.2를 행렬이나 선형사상을 구분하지 않고 사용하겠다.

뒤에 제10장 2절에서 $P(A) = O$을 만족하며 구체적으로 구할 수 있는 다항식 $P(t)$를 구해본다.

정리 2.2의 다항식 $f$를 선두계수로 나누면 $g(A) = O$이면서 선두계수가 1인 다항식을 얻을 수 있다. 보통 선두계수가 1인 다항식이 기호를 간단하게 해주므로 다루기 편리하다.

## IX, §2. 연습문제

1. $f(t) = t^3 - 2t + 1$이고 $A = \begin{pmatrix} -1 & 1 \\ 2 & 4 \end{pmatrix}$일 때 $f(A)$를 계산하라.

2. $A$를 대칭행렬이라 하고, $f$를 실계수의 다항식이라 하자. $f(A)$도 대칭임을 보여라.
3. $A$를 에르미트 행렬이라 하고, $f$를 실계수의 다항식이라 하자. $f(A)$도 에르미트임을 보여라.
4. $A, B$를 체 $K$에서의 $n \times n$ 행렬이라 하고, $B$가 가역이라 하자. 모든 양의 정수 $n$에 대해

$$(B^{-1}AB)^n = B^{-1}A^nB$$

임을 보여라.
5. $f \in K[t]$라 하자. $A, B$를 문제 4에서와 같다 하자.

$$f(B^{-1}AB) = B^{-1}f(A)B$$

임을 보여라.

# 제10장

# 행렬과 선형사상의 삼각화

## X, §1. 삼각화의 존재성

$V$를 체 $K$ 위의 유한차원 벡터공간이라 하고 $n = \dim V \geqq 1$이라 하자. $A : V \to V$를 선형사상이라 하고 $W$를 $V$의 부분공간이라 하자. $A$가 $W$를 그 자신으로 보낼 때, $W$를 $A$의 **불변 부분공간**(不變 部分空間, invariant subspace) 또는 **$A$-불변 부분공간**($A$-不變部分空間, $A$-invariant subspace)이라 한다. 이는 $w \in W$일 때 $Aw$도 $W$에 속한다는 뜻이다. 또한 이 성질을 $AW \subset W$로도 표현한다. ($V$에 있는) $A$의 **팬**(fan)이란 각 $i = 1, \ldots, n-1$에 대하여 $V_i$가 $V_{i+1}$에 포함되고 $\dim V_i = i$이며 $V_i$가 $A$-불변인 부분공간의 수열 $\{V_1, \ldots, V_n\}$을 뜻한다. 부분공간 $V_1, \ldots, V_n$의 차원은 한 부분공간에서 다음 부분공간으로 1씩 증가함을 알 수 있다. 또한 $V = V_n$이다.

팬을 행렬로 해석해 보자. $\{V_1, \ldots, V_n\}$을 $A$에 대한 팬이라 하자. **팬 기저**(팬 基底, fan basis)란 $\{v_1, \ldots, v_i\}$가 $V_i$의 기저가 되는 $V$의 기저 $\{v_1, \ldots, v_n\}$를 뜻한다. 팬이 주어지면 팬 기저가 존재함을 쉽게 알 수 있다. 예컨대 $v_1$을 $V_1$의 기저라 하자. $v_1$을 (이전의 정리들을 써서) $V_2$의 기저 $\{v_1, v_2\}$로 확장하고, 다음에 $V_3$의 기저 $\{v_1, v_2, v_3\}$으로 확장하고, 귀납적으로 계속하여 $V_n$의 기저 $\{v_1, \ldots, v_n\}$로 확장할 수 있다.

**정리 1.1.** $\{v_1, \ldots, v_n\}$을 $A$에 대한 팬 기저라 하자. 그러면 이 기저에 대해 $A$에 대응하는 행렬은 상삼각행렬이다.

증명. 각 $i=1,\ldots,n$에 대해 $AV_i$가 $V_i$에 속하므로

$$\begin{aligned} Av_1 &= a_{11}v_1, \\ Av_2 &= a_{12}v_1 + a_{22}v_2, \\ &\vdots \\ Av_i &= a_{1i}v_1 + a_{2i}v_2 + \cdots + a_{ii}v_i, \\ &\vdots \\ Av_n &= a_{1n}v_1 + a_{2n}v_2 + \quad \cdots \quad + a_{nn}v_n \end{aligned}$$

을 만족하는 수 $a_{ij}$가 존재한다. 이는 위의 기저에 대해 $A$를 표현하는 행렬이

$$\begin{pmatrix} a_{11} & a_{12} & \cdots & a_{1n} \\ 0 & a_{22} & \cdots & a_{2n} \\ \vdots & \vdots & & \vdots \\ 0 & 0 & \cdots & a_{nn} \end{pmatrix}$$

으로 삼각행렬이 됨을 뜻한다. □

**참고.** $A$를 위와 같은 상삼각행렬이라 하자. $A$를 $K^n$에서 그 자신으로 가는 선형사상으로 생각하자. 그러면 단위 열벡터 $e^1,\ldots,e^n$은 $A$에 대한 팬 기저를 형성한다. $V_i$를 $e^1,\ldots,e^i$로 생성된 공간이라 하면 $\{V_1,\ldots,V_n\}$은 이 기저를 팬 기저로 하는 팬이다. 그러므로 정리 1.1의 역도 또한 명백하게 참이다.

주어진 체가 복소수가 아니면 선형사상의 고유벡터(또는 고유값)가 항상 존재하는 것은 아님을 기억하자. $K$가 실수일 때에는 선형사상의 팬이 항상 존재하는 것은 아니다. $A: V \to V$가 선형사상이고 $A$에 대응하는 행렬이 삼각행렬이 되게 하는 $V$의 기저가 존재하면, $A$를 **삼각화가능**(三角化可能, triangulable)이라 한다. 또한 $A$가 체 $K$ 위의 $n\times n$ 행렬일 때, $A$가 $K^n$에서 그 자신으로 가는 선형사상으로서 삼각화가능이면 $A$가 **$K$ 위에서 삼각화가능**(triangulable over $K$)이라 한다. 이는 $K$ 위의 정칙행렬 $B$가 있어서 $B^{-1}AB$가 상삼각행렬이 된다는 것과 동치이다.

복소수체 위에서는 고유벡터가 항상 존재한다는 사실을 이용하여 임의의 행렬이나 선형사상은 복소수 위에서 삼각화가능임을 보이자.

**정리 1.2.** $V$가 복소수 위의 $\dim V \geqq 1$인 유한차원 벡터공간이고 $A: V \to V$가 선형사상이면 $V$에 $A$의 팬이 존재한다.

**증명.** 귀납법으로 정리를 증명하기로 한다. $\dim V = 1$이면 더 증명할 것이 없다. $\dim V = n-1, n > 1$일 때 정리가 참이라 가정하자. 제9장의 정리 2.3에 의해 $A$의 $O$이 아닌 고유벡터 $v_1$이 존재한다. $V_1$을 $v_1$에 의해 생성된 1차원 부분공간이라 하자. $V$를 어떤 부분공간 $W$에 대해 $V = V_1 \oplus W$라 할 수 있다. (본질적으로는 일차독립인 벡터를 기저로 확장할 수 있다는 제1장의 정리 4.2을 이용한다.) 이제 문제는 $A$가 $W$를 $W$ 자신으로 보내지 않을 수 있다는 것이다. $P_1$을 $V$의 $V_1$ 위로의 사영이라 하고 $P_2$을 $V$의 $W$ 위로의 사영이라 하자. 그러면 $P_2A$는 $V$에서 $V$로 가는 선형사상이면서 ($P_2$가 $V$의 모든 원소를 $W$로 보내므로) $W$를 $W$로 보낸다. 그러므로 $P_2A$를 $W$에서 그 자신으로 가는 선형사상으로 볼 수 있다. 귀납법에 의해 $W$에 $P_2A$의 팬이 존재하는데 이를 $\{W_1, \ldots, W_{n-1}\}$이라 두자. $i = 2, \ldots, n$에 대해

$$V_i = V_1 + W_{i-1}$$

이라 하면 각 $i = 1, \ldots, n$에 대해 $V_i$는 $V_{i+1}$에 속하고 $\dim V_i = i$가 됨을 쉽게 알 수 있다. ($\{u_1, \ldots, u_{n-1}\}$이 $\{u_1, \ldots, u_j\}$가 $W_j$의 기저가 되는 $W$의 기저라면 $i = 2, \ldots, n$에 대해 $\{v_1, u_1, \ldots, u_{i-1}\}$은 $V_i$의 기저이다.)

$\{V_1, \ldots, V_n\}$이 $V$에서 $A$의 팬임을 증명하기 위해서는 $AV_i$가 $V_i$에 포함됨을 보이면 충분하다. 이를 위해

$$A = IA = (P_1 + P_2)A = P_1A + P_2A$$

임에 유의하자. $v \in V_i$라 하면 적당한 $c \in \mathbb{C}, w_{i-1} \in W_{i-1}$에 대해 $v = cv_1 + w_{i-1}$라 쓸 수 있다. 이때 $P_1Av = P_1(Av)$는 $V_1$에 포함되므로 $V_i$에 속한다. 또한

$$P_2Av = P_2A(cv_1) + P_2Aw_{i-1}$$

가 성립하는데, $P_2A(cv_1) = cP_2Av_1$이고 $v_1$이 $A$의 고유벡터, 즉 $Av_1 = \lambda_1 v_1$ 꼴이기 때문에 $P_2A(cv_1) = P_2(c\lambda_1 v_1) = O$이다. 귀납적 가정에 의하여 $P_2A$는 $W_i$를 그 자신으로 보내므로 $P_2Aw_{i-1}$는 $W_{i-1}$에 속한다. 그러므로 $P_2Av$는 $V_i$의 원소가 되고 증명이 끝났다. □

**따름정리 1.3.** $V$가 복소수 위의 $\dim V \geqq 1$인 유한차원 벡터공간이고 $A : V \to V$가 선형사상이면 $A$의 그 기저에 대한 행렬이 삼각행렬이게 하는 $V$의 기저가 존재한다.

**증명.** 이미 정리 1.1 앞의 논의에서 설명하였다. □

**따름정리 1.4.** $M$을 복소행렬이라 하자. 그러면 $B^{-1}MB$가 삼각행렬이 되는 정칙행렬 $B$가 존재한다.

**증명.** 이는 기저를 바꾸면 행렬이 바뀌는 과정에 따름정리 1.3을 적용하면 알 수 있다. □

## X, §1. 연습문제

1. $A$를 상삼각행렬

$$A = \begin{pmatrix} a_{11} & a_{12} & \cdots & a_{1n} \\ 0 & a_{22} & \cdots & a_{2n} \\ \vdots & \vdots & & \vdots \\ 0 & 0 & \cdots & a_{nn} \end{pmatrix}$$

이라 하자. $A$를 선형사상으로 볼 때 $A^2, A^3$, 더 일반적으로 $r$이 $\geqq 1$인 정수일 때 $A^r$의 고유치는 무엇인가?

2. $A$를 정사각행렬이라 하자. 정수 $r \geqq 1$이 있어서 $A^r = O$이 될 때 $A$를 **거듭제곱이** $O$(nilpotent)이라 한다. $A$가 거듭제곱이 $O$이면 $A$의 모든 고유치는 0이 됨을 보여라.

3. $V$를 복소수 위의 유한차원 벡터공간이라 하고, $A : V \to V$를 선형사상이라 하자. $A$의 모든 고유치가 0이라 가정하자. $A$는 거듭제곱이 $O$임을 보여라.

   (앞의 두 문제에서, $2 \times 2$의 경우를 먼저 구체적으로 생각해 보라.)

4. 팬을 이용하여, 가역인 삼각행렬의 역행렬도 또한 삼각행렬임을 증명하라. 실제로 $V$가 유한차원 벡터공간이고, $A : V \to V$가 가역인 선형사상일 때, $\{V_1, \ldots, V_n\}$이 $A$의 팬이면, 이것은 또한 $A^{-1}$의 팬이 됨을 보여라.

5. $A$를 어떤 양의 정수 $r$에 대해 $A^r = I$가 되는 복소정사각행렬이라 하자. $\alpha$가 $A$의 고유치이면 $\alpha^r = 1$임을 보여라.

6. 다음 행렬로 표현되는 $\mathbb{C}^2$의 선형사상에 대한 팬 기저를 구하라.

   (a) $\begin{pmatrix} 1 & 1 \\ 1 & 1 \end{pmatrix}$ (b) $\begin{pmatrix} 1 & i \\ 1 & i \end{pmatrix}$ (c) $\begin{pmatrix} 1 & 2 \\ i & i \end{pmatrix}$

7. $\mathbb{C}$ 위의 유한차원 벡터공간 위에서의 작용소 $A : V \to V$를 대각화가능인 $D$와 거듭제곱이 $O$인 $N$의 합 $A = D + N$으로 쓸 수 있음을 보여라.

이제 행렬의 삼각화를 특별한 형태의 행렬에 응용해 보기로 한다. $A = (a_{ij})$를 $n \times n$ 복소행렬이라 하자. $A$의 각 열의 성분의 합이 1이면 $A$를 **마코프 행렬**(Markov matrix)이라 한다. 기호로 쓰면 각 $j$에 대해

$$\sum_i a_{ij} = 1$$

이다. 다음 성질들은 연습문제로 남긴다.

**성질 1.** $A, B$가 마코프 행렬이면 $AB$도 마코프 행렬이다. 특히 $A$가 마코프 행렬이면 모든 양의 정수 $k$에 대해 $A^k$도 마코프 행렬이다.

**성질 2.** $A, B$가 모든 $i, j$에 대해 $|a_{ij}| \leqq 1, |b_{ij}| \leqq 1$인 마코프 행렬이라 하고 $AB = C = (c_{ij})$라 하면 모든 $i, j$에 대해 $|c_{ij}| \leqq 1$이다.

**정리 1.5.** $A$를 모든 $i, j$에 대해 $|a_{ij}| \leqq 1$인 마코프 행렬이라 하자. 그러면 $A$의 모든 고유치는 그 절댓값이 1보다 작거나 같다.

**증명.** 따름정리 1.4에 의해 $BAB^{-1}$가 삼각행렬이 되는 행렬 $B$가 존재한다. 이때 $\lambda_1, \ldots, \lambda_n$을 대각원소들이라 하자. 그러면

$$BA^kB^{-1} = (BAB^{-1})^k$$

이므로

$$BA^kB^{-1} = \begin{pmatrix} \lambda_1^k & & & \\ & \lambda_2^k & & * \\ & & \ddots & \\ & 0 & & \lambda_n^k \end{pmatrix}$$

이다. 한편 $A^k$는 마코프 행렬이므로 모든 $k$에 대해 $A^k$의 각 성분은, 성질 2에 의해, 절댓값이 $\leqq 1$이다. 따라서 $BA^kB^{-1}$의 성분들의 절댓값은 $k$에 무관하게 유계이다. 만일 어떤 $i$에 대해 $|\lambda_i| > 1$이라면 $k \to \infty$일 때 $|\lambda_i^k| \to \infty$가 되어 앞의 서술에 모순이므로 증명이 끝났다. □

## X, §2. 해밀턴-케일리의 정리

$V$를 체 $K$ 위의 유한차원 벡터공간이라 하고, $A : V \to V$를 선형사상이라 하자. $V$가 $A$의 고유벡터 $\{v_1, \ldots, v_n\}$으로 이루어진 기저를 갖는다 하자. 그리고 $\{\lambda_1, \ldots, \lambda_n\}$을 대응하는 고유치라 하자. 그러면 $A$의 특성다항식은

$$P(t) = (t - \lambda_1) \cdots (t - \lambda_n),$$

이고 따라서

$$P(A) = (A - \lambda_1 I) \cdots (A - \lambda_n I)$$

이다. 이때 $P(A)$를 벡터 $v_i$에 작용하면, 인수 $A - \lambda_i I$가 $v_i$를 $O$으로 보내므로 $P(A)v_i = O$이 된다. 따라서 $P(A) = O$이다.

일반적으로 위와 같은 기저가 항상 존재하는 것은 아니다. 그러나 팬을 이용하여 대각행렬의 경우에 사용했던 논리를 일반화할 수 있다.

**정리 2.1 (해밀턴-케일리의 정리(Theorem of Hamilton-Cayley)).** $V$를 복소수 위의 차원이 1 이상인 유한차원 벡터공간이라 하고, $A : V \to V$를 선형사상이라 하자. $P$를 $A$의 특성다항식이라 하면 $P(A) = O$이다.

**증명.** 정리 1.2에 의하여 $A$의 팬이 존재하는데 이를 $\{V_1, \ldots, V_n\}$이라 하자.

$$\begin{pmatrix} a_{11} & a_{12} & \cdots & a_{1n} \\ 0 & a_{22} & \cdots & a_{2n} \\ \vdots & \vdots & & \vdots \\ 0 & 0 & \cdots & a_{nn} \end{pmatrix}$$

을 팬 기저 $\{v_1, \ldots, v_n\}$에 대해 $A$에 대응하는 행렬이라 하자. 그러면

$$Av_i = a_{ii}v_i + V_{i-1}\text{의 한 원소},$$

혹은 달리 말하면 $(A - a_{ii}I)v_i = Av_i - a_{ii}v_i$이므로

$$(A - a_{ii}I)v_i \in V_{i-1}$$

라 할 수 있다. 그리고 $A$의 특성다항식이

$$P(t) = (t - a_{11}) \cdots (t - a_{nn})$$

로 주어지므로

$$P(A) = (A - a_{11}I) \cdots (A - a_{nn}I)$$

이다.

귀납법으로 $i = 1, \ldots, n$일 때, $V_i$의 모든 $v$에 대해

$$(A - a_{11}I) \cdots (A - a_{ii}I)v = O$$

임을 보이기로 한다. $i = n$의 경우가 바로 정리와 같다.

$i = 1$이라 하자. 그러면 $(A - a_{11}I)v_1 = Av_1 - a_{11}v_1 = O$이 되어 성립한다.

$i > 1$이라 하고 $i - 1$일 때 주장하는 바가 성립한다 하자. $V_i$의 임의의 원소는 $v' \in V_{i-1}$와 적당한 스칼라 $c$에 대해 합 $v' + cv_i$로 쓸 수 있다. $AV_{i-1}$이 $V_{i-1}$에 포함되고 또 $a_{ii}v'$도 $V_{i-1}$에 포함되므로 $(A - a_{ii}I)v'$은 $V_{i-1}$에 속한다. 귀납법에 의해

$$(A - a_{11}I) \cdots (A - a_{i-1,i-1}I)(A - a_{ii}I)v' = O$$

이 성립한다. 한편 $(A - a_{ii}I)cv_i$는 $V_{i-1}$에 속하므로, 귀납법에 의해

$$(A - a_{11}I) \cdots (A - a_{i-1,i-1}I)(A - a_{ii}I)cv_i = O$$

이다. 따라서 모든 $v \in V_i$에 대해

$$(A - a_{11}I) \cdots (A - a_{ii}I)v = O$$

이 되어 증명이 끝났다. □

**따름정리 2.2.** $A$를 $n \times n$ 복소행렬이라 하고 $P$를 $A$의 특성다항식이라 하면 $P(A) = O$이다.

증명. $A$를 $\mathbb{C}^n$에서 그 자신으로 가는 선형사상으로 보고 위의 정리를 적용한다. □

**따름정리 2.3.** $V$를 체 $K$ 위의 유한차원 벡터공간이라 하고, $A : V \to V$를 선형사상이라 하자. $P$를 $A$의 특성다항식이라 하면 $P(A) = O$이다.

증명. $V$의 기저를 하나 택하고 그 기저에 대해 $A$를 표현하는 행렬을 $M$이라 하자. 그러면 $P_M = P_A$이므로 $P_M(M) = O$임을 보이면 충분하다. 이제 정리 2.1을 적용하면 증명이 끝난다. □

**참고.** 정리 2.1은 연속성을 이용하여 증명할 수도 있다. 복소행렬 $A$가 주어지면, 여기서는 다루지 않은 여러 방법을 동원하여, $A$와 크기가 같으면서 $P_Z$의 모든 근의 중복도가 1이 되는 행렬 $Z$로 $A$에 임의로 가깝게 (즉 $Z$의 각 성분이 대응하는 $A$의 성분에 가깝게) 근사시킬 수 있다. 실제로 중복도가 1보다 큰 근을 가지는 복소다항식은 모든 다항식 전체의 집합에서 희박하게 분포한다. 위와 같은 $Z$가 나타내는 선형사상은 (서로 다른 고유치를 가지므로) 대각화가능이므로, 이 절의 처음에서 본 바와 같이 자명하게 $P_Z(Z) = O$이 된다. 한편 $Z$가 $A$에 접근함에 따라 $P_Z(Z)$는 $P_A(A)$에 접근하게 되며 이로부터 $P_A(A) = O$임을 알 수 있다.

## X, §3. 유니타리 사상의 대각화

이 장에서 다룬 방법을 이용하여 이미 제8장에서 증명한 다음 정리의 또 다른 증명법을 보기로 한다.

**정리 3.1.** $V$를 복소수 위의 $\dim V \geqq 1$인 유한차원 벡터공간이라 하고 $V$ 위에 양의 정부호인 에르미트 내적이 주어졌다 하자. $A : V \to V$가 유니타리 사상이면 $A$의 고유벡터로 구성된 $V$의 직교기저가 존재한다.

증명. 우선 $w$가 고유치가 $\lambda$인 $A$의 고유벡터이면 $Aw = \lambda w$이고 $A$가 길이를 보존하므로 $\lambda \neq 0$이다.

정리 1.2에 의해 $A$에 대한 팬이 존재하는데 이를 $\{V_1, \ldots, V_n\}$이라 하고 $\{v_1, \ldots, v_n\}$을 팬 기저라 하자. 그램-슈미트의 직교화과정을 이용하여 이를 직교화한다. 이 과정을 다시 보면 다음과 같다.

$$\begin{aligned} v_1' &= v_1, \\ v_2' &= v_2 - \frac{\langle v_2, v_1 \rangle}{\langle v_1, v_1 \rangle} v_1 \\ &\cdots \end{aligned}$$

이로부터 $\{v_1', \ldots, v_n'\}$은 직교기저로서, $\{v_1', \ldots, v_i'\}$이 $\{v_1, \ldots, v_n\}$처럼 동일한 공간 $V_i$의 기저가 되므로, 다시 팬 기저가 됨을 알 수 있다. 각 $v_i'$을 자신의 노름으로 나누어 정규직교인 팬 기저 $\{w_1, \ldots, w_n\}$을 얻는다. 이제 각 $w_i$가 $A$의 고유벡터임을 귀납법을 써서 보이자. $Aw_1$이 $V_1$에 속하므로 어떤 스칼라 $\lambda_1$이 있어서 $Aw_1 = \lambda_1 w_1$이 되어 $w_1$은 고유벡터가 되고 $\lambda_1 \neq 0$가 된다. $w_1, \ldots, w_{i-1}$이 0이 아닌 고유치를 갖는 고유벡터임을 이미 증명하였다고 가정하자. 스칼라 $c_1, \ldots, c_i$가 있어서

$$Aw_i = c_1 w_1 + \cdots + c_i w_i$$

가 된다. $A$가 수직성을 보존하므로 모든 $k < i$에 대해 $Aw_i$는 $Aw_k$에 수직이다. 그런데 $Aw_k = \lambda_k w_k$이므로 $Aw_i$는 $w_k$와 수직이 되어야 하므로 $c_k = 0$이 됨을 알 수 있다. 따라서 $Aw_i = c_i w_i$이고, $A$가 길이를 보존하기 때문에 $c_i \neq 0$이다. 이렇게 1에서 $n$까지 계속하면 증명이 끝난다. □

**따름정리 3.2.** $A$를 복소유니타리 행렬이라 하자. 그러면 $U^{-1}AU$가 대각행렬이 되는 유니타리 행렬 $U$가 존재한다.

증명. $\{e^1, \ldots, e^n\} = \mathcal{B}$를 $\mathbb{C}^n$의 표준 정규직교기저라 하고 $\{w_1, \ldots, w_n\} = \mathcal{B}'$은 $A$를, $\mathbb{C}^n$에서 $\mathbb{C}^n$으로 가는 선형사상으로 보아, 대각화하는 정규직교기저라 하자.

$$U = M_{\mathcal{B}}^{\mathcal{B}'}(\mathrm{id})$$

라 두면 $U$는 유니타리이고(제7장 3절의 연습문제 5 참조), $M'$을 기저 $\mathcal{B}'$에 대한 $A$의 행렬이라 하면

$$M' = U^{-1}AU$$

가 된다. 이것으로 따름정리가 증명되었다. □

## X, §3. 연습문제

1. $A$를 복소유니타리 행렬이라 하자. $A$의 각 고유치를 어떤 실수 $\theta$에 대해 $e^{i\theta}$로 쓸 수 있음을 보여라.
2. $A$를 복소유니타리 행렬이라 하자. 어떤 대각행렬 $B$와 복소유니타리 행렬 $U$가 있어 $A = U^{-1}BU$로 쓸 수 있음을 보여라.

# 제11장

# 다항식과 소인수분해

## XI, §1. 유클리드의 알고리즘

제9장에서 이미 다항식과 다항식의 차수를 정의하였다. 이 장에서는 다항식의 일반적인 성질을 다룬다. 기본적인 성질중의 하나는, (아마) 초등학교에서 배웠을, 유클리드의 알고리즘, 또는 장제법(長除法, long division)이다.

**정리 1.1.** $f, g$를 체 $K$ 위의 다항식, 즉 $K[t]$에 속하는 다항식으로 $\deg g \geqq 0$이라 가정하자. 그러면

$$f(t) = q(t)g(t) + r(t)$$

와 $\deg r < \deg g$을 만족하는 다항식 $q, r$이 $K[t]$에 존재한다. 다항식 $q, r$은 이 조건에 의해 유일하게 결정된다.

증명. $m = \deg g \geqq 0$라 하자. $f, g$를

$$f(t) = a_n t^n + \cdots + a_0$$
$$g(t) = b_m t^m + \cdots + b_0$$

로서 $b_m \neq 0$라 하자. $n < m$이면 $q = 0, r = f$라 두면 된다. $n \geqq m$이면

$$f_1(t) = f(t) - a_n b_m^{-1} t^{n-m} g(t)$$

라 두자. (이것은 장제법 과정의 첫 단계이다.) 그러면 $\deg f_1 < \deg f$이다. 이런 식으로 계속하여, 혹은 좀더 엄밀하게 귀납법에 의하여, 다항식 $q_1, r$을

$$f_1 = q_1 g + r$$

이고 $\deg r < \deg g$를 만족하는 것으로 택할 수 있다. 그러면

$$\begin{aligned} f(t) &= a_n b_m^{-1} t^{n-m} g(t) + f_1(t) \\ &= a_n b_m^{-1} t^{n-m} g(t) + q_1(t) g(t) + r(t) \\ &= (a_n b_m^{-1} t^{n-m} + q_1(t)) g(t) + r(t) \end{aligned}$$

가 되므로 다항식 $f$를 원하는 모양으로 표현할 수 있다.

유일성을 보이기 위해

$$f = q_1 g + r_1 = q_2 g + r_2$$

이고 $\deg r_1 < \deg g, \deg r_2 < \deg g$라 가정하자. 그러면

$$(q_2 - q_1) g = r_2 - r_1$$

이다. 좌변은 0이 되거나 혹은 차수가 $\deg g$보다 크거나 같다. 우변은 0이 아니면 차수가 $\deg g$보다 작다. 따라서 양변 모두 0이 될 수 밖에 없으므로 보여야 할 것과 같이

$$q_1 = q_2 \quad \text{이고} \quad r_1 = r_2$$

이다. □

**따름정리 1.2.** $f$를 $K[t]$에 속하는 0이 아닌 다항식이라 하고, $\alpha \in K$가 $f(\alpha) = 0$을 만족한다 하자. 그러면

$$f(t) = (t - \alpha) q(t)$$

를 만족하는 다항식 $q(t)$가 $K[t]$에 존재한다.

**증명.** $f(t)$를, $\deg r < \deg(t - \alpha)$인 적당한 $q, r$에 대해

$$f(t) = q(t)(t - \alpha) + r(t)$$

라 쓸 수 있다. 그런데 $\deg(t - \alpha) = 1$이므로 $r$은 상수이다. 따라서

$$0 = f(\alpha) = q(\alpha)(\alpha - \alpha) + r(\alpha) = r(\alpha)$$

가 되어, $r = 0$이다. □

**따름정리 1.3.** $K$를 $K[t]$에 속하는 상수가 아닌 다항식은 모두 $K$에서 근을 갖게 되는 체라 하자. $f$를 $K[t]$에 속하는 상수가 아닌 다항식이라 하자. 그러면 $\alpha_1, \ldots, \alpha_n \in K$와 $c \in K$가 있어서

$$f(t) = c(t - \alpha_1) \cdots (t - \alpha_n)$$

이라 할 수 있다.

**증명.** 따름정리 1.2에서 $\deg q = \deg f - 1$임에 주목하자. 따름정리 1.2에서 $\alpha = \alpha_1$이라 하자. 가정에 의해, $q$가 상수가 아니면 $q$는 근 $\alpha_2$를 가지므로

$$f(t) = q_2(t)(t - \alpha_1)(t - \alpha_2)$$

라 쓸 수 있다. 이를 귀납적으로 계속하여 $q_n$이 상수가 될 때까지 진행하면 된다. □

복소수체가 따름정리 1.3의 조건을 만족한다고 가정하면 복소계수의 모든 다항식은 1차인 인수로 인수분해될 수 있음이 증명된 것이다. 유일성은 다음 절에서 증명한다.

**따름정리 1.4.** $f$를 $K[t]$에 있는 $n$차 다항식이라 하자. 그러면 $f$는 $K$에서 많아야 $n$개의 근을 가진다.

**증명.** 만일 $m > n$이고, $\alpha_1, \ldots, \alpha_m$이 $K$에 속하는 $f$의 서로 다른 근이라면, 어떤 다항식 $g$가 있어서

$$f(t) = (t - \alpha_1) \cdots (t - \alpha_m) g(t)$$

라 쓸 수 있으므로 $\deg f \geqq m$이 되어 모순이다. □

## XI, §1. 연습문제

1. 다음의 각 경우에 $\deg r < \deg g$가 되도록 $f = qg + r$로 써라.
   (a) $f(t) = t^2 - 2t + 1,\ g(t) = t - 1$
   (b) $f(t) = t^3 + t - 1,\ g(t) = t^2 + 1$
   (c) $f(t) = t^3 + t,\ g(t) = t$
   (d) $f(t) = t^3 - 1,\ g(t) = t - 1$
2. $f(t)$, $g(t)$의 계수가 정수이고, $g(t)$의 선두계수가 1이면, $f = qg + r, \deg r < \deg g$라 표현할 때 다항식 $q$와 $r$의 계수도 정수임을 보여라.
3. 미적분학의 중간값정리를 이용하여 실수 위에서 홀수차의 다항식은 실근을 가짐을 보여라.

4. $f(t) = t^n + \cdots + a_0$를 복소계수를 가지는 다항식으로, 차수가 $n$이고, $\alpha$를 근으로 갖는다 하자. $|\alpha| \leqq n \cdot \max_i |a_i|$가 성립함을 보여라. [힌트: $-\alpha^n = a_{n-1}\alpha^{n-1} + \cdots + a_0$라 쓰자. $|\alpha| > n \cdot \max_i |a_i|$이면 $\alpha^n$으로 나누고, 절댓값을 택하고 간단한 추정으로 모순을 끌어내라.]

## XI, §2. 최대공약수

부분공간이 벡터공간에 대해 갖는 관계와 같은 개념을 다항식의 집합인 $K[t]$에 대해서 정의하려고 한다.

$K[t]$의 아이디얼(ideal of $K[t]$), 또는 **다항식 아이디얼**(多項式 아이디얼, polynomial ideal), 혹은 더 간단히 **아이디얼**(ideal)이란 $K[t]$의 부분집합 $J$로 다음 조건을 만족하는 것이다.

> 영 다항식은 $J$에 속한다. $f, g$가 $J$에 속하면 $f+g$도 $J$에 속한다. $f$가 $J$에 속하고 $g$가 임의의 다항식이면 $gf$도 $J$에 속한다.

마지막 조건에서 $c \in K$이고 $f$가 $J$에 속하면 $cf$도 $J$에 속함을 알 수 있다. 그러므로 아이디얼은 $K$ 위의 벡터공간으로 볼 수 있다. 그러나 상수 뿐만 아니라 $K[t]$의 임의의 원소를 곱해도 다시 그 자신에 속한다는 점을 볼 때 벡터공간보다 더 특별하다고 할 수 있다.

**보기 1.** $f_1, \ldots, f_n$을 $K[t]$의 다항식이라 하고 $J$를 $g_i \in K[t]$에 대해

$$g = g_1 f_1 + \cdots + g_n f_n$$

으로 쓸 수 있는 다항식 $g$ 전체의 집합이라 하자. 그러면 $J$는 아이디얼이 된다. 실제로 $h_j \in K[t]$에 대해

$$h = h_1 f_1 + \cdots + h_n f_n$$

이면

$$g + h = (g_1 + h_1) f_1 + \cdots + (g_n + h_n) f_n$$

은 $J$에 속한다. 또 $0 = 0f_1 + \cdots + 0f_n$도 $J$에 속한다. $f$가 $K[t]$의 임의의 다항식이면

$$fg = (fg_1) f_1 + \cdots + (fg_n) f_n$$

도 $J$에 속한다. 따라서 모든 조건을 만족한다.

보기 1에 있는 아이디얼을 $f_1, \ldots, f_n$에 의해 **생성되었다**(生成되었다, generated)고 하고, $f_1, \ldots, f_n$을 **생성원 집합**(生成原 集合, set of generators)이라 한다.

보기 1의 각 $f_i$는 아이디얼 $J$에 속함을 알 수 있는데 이는

$$f_1 = 1 \cdot f_1 + 0f_2 + \cdots + 0f_n$$

으로 쓸 수 있기 때문이다.

**보기 2.** 하나의 원소로 이루어진 집합 $\{0\}$은 아이디얼이다. 또 $K[t]$ 자신도 아이디얼이다. 1이 $K[t]$의 생성원이 되므로 이를 **단위원 아이디얼**(單位元 아이디얼, unit ideal)이라 부른다.

**보기 3.** 두 다항식 $t-1$, $t-2$로 생성된 아이디얼을 생각하자. 이 아이디얼은 단위원 아이디얼이 된다. 즉

$$(t-1)-(t-2)=1$$

이 그 안에 있다. 그러므로 어떤 아이디얼이 여러 개의 생성원으로 만들어진 때에도, 사실은 하나의 원소가 이 아이디얼의 생성원이 되는 경우도 있는 것이다. 다음 정리들에서 이러한 상황을 보다 명확히 서술하기로 한다.

**정리 2.1.** $J$를 $K[t]$의 아이디얼이라 하자. 그러면 $J$의 생성원인 다항식 $g$가 존재한다.

증명. $J$가 영이 아닌 아이디얼이라고 가정한다. $g$를 아이디얼 $J$에서 0이 아니면서 가장 차수가 낮은 다항식이라 하자. 이 $g$가 $J$의 생성원이 됨을 보이기로 한다. $f$을 $J$의 임의의 원소라 하자. 유클리드의 알고리즘에 의하여 $\deg r < \deg g$이고

$$f = qg + r$$

인 다항식 $q, r$을 찾을 수 있다. 따라서 $r = f - qg$이고 아이디얼의 정의에 $r$도 또한 $J$에 속하게 된다. 한편 $\deg r < \deg g$이므로 $r = 0$이어야 한다. 따라서 $f = qg$이고 원하는대로 $g$는 $J$의 생성원이 된다. □

**참고.** $g_1$을 아이디얼 $J$의 0이 아닌 생성원이라 하고, $g_2$를 또 다른 생성원이라 하자. 그러면 $g_1 = qg_2$를 만족하는 다항식 $q$가 존재한다. 이때

$$\deg g_1 = \deg q + \deg g_2$$

이므로 $\deg g_2 \leqq \deg g_1$이다. $g_1$과 $g_2$의 역할을 교환하면

$$\deg g_2 = \deg g_1$$

을 얻는다. 그러므로 $q$는 상수이다. 즉 어떤 상수 $c$가 있어서

$$g_1 = cg_2$$

라 할 수 있다. $g_2$를

$$g_2(t) = a_n t^n + \cdots + a_0, \qquad a_n \neq 0$$

라 하자. $b = a_n^{-1}$로 택하면 $bg_2$도 $J$의 생성원이며 선두계수가 1이다. 그러므로 아이디얼 ($\neq 0$)의 생성원은 선두계수가 1인 것으로 항상 택할 수 있다. 또한 이러한 생성원이 유일하게 결정된다는 것은 명백하다.

$f, g$를 0이 아닌 다항식이라 하자. $f = qg$인 다항식 $q$가 존재할 때 $g$가 $f$를 **나눈다**(devide)고 하고 $g|f$라 쓴다. $f_1, f_2$를 0이 아닌 다항식이라 하자. $f_1, f_2$의 **최대공약수**(最大共約數, greatest common divisor)란 $f_1$과 $f_2$를 나누는 다항식 $g$로서, $f_1$과 $f_2$를 나누는 임의의 다항식 $h$는 반드시 $g$를 나누는 성질을 가진 것이다.

**정리 2.2.** $f_1, f_2$를 $K[t]$의 0이 아닌 다항식이라 하자. $g$를 $f_1, f_2$로 생성된 아이디얼의 생성원이라 하자. 그러면 $g$는 $f_1$, $f_2$의 최대공약수이다.

**증명.** $f_1$이 $f_1, f_2$로 생성된 아이디얼에 속하므로 어떤 다항식 $q$가 있어서

$$f_1 = q_1 g$$

라 할 수 있다. 따라서 $g$는 $f_1$을 나눈다. 마찬가지로 $g$는 $f_2$도 나눈다. $h$를 $f_1$과 $f_2$를 모두 나누는 다항식이라 하자. 그러면 어떤 다항식 $h_1, h_2$가 있어서

$$f_1 = h_1 h, \qquad f_2 = h_2 h$$

라 쓸 수 있다. $g$가 $f_1, f_2$로 생성되는 아이디얼에 속하므로 다항식 $g_1, g_2$가 있어서 $g = g_1 f_1 + g_2 f_2$라 둘 수 있으므로,

$$g = g_1 h_1 h + g_2 h_2 h = (g_1 h_1 + g_2 h_2) h$$

라 쓸 수 있다. 따라서 $h$는 $g$를 나누고 정리가 증명되었다. □

**참고 1.** 최대공약수는 0이 아닌 상수의 곱을 무시하면 유일하게 결정된다. 선두계수가 1인 최대공약수를 선택한다면 그것은 유일하게 결정된다.

**참고 2.** 둘 이상의 다항식의 경우에도 똑같은 증명을 적용할 수 있다. 예컨대 $f_1, \ldots, f_n$이 0이 아닌 다항식이고 $g$가 $f_1, \ldots, f_n$에 의해 생성된 아이디얼의 생성원이면 $g$는 $f_1, \ldots, f_n$의 최대공약수이다.

최대공약수가 1인 다항식 $f_1, \ldots, f_n$을 **서로 소**(서로 素, relatively prime)라 한다.

## XI, §2. 연습문제

1. $t^n - 1$이 $t-1$로 나누어짐을 보여라.

2. $t^4 + 4$가 정수 계수의 2차 다항식의 곱으로 인수분해됨을 보여라.

3. $n$이 홀수일 때 $t^n + 1$을 $t+1$로 나눈 몫을 구하라.

4. $A$를 체 $K$ 위의 $n \times n$ 행렬이라 하고, $J$를 $f(A) = O$이 되는 $K[t]$의 모든 다항식의 집합이라 하자. $J$가 아이디얼이 됨을 보여라.

## XI, §3. 인수분해의 유일성

$K[t]$의 다항식 $p$가 $\deg p \geqq 1$이고, $p = fg$, $f, g \in K[t]$로 인수분해했을 때 항상 $\deg f = 0$ 또는 $\deg g = 0$이면 (즉 $f$, $g$ 중 하나가 상수이면) ($K$ 위에서) **기약**(旣約, irreducible)이라 한다. 즉 0이 아닌 상수로 나누는 것을 무시하면 $p$의 약수는 $p$ 자신과 1 뿐이다.

**보기 1.** 복소수 위에서 기약다항식은 1차 다항식, 즉 $t - \alpha, \alpha \in \mathbb{C}$ 꼴의 상수배 뿐이다.

**보기 2.** 다항식 $t^2 + 1$은 $\mathbb{R}$ 위에서 기약이다.

**정리 3.1.** $K[t]$에 속하는 차수가 1 이상인 모든 다항식은 기약 다항식 $p_1, \ldots, p_m$의 곱으로 표현될 수 있다. 그러한 곱에서 $p_1, \ldots, p_m$은 순서와 0이 아닌 상수곱을 무시하면 유일하게 결정된다.

**증명.** 우선 기약 다항식의 곱으로 인수분해됨을 증명하자. $f$를 $K[t]$에 속하는 차수가 1 이상인 다항식이라 하자. $f$가 기약이면 증명이 끝났다. 그렇지 않으면 $\deg g < \deg f$이고 $\deg h < \deg f$인 $g, h$가 있어서

$$f = gh$$

라 쓸 수 있다. $g, h$가 기약이면 증명이 끝났다. 그렇지 않으면 $g$와 $h$를 더 낮은 차수의 다항식으로 인수분해한다. 이 과정을 무한히 계속할 수는 없으므로 $f$에 대한 인수분해가 존재한다. (이 증명을 귀납법으로 표현할 수 있음은 명백하다.)

이제 유일성을 증명해야 하는데 다음 보조정리가 필요하다.

**보조정리 3.2.** $p$를 $K[t]$의 원소로 기약이라 하자. $f, g \in K[t]$를 0이 아닌 다항식이라 하고 $p$가 $fg$를 나눈다 하자. 그러면 $p$는 $f$를 나누거나 혹은 $g$를 나눈다.

**증명.** $p$가 $f$를 나누지 않는다 하자. 그러면 $p$와 $f$의 최대공약수는 1이고, $K[t]$에 다항식 $h_1$, $h_2$가 존재하여

$$1 = h_1 p + h_2 f$$

가 되게 할 수 있다. (정리 2.2를 이용한다.) $g$를 곱하여

$$g = g h_1 p + h_2 f g$$

를 얻는다. 한편 $fg = ph_3$인 $h_3$가 존재므로

$$g = (g h_1 + h_2 h_3) p$$

이고, 따라서 $p$는 $g$를 나눈다. □

위 보조정리를 $p$가 기약 다항식의 곱 $q_1 \cdots q_s$를 나누는 경우에 적용해 보자. 이 경우 $p$는 $q_1$을 나누거나 혹은 $q_2 \cdots q_s$를 나눈다. 그러므로 $p = cq_1$인 상수 $c$가 존재하거나 $p$가 $q_2 \cdots q_s$를 나눈다. 후자의 경우에는 귀납적으로 계속하면, 어느 경우든 어떤 $i$에 대해 $p$와 $q_i$가 상수배 차이가 된다.

이제 두 기약 다항식의 곱

$$p_1 \cdots p_r = q_1 \cdots q_s$$

가 주어졌다 하자. $q_i$의 번호를 다시 붙여, 적당한 상수 $c_1$에 대해 $p_1 = c_1 q_1$이라 쓸 수 있다고 가정할 수 있다. $q_1$을 소거하여

$$c_1 p_2 \cdots p_r = q_2 \cdots q_s$$

를 얻을 수 있다. 위 논법을 귀납적으로 반복하여, 필요하면 $q_1, \ldots, q_s$의 순서를 다시 정하여, 모든 $i$에 대해 $p_i = c_i q_i$인 상수 $c_i$가 존재한다고 결론지을 수 있다. 이것으로 원하는 유일성이 증명되었다. □

**따름정리 3.3.** $f$를 $K[t]$에 속하는 차수가 1 이상인 다항식이라 하자. 그러면 선두계수가 1인 기약 다항식 $p_1, \ldots, p_s$가 있어서 $f$를 $f = cp_1 \cdots p_s$로 인수분해할 수 있는데, 이 인수분해는 순서를 무시하면 유일하다.

**따름정리 3.4.** $f$를 $\mathbb{C}[t]$에 속하는 차수가 1 이상인 다항식이라 하자. 그러면 $f$를 $\alpha_i, c \in \mathbb{C}$에 대해

$$f(t) = c(t - \alpha_1) \cdots (t - \alpha_n)$$

으로 인수분해할 수 있다. 인수들 $t - \alpha_i$는 순서를 무시하면 유일하다.

앞으로는 주로 선두계수가 1인 다항식을 다룰 것이다. $f$를 이러한 다항식으로 차수가 1보다 크거나 같다 하자. $p_1, \ldots, p_r$이 $f$를 인수분해할 때 나타나는 (선두계수가 1인) 서로 다른 기약다항식이라 하자. 그러면 $f$를 양의 정수 $i_1, \ldots, i_r$에 대해

$$f = p_1^{i_1} \cdots p_r^{i_r}$$

로 표현할 수 있는데 $i_1, \ldots, i_r$은 $p_1, \ldots, p_r$에 따라 유일하게 결정된다. 이 인수분해를 $f$의 정규화된(normalized) 인수분해라 부른다. 특히 복소수체 위에서는

$$f(t) = (t - \alpha_1)^{i_1} \cdots (t - \alpha_r)^{i_r}$$

이라 쓸 수 있다.

선두계수가 1인 다항식을 때로는 **모닉**(monic)인 다항식이라고도 한다.

$p$가 $g$를 나누지 않는 기약다항식이고 $m$이 0 이상인 정수로 $f = p^m g$라 쓸 수 있을 때 $m$을 $f$에서 $p$의 **중복도**(重複度, multiplicity)라 한다. ($p^0$은 1로 정의한다.) 이 중복도를 $\mathrm{ord}_p f$로 나타내고, $p$에서의 $f$의 **차수**(次數, order)라고도 한다.

$\alpha$가 $f$의 근이고 $g(\alpha) \neq 0$인 $g$에 대해

$$f(t) = (t - \alpha)^m g(t)$$

일 때, $t - \alpha$는 $g(t)$를 나누지 않으며 $m$은 $f$에서의 $t - \alpha$의 중복도이다. 이때 $m$을 $f$에서의 **$\alpha$의 중복도**($f$에서의 $\alpha$의 重複度, mutiplicity of $\alpha$ in $f$)라고도 한다.

미분을 이용하여 $m > 1$의 여부를 쉽게 조사할 수 있다.

$f(t) = a_n t^n + \cdots + a_0$를 다항식이라 하자. (형식적인) 미분을

$$Df(t) = f'(t) = na_n t^n + (n-1)a_{n-1}t^{n-2} + \cdots + a_1$$

으로 정의한다. 그러면 다음 명제가 성립하는데, 이를 증명하는 것은 연습문제로 남긴다.

(a) $f, g$를 다항식이라 하면

$$(f+g)' = f' + g'$$

이다. 또

$$(fg)' = f'g + fg'$$

이다. $c$가 상수이면 $(cf)' = cf'$이다.

(b) $\alpha$를 $f$의 근이라 하고 $\deg f \geqq 1$이라 가정하자. $f$에서의 $\alpha$의 중복도가 1보다 클 필요충분조건은 $f'(\alpha) = 0$이다. 그러므로 $f'(\alpha) \neq 0$이면 $f$에서의 $\alpha$의 중복도는 1이다.

## XI, §3. 연습문제

1. $f$를 체 $K$ 위의 2차 다항식이라 하고 $f$가 $K$ 위에서 기약이거나 $f$가 $K$ 위에서 일차 인수로 분해됨을 보여라.

2. $f$를 체 $K$ 위의 3차 다항식이라 하자. $f$가 $K$ 위에서 기약이 아니면 $K$에서 근을 가짐을 보여라.

3. $f(t)$를 실수 위에서 선두계수가 1인 기약다항식이라 하자. $\deg f = 2$라 가정하자. $f(t)$를 어떤 $a, b \in \mathbb{R}, b \neq 0$에 대해

$$f(t) = (t-a)^2 + b^2$$

로 쓸 수 있음을 보여라. 역으로 그러한 다항식은 $\mathbb{R}$ 위에서 기약임을 보여라.

4. $f$를 복소계수를 가지는 다항식

$$f(t) = \alpha_n t^n + \cdots + \alpha_0$$

라 하자. $f(t)$의 켤레다항식

$$\overline{f}(t) = \overline{\alpha}_n t^n + \cdots + \overline{\alpha}_0$$

는 각 계수의 켤레복소수를 택하여 정의한다. $f, g$가 $\mathbb{C}[t]$의 원소이면

$$\overline{(f+g)} = \overline{f} + \overline{g}, \quad \overline{(fg)} = \overline{f}\,\overline{g}$$

이고, $\beta \in \mathbb{C}$이면 $\overline{(\beta f)} = \overline{\beta f}$임을 보여라.

5. $f(t)$를 실계수를 가지는 다항식이라 하자. $\alpha$를 $f$의 한 근으로 실수가 아닌 복소수라 하자. $\overline{\alpha}$도 $f$의 근이 됨을 보여라.

6. 문제 5와 같은 상황에서 $\alpha$의 $f$에서의 중복도는 $\overline{\alpha}$의 중복도와 같음을 보여라.

7. $A$를 체 $K$에서 $n \times n$ 행렬이라 하자. $J$를 $K[t]$에서 $f(A) = O$이 되는 다항식 $f$의 집합이라 하자. $J$가 아이디얼임을 보여라. $J$의 선두계수가 1인 생성원을 $K$ 위의 $A$의 **최소다항식**(最小多項式, minimal polynomial)이라 한다. $A$가 유한차원 벡터공간 $V$에서 $V$로 가는 선형사상일 때도 비슷하게 정의할 수 있다.

8. $V$를 $K$ 위의 유한차원 공간이라 하자. $A: V \to V$를 선형사상이라 하고 $f$를 $A$의 최소다항식이라 하자. $A$가 대각화가능이면 (즉, $A$의 고유벡터로 이루어진 기저가 존재하면) 최소다항식은 $\alpha_1, \ldots, \alpha_r$을 $A$의 서로 다른 고유치라 할 때

$$(t-\alpha_1)\cdots(t-\alpha_r)$$

와 같음을 보여라.

9. 다음 다항식은 $\mathbb{C}$에서 중근을 갖지 않음을 보여라.

   (a) $t^4 + t$

   (b) $t^5 - 5t + 1$

(c) $b^2 - 4c$가 0이 아닌 $b, c$에 대해 다항식 $t^2 + bt + c$

10. 다항식 $t^n - 1$이 $\mathbb{C}$에서 중근을 갖지 않음을 보여라. 모든 근을 구하고 일차식으로 인수분해할 수 있는가?

11. $f, g$를 $K[t]$의 다항식으로 서로소라 가정하자. 행렬식

$$\begin{vmatrix} f & g \\ f_1 & g_1 \end{vmatrix}$$

이 1이 되는 다항식 $f_1, g_1$이 존재함을 보여라.

12. $f_1, f_2, f_3$를 $K[t]$의 다항식이라 하고 이들이 단위원 아이디얼을 생성한다고 가정하자. 행렬식

$$\begin{vmatrix} f_1 & f_2 & f_3 \\ f_{21} & f_{22} & f_{23} \\ f_{31} & f_{32} & f_{33} \end{vmatrix}$$

이 1이 되는 다항식 $f_{ij}$가 $K[t]$에 존재함을 보여라.

13. $\alpha$를 복소수라 하고, $J$를 $K[t]$에서 $f(\alpha) = 0$이 되는 모든 다항식들의 집합이라 하자. $J$가 아이디얼임을 보여라. $J$가 영 아이디얼이 아니라고 가정하자. $J$의 선두계수가 1인 생성원이 기약임을 보여라.

14. $f, g$를 두 다항식이라 하고, $i_\nu, j_\nu$가 $\geqq 0$인 정수이고 $p_1, \ldots, p_r$이 서로 다른 기약다항식일 때

$$f = p_1^{i_1} \cdots p_r^{i_r}$$
$$g = p_1^{j_1} \cdots p_r^{j_r}$$

이라 쓸 수 있다 하자.

(a) $f$와 $g$의 최대공약수를 $\geqq 0$인 정수 $k_1, \ldots, k_r$에 대해 곱 $p_1^{k_1} \cdots p_r^{k_r}$ 꼴로 표현할 수 있음을 보여라. $k_\nu$를 $i_\nu$와 $j_\nu$로 표현하라.

(b) 다항식의 최소공배수(最小共倍數, least common multiple)를 정의하고, $f$와 $g$의 최소공배수를 $\geqq 0$인 정수 $k_1, \ldots, k_r$에 대해 곱 $p_1^{k_1} \cdots p_r^{k_r}$ 꼴로 표현할 수 있음을 보여라. $k_\nu$를 $i_\nu$와 $j_\nu$로 표현하라.

15. 다음 다항식들의 쌍에 대해 최대공약수와 최대공배수를 구하라.

(a) $(t-2)^3(t-3)^4(t-i)$, $(t-1)(t-2)(t-3)^3$

(b) $(t^2+1)(t^2-1)$, $(t+i)^3(t^3-1)$

## XI, §4. 벡터공간의 분해에 대한 응용

$V$를 체 $K$ 위의 벡터공간이라 하고 $A : V \to V$를 $V$의 작용소라 하자. $W$를 $V$의 부분공간이라 하자. $W$의 모든 $w$에 대해 $Aw$가 $W$에 속할 때, 즉 $AW$가 $W$에 포함될 때, $W$를 $A$의 **불변 부분공간**(不變部分空間, invariant subspace)이라 한다.

**보기 1.** $v_1$을 $A$의 0이 아닌 고유벡터라 하고 $V_1$을 $v_1$에 의해 생성된 1차원 공간이라 하자. 그러면 $V_1$은 $A$의 불변 부분공간이다.

**보기 2.** $\lambda$를 $A$의 고유치라 하고 $V_\lambda$를 $Av = \lambda v$인 모든 $v \in V$로 구성된 부분공간이라 하자. 그러면 $V_\lambda$는 $A$의 불변 부분공간으로 $\lambda$의 **고유공간**(固有空間, eigenspace)이라 한다.

**보기 3.** $f(t) \in K[t]$를 다항식이라 하고 $W$를 $f(A)$의 핵이라 하자. 그러면 $W$는 $A$의 불변 부분공간이다.

증명. $f(A)w = O$이라 가정하자. $tf(t) = f(t)t$이기 때문에

$$Af(A) = f(A)A$$

이므로

$$f(A)(Aw) = f(A)Aw = Af(A)w = O$$

이다. 그러므로 $Aw$도 또한 $f(A)$의 핵에 포함되고 주장하는 바가 증명되었다. □

일반적으로 임의의 두 다항식 $f$, $g$에 대해 $f(t)g(t) = g(t)f(t)$이므로

$$f(A)g(A) = g(A)f(A)$$

가 됨을 주목하라. 앞으로 이 식을 자주 사용하게 될 것이다.

이제 다항식을 최대공약수가 1인 두 인수로 인수분해하는 것이 어떻게 벡터공간 $V$를 불변 부분공간의 직합으로 분해하는 데 이용되는지 서술해 보자.

**정리 4.1.** $f(t) \in K[t]$가, 최대공약수가 1이고 차수가 1 이상인 두 다항식 $f_1, f_2$의 곱 $f = f_1f_2$이라 가정하자. $A : V \to V$를 작용소라 하고 $f(A) = O$이라 가정하자. 그러면

$$W_1 = f_1(A)\text{의 핵}, \qquad W_2 = f_2(A)\text{의 핵}$$

이라 할 때 $V$는 $W_1$과 $W_2$의 직합이다.

증명. 가정에 의해

$$g_1(t)f_1(t) + g_2(t)f_2(t) = 1$$

이 되는 다항식 $g_1, g_2$가 존재한다. 그러므로

$$(*) \qquad g_1(A)f_1(A) + g_2(A)f_2(A) = I$$

가 성립한다. $v \in V$라 하면

$$v = g_1(A)f_1(A)v + g_2(A)f_2(A)v$$

이다. 이 합의 첫 항은

$$f_2(A)g_1(A)f_1(A)v = g_1(A)f_1(A)f_2(A)v = g_1(A)f(A)v = O$$

을 만족하므로 $W_2$에 속한다. 비슷하게 두 번째 항은 $W_1$에 속한다. 그러므로 $V$는 $W_1$과 $W_2$의 합이다.

이 합이 직합임을 보이기 위해 $w_1 \in W_1, w_2 \in W_2$에 대한 표현

$$v = w_1 + w_2$$

가 $v$에 의해 유일하게 결정된다는 것을 보여야 한다. $g_1(A)f_1(A)$를 이 합에 적용하면 $f_1(A)w_1 = O$이므로

$$g_1(A)f_1(A)v = g_1(A)f_1(A)w_2$$

이다. $w_2$에 식 $(*)$를 적용하면 $f_2(A)w_2 = O$이므로

$$w_2 = g_1(A)f_1(A)w_2$$

이다. 따라서

$$w_2 = g_1(A)f_1(A)v$$

이므로 $w_2$는 유일하게 결정된다. 비슷한 방법으로 $w_1 = g_2(A)f_2(A)v$도 유일하게 결정되므로 이 합은 직합이다. 이로써 정리가 증명되었다. □

정리 4.1은 $f$가 여러 인수의 곱으로 표현될 때도 적용할 수 있다. 그 결과를 복소수 위에서 서술하면 다음과 같다.

**정리 4.2.** $V$를 $\mathbb{C}$ 위의 벡터공간이라 하고 $A : V \to V$를 작용소라 하자. $P(t)$를 $P(A) = O$인 다항식이라 하고

$$P(t) = (t - \alpha_1)^{m_1} \cdots (t - \alpha_r)^{m_r}$$

를 서로 다른 근 $\alpha_1, \ldots, \alpha_r$에 대한 $P$의 인수분해라 하자. $W_i$를 $(A - \alpha_i I)^{m_i}$의 핵이라 하자. 그러면 $V$는 부분공간 $W_1, \ldots, W_r$의 직합이다.

**증명.** 증명은 인수 $(t - \alpha_1)^{m_1}, (t - \alpha_2)^{m_2}, \ldots$를 하나씩 분리해 가면서 귀납법을 사용

한다.

$$W_1 = (A - \alpha_1 I)^{m_1} \text{의 핵},$$
$$W = (A - \alpha_2 I)^{m_2} \cdots (A - \alpha_r I)^{m_r} \text{의 핵}$$

이라 두자. 정리 4.1에 의해 $V = W_1 \oplus W$가 된다. 이제 귀납적으로, $j = 2, \ldots, r$에 대해 $W_j$가 $(A - \alpha_j I)^{m_j}$의 $W$에서의 핵일 때

$$W = W_2 \oplus \cdots \oplus W_r$$

로 표현할 수 있다고 가정할 수 있다. 그러면

$$V = W_1 \oplus W_2 \oplus \cdots \oplus W_r$$

은 직합이다. 아직은 $j = 2, \ldots, r$에 대해 $W_j$가 $(A - \alpha_j I)^{m_j}$의 $V$에서의 핵과 같다는 것을 보여야 한다. $V$의 원소 $v$를 $w_i \in W_i$에 대해

$$v = w_1 + w_2 + \cdots + w_r$$

이라 하고 $v$가 $(A - \alpha_j I)^{m_j}$의 핵에 속한다 하자. 그러면 특히 $v$는

$$(A - \alpha_2 I)^{m_2} \cdots (A - \alpha_r I)^{m_r}$$

의 핵에 속하므로 $W$에 속하여 $w_1 = O$이 된다. $v$가 $W$에 속하고 $W$는 $W_2, \ldots, W_r$의 직합이므로 이제 $v = w_j$라 할 수 있다. □

**보기 4 (미분방정식).** $V$를 계수가 복소수 $a_i$인 미분방정식

$$D^n f + a_{n-1} D^{n-1} f + \cdots + a_0 f = 0$$

의 (무한번 미분가능한) 해로 구성된 공간이라 하자.

**정리 4.3.** 다항식 $P$를

$$P(t) = t^n + a_{n-1} t^{n-1} + \cdots + a_0$$

라 하자. 정리 4.2에서처럼 $P(t)$가

$$P(t) = (t - \alpha_1)^{m_1} \cdots (t - \alpha_r)^{m_r}$$

와 같이 인수분해되었다 하자. 그러면 $V$는 미분방정식

$$(D - \alpha_i I)^{m_i} f = 0, \;\; i = 1, \ldots, r$$

의 해공간의 직합이다.

**증명.** 정리 4.2를 직접 적용하면 된다. □

그러므로 원래 미분방정식을 연구하는 것은 훨씬 더 간단한 미분방정식

$$(D - \alpha I)^m f = 0$$

을 연구하는 것으로 귀착된다. 이 방정식의 해는 쉽게 구할 수 있다.

**정리 4.4.** $\alpha$를 복소수라 하고 $W$를 미분방정식

$$(D - \alpha I)^m f = 0$$

의 해공간이라 하자. 그러면 $W$는 함수

$$e^{\alpha t}, te^{\alpha t}, \ldots, t^{m-1}e^{\alpha t}$$

로 생성된 공간이며, 이 함수들은 이 공간의 기저를 이룬다. 따라서 이 공간의 차원은 $m$이다.

**증명.** 임의의 복소수 $\alpha$에 대해

$$(D - \alpha I)^m f = e^{\alpha t} D^m (e^{-\alpha t} f)$$

가 성립한다. (증명은 귀납법으로 쉽게 보일 수 있다.) 따라서 $f$가 $(D - \alpha I)^m$의 핵에 속한다는 것은

$$D^m (e^{-\alpha t} f) = 0$$

이 성립하는 것과 동치이다. $m$차 도함수가 0이 되는 함수는 차수가 $\leqq m - 1$인 다항식뿐이다. 그러므로 $(D - \alpha I)^m f = 0$의 해공간은

$$e^{\alpha t}, te^{\alpha t}, \ldots, t^{m-1}e^{\alpha t}$$

로 생성된 공간이다. 마지막으로 이 함수들이 일차독립임을 보이자. 상수 $c_0, \ldots, c_{m-1}$이 있어서 모든 $t$에 대해 선형관계

$$c_0 e^{\alpha t} + c_1 te^{\alpha t} + \cdots + c_{m-1} t^{m-1} e^{\alpha t} = 0$$

을 만족한다 하자. 다항식 $Q(t)$를

$$Q(t) = c_0 + c_1 t + \cdots + c_{m-1} t^{m-1}$$

라 두자. 그러면 모든 $t$에 대해

$$Q(t) e^{\alpha t} = 0$$

이다. 그런데 모든 $t$에 대해 $e^{\alpha t} \neq 0$이고 $Q$는 다항식이므로 $i = 0, \ldots, m - 1$에 대해 $c_i = 0$이어야 한다. □

## XI, §4. 연습문제

1. 정리 4.1에서 $\operatorname{Im} f_1(A) = \operatorname{Ker} f_2(A)$임을 보여라.

2. $A : V \to V$를 작용소라 하고, $V$를 유한차원이라 하자. $A^3 = A$라 가정하자. $V_0 = \operatorname{Ker} A$, $V_1$을 $A$의 $(+1)$-고유공간, $V_{-1}$을 $A$의 $(-1)$-고유공간이라 할 때, $V$는 직합

$$V = V_0 \oplus V_1 \oplus V_{-1}$$

임을 보여라.

3. $A : V \to V$를 작용소라 하고, $V$를 유한차원이라 하자. $A$의 특성다항식이 체 $K$의 서로 다른 원소 $\alpha_1, \ldots, \alpha_r$에 대해

$$P_A(t) = (t - \alpha_1) \cdots (t - \alpha_n)$$

으로 인수분해된다고 가정하자. $V$가 $A$의 고유벡터로 이루어진 기저를 가짐을 보여라.

## XI, §5. 슈어의 보조정리

$V$를 $K$ 위의 벡터공간이라 하고 $S$를 $V$의 작용소들의 집합이라 하자. $W$를 $V$의 부분공간이라 하자. 모든 $B \in S$에 대해 $BW$가 $W$에 포함되면 $W$를 **$S$-불변**($S$-不變, $S$-invariant)이라 한다. $V$가 $\{O\}$이 아니고, $S$-불변인 부분공간이 $V$ 자신과 영공간뿐일 때, $V$를 **단순 $S$-공간**(單純 $S$-空間, simple $S$-space)이라 한다.

**참고 1.** $A : V \to V$를 모든 $B \in S$에 대해 $AB = BA$인 작용소라 하자. 그러면 $A$의 상과 핵은 모두 $S$-불변인 $V$의 부분공간이다.

**증명.** $w$가 $A$의 상에 있다면, 어떤 $v \in V$에 대해 $w = Av$이다. 이때 $Bw = BAv = ABv$이다. 이는 $Bw$가 $A$의 상에 있다는 것이고 따라서 $A$의 상은 $S$-불변이다. $u$가 $A$의 핵에 있다 하자. 그러면 $ABu = BAu = O$이다. 따라서 $Bu$도 또한 $A$의 핵에 있게 되므로 핵은 $S$-불변이다. □

**참고 2.** $S$를 위와 같다 하고 $A : V \to V$를 작용소라 하자. 모든 $B \in S$에 대해 $AB = BA$라 가정하자. $f$가 $K[t]$에 속하는 다항식이라 하면 모든 $B \in S$에 대해 $f(A)B = Bf(A)$이다.

간단한 연습문제 삼아 이를 증명하라.

**정리 5.1.** $V$를 $K$ 위의 벡터공간이라 하고 $S$를 $V$의 작용소들로 이루어진 집합이라 하자. $V$가 단순 $S$-불변 공간이라 가정하고 $A : V \to V$를 모든 $B \in S$에 대해 $AB = BA$인 선형사상이라 하면 $A$는 가역이거나 영사상이다.

증명. $A \neq 0$이라 가정하자. 참고 1에 의해 $A$의 핵은 $\{O\}$이고 또 그 상은 $V$ 전체가 된다. 따라서 $A$는 가역이다. □

**정리 5.2.** $V$를 복소수 위의 벡터공간이라 하자. $S$를 $V$의 작용소들로 이루어진 집합이라 하고 $V$가 단순 $S$-공간이라 가정하자. $A : V \to V$를 모든 $B \in S$에 대해 $AB = BA$인 선형사상이라 하자. 그러면 $A = \lambda I$가 되는 수 $\lambda$가 존재한다.

증명. $J$를 $f(A) = O$을 만족하는 $\mathbb{C}[t]$에 속하는 다항식 전체로 이루어진 아이디얼이라 하자. $g$를 이 다항식의 생성원으로 선두계수가 1이라 하자. 그러면 $g \neq 0$이다. $g$가 기약임을 보이기로 하자. 만일 $g$가 기약이 아니라면 $g$를 차수가 $\deg g$보다 작은 두 다항식 $h_1, h_2$의 곱 $g = h_1 h_2$으로 쓸 수 있다. 따라서 $h_1(A) \neq O$이다. 정리 5.1과 참고 1, 2에 의하여 $h_1(A)$가 가역이라 할 수 있다. 같은 방법으로 $h_2(A)$도 가역이다. 따라서 $h_1(A)h_2(A)$도 가역인데, 이는 불가능하므로 $g$는 기약이다. 한편 복소수 위에서 기약인 다항식은 1차 다항식밖에 없으므로 어떤 $\lambda \in \mathbb{C}$에 대해 $g(t) = t - \lambda$이다. $g(A) = O$이므로 $A - \lambda I = O$, 즉 $A = \lambda I$가 되어 증명이 끝났다. □

## XI, §5. 연습문제

1. $V$를 체 $K$ 위의 유한차원 벡터공간이라 하고, $S$를 $V$에서 $V$로 가는 선형사상 전체의 집합이라 하자. $V$가 단순 $S$-공간임을 보여라.

2. $V = \mathbb{R}^2$라 하고, 행렬 $\begin{pmatrix} 1 & a \\ 0 & 1 \end{pmatrix}$를 $V$에서 $V$로 가는 선형사상으로 볼 때, $S$를 이러한 꼴의 선형사상들의 집합이라 하자. 여기서 $a$는 고정된 0이 아닌 실수이다. $V$의 $S$-불변 부분공간을 모두 찾아라.

3. $V$를 체 $K$ 위의 벡터공간이라 하고, $\{v_1, \ldots, v_n\}$을 $V$의 기저라 하자. $\{1, \ldots, n\}$ 위의 각 치환 $\sigma$에 대해 $A_\sigma : V \to V$를

$$A_\sigma(v_i) = v_{\sigma(i)}$$

로 주어지는 선형사상이라 하자.

(a) 임의의 두 치환 $\sigma, \tau$에 대해

$$A_\sigma A_\tau = A_{\sigma\tau}$$

이고 $A_{\mathrm{id}} = I$임을 보여라.

(b) $v = v_1 + \cdots + v_n$으로 생성된 부분공간은 모든 $A_\sigma$로 이루어진 집합 $S_n$에 대해 $S_n$-불변 부분공간이 됨을 보여라.

(c) (b)의 원소 $v$가 각 $A_\sigma$의 고유벡터임을 보여라. $v$에 대한 $A_\sigma$의 고유치는 무엇인가?

(d) $n = 2$라 하고, $\sigma$를 항등사상이 아닌 치환이라 하자. $v_1 - v_2$가 $A_\sigma$의 1차원 불변 부분공간을 생성함을 보여라. $v_1 - v_2$가 $A_\sigma$의 고유벡터임을 보여라. 고유치는 무엇인가?

4. $V$를 체 $K$ 위의 벡터공간이라 하고, $A : V \to V$를 작용소라 하자. 어떤 정수 $r \geqq 1$에 대해 $A^r = I$라 가정하자. $T = I + A + \cdots + A^{r-1}$이라 하고 $v_0$를 $V$의 원소라 하자. $Tv_0$로 생성된 공간은 $A$의 불변 부분공간임을 보이고, $Tv_0$는 $A$의 고유벡터임을 보여라. $Tv_0 \neq O$이면 고유치는 무엇인가?

5. $V$를 체 $K$ 위의 벡터공간이라 하고, $S$를 $V$의 작용소의 집합이라 하자. $U, W$를 $V$의 $S$-불변 부분공간이라 하자. $U + W$와 $U \cap W$가 $S$-불변 부분공간임을 보여라.

## XI, §6. 조르당의 표준형

제10장 1절에서 복소수 위의 선형사상은 항상 삼각화가능함을 보았다. 이것은 그 자체로도 많은 경우에 응용되기 충분한 결과이지만, 더 개선하여 선형사상의 행렬이 대단히 간단한 삼각행렬이 되게 해 주는 기저를 찾을 수도 있다. 이를 지금부터 소인수분해를 이용하여 수행하기로 한다.

우선 특별한 경우를 보겠는데, 나중에 이것이 실제적으로는 전형적인 경우라는 것이 밝혀질 것이다. $V$를 복소수 위의 벡터공간이라 하고 $A : V \to V$를 선형사상이라 하자. $\alpha \in \mathbb{C}$라 하고 $v \in V, v \neq O$이라 하자. $(A - \alpha I)^r v = O$인 정수 $r \geqq 1$가 존재하면, $v$를 $(A - \alpha I)$-**순회적**($(A - \alpha I)$-巡廻的, $(A - \alpha I)$-cyclic)이라 한다. 이 성질을 가지는 가장 작은 양의 정수 $r$를 $v$의 $A - \alpha I$에 대한 **주기**(週期, period)라 한다. $r$이 이러한 주기라면 $0 \leqq k < r$인 임의의 정수 $k$에 대해 $(A - \alpha I)^k v \neq O$가 성립한다.

**보조정리 6.1.** $v \neq O$가 $(A - \alpha I)$-순회적이고 주기가 $r$이면 다음 원소들

$$v, \quad (A - \alpha I)v, \quad \ldots, \quad (A - \alpha I)^{r-1} v$$

는 일차독립이다.

**증명.** 기호를 간단히 하기 위해 $B = A - \alpha I$라 하자. 위 원소들간의 일차종속 관계를

$$f(B)v = O$$

이라 쓸 수 있는데, 이 때 $f(t) = c_0 + c_1 t + \cdots + c_s t^s$는 0이 아닌 다항식이고, $s \leqq r-1$이다. 즉

$$c_0 v + c_1 Bv + \cdots + c_s B^s v = O$$

이라 쓸 수 있다. 한편 가정에 의해 $B^r v = O$이다. $g(t) = t^r$이라 두자. $h$를 $f$와 $g$의 최대공약수라 하면 두 다항식 $f_1, g_1$이 있어서

$$h = f_1 f + g_1 g$$

라 쓸 수 있으므로, $h(B) = f_1(B)f(B) + g_1(B)g(B)$가 되고, 따라서 $h(B)v = O$이다. 그런데 $h(t)$는 $t^r$을 나누고 차수가 $r-1$보다 작거나 같으므로 $h(t) = t^d, d < r$이라 할 수 있다. 이는 $r$이 $v$의 주기라는 가정에 모순이므로 증명이 끝났다. □

어떤 수 $\alpha$와 $(A - \alpha I)$-순회적인 원소 $v \in V$가 존재하여 $v, Av, \ldots, A^{r-1}v$가 $V$를 생성할 때, 벡터공간 $V$를 **순회적**(巡廻的, cyclic)이라 한다. 이 경우 보조정리 6.1에 의해

$$(*) \qquad \{(A - \alpha I)^{r-1}v, \ldots, (A - \alpha I)v, v\}$$

은 $V$의 기저가 된다. 이때 이 기저에 대한 $A$의 행렬은 매우 간단한 형태이다. 실제로 각 $k$에 대해

$$A(A - \alpha I)^k v = (A - \alpha I)^{k+1} v + \alpha (A - \alpha I)^k v$$

가 성립한다. 정의에 의해 이 기저에 대한 $A$의 행렬은 삼각행렬

$$\begin{pmatrix} \alpha & 1 & 0 & \cdots & 0 & 0 \\ 0 & \alpha & 1 & \cdots & 0 & 0 \\ \vdots & \vdots & \ddots & \ddots & \vdots & \vdots \\ \vdots & \vdots & \vdots & \ddots & \ddots & \vdots \\ 0 & 0 & 0 & \cdots & \alpha & 1 \\ 0 & 0 & 0 & \cdots & 0 & \alpha \end{pmatrix}$$

와 같다. 이 행렬은 모든 대각원소가 $\alpha$이고 대각선 바로 위는 1이며 그 외에는 모두 0이다. 독자들은 $(A - \alpha I)^{r-1}v$가 $\alpha$를 고유치로 갖는 $A$의 고유벡터라는 것을 볼 수 있을 것이다.

기저 $(*)$를 **$V$의 $A$에 대한 조르당 기저**(Jordan basis for $V$ with respect to $A$)라 한다.

$V$를 $A$의 불변 부분공간들의 직합

$$V = V_1 \oplus \cdots \oplus V_m$$

이라 하고, 각 $V_i$는 순회적이라 가정하자. 각 $V_i$에 대한 조르당 기저를 택하고 이 기저들을 모두 모으면 $V$의 기저가 되는데, 이를 다시 **$V$의 $A$에 대한 조르당 기저**(Jordan basis for $V$ with respect to $A$)라 한다. 그러므로 이 기저에 대한 $A$의 행렬은 몇 개의 블록(block)으로 나누어진다. (그림 1)

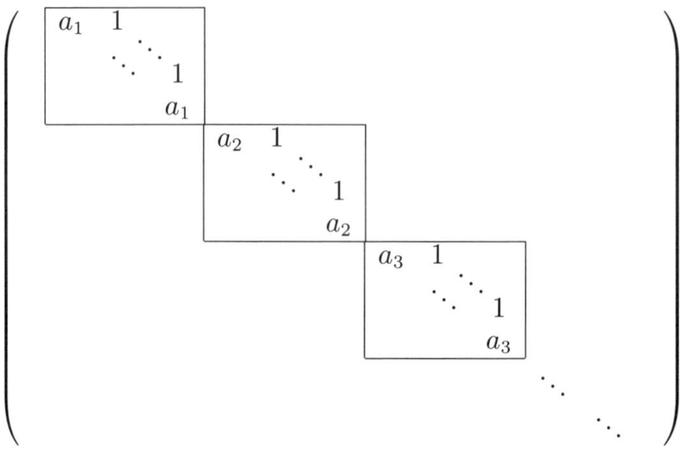

그림 1

각 블록의 대각선에는 고유치 $\alpha_i$가 있다. 또 대각선 바로 위쪽의 성분들은 1이고 그 밖의 것들은 모두 0이다. 이 행렬을 **$A$의 조르당의 표준형**(조르당 normal form for $A$)이라 한다. 이 절의 주요 정리는 이러한 표준형을 항상 얻을 수 있다는 것이다. 즉, 다음과 같다.

**정리 6.2.** $V \neq \{O\}$를 복소수 위의 유한차원 벡터공간이라 하자. $A : V \to V$가 작용소라 하자. 그러면 $V$를 $A$-불변인 순회적 부분공간들의 직합으로 표현할 수 있다.

**증명.** 정리 4.2에 의해 일반성을 잃지 않고 어떤 수 $\alpha$와 정수 $r \geqq 1$이 존재하여 $(A - \alpha I)^r = O$을 만족한다고 가정할 수 있다. $B = A - \alpha I$라 하자. 그러면 $B^r = O$이다. $r$를 이러한 정수 중 가장 작은 것이라 하자. 그러면 $B^{r-1} \neq O$이다. 부분공간 $BV$의 차원은 $V$의 차원보다 작기 때문에 $BV$는 $V$와 같지 않다. (예컨대, $B^{r-1}w \neq O$인 $w \in V$가 존재한다. $v = B^{r-1}w$라 하자. 그러면 $Bv = O$이다. 그러므로

$$\dim BV + \dim \operatorname{Ker} B = \dim V$$

로부터 $BV$의 차원이 작다는 사실이 나온다.) 귀납법의 가정에 의해 $BV$를 순회적인 $A$-불변인 (또는 $B$-불변인) 부분공간들의 직합

$$BV = W_1 \oplus \cdots \oplus W_m$$

으로 쓸 수 있는데, 여기서 각 $W_i$는 $B^k w_i$들로 구성된 기저를 가지며 이 때 $w_i$는 주기가 $r_i$인 순회적인 벡터이다. $v_i \in V$를 $Bv_i = w_i$인 벡터라 하자. 그러면 $v_i$는 순회적인 벡터가 되는데, 왜냐하면

$$B^{r_i} w_i = O \text{이면, } B^{r_i+1} v_i = O$$

이기 때문이다. $V_i$를 $B^1 v_i, B^2 v_i, \ldots, B^{r_i} v_i$들로 생성된 $V$의 부분공간이라 하자. 합

$$V' = V_1 + \cdots + V_m$$

이 직합임을 보이자. 이 합의 임의의 원소 $u$가 다음과 같이 유일한 방법으로 표현될 수 있음을 보여야 한다.

$$u = u_1 + \cdots + u_m, \qquad u_i \in V_i.$$

$V_i$의 모든 원소는 차수가 $r_i$ 이하인 다항식 $f_i$에 대해 $f_i(B)v_i$ 꼴이다.

(1) $$f_1(B)v_1 + \cdots + f_m(B)v_m = O$$

이라 가정하자. $B$를 적용하고 $Bf_i(B) = f_i(B)B$임을 이용하여

$$f_1(B)w_1 + \cdots + f_m(B)w_m = O$$

을 얻는다. 그런데 $W_1 + \cdots + W_m$은 $BV$를 직합으로 분해한 것이므로 모든 $i = 1, \ldots, m$에 대하여

$$f_i(B)w_i = O$$

이다. 그러므로 $t^{r_i}$는 $f_i(t)$를 나누고, 따라서 $t$가 $f_i(t)$를 나눈다. 따라서 어떤 다항식 $g_i$에 대해

$$f_i(t) = g_i(t)t$$

라 쓸 수 있고, $f_i(B) = g_i(B)B$가 된다. 이제 식 (1)에 의해

$$g_1(B)w_1 + \cdots + g_m(B)w_m = O$$

이라 할 수 있다. 다시 $t^{r_i}$가 $g_i(t)$를 나누므로 $t^{r_i+1}$이 $f_i(t)$를 나누고, 따라서 $f_i(B)v_i = O$이다. 이것으로 우리가 원하던 것, 즉 $V'$이 $V_1, \ldots, V_m$의 직합이라는 것이 증명되었다.

$V'$의 정의로부터 $BV' = BV$가 되는데, 왜냐하면 $BV$의 임의의 원소는 어떤 다항식

$f_i$에 대해

$$f_1(B)w_1 + \cdots + f_m(B)w_m$$

이고 따라서 $V'$에 있는 원소

$$f_1(B)v_1 + \cdots + f_m(B)v_m$$

의 $B$에 의한 상이기 때문이다. 이로부터

$$V = V' + \operatorname{Ker} B$$

임을 보일 수 있다.

실제로 $v \in V$라 하자. 그러면 어떤 $v' \in V'$에 대해 $Bv = Bv'$이고 따라서 $B(v - v') = O$이다. 그러므로

$$v = v' + (v - v')$$

이 되어 $V = V' + \operatorname{Ker} B$임이 증명되었다. 물론 이 합은 직합이 아니다. 그렇지만 $\mathcal{B}'$을 $V'$의 조르단 기저라 하면, $\mathcal{B}'$을 $\operatorname{Ker} B$의 원소를 이용하여 $V$의 기저로 확장할 수 있다. 즉 $\{u_1, \ldots, u_s\}$를 $\operatorname{Ker} B$의 기저라 하면

$$\{\mathcal{B}', u_{j_1}, \ldots, u_{j_l}\}$$

은 적당한 $u_{j_1}, \ldots, u_{j_l}$에 대해 $V$의 기저가 된다. 각 $u_j$는 $Bu_j = O$를 만족하므로 $u_j$는 $A$의 고유벡터이고, $u_j$에 의해 생성된 1차원 공간은 $A$-불변이고 순회적이다. 이 부분공간을 $U_j$로 나타내자. 그러면

$$\begin{aligned} V &= V' \oplus U_{j_1} \oplus \cdots \oplus U_{j_l} \\ &= V_1 \oplus \cdots \oplus V_m \oplus U_{j_1} \oplus \cdots \oplus U_{j_l} \end{aligned}$$

이 되므로 $V$는 순회적 부분공간들의 직합으로 표현된다. 이것으로 증명이 끝났다. □

## XI, §6. 연습문제

다음 문제들에서 $V$는 복소수 위의 유한차원 벡터공간이라 하고, $A : V \to V$는 작용소라 한다.

1. $DN = ND$를 만족하는 대각화가능한 작용소 $D$와 거듭제곱이 $O$인 작용소 $N$에 대해 $A$를 $A = D + N$ 형태로 쓸 수 있음을 보여라.
2. $V$가 순회적이라 가정하자. $A$의 고유벡터로 생성된 $V$의 부분공간은 1차원임을 보여라.
3. $V$가 순회적이라 가정하고 $f$를 다항식이라 하자. $f(A)$의 고유치를 $A$의 고유치로 표현하라. $V$가 순회적이라는 가정을 빼고 같은 질문에 답하라.
4. $O$이 아닌 $A$가 거듭제곱이 $O$일 때, $A$가 대각화가능이 아님을 보여라.

5. $P_A$를 $A$의 특성다항식이라 하고, 서로 다른 $\alpha_1, \ldots, \alpha_r$에 대해

$$P_A(t) = \prod_{i=1}^{r}(t - \alpha_i)^{m_i}$$

라 쓰자. $f$가 다항식일 때 $f(A)$의 특성다항식 $P_{f(A)}$를 1차인수들의 곱으로 표현하라.

### 행렬의 직합 분해

6. $\mathrm{Mat}_n(\mathbb{C})$을 $n \times n$ 복소행렬의 벡터공간이라 하자. $i, j = 1, \ldots, n$에 대해 $E_{ij}$를 $(ij)$-성분이 1이고 나머지 모든 성분은 0인 행렬이라 하자. 그러면 원소 $E_{ij}$ 전체의 집합은 $\mathrm{Mat}_n(\mathbb{C})$의 기저가 된다. $D^*$를 대각성분이 0이 아닌 대각행렬의 집합이라 하자. 그러한 행렬을 $\mathrm{diag}(a_1, \ldots, a_n) = a$라 쓰기로 한다. $D^*$의 $\mathrm{Mat}_n(\mathbb{C})$ 위의 **공액작용**(conjugation action)을

$$\mathbf{c}(a)X = aXa^{-1}$$

로 정의한다.

   (a) $a \mapsto \mathbf{c}(a)$가 $D^*$에서

$$\mathbf{c}(I) = \mathrm{id}, \quad \mathbf{c}(ab) = \mathbf{c}(a)\mathbf{c}(b), \quad \mathbf{c}(a^{-1}) = \mathbf{c}(a)^{-1}$$

   를 만족하는 $\mathrm{Mat}_n(\mathbb{C})$의 자기동형사상(自己同型寫像, automorphism)($\mathrm{Mat}_n(\mathbb{C})$의 자기 자신으로의 동형사상(自己準同型寫像, isomorphism))들로 가는 사상임을 보여라. 이러한 조건을 만족하는 사상을 **준동형사상**(準同型寫像, homomorphism)이라 부른다.

   (b) 각 $E_{ij}$는 $\mathbf{c}(a)$의 작용의 고유치가 $\chi_{ij}(a) = a_i/a_j$로 주어지는 고유벡터임을 보여라.

   그러므로 $\mathrm{Mat}_n(\mathbb{C})$는 고유공간의 직합이다. 각 $\chi_{ij} : D^* \to \mathbb{C}^*$는 $D^*$에서 복소수 곱으로 이루어진 곱셈군(multiplicative group of complex numbers)으로 가는 준동형사상이다.

7. 두 행렬 $X, Y \in \mathrm{Mat}_n(\mathbb{C})$에 대하여 $[X, Y] = XY - YX$라 정의하다. $L_X$를 $L_X(Y) = [X, Y]$인 사상이라 하자. $L_X$를 $X$의 **괄호작용**(括弧作用, bracket action)(또는 **정규작용**(正規作用, regular action) 또는 **리작용**(리作用, Lie action))이라 부른다.

   (a) 각 $X$에 대하여 사상 $L_X : Y \mapsto [X, Y]$가 미분에 대한 라이프니츠 법칙(Leibniz rule), 즉 $[X, [Y, Z]] = [[X, Y], Z] + [Y, [X, Z]]$를 만족하는 선형사상임을 보여라.

   (b) $D$를 대각행렬의 벡터공간이라 하자. 각 $H \in D$에 대하여 $E_{ij}$가 고유치가 ($h_1, \ldots, h_n$이 $H$의 대각성분일 때) $\alpha_{ij}(H) = h_i - h_j$인 $L_H$의 고유벡터임을 보여라. $\alpha_{ij} : D \to \mathbb{C}$가 선형임을 보여라. 이를 괄호작용의 **고유지표**(固有指標, eigencharacter)라 부른다.

   (c) 벡터공간 $V$에서 자기 자신으로 가는 두 선형사상 $A, B$에 대하여

$$[A, B] = AB - BA$$

라 정의하자. $L_{[X,Y]} = [L_X, L_Y]$임을 보여라.

# 제12장

# 볼록집합

## XII, §1. 정의

$S$를 $\mathbb{R}^m$의 어떤 부분집합이라 하자. $S$의 두 점 $P, Q$가 주어질 때 $P$와 $Q$를 잇는 선분도 또한 $S$에 속하면 $S$가 **볼록**(convex)하다고 한다.

$P$와 $Q$를 잇는 선분이란 $0 \leqq t \leqq 1$에 대해 $P + t(Q - P)$로 표현되는 모든 점들의 집합임을 기억하자. 그러므로 이 선분은 $0 \leqq t \leqq 1$에 대해

$$(1-t)P + tQ$$

인 점들의 집합이다.

**정리 1.1.** $P_1, \ldots, P_n$을 $\mathbb{R}^m$의 점이라 하자. 그러면 다음과 같은 일차결합

$$x_1P_1 + \cdots + x_nP_n, \qquad 0 \leqq x_i \leqq 1, \quad x_1 + \cdots + x_n = 1,$$

전체의 집합은 볼록집합이다.

**정리 1.2.** $P_1, \ldots, P_n$을 $\mathbb{R}^m$의 점이라 하자. $P_1, \ldots, P_n$을 포함하는 임의의 볼록집합은 모든 $i$에 대해 $0 \leqq x_i \leqq 1$과 $x_1 + \cdots + x_n = 1$을 만족하는 일차결합

$$x_1P_1 + \cdots + x_nP_n$$

전체의 집합을 포함한다.

연습문제로 증명하거나 제3장 5절을 찾아보라.

정리 1.1과 정리 1.2로부터, 이 두 정리에 서술된 일차결합의 집합은 점 $P_1, \ldots, P_n$을 모두 포함하는 볼록집합 중 가장 작은 집합임을 알 수 있다.

다음 명제들은 이미 연습문제로 나왔던 것이지만 본문이 완전해지도록 하기 위하여 여기에 다시 싣는다.

(1) $S$와 $S'$이 볼록집합이면, 이들의 교집합 $S \cap S'$도 볼록집합이다.

(2) $F : \mathbb{R}^m \to \mathbb{R}^n$를 선형사상이라 하자. $S$가 $\mathbb{R}^m$에서 볼록이면 ($F$에 의한 $S$의 상) $F(S)$는 $\mathbb{R}^n$에서 볼록이다.

(3) $F : \mathbb{R}^m \to \mathbb{R}^n$를 선형사상이라 하자. $S'$을 $\mathbb{R}^n$의 어떤 볼록집합이라 하고 $S = F^{-1}(S')$을 $F(X)$가 $S'$에 속하게 되는 $\mathbb{R}^m$의 점 $X$ 전체의 집합이라 두자. 그러면 $S$는 볼록이다.

**보기 1.** $A$를 $\mathbb{R}^n$의 벡터라 하자. $F(X) = A \cdot X$로 정의되는 사상 $F$는 선형이다. 한 점 $c \in \mathbb{R}$는 볼록집합이므로 $A \cdot X = c$가 되는 점 $X \in \mathbb{R}^n$ 전체로 이루어진 **초평면**(超平面, hyperplane) $H$는 볼록이다.

더욱이 $x > c$인 $x \in \mathbb{R}$ 전체로 이루어진 집합 $S'$은 볼록이다. 그러므로 $A \cdot X > c$인 $X \in \mathbb{R}^n$으로 이루어진 집합은 볼록이다. 이 집합을 **열린 반공간**(열린 半空間, open half space)이라 부른다. 이와 비슷하게 $A \cdot X \geqq c$인 $X \in \mathbb{R}^n$로 이루어진 집합을 **닫힌 반공간**(닫힌 半空間, closed half space)이라 부른다.

다음 그림은 $\mathbb{R}^2$의 초평면(직선)과 그것이 결정하는 반공간을 보여 주고 있다.

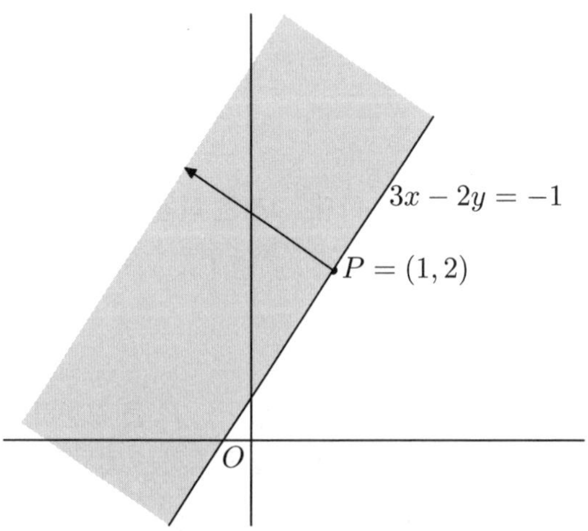


그림 1

직선은 방정식 $3x - 2y = -1$로 정의되었다. 이 직선은 점 $P = (1, 2)$를 지나며, 벡터 $N = (3, -2)$은 이 직선에 수직이다. 어둡게 칠해진 부분이 $X \cdot N \leqq -1$인 점 $X$로 이루어진 반공간이다.

방정식이 $X \cdot N = c$인 초평면은 두 개의 닫힌 반공간을 결정함을 알 수 있다. 즉 이것은 부등식

$$X \cdot N \geqq c, \qquad X \cdot N \leqq c$$

으로 정의되는 공간들이고, 이는 열린 반공간에 대해서도 마찬가지이다.

볼록집합들의 교집합은 볼록이므로, 유한개의 반공간의 교집합도 볼록이다. 다음 그림(그림 2와 그림 3)에 유한개의 반공간의 교집합을 그려 놓았다. 이러한 교집합은 유계(bounded)일 수도 아닐(unbounded) 수도 있다. ($\mathbb{R}^n$의 부분집합 $S$에 대해 어떤 실수 $c > 0$가 있어서 모든 $X \in S$에 대해 $\|X\| \leqq c$가 될 때, $S$가 유계(有界, bounded)라고 한다는 것을 기억하라.)

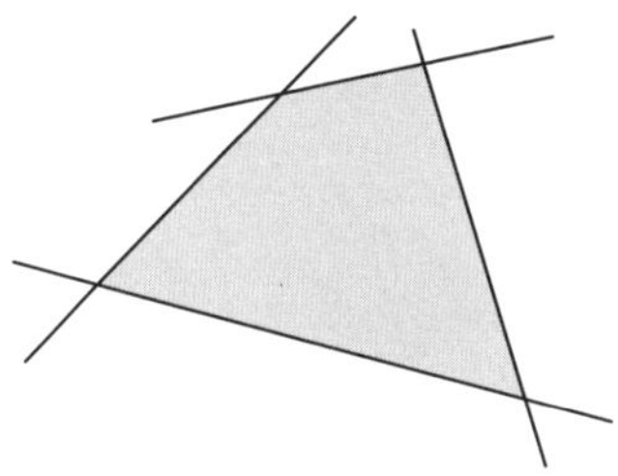

그림 2

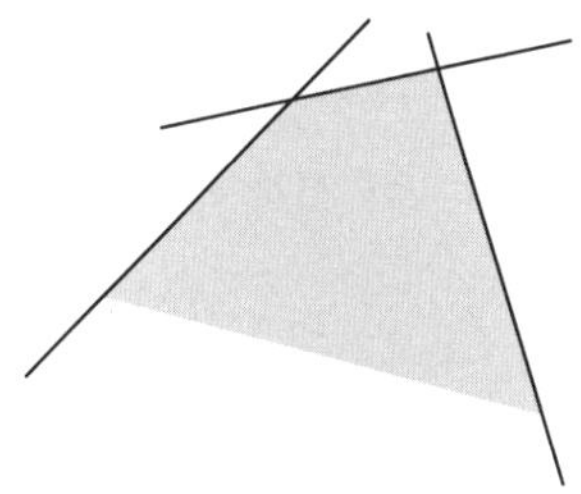

그림 3

## XII, §2. 분리 초평면

**정리 2.1.** $S$를 $\mathbb{R}^n$의 닫힌 볼록집합이라 하고 $P$를 $\mathbb{R}^n$의 한 점이라 하자. 그러면 $P$는 $S$에 속하거나, 아니면 $P$를 포함하는 어떤 초평면 $H$가 존재하여 $H$에 의하여 결정되는 열린 반공간 중 하나에 $S$가 속한다.

**증명.** 미적분학에 나오는 사실을 이용한다. $P$가 $S$에 속하지 않는다 하자. 닫힌 집합 $S$ 위에서

$$f(X) = \|X - P\|$$

으로 정의되는 함수 $f$를 생각하자. 미적분학에서 ($\varepsilon$과 $\delta$를 써서) 이 함수는 $S$에서

최솟값을 가진다는 것을 증명하였다. $Q$를 $S$의 모든 $X$에 대해

$$\|Q - P\| \leqq \|X - P\|$$

를 만족하는 $S$의 점이라 하고 $N$을

$$N = Q - P$$

라 두자. $P$가 $S$의 원소가 아니므로 $Q - P \neq O$이고, 따라서 $N \neq O$이다. 이제부터, $P$를 지나고 $N$에 수직인 초평면이 원하는 조건을 만족한다는 것을 보이기로 한다. $Q'$을 $Q$가 아닌 $S$의 임의의 점이라 하자. 그러면 $0 < t \leqq 1$인 모든 $t$에 대해

$$\|Q - P\| \leqq \|Q + t(Q' - Q) - P\| = \|(Q - P) + t(Q' - Q)\|$$

가 성립한다. 이 부등식의 양변을 제곱하면

$$(Q - P)^2 \leqq (Q - P)^2 + 2t(Q - P) \cdot (Q' - Q) + t^2(Q' - Q)^2$$

이 된다. 양변에서 같은 것을 소거하고 $t$로 나누어

$$0 \leqq 2(Q - P) \cdot (Q' - Q) + t(Q' - Q)^2$$

를 얻을 수 있다. 이 식에서 $t$를 0으로 보내면

$$\begin{aligned} 0 &\leqq (Q - P) \cdot (Q' - Q) \\ &\leqq N \cdot (Q' - P) + N \cdot (P - Q) \\ &\leqq N \cdot (Q' - P) - N \cdot N \end{aligned}$$

가 된다. 그런데 $N \cdot N > 0$이므로

$$Q' \cdot N > P \cdot N$$

이 성립한다. 이 식은 $S$가 $X \cdot N > P \cdot N$으로 정의되는 열린 반공간에 포함된다는 것을 증명한다. □

**$S$를 $\mathbb{R}^n$의 볼록집합이라 하자. 그러면 $S$의 폐포(閉包, closure)($\overline{S}$로 표시함)는 볼록이다.**

이를 증명하는 일은 쉽다. $P$, $Q$가 이 폐포에 속하는 점이면, 각각 $P$와 $Q$로 수렴하는 $S$의 점들의 수열 $P_k, Q_k$를 찾을 수 있다. 그러면 $0 \leqq t \leqq 1$에 대해,

$$tP_k + (1 - t)Q_k$$

는 $tP + (1 - t)Q$로 수렴하므로 $tP + (1 - t)Q$는 $S$의 폐포에 속하게 된다.

$S$를 $\mathbb{R}^n$의 볼록집합이라 하고 $P$를 $S$의 경계점(boundary point)이라 하자. (이는 임의의 $\varepsilon > 0$에 대해 중심이 $P$에 있고 반지름이 $\varepsilon$인 $\mathbb{R}^n$의 열린 구가 $S$에 속하는 점과 $S$에 속하지 않는 점을 포함한다는 것이다.) 초평면 $H$가 $P$를 포함하고 $S$가 $H$에 의해 결정되는 두 닫힌 반공간 중의 하나에 포함될 때, $H$를 **$P$에서의 $S$의 받침 초평면**(받침 超平面, supporting hyperplane of $S$ at $P$)이라 한다.

**정리 2.2.** $S$를 $\mathbb{R}^n$의 어떤 볼록집합이라 하고 $P$를 $S$의 경계점이라 하자. 그러면 $P$에서의 $S$의 받침 초평면이 존재한다.

**증명.** $\overline{S}$를 $S$의 폐포라 하자. 그러면 $\overline{S}$는 볼록이고 $P$는 $\overline{S}$의 경계점이 된다. $\overline{S}$에 대해 정리를 증명하면 $S$에 대해서도 정리가 성립한다. 그러므로 일반성을 잃지 않고 $S$가 닫혀 있다고 가정할 수 있다.

각 정수 $k > 2$에 대해 $S$에는 속하지 않으면서 $P$까지의 거리가 $< 1/k$인 점 $P_k$를 찾을 수 있다. 정리 2.1에 의해 $P_k$까지의 거리가 최소가 되는 $S$의 점 $Q_k$를 찾을 수 있다. $N_k = Q_k - P_k$라 두고 $N'_k$을 $N_k$와 같은 방향이고 노름이 1인 벡터라 하자. 반지름이 1인 구는 컴팩트(compact)이므로 벡터 $N'_k$들의 수열은 집적점(集積點, accumulation point) $N'$을 갖는다. 정리 2.1에 의하면, 모든 $X \in S$에 대해

$$X \cdot N_k \geqq P_k \cdot N_k$$

가 모든 $k$에 대해 성립하므로, 양변을 $N_k$의 노름으로 나누면

$$X \cdot N'_k \geqq P_k \cdot N'_k$$

이 모든 $k$에 대해 성립한다. $N'$이 $\{N'_k\}$의 집적점이고 $P$가 $\{P_k\}$의 극한이므로, 연속성에 의해 $S$의 모든 $X$에 대해

$$X \cdot N' \geqq P \cdot N'$$

이 성립한다. 이것으로 증명이 끝났다. □

**참고.** $S$를 볼록집합이라 하고 $H$를 방정식

$$X \cdot N = a$$

에 의해 정의된 초평면이라 하자. 모든 $X \in S$에 대해 $X \cdot N \geqq a$라 가정하자. $P$가 $S$의 원소로 초평면에 있으면, $P$는 $S$의 경계점이다. 그렇지 않다면 충분히 작은 $\varepsilon > 0$에 대해 $P - \varepsilon N$은 $S$의 점이 되어야 하지만

$$(P - \varepsilon N) \cdot N = P \cdot N - \varepsilon N \cdot N = a - \varepsilon N \cdot N < a$$

이므로 모순이기 때문이다. 그러므로 $H$는 $P$에서의 $S$의 받침 초평면이 된다고 할 수 있다.

## XII, §3. 극점과 받침 초평면

$S$를 볼록집합이라 하고 $P$를 $S$의 점이라 하자. $P$를

$$P = tQ_1 + (1-t)Q_2, \qquad 0 < t < 1$$

라 쓸 수 있는 $Q_1 \neq Q_2$인 두 점 $Q_1, Q_2$가 $S$에 존재하지 않을 때, $P$를 $S$의 **극점**(極點, extreme point)이라 한다. 달리 말하면, $P$가 $S$의 극점이란 $P$가 $S$에 포함되는 선분 위에 있다면 $P$는 그 선분의 끝점이어야함을 뜻한다.

**정리 3.1.** $S$를 유계인 닫힌 볼록집합이라 하자. 그러면 $S$의 받침 초평면은 $S$의 극점을 적어도 하나 포함한다.

**증명.** $P_0$를 경계점이라 하고, $H$를 $X \cdot N = P_0 \cdot N$으로 정의되는 $P_0$에서의 $S$의 받침 초평면이라 하자. 모든 $X \in S$에 대해 $X \cdot N \geqq P_0 \cdot N$이라 할 수 있다. $T$를 $S$와 이 초평면의 교집합이라 하자. 그러면 $T$는 볼록이고, 닫혀 있으며 유계이다. $T$의 극점은 $S$의 극점이 됨을 보이기로 하자. 그러면 정리의 증명은 $T$의 극점을 찾는 문제로 귀착되게 된다. $P$를 $T$의 극점이라 하고 $S$의 두 점 $Q_1, Q_2$에 대해

$$P = tQ_1 + (1-t)Q_2, \qquad 0 < t < 1$$

라 쓸 수 있다 하자. $N$과의 스칼라 내적을 취하고, $P$가 초평면에 있다는 사실, 즉 $P \cdot N = P_0 \cdot N$가 됨을 이용하여

$$P_0 \cdot N = tQ_1 \cdot N + (1-t)Q_2 \cdot N \tag{1}$$

을 얻는다. $Q_1, Q_2$는 $S$의 원소이므로 $Q_1 \cdot N,\ Q_2 \cdot N \geqq P_0 \cdot N$이다. 이 중 하나가 $P_0 \cdot N$보다 크다면, 예컨대 $Q_1 \cdot N > P_0 \cdot N$이라면 식 (1)의 우변은

$$> tP_0 \cdot N + (1-t)P_0 \cdot N = P_0 \cdot N$$

이 되는데, 이는 불가능하다. 그러므로 $Q_1, Q_2$는 모두 초평면에 속하고, 따라서 $P$가 $T$의 극점이라는 가정에 모순이다.

이제 $T$의 극점을 찾아 보자. $T$는 닫혀 있고 유계이기 때문에, $T$의 모든 점 중에서 첫 번째 좌표가 제일 작은 점이 적어도 하나 있다. (첫 번째 좌표로의 사영을 생각하면, 이 사영에 의한 $T$의 상은 최대하계(最大下界, greatest lower bound)를 갖고, $T$는 닫혀 있으므로, 이는 $T$의 어떤 원소의 상이다.) $T_1$을 $T$의 부분집합으로 첫 번째 좌표가 이

최소치인 점들의 집합이라 하자. 그러면 $T_1$은 닫혀 있고 유계이다. 그러므로 $T_1$의 모든 점 중에서 두 번째 좌표가 제일 작은 점을 하나 찾을 수 있고, $T_2$를 $T_1$의 부분집합으로 두 번째 좌표가 이 최소치인 모든 점으로 이루어져 있다면 $T_2$는 닫혀 있고 유계이다. 이와 같은 방법을 계속하여 첫 번째, 두 번째, $\cdots$, $n$ 번째 좌표가 가장 작은 점 $P$를 찾을 수 있다. $P$가 $T$의 극점임을 보이자. $P = (p_1, \ldots, p_n)$이라 두자.

$T$의 점 $X = (x_1, \ldots, x_n)$와 $Y = (y_1, \ldots, y_n)$가 있어서

$$P = tX + (1-t)Y, \qquad 0 < t < 1$$

라 쓸 수 있다고 가정하자. 그러면 $x_1$, $y_1 \geqq p_1$이고

$$p_1 = tx_1 + (1-t)y_1$$

이다. 만일 $x_1$이나 $y_1$이 $p_1$보다 크다면

$$tx_1 + (1-t)y_1 > tp_1 + (1-t)p_1 = p_1$$

인데, 이는 불가능하다. 그러므로 $x_1 = y_1 = p_1$이다. 귀납적으로 계속하여, $i = 1, \ldots, r$에 대해 $x_i = y_i = p_i$임을 증명하였다고 가정하자. 그러면 $r < n$일 때

$$p_{r+1} = tx_{r+1} + (1-t)y_{r+1}$$

이고, 앞의 논법을 반복할 수 있다. 따라서

$$X = Y = P$$

이므로 $P$는 극점이고, 정리가 증명되었다. □

## XII, §4. 크라인-밀만의 정리

$E$를 $\mathbb{R}^n$의 부분집합으로 공집합이 아니라 하자. $E$를 포함하는 가장 작은 볼록집합을 살펴보자. 그 집합은 $E$를 포함하는 볼록집합 전체의 교집합이라 할 수 있다. 왜냐하면 이 교집합은 볼록이고 또 명백히 가장 작기 때문이다.

또한 이 가장 작은 볼록집합을 다른 방식으로 기술할 수 있다. $E^c$를 계수 $t_i$가

$$0 \leqq t_i \leqq 1, \qquad t_1 + \cdots + t_m = 1$$

을 만족하는 $E$의 점들 $P_1, \ldots, P_m$의 일차결합

$$t_1P_1 + \cdots + t_mP_m$$

전체의 집합이라 하자. 그러면 집합 $E^c$는 볼록이다. 이는 거의 자명하므로 그 증명은 독자에게 맡긴다. $E$를 포함하는 임의의 볼록집합은 $E^c$도 포함하여야 하므로 $E^c$는 $E$

를 포함하는 가장 작은 볼록집합이다. $E^c$를 $E$의 **볼록 폐포**(볼록 閉包, convex closure) 라 부른다.

$S$를 볼록집합이라 하고 $E$를 $S$의 극점들의 집합이라 하자. 그러면 $E^c$는 $S$에 포함된다. $E^c = S$가 되는 조건을 찾아보자.

기하학적으로 말하자면, 극점은 계란의 껍질 위의 점, 또는 다각형의 꼭짓점과 같다고 할 수 있다.

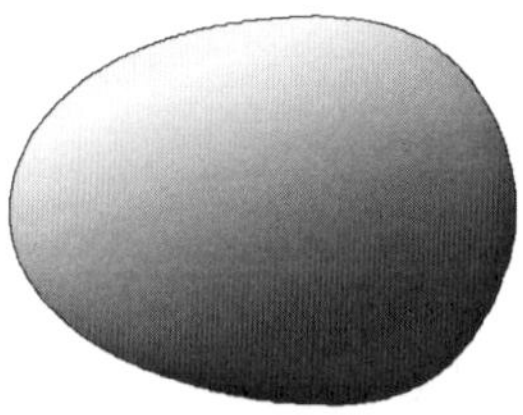

그림 4

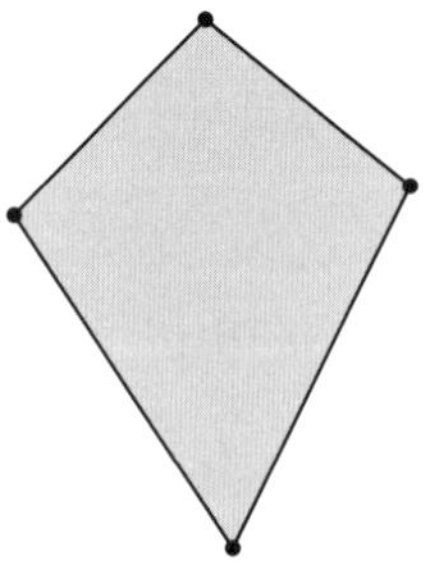

그림 5

유계가 아닌 볼록집합은 자신의 극점들의 볼록 폐포가 아닐 수도 있다. 예컨대 닫힌 상반평면(closed upper hlaf plane)은 극점을 갖지 않는다. 그리고 열린 볼록집합은 자신의 극점들의 볼록 폐포가 아니다. (달걀의 내부는 극점을 갖지 않는다.) 크라인-밀만의 정리는 이 두 가능성을 제외하면 다른 문제는 있을 수 없다는 것을 얘기해 준다.

**정리 4.1** (크라인-밀만의 정리(**the Krein-Milman theorem**)). $S$를 닫힌 유계인 볼록집합이라 하자. 그러면 $S$는 자신의 극점들의 볼록 폐포이다.

**증명.** $S'$을 $S$의 극점들을 포함하는 모든 볼록집합의 교집합이라 하자. 그러면 $S' \subset S$이다. 이제 $S$가 $S'$에 포함된다는 것을 보여야 한다. $P \in S$이고 $P \notin S'$이라 하자. 정리 2.1에 의해 방정식

$$X \cdot N = c$$

로 정의되고, 모든 $X \in S'$에 대해 $X \cdot N > c$가 되며 $P$를 지나는 초평면 $H$가 존재한다. $L : \mathbb{R}^n \to \mathbb{R}$을 $L(X) = X \cdot N$인 선형사상이라 하자. 그러면 $L(P) = c$이고 $L(P)$는 $L(S')$에 속하지 않는다. $S$가 닫혀 있고 유계이므로, $L(S)$는 닫혀 있고 유계이며 또 볼록이다. 그러므로 $L(S)$는 폐구간 $[a, b]$라 할 수 있는데, 이 구간은 $c$를 포함한다. 그러므로 $a \leqq c \leqq b$이다. $H_a$를 방정식

$$X \cdot N = a$$

으로 정의된 초평면이라 하자. 정리 2.2 다음의 참고에 의해 $H_a$가 $S$의 받침 초평면임을 알 수 있다. 정리 3.1에 의해 $H_a$는 $S$의 극점을 하나 포함한다고 할 수 있다. 이 극점은 $S'$에 속한다. 그러면 $S'$에 속하는 모든 $X$에 대해 $X \cdot N > c \geqq a$라는 사실에 모순이고, 이것으로 크라인-밀만의 정리가 증명되었다. □

## XII, §4. 연습문제

1. $A$를 $\mathbb{R}^n$의 벡터라 하고 $F : \mathbb{R}^n \to \mathbb{R}^n$를 평행이동

$$F(X) = X + A$$

라 하자. $S$가 $\mathbb{R}^n$의 볼록집합이면 $F(S)$도 볼록집합임을 보여라.

2. $c$를 양의 실수라 하고, $P$를 $\mathbb{R}^n$의 한 점이라 하자. $S$를 $\|X - P\| < c$가 되는 점 $X$들의 집합이라 하자. $S$가 볼록임을 보여라. 비슷하게, $\|X - P\| \leqq c$가 되는 점 $X$들의 집합도 볼록임을 보여라.

3. 다음 점의 집합의 볼록 폐포를 구하라.
   (a) $(1,2), (1,-1), (1,3), (-1,1)$
   (b) $(-1,2), (2,3), (-1,-1), (1,0)$

4. $L : \mathbb{R}^n \to \mathbb{R}^n$을 가역인 선형사상이라 하자. $S$를 $\mathbb{R}^n$에서 볼록이라 하고 $P$를 $S$의 극점이라 하자. $L(P)$가 $L(S)$의 극점임을 보여라. $L$이 가역이 아닐 때도 이것이 참인가?

5. $\mathbb{R}^n$의 유한개의 닫힌 반평면들의 교집합은 유한개의 극점만을 가짐을 보여라.

6. $B$를 $\mathbb{R}^n$의 열벡터라 하고, $A$를 $n \times n$ 행렬이라 하자. 일차방정식 $AX = B$의 해집합은 $\mathbb{R}^n$에서 볼록임을 보여라.

# 부록 1

# 복소수

## 복소수

**복소수**(復素數, complex numbers)는 더하고 곱할 수 있는 대상의 집합으로, 두 복소수의 합과 곱은 다시 복소수가 되며, 다음 조건을 만족한다.

(1) 모든 실수는 복소수이며 $\alpha, \beta$가 실수이면 이들의 복소수로서의 합과 곱은 실수로서의 합과 곱과 같다.

(2) $i$로 표기되고 $i^2 = -1$을 만족하는 복소수가 존재한다.

(3) 모든 복소수를 유일하게 $a, b$가 실수인 $a + bi$ 꼴로 쓸 수 있다.

(4) 덧셈과 곱셈에 관한 통상적인 연산 법칙을 만족한다. 그러한 법칙을 다음과 같이 나열할 수 있다.

$\alpha, \beta, \gamma$가 복소수이면

$$(\alpha\beta)\gamma = \alpha(\beta\gamma), \qquad (\alpha + \beta) + \gamma = \alpha + (\beta + \gamma)$$

가 성립한다.

$\alpha(\beta + \gamma) = \alpha\beta + \alpha\gamma$와 $(\beta + \gamma)\alpha = \beta\alpha + \gamma\alpha$ 가 성립한다.

$\alpha\beta = \beta\alpha$와 $\alpha + \beta = \beta + \alpha$가 성립한다.

1이 실수 1이면 $1\alpha = \alpha$이다.

0이 실수 0이면 $0\alpha = 0$이다.

$\alpha + (-1)\alpha = 0$이 성립한다.

이제 이 성질들의 결과를 이끌어 내도록 하자. 각 복소수 $a+bi$에 평면의 벡터 $(a, b)$를 대응시키자. $\alpha = a_1 + a_2 i, \beta = b_1 + b_2 i$를 두 복소수라 하자. 그러면

$$\alpha + \beta = a_1 + b_1 + (a_2 + b_2)i$$

가 성립한다. 그러므로 복소수의 합은 "성분끼리" 더하는 평면에서의 벡터의 합에 대응한다. 예컨대

$$(2+3i) + (-1+5i) = 1 + 8i$$

가 된다.

복소수를 곱할 때는 곱을 간단하게 하고 또 $a + bi$ 꼴이 되게 하기 위해 $i^2 = -1$이라는 규칙을 사용한다. 예컨대 $\alpha = 2 + 3i$이고 $\beta = 1 - i$라 하자. 그러면

$$\begin{aligned} \alpha\beta = (2+3i)(1-i) &= 2(1-i) + 3i(1-i) \\ &= 2 - 2i + 3i - 3i^2 \\ &= 2 + i - 3(-1) \\ &= 2 + 3 + i \\ &= 5 + i \end{aligned}$$

가 된다.

$\alpha = a + bi$를 복소수라 하자. $\overline{\alpha}$를 $a - bi$로 정의한다. 그러므로 $\alpha = 2 + 3i$이면 $\overline{\alpha} = 2 - 3i$이다. 이 복소수 $\overline{\alpha}$를 $\alpha$의 **켤레복소수**(conjugate)이라 한다.

$$\alpha\overline{\alpha} = a^2 + b^2$$

가 성립함을 쉽게 알 수 있다. 복소수를 평면의 벡터로 보면 $\alpha\overline{\alpha}$은 원점에서 점 $(a, b)$까지의 거리의 제곱이다.

이제 복소수의 중요한 성질을 하나 보기로 하는데 이 성질은 0이 아닌 복소수에 의한 나눗셈을 가능하게 해준다.

$\alpha = a + bi$를 0이 아닌 복소수라 하고

$$\lambda = \frac{\overline{\alpha}}{a^2 + b^2}$$

라 하면 $\alpha\lambda = \lambda\alpha = 1$이 성립한다.

이 성질은 복소수의 곱에 관한 규칙에서 금방 유도되는데, 왜냐하면

$$\alpha \frac{\overline{\alpha}}{a^2 + b^2} = \frac{\alpha\overline{\alpha}}{a^2 + b^2} = 1$$

이기 때문이다. 이 수 $\lambda$를 $\alpha$의 **역수**(逆數, inverse)라 하고 $\alpha^{-1}$ 또는 $1/\alpha$로 표기한다. $\alpha, \beta$가 복소수일 때 $\alpha^{-1}\beta$ (또는 $\beta\alpha^{-1}$) 대신에 실수를 다룰 때 하듯이 종종 $\beta/\alpha$라 쓴다. 따라서 0이 아닌 복소수로 나눌 수 있음을 알았다.

복소수 $\alpha = a_1 + ia_2$의 **절댓값**(absolute value)을

$$|\alpha| = \sqrt{{a_1}^2 + {a_2}^2}$$

으로 정의한다. 이 절댓값은 다름 아닌 벡터 $(a_1, a_2)$의 노름이다. $\alpha \neq 0$이면 절댓값을 써서

$$\alpha^{-1} = \frac{\overline{\alpha}}{|\alpha|^2}$$

라 할 수 있다.

벡터의 노름에 관한 삼각부등식을 복소수에 대해 기술할 수 있다. $\alpha, \beta$가 복소수이면

$$|\alpha + \beta| \leqq |\alpha| + |\beta|$$

가 성립한다. 절댓값의 다른 성질은 연습문제 5번에 주어져 있다.

해석학의 기본적인 사실을 몇 가지 이용하여 다음을 증명할 수 있다.

**정리.** 복소수의 집합은 대수적으로 닫혀 있다. 달리 말하면 차수가 1 이상인 모든 다항식 $f \in \mathbb{C}[t]$는 $\mathbb{C}$에서 근을 갖는다.

**증명.** 다항식 $f$를

$$f(t) = a_n t^n + a_{n-1} t^{n-1} + \cdots + a_0, \qquad a_n \neq 0$$

라 쓸 수 있다. 모든 실수 $R > 0$에 대해

$$t \mapsto |f(t)|$$

인 함수 $|f|$는 반경 $R$인 닫힌 원판 위에서 연속이고, 따라서 원판 위에서 최솟값을 갖는다. 반면

$$f(t) = a_n t^n \left(1 + \frac{a_{n-1}}{a_n t} + \cdots + \frac{a_0}{a_n t^n}\right)$$

로부터 $|t|$가 커지면 $|f(t)|$가 커진다는 사실, 즉 주어진 $C > 0$에 대해 $R > 0$이 존재하여 $|t| > R$이면 $|f(t)| > C$가 된다는 사실을 알 수 있다. 따라서 $z_0$가 반지름이 $R_0$인 닫힌 원판 위에서 $|f|$가 최솟값이 되는 점이면 모든 복소수 $t$에 대해

$$|f(t)| \geqq |f(z_0)|$$

가 되는 양수 $R_0$가 존재한다. 달리 말하면 $z_0$는 $|f|$가 최소가 되는 점이다. 이제 $f(z_0) = 0$임을 보이자.

$f$를 상수 $c_i$에 대해

$$f(t) = c_0 + c_1(t - z_0) + \cdots + c_n(t - z_0)^n$$

꼴로 쓰자. (여기서는 그냥 썼지만, 이를 $t = z_0 + (t - z_0)$라 쓰고 $f(t)$에 직접 대입하여 이렇게 쓸 수 있음을 볼 수도 있다.) $f(z_0) \neq 0$이면 $c_0 = f(z_0) \neq 0$이다. $z = t - z_0$라 하고, $m$을 $c_m \neq 0$가 되는 최소의 양의 정수라 하자. $f$가 1차 이상이라 가정했기 때문에 이러한 정수 $m$은 존재한다. 그러면 어떤 다항식 $g_1$과 ($f$에서 변수를 바꾸어 얻은) 다항식 $f_1$이 있어서

$$f(t) = f_1(z) = c_0 + c_m z^m + z^{m+1}g(z)$$

라 쓸 수 있다. $z_1$을

$$z_1^m = -c_0/c_m$$

인 복소수라 하고, $0 \leqq \lambda \leqq 1$인 실수 $\lambda$에 대해

$$z = \lambda z_1$$

인 꼴의 변수 $z$를 생각하자. 그러면

$$\begin{aligned} f(t) = f_1(\lambda z_1) &= c_0 - \lambda^m c_0 + \lambda^{m+1} z_1^{m+1} g(\lambda z_1) \\ &= c_0[1 - \lambda^m + \lambda^{m+1} z_1^{m+1} c_0^{-1} g(\lambda z_1)] \end{aligned}$$

이다. 이 식에서 $0 \leqq \lambda \leqq 1$인 모든 $\lambda$에 대해 $|z_1^{m+1} c_0^{-1} g(\lambda z_1)| \leqq C$가 되는 $C > 0$가 존재하여

$$|f_1(\lambda z_1)| \leqq |c_0|(1 - \lambda^m + C\lambda^{m+1})$$

이 됨을 알 수 있다. 이제 $0 < \lambda < 1$인 충분히 작은 $\lambda$에 대해

$$0 < 1 - \lambda^m + C\lambda^{m+1} < 1$$

임을 증명할 수 있다면 그 $\lambda$에 대해 $|f_1(\lambda z_1)| < |c_0|$가 됨을 보일 수 있으므로 모든 복소수 $t$에 대해 $|f(z_0)| \leqq |f(t)|$라는 가정에 모순임을 보일 수 있다. $0 < \lambda < 1$이므로 왼쪽의 부등식은 자명하다. 오른쪽의 부등식은 $C\lambda^{m+1} < \lambda^m$ 또는 $C\lambda < 1$과 같은데, 이는 충분히 작은 $\lambda$에 대하여 명백히 성립한다. 이것으로 증명이 끝났다. □

## 부록. 연습문제

1. 다음의 복소수를 실수 $x, y$에 대해 $x + iy$ 꼴로 표현하라.

(a) $(-1+3i)^{-1}$ (b) $(1+i)(1-i)$ (c) $(1+i)i(2-i)$

(d) $(i-1)(2-i)$ (e) $(7+\pi i)(\pi+i)$ (f) $(2i+1)\pi i$

(g) $(\sqrt{2}+i)(\pi+3i)$ (h) $(i+1)(i-2)(i+3)$

2. 다음의 복소수를 실수 $x, y$에 대해 $x+iy$ 꼴로 표현하라.

(a) $(1+i)^{-1}$ (b) $\frac{1}{3+i}$ (c) $\frac{2+i}{2-i}$ (d) $\frac{1}{2-i}$

(e) $\frac{1+i}{i}$ (f) $\frac{i}{1+i}$ (g) $\frac{2i}{3-i}$ (h) $\frac{1}{-1+i}$

3. $\alpha$를 0이 아닌 복소수라 하자. $\alpha/\overline{\alpha}$의 절댓값은 무엇인가? $\overline{\overline{\alpha}}$는 무엇인가?

4. $\alpha, \beta$를 두 복소수라 하자. $\overline{\alpha\beta} = \overline{\alpha}\,\overline{\beta}$이고

$$\overline{\alpha+\beta} = \overline{\alpha} + \overline{\beta}$$

임을 보여라.

5. $|\alpha\beta| = |\alpha||\beta|$임을 보여라.

6. 복소수의 $n$순서쌍의 덧셈을 성분별로 더하는 것으로 정의하고, 복소수의 $n$순서쌍에 복소수를 곱하는 것도 성분별로 곱하는 것으로 정의한다. $A = (\alpha_1, \ldots, \alpha_n)$과 $B = (\beta_1, \ldots, \beta_n)$이 복소수로 이루어진 $n$순서쌍일 때 이들의 적 $\langle A, B\rangle$를

$$\alpha_1\overline{\beta_1} + \cdots + \alpha_n\overline{\beta_n}$$

(켤레복소수에 주의하라.)라 정의한다. 다음 규칙이 성립함을 증명하라.

**HP 1.** $\langle A, B\rangle = \overline{\langle B, A\rangle}$

**HP 2.** $\langle A, B+C\rangle = \langle A, B\rangle + \langle A, C\rangle$

**HP 3.** $\alpha$가 복소수이면

$$\langle \alpha A, B\rangle = \alpha\langle A, B\rangle, \qquad \langle A, \alpha B\rangle = \overline{\alpha}\langle A, B\rangle$$

가 성립한다.

**HP 4.** $A = O$이면 $\langle A, A\rangle = 0$이고 $A \neq O$이면 $\langle A, A\rangle > 0$이다.

7. 사인, 코사인 함수의 덧셈공식을 알고 있다고 가정한다. $\theta$를 실수라 하자.

(a)

$$e^{i\theta} = \cos\theta + i\sin\theta$$

라 정의한다. $\theta_1$와 $\theta_2$가 실수일 때

$$e^{i(\theta_1+\theta_2)} = e^{i\theta_1}e^{i\theta_2}$$

가 됨을 보여라. 절댓값이 1인 임의의 복소수를 어떤 실수 $t$에 대해 $e^{it}$ 꼴로 쓸 수 있음을 보여라.

(b) 임의의 복소수를 실수 $r \geqq 0$과 $\theta$에 대해 $re^{i\theta}$ 꼴로 쓸 수 있음을 보여라.

(c) 실수 $r_1, r_2 \geqq 0$와 $\theta_1, \theta_2$에 대해 $z_1 = r_1 e^{i\theta_1}$이고 $z_2 = r_2 e^{i\theta_2}$일 때

$$z_1 z_2 = r_1 r_2 e^{i(\theta_1 + \theta_2)}$$

가 됨을 보여라.

(d) $z$를 복소수라 하고 $n$을 양의 정수라 할 때, $w^n = z$가 되는 복소수 $w$가 존재함을 보여라. $z \neq 0$이면 서로 다른 $n$개의 그러한 복소수가 존재함을 보여라. [힌트: $z = re^{i\theta}$일 때 우선 $r^{1/n} e^{i\theta/n}$을 생각하라.]

8. 복소수의 집합이 대수적으로 닫혀 있다고 가정하고 실수 위에서 기약인 다항식은 차수가 1 또는 2임을 증명하라. [힌트: 복소수 위에서 다항식을 분해하고 켤레복소수 근끼리 묶어라.]

# 부록 2

# 이와사와 분해와 기타

행렬식이 1인 행렬들의 집합을 $SL_n$으로 표기하자. 이 부록의 목적은 $SL_n$에 관한 결과를 어떤 일반적인 용어로 형식화하려는 것이다. 군이론에서 쓰이는 용어를 사용할 것인데 이전에 다룬 적이 없으므로 군의 정의부터 시작하도록 한다.

$G$를 집합이라 하고 다음 공리를 만족하는 사상 $G \times G \to G$가 주어져 있다 하자. 이를 처음부터 곱으로 표기한다. 즉 $G$의 원소의 쌍 $(x, y)$마다 $xy$라 표기하는 $G$의 원소를 대응하는 것으로 한다.

**GR 1.** 곱이 결합적(associative)이다. 즉 모든 $x, y, z \in G$에 대하여

$$(xy)y = x(yz)$$

이 성립한다.

**GR 2.** 모든 $x \in G$에 대하여 $ex = xe = x$가 되는 원소 $e \in G$가 존재한다.

**GR 3.** 각 $x \in G$에 대하여 다음을 만족하는 $x^{-1} \in G$가 존재한다.

$$xx^{-1} = x^{-1}x = e$$

**GR 2**에 등장하는 원소가 유일하게 결정됨을 보이는 것은 쉬운 일이며 이를 **단위원**(單位元, unit element)이라 부른다. **GR 3**에 있는 $x^{-1}$도 유일하게 결정됨을 쉽게 보일 수 있고 이를 $x$의 **역**(逆, inverse)이라 부른다. 이 세 공리를 만족하는 사상과 집합을 합쳐 **군**(群, group)이라 부른다.

**보기 1.** $G = SL_n(\mathbb{R})$이라 하자. 곱을 행렬의 곱이라 하자. 그러면 $SL_n(\mathbb{R})$는 군이 된다. 마찬가지로 $SL_n(\mathbb{C})$도 군이다. 단위원은 단위행렬 $I$이다.

**보기 2.** $G$를 군이라 하고 $H$를 단위원을 포함하고 곱과 역에 대해 닫힌 부분집합이라 하자. 즉 $x, y \in H$이면 $xy \in H$이고 $x^{-1} \in H$이다. 그러면 $H$는 $G$와 "같은" 곱에 대해 군이 되며 **부분군**(部分群, subgroup)이라 부른다. 이제 중요한 부분군 몇개를 살펴보자.

$G = SL_n(\mathbb{R})$라 하자. 두 원소 $I$와 $-I$로 구성된 부분집합은 부분군임을 알 수 있다. 또한 $SL_n(\mathbb{R})$는 (행렬식이 0이 아닌 모든 실수 행렬의 집합인) $GL_n(\mathbb{R})$의 부분군임을 알 수 있다.

이제 제5장의 정리 2.1을 군과 부분군의 맥락에서 표현해보자. 다음과 같이 둔다.

$U$ = **유니포텐트**(unipotent)라 부르는 다음과 같은 형태의 대각원소가 모두 1인 상삼각행렬로 구성된 부분군.

$$u(x) = \begin{pmatrix} 1 & x_{12} & \cdots & x_{1n} \\ 0 & 1 & \cdots & x_{2n} \\ \vdots & \vdots & \ddots & \vdots \\ 0 & 0 & \cdots & 1 \end{pmatrix}$$

$A$ = 대각원소가 양인 행렬로 구성된 부분군.

$$a = \begin{pmatrix} a_1 & & & \\ & a_2 & & \\ & & \ddots & \\ & & & a_n \end{pmatrix} \qquad \text{모든 } i\text{에 대해 } a_i > 0$$

$K$ = 관계식 ${}^t k = k^{-1}$를 만족하는 실유니타리 행렬 $k$로 구성된 부분군.

**정리 1** (이와사와 분해(**Iwasawa decomposition**)). 식

$$(u, a, k) \mapsto uak$$

로 주어지는 곱 사상 $U \times A \times K \to G$는 전단사이다.

**증명.** $e_1, \ldots, e_n$을 $\mathbb{R}^n$의 표준단위(열)벡터라 하자. $g = (g_{ij}) \in G$라 하자. 그러면

$$ge_i = \begin{pmatrix} g_{11} & \cdots & g_{1n} \\ \vdots & & \vdots \\ g_{n1} & \cdots & g_{nn} \end{pmatrix} \begin{pmatrix} 0 \\ \vdots \\ 1_i \\ \vdots \\ 0 \end{pmatrix} = \begin{pmatrix} g_{1i} \\ \vdots \\ g_{ni} \end{pmatrix} = g^{(i)} = \sum_{q=1}^{n} g_{qi} e_q$$

가 성립한다. 그러면 상삼각행렬 $B = (b_{ij})$가 존재하여 $i > j$이면 $b_{ij} = 0$이고 대각원소는 모두 양, 즉 $b_{11}, \ldots, b_{nn} > 0$이며

$$\begin{aligned} &b_{11}g^{(1)} && = e'_1 \\ &b_{12}g^{(1)} + b_{22}g^{(2)} && = e'_2 \\ &\vdots && \\ &b_{1j}g^{(1)} + b_{2j}g^{(2)} + \cdots + b_{jj}g^{(j)} && = e'_j \\ &\vdots && \\ &b_{1n}g^{(1)} + b_{2n}g^{(2)} + \quad \cdots \quad + b_{nn}g^{(n)} && = e'_n \end{aligned}$$

로 주어지는 벡터 $e'_1, \ldots, e'_n$이 서로 수직인 단위벡터가 되게 할 수 있다. 이런 행렬 $B$를 얻으려면 통상적인 그램-슈미트 직교화과정을 적용하고, 이전 벡터들의 일차결합을 빼어 수직성을 확보한 다음 노름으로 나누어 단위벡터를 얻으면 된다. 그러므로

$$e'_j = \sum_{i=1}^{j} b_{ij} g^{(i)} = \sum_{i=1}^{n} \sum_{q=1}^{n} g_{qi} b_{ij} e_q = \sum_{q=1}^{n} \sum_{i=1}^{n} g_{qi} b_{ij} e_q$$

이다. $gB = k \in K$라 하자. 그러면 $ke_i = e'_i$이므로 $k$는 수직인 단위벡터 $e_1, \ldots, e_n$을 수직인 단위벡터 $e'_1, \ldots, e'_n$으로 보낸다. 따라서 $k$는 유니타리이고 $g = kB^{-1}$이다. 그러므로

$$g^{-1} = Bk^{-1} \qquad \text{이고} \qquad B = au$$

인데, 여기서 $a$는 $a_i = b_{ii}$인 대각행렬이고 $u$는 유니포텐트인 $u = a^{-1}B$이다. 이것이 전사 $G = UAK$를 증명한다. 분해의 유일성을 위해서 $g = uak = u'a'k'$라 하면, $u_1 = u^{-1}u'$이라 두고 $g^t g$를 이용하여 $a^2\, {}^t a_1^{-1} = u_1 a'^2$을 얻는다. 이 행렬들은 각각 하삼각과 상삼각이고 대각은 $a^2, a'^2$이므로 $a = a'$이고 결국 $u_1 = I$가 되어 유일성이 증명된다. □

$U$의 원소는 $X^{n+1} = 0$인 순상삼각행렬 $X$에 대해

$$u(X) = I + X$$

와 같은 형태이므로 **유니포텐트**(unipotent)라 한다. $X = I - u$는 **거듭제곱이 0**(nilpotent)이다.

$$\exp Y = \sum_{j=0}^{\infty} \frac{Y^j}{j!}, \qquad \log(I + X) = \sum_{i=1}^{\infty} (-1)^{i+1} \frac{X^i}{i}$$

라 하자. $\mathfrak{n}$을 모든 순상삼각행렬의 공간이라 하자. 그러면

$$\exp : \mathfrak{n} \to U, \qquad Y \mapsto \exp Y$$

는 전단사이고, 역은 log 급수 $Y = \log(I + X)$로 주어진다. 거듭제곱이 0인 성질(nilpotency) 때문에 exp와 log 급수는 실제로는 다항식이어서 $U$와 $\mathfrak{n}$ 사이에 역 다항식 사상을 정의한다는 것에 유의하자. 위 전단사 관계는 실제로 지표(characteristic)가 0인 임의의 체 위에서 성립한다. 관계식

$$\exp \log(I + X) = I + X, \qquad \log \exp Y = \log(I + X) = Y$$

은 형식적 멱급수의 항등식으로 성립한다.(참조: 저자의 책 Complex Analysis, Chapter II, §3, Exercise 2.)

**2차원에서 기하학적 해석**

$\mathbf{h}_2$를 복소수 $z = x + iy$, $x, y \in \mathbb{R}$, $y > 0$, $y = y(z)$로 구성된 상반평면이라 하자. 원소

$$g = \begin{pmatrix} a & b \\ c & d \end{pmatrix} \in G = SL_2(\mathbb{R})$$

에 대하여

$$g(z) = (az + b)(cz + d)^{-1}$$

라 정의하자. 그러면 $G$는 $\mathbf{h}_2$에 **작용**(act)하는데, 이는 다음 두 조건을 만족함을 의미한다.

> $I$가 단위행렬이면 모든 $z$에 대해 $I(z) = z$이다.
> $g, g' \in G$에 대해 $g(g'(z)) = (gg')(z)$이다.

또한 다음 성질에 유의하자.

> 모든 $z$에 대하여 $g(z) = z$이면 $g = \pm I$이다.

$z \in \mathbf{h}_2$이면 $g(z) \in \mathbf{h}_2$인지 보려면 직접 계산하여 증명할 수 있는 변환공식

$$y(g(z)) = \frac{y(z)}{|cz+d|^2}$$

를 사용하면 된다.

이러한 명제들은 (쉬워서) 그냥 계산하여 증명할 수 있다. 여기에 더하여, $w \in \mathbf{h}_2$에 대하여 $G_w$를 $g(w) = w$인 원소 $g \in G$로 구성된 부분집합이라 하자. 그러면 $w$의 **등방사상군**(等方寫像群, isotropy group)이라 부르는 $G$의 부분군이 된다. 다음을 증명하라.

**정리 2.** $\mathbf{i}$의 등방사상군은 $K$이다. 즉 $K$는 $k(\mathbf{i}) = \mathbf{i}$인 원소 $k \in G$로 구성된 부분군이다. 이것은 다음과 같은 행렬들로 이루어진 군이다.

$$\begin{pmatrix} \cos\theta & \sin\theta \\ -\sin\theta & \cos\theta \end{pmatrix}$$

또는 동치로 $a = d,\ c = -b,\ a^2 + b^2 = 1$이다.

$x \in \mathbb{R}$과 $a_1 > 0$에 대하여

$$u(x) = \begin{pmatrix} 1 & x \\ 0 & 1 \end{pmatrix}, \qquad a = \begin{pmatrix} a_1 & 0 \\ 0 & a_2 \end{pmatrix} \quad \text{단 } a_2 = a_1^{-1}$$

라 하자. $g = uak$이면, $u(x)(z) = z + x$이므로 $y = a_1^2$이라 두면 $a(\mathbf{i}) = y\mathbf{i}$이고,

$$g(\mathbf{i}) = uak(\mathbf{i}) = ua(\mathbf{i}) = y\mathbf{i} + x = x + \mathbf{i}y$$

이다. 그러므로 $G$는 추이적으로(transitively) 작용하고, 여기서 이 작용을 이와사와 분해와 상반평면의 용어로 서술하였다.

## 3차원에서 기하학적 해석

여러분이 사원수(四元數, quaternion)에 대해 이미 알고 있기를 바라는데, 사원수란 그 원소가

$$z = x_1 + x_2\mathbf{i} + x_3\mathbf{j} + x_4\mathbf{k}, \qquad x_1, x_2, x_3, x_4 \in \mathbb{R}$$

꼴이며 $\mathbf{i}, \mathbf{j}, \mathbf{k}$ 사이에 $\mathbf{i}^2 = \mathbf{j}^2 = \mathbf{k}^2 = -1$, $\mathbf{ij} = \mathbf{k}$, $\mathbf{jk} = \mathbf{i}$, $\mathbf{ki} = \mathbf{j}$라는 관계가 주어지는 것을 뜻한다. $\bar{z}$를

$$\bar{z} = x_1 - x_2\mathbf{i} - x_3\mathbf{j} - x_4\mathbf{k}$$

라 정의하자. 그러면

$$z\bar{z} = x_1^2 + x_2^2 + x_3^2 + x_4^2$$

이고 $|z| = (z\bar{z})^{1/2}$ 라 정의한다.

$\mathbf{h}_3$ 를 $\mathbf{k}$-성분이 0이고 $x_3 > 0$ 인, 즉

$$z = x_1 + x_2\mathbf{i} + y\mathbf{j}, \qquad y > 0$$

이라 쓸 수 있는 원소 $z$ 로 이루어진 상반공간(上半空間, upper half space)라 하자. $G = SL_2(\mathbb{C})$ 라 하면 $G$ 의 원소는

$$g = \begin{pmatrix} a & b \\ c & d \end{pmatrix}, \qquad a, b, c, d \in \mathbb{C}, \quad ad - bc = 1$$

인 행렬이다. $\mathbf{h}_2$ 에서와 같이

$$g(z) = (az + b)(cz + d)^{-1}$$

라 정의하자. 직접 계산하여 $z \in \mathbf{h}_3$ 이면 $g(z) \in \mathbf{h}_3$ 라는 것과 $G$ 가 $\mathbf{h}_3$ 에 작용한다는 즉 앞의 예에서 열거된 두 성질이 여기서도 역시 성립한다는 것을 보여 보기 바란다. 사원수는 가환이 아니므로 나눗셈을 표기된 $(az + b)(cz + d)^{-1}$ 대로 사용하여야 한다. 또한 $z \in \mathbf{h}_3$ 에 대한 $y$-좌표 변환 공식은 $\mathbf{h}_2$ 에 대한 것과 같음, 즉

$$y(g(z)) = y(z)/|cz + d|^2$$

와 같음에 유의하라.

군 $G = SL_2(\mathbb{C})$ 는 이와사와 분해

$$G = UAK$$

를 가진다. 여기서 $U, A, K$ 는

$U$ = 원소가 $u(x) = \begin{pmatrix} 1 & x \\ 0 & 1 \end{pmatrix}$, $x \in \mathbb{C}$ 인 군.

$A$ = 이전에 $SL_2(\mathbb{R})$ 의 경우에서와 같은 군.

$K$ = 복소유니타리 군으로 ${}^t\bar{k} = k^{-1}$ 인 원소 $k$ 로 구성된 군.

이다. 이전 증명이 같은 방식으로 성립한다. 그러나 직접 다음을 보일 수 있다.

**정리 3.** 등방사상군 $G_{\mathbf{j}}$ 는 $K$ 이다.

$g = uak$ 이고 $u \in U$, $a \in A$, $k \in K$, $u = u(x)$, $y = y(a)$ 이면,

$$g(\mathbf{j}) = x + y\mathbf{j}$$

이다.

그러므로 $G$는 추이적으로(transitively) 작용하고 이와사와 분해는 이 군작용에서 자명하게 나온다(아래를 보라). 그래서 직교화 형태의 증명을 완전히 피할 수 있다.

**증명.** (위 두 성질을 이용한 이와사와 분해의 증명)
$g \in G$이고 $g(\mathbf{j}) = x + y\mathbf{j}$라 하자. $u = u(x)$라 하고 $a$를 $y = a_1/a_2 = a_1^2$인 것으로 두자. $g' = ua$라 하자. 그러면 두 번째 성질에 의해 $g(\mathbf{j}) = g'(\mathbf{j})$가 되어 $\mathbf{j} = g^{-1}g'(\mathbf{j})$이다. 첫 번째 성질에 의해 어떤 $k \in K$에 대해 $g^{-1}g' = k$가 되므로

$$g'k^{-1} = uak^{-1} = g$$

가 되어 증명이 끝났다. □

### 공액작용

어떤 군에서 다른 군으로의 **준동형사상**(準同型寫像, homomorphism) $f : G \to G'$란 ($e$ = 단위원일 때) $f(e_G) = e_{G'}$이고 모든 $g_1, g_2 \in G$에 대하여

$$f(g_1 g_2) = f(g_1)f(g_2)$$

를 만족하는 사상을 말한다. 역 준동형사상, 즉 $ff' = \mathrm{id}_{G'}$이고 $f'f = \mathrm{id}_G$인 준동형사상 $f' : G' \to G$이 존재할 때 준동형사상을 **동형사상**(同型寫像, isomorphism)이라 부른다. $G$의 자기 자신으로의 동형사상을 $G$의 **자기동형사상**(自己同型寫像, automorphism)이라 부른다. $\mathrm{Aut}(G)$라 표기하는 $G$의 자기동형사상의 집합이 군이 된다는 것을 금방 검증할 수 있다. 이 군에서 곱은 사상의 합성이다. 선형사상의 경우와 똑같이 전단사인 준동형사상은 동형사상임에 유의하자.

집합 $X$의 자기 자신으로의 전단사사상 $\sigma : X \to X$를 **치환**(置換, permutation)이라 부른다. $X$의 치환의 집합은 $\mathrm{Perm}(X)$라 표기하며 이것이 군이 됨을 금방 검증할 수 있다. $X$ 위의 군의 **작용**(作用, action)이란 사상

$$G \times X \to X, \qquad (g, x) \mapsto gx$$

으로 다음 두 성질을 만족하는 것이다.

> $e$가 $G$의 단위원이면 $x \in X$에 대하여 $ex = x$이다.
> 모든 $g_1, g_2 \in G$와 $x \in X$에 대하여 $g_1(g_2 x) = (g_1 g_2)x$이다.

이것이 바로 작용의 일반적인 형식화로, 그 예를 위에서 보았다. $g \in G$가 주어질 때, $X$에서 자기 자신으로 가는 사상 $x \mapsto gx$는 $X$의 치환이다. 이를 정의에서 직접 보일 수 있는데 $g$의 역치환이 $x \mapsto g^{-1}x$로 주어짐을 보일 수 있기 때문이다. $\sigma(g)$를 $g$에

대응하는 치환이라 하자. 그러면 정의로부터 직접

$$g \mapsto \sigma(g)$$

가 $G$에서 $X$의 치환의 군으로의 준동형사상임을 보일 수 있다. 역으로 그러한 준동형사상은 $X$ 위의 $G$의 작용을 만들어낸다.

$G$를 군이라 하자. $G$의 자기 자신 위로의 **공액작용**(conjugation action)은 $g, g' \in G$에 대하여

$$\mathbf{c}(g)g' = gg'g^{-1}$$

로 정의된다. 사상 $g \mapsto \mathbf{c}(g)$가 $G$에서 Aut($G$) ($G$의 자기동형사상으로 구성된 군)로의 준동형사상임을 쉽게 보일 수 있다. 그러면 $G$는 $G$에 자연스럽게 대응되는 공간에도 또한 작용한다.

특별한 경우인 $G = SL_n(\mathbb{R})$일 때를 생각하자. 다음과 같이 둔다.

$\mathfrak{a}$ = 대각합이 0, 즉 $\sum h_i = 0$인 대각행렬 diag$(h_1, \ldots, h_n)$로 구성된 벡터공간.

$\mathfrak{n}$ = $i \geqq j$이면 $h_{ij} = 0$인 순상삼각행렬 $(h_{ij})$로 구성된 벡터공간.

${}^t\mathfrak{n}$ = 순하삼각행렬로 구성된 벡터공간.

$\mathfrak{g}$ = 대각합이 0인 $n \times n$ 행렬로 구성된 벡터공간.

그러면 $\mathfrak{g}$는 직합 $\mathfrak{a} + \mathfrak{n} + {}^t\mathfrak{n}$이고 $A$가 공액으로 작용한다(acts by conjugation). 사실 $\mathfrak{g}$는 이 작용에 대한 고유공간들의 직합이다. 실제로 $E_{ij}$ $(i < j)$를 $ij$-성분이 1이고 다른 모든 성분이 0인 행렬이라 하자. 그러면

$$\mathbf{c}(a)E_{ij} = (a_i/a_j)E_{ij} = a^{\alpha_{ij}}E_{ij}$$

가 $a^{\alpha_{ij}} = (a_i/a_j)$라 정의하면 직접 계산으로 보일 수 있다. 그러므로 $\alpha_{ij}$는 $A$에서 $\mathbb{R}^+$(양의 실수곱 군, positive real multiplicative group)으로 가는 준동형사상이다. 그러한 준동형사상들의 집합을 **정규지표**(正規指標, regular character)들의 집합으로 부르고 $\mathcal{R}(\mathfrak{n})$으로 표기하는데 왜냐하면 $\mathfrak{n}$이 $E_{ij}$ $(i < j)$를 기저로 가지는 1차원 고유공간들의 직합이기 때문이다. $\mathfrak{n}_\alpha$가 $aXa^{-1} = a^\alpha X$인 원소 $X \in \mathfrak{n}$의 집합이라 할 때 $\mathfrak{n}$을 다음과 같이 쓸 수 있다.

$$\mathfrak{n} = \bigoplus_{\alpha \in \mathcal{R}(\mathfrak{n})} \mathfrak{n}_\alpha.$$

유사하게

$$^t\mathfrak{n} = \bigoplus_{\alpha} ({}^t\mathfrak{n})_{\bar{\alpha}}$$

가 된다. $\mathfrak{a}$가 $A$의 공액작용의 0-고유공간임에 유의하라.

$\mathfrak{n}_\alpha$가 기저 $E_\alpha, \mathrm{i}E_\alpha$를 가지므로 고유공간 $\mathfrak{n}_\alpha$의 $\mathbb{R}$-차원이 2라는 점을 제외하면 본질적으로 같은 구조가 $SL_n(\mathbb{C})$에 대해 성립한다. $\mathbb{C}$-차원은 1이다.

**대수**(代數, algebra)란 곱이라 부르는 자기 자신으로 가는 겹선형사상이 있는 벡터공간을 의미한다. 이제 $X, Y \in \mathfrak{g}$의 **리곱**(Lie product)을

$$[X, Y] = XY - YX$$

로 정의함으로써 $\mathfrak{g}$가 대수가 되도록 할 수 있다. 이 곱은 겹선형이지만 결합법칙을 만족하지는 않음을 쉽게 보일 수 있다. $\mathfrak{g}$을 $G$의 **리대수**(Lie algebra)라 부른다. 선형사상의 공간 $\mathcal{L}(\mathfrak{g}, \mathfrak{g})$을 $\mathrm{End}(\mathfrak{g})$로 표기하자. 이 공간의 원소를 $\mathfrak{g}$의 **자기준동형사상**(自己準同型寫像, endomorphism)이라 부른다. $\mathfrak{g}$의 자기 자신 위로의 **정칙표현**(正則表現, regular representation)이란 정의에 의하면 사상

$$\mathfrak{g} \to \mathrm{End}(\mathfrak{g})$$

로 각 $X \in \mathfrak{g}$에

$$L(X)(Y) = [X, Y]$$

인 $\mathfrak{g}$의 자기준동형사상 $L(X)$를 대응시키는 것이다. $X \mapsto L(X)$가 선형사상임에 유의하자(제11장 6절 연습문제 7).

**연습문제.** $L(X)$를 $D_X$라 표기하면 **미분성질**(derivation property), 즉 모든 $Y, Z \in \mathfrak{g}$에 대하여

$$D_X[Y, Z] = [D_X Y, Z] + [Y, D_X Z]$$

가 성립함을 보여라. 괄호 기호를 사용하면 이것은

$$[X, [Y, Z]] = [[X, Y], Z] + [Y, X, Z]]$$

과 같다.

$\alpha$를 또한 $\mathfrak{a}$에 속하는 대각행렬 $H = \mathrm{diag}(h_1, \ldots, h_n)$에 대해

$$\alpha_{ij}(H) = h_i - h_j$$

로 주어지는 지표(character)를 나타내는 것으로 사용한다. 이것은 앞서 $A$ 위에서 곱으로 생각했던 곱셈 지표의 덧셈 형태이다. 그러면 각 $\mathfrak{n}_\alpha$는 또한 덧셈 지표 $\alpha$에 대한 $\alpha$-

고유공간, 즉 $H \in \alpha$에 대해

$$[H, E_\alpha] = \alpha(H)E_\alpha$$

인데 이를 행렬의 곱의 정의로부터 금방 검증할 수 있다.

## 극분해

여기에 군과 부분군의 기호로 더 많은 곱 분해를 열거한다.

$G = SL_n(\mathbb{C})$라 하자. $U = U(\mathbb{C})$를 성분이 $\mathbb{C}$에 속하는 순상삼각행렬의 집합이라 하자. $U$가 부분군임을 보여라. $D$를 대각원소가 0이 아닌 복소대각행렬의 집합이라 하자. $D$가 부분군임을 보여라. $K$를 ${}^t\bar{k} = k^{-1}$인 원소 $k \in SL_n(\mathbb{C})$의 집합이라 하자. 그러면 $K$는 **복소유니타리군**(complex unitary group)이라고 하는 부분군이다. 참조 제7장 3절 연습문제 4.

이와사와 분해가 복소수 경우에도 성립함, 즉 실수나 복소수의 경우에 동일한 $A$로 $G = UAK$가 됨을 검증하라.

**이차사상(quadratic map).** $g \in G$에 대해 $g^* = {}^t\bar{g}$라 정의한다. 이때

$$(g_1g_2)^* = g_2^*g_1^*$$

임을 보여라. 원소 $g \in G$가 에르미트일 필요충분조건은 $g = g^*$이다. 제7장 2절 참조. 그러면 $gg^*$는 에르미트 양의 정부호, 즉 모든 $v \in \mathbb{C}^n$에 대해 $\langle gg^*v, v\rangle \geqq 0$이고 등호는 $v = 0$일 때 뿐이다.

$\mathrm{SPos}_n(\mathbb{C})$를 행렬식이 1인 에르미트 양의 정부호 $n \times n$ 행렬 전체의 집합을 나타내는 것으로 한다.

**정리 4.** $p \in \mathrm{SPos}_n(\mathbb{C})$라 하자. 그러면 $p$는 $\mathrm{SPos}_n(\mathbb{C})$에 속하는 유일한 제곱근이 있다.

**증명.** 제8장 5절 연습문제1을 보라. □

$H$를 $G$의 부분군이라 하자. $H$의 (좌)**잉여류**(coset)란 어떤 $g \in G$에 대해 $gH$ 형태의 $G$의 부분집합을 의미한다. 두 잉여류는 같거나 아니면 만나지 않는다는 것을 쉽게 보일 수 있다. $G/H$란 $G$에 있는 $H$의 잉여류의 집합을 의미한다.

**정리 5.** 이차사상 $g \mapsto gg^*$으로부터 아래 전단사사상을 얻을 수 있다.

$$G/K \to \mathrm{SPos}_n(\mathbb{C})$$

**증명.** 연습문제. 전사와 단사를 분리하여 각각 증명하라. □

**정리 6.** 군 $G$는 (유일하지는 않은) 분해

$$G = KAK$$

를 가진다. $g \in G$를 $k_1, k_2 \in K$와 $b \in A$의 곱 $g = k_1 b k_2$로 쓰면 $b$는 대각원소의 치환을 무시하면 유일하게 결정된다.

**증명.** $g \in G$에 대해 제8장의 정리 4.4.를 사용하면

$$gg^* = k_1 b^2 k_1^{-1}$$

인 $k_1 \in K$와 $b \in A$가 존재한다. 정리 5의 전단사에 의해 $g = k_1 b k_2$가 되는 $k_2 \in K$가 존재하므로 분해의 존재성이 증명되었다. 유일성에 대해서는 $b^2$이 $gg^*$의 고유치의 대각행렬, 즉 대각원소가 특성다항식의 근이고 이러한 근은 치환을 무시하면 유일하게 결정됨에 유의하면 정리가 증명된다. □

다음과 같이 **극분해**(極分解, polar decomposition)에 대한 또 다른 형태가 있음에 유의하자.

**정리 7.** $\mathrm{SPos}_n(\mathbb{C}) = \mathbf{P}$로 줄여쓰자. 그러면 $G = \mathbf{P}K$이고, 원소 $g \in G$를 $p \in \mathbf{P}$, $k \in K$에 대해 $g = pk$로 분해하는 방법은 유일하게 존재한다.

**증명.** 존재성은 제8장 5절 연습문제 4를 다르게 표현한 것이다. 유일성에 대해서는 $g = pk$라 하자. 이차사상에서 $gg^* = pp^* = p^2$가 된다. 정리 4의 제곱근의 유일성에서 $p$가 $g$에 의해 유일하게 결정됨이 나오고, 따라서 $k$도 유일하게 결정된다. □

# 용어대조표(가나다순)


가역

invertible, 71

가역행렬

invertible matrix, 36

값

value, 45

거듭제곱이 $O$

nilpotent, 43, 252

거듭제곱이 0

nilpotent, 302

거리

distance, 104

겹선형

bilinear, 125

계수

coefficient, 242

rank, 120

계수행렬

matrix of coefficients, 29

고유공간

eigenspace, 204, 233, 270

고유벡터

eigenvector, 203

고유지표

eigencharacter, 281

고유치

eigenvalue, 203

곡선

curve, 48

공액작용

conjugation action, 281, 306

괄호작용

bracket action, 281

교대함수

alternating function, 155

교집합

intersection, 1

군

group, 299

극대부분집합

maximal subset, 13

극대집합

maximal set, 17

극분해

polar decomposition, 309

극점

extreme point, 288

극화항등식

polarization identity, 196

근

root, 243

기약

irreducible, 265

기저

basis, 11
기치환
odd permutation, 176

나눈다
devide, 264
노름
norm, 104, 116

다선형
multilinear, 154
다선형사상
multilinear map, 155
다항식
polynomial, 241
다항식 아이디얼
ipolynomial deal, 262
단사사상
injective map, 49
단순 $S$-공간
simple $S$-space, 274
단위벡터
unit vector, 105, 116
단위원
unit element, 299
단위원 아이디얼
unit ideal, 263
단위행렬
unit matrix, 27
닫힌 반공간
closed half space, 284
대각성분
diagonal component, 27
대각원소
diagonal element, 28
대각합
trace, 40, 66
대각행렬
diagonal matrix, 27
대각화
diagonalize, 97, 207, 229
대각화가능
diagonalizable, 97
대각화될 수 있다
diagonalized, 207
대수
algebra, 307
대응
association, 7
대칭
symmetric, 191
대칭행렬
symmetric matrix, 27
동차방정식
homogeneous equation, 29
동차연립방정식
homogeneous system, 30
동형사상
isomorphism, 71, 281, 305
등방사상군
isotropy group, 303

리곱
Lie product, 307
리대수
Lie algebra, 307
리작용
Lie action, 281

마코프 행렬

Markov matrix, 252
모닉
monic, 267
무한차원
infinite dimensional, 17
미분성질
derivation property, 307
미지수
unknown, 29

반데르몽드 행렬식
Vandermonde determinant, 163
반선형
semi-linear, 134
받침 초평면
supporting hyperplane, 287
범함수
functional, 132
베셀 부등식
Bessel inequality, 108
벡터
vector, 4
벡터공간
vector space, 2
복소수
complex numbers, 293
복소유니타리 사상
complex unitary map, 200
복소유니타리군
complex unitary group, 308
볼록
convex, 80, 283
볼록 폐포
convex closure, 290
부분공간
subspace, 5
부분군
subgroup, 300
부분집합
subset, 1
부분체
subfield, 2
불변
invariant, 228, 234
불변 부분공간
invariant subspace, 249, 270
비대칭
skew-symmetric, 67, 192
비퇴화성
non-degeneracy, 32
빗선형
anti-linear, 134

사상
map, 45
mapping, 45
사영
projection, 106
사원수
quaternion, 303
삼각형
triangle, 77
삼각화가능
triangulable, 250
삼선형
trilinear, 154
상
image, 45, 63
상반공간
upper half space, 304

상삼각행렬
upper triangular matrix, 29
상수항
constant term, 242
생성
generate, 6
생성되었다
generated, 262
생성원 집합
set of generators, 262
서로 소
relatively prime, 264
선두계수
leading coefficient, 242
선분
line segment, 75
선형다항식
linear polynomial, 243
선형사상
linear mapping, 53
성분
component, 3, 24, 106
수
number, 2
수반작용소
adjoint operator, 194
수직
perpendicular, 7, 102
순상삼각행렬
strictly upper triangular matrix, 42
순회적
cyclic, 276, 277
스칼라
scalar, 2
스칼라 내적
scalar product, 6, 101
스펙트럼 기저
spectral basis, 229
실베스터의 정리
Sylvester's theorem, 143
실유니타리 사상
real unitary map, 198
쌍대공간
dual space, 132
쌍대기저
dual basis, 133

아이디얼
ideal, 262
안정
stable, 228, 234
양의 정부호
positive definite, 103, 114, 192, 233, 235
양의 준정부호
positive semidefinite, 192, 232, 236
semipositive, 192, 232, 236
양의 지표
index of positivity, 145
에르미트 내적
Hermitian product, 114
에르미트 작용소
hermitian operator, 195
에르미트 행렬
hermitian matrix, 195
에르미트 형식
hermitian form, 193
역
inverse, 299

역사상
inverse, 50
역상
inverse image, 83
역치환
inverse permutation, 171
역행렬
inverse matrix, 36, 184
열
column, 23
열계수
column rank, 120
열동치
column equivalent, 169
열린 반공간
open half space, 284
열벡터
column vector, 24
영공간
null space, 130
영사상
zero mapping, 56, 57
영의 지표
index of nullity, 143
영행렬
zero matrix, 25
우치환
even permutation, 176
원소
element, 1
유니타리 행렬
unitary matrix, 199, 200
유한차원
finite dimensional, 17
음의 정부호
negative definite, 233
이차형식
quadratic form, 138, 224
일차결합
linear combination, 5
일차독립
linearly independent, 10
일차종속
linearly dependent, 10
잉여류
coset, 308

자기동형사상
automorphism, 281, 305
자기수반작용소
self-sdjoint operator, 195
자기준동형사상
endomorphism, 307
자명하지 않은 해
non-trivial solution, 30
자명한 해
trivial solution, 30
작용
action, 305
작용소
operator, 70, 190
전단사사상
bijective map, 50
전사사상
surjective map, 50
전치행렬
transpose, 26
절댓값
absolute value, 295

점적
dot product, 6
정규
normal, 236
정규작용
regular action, 281
정규지표
regular character, 306
정규직교기저
orthonormal basis, 110, 116, 142
정사각행렬
square matrix, 25
정칙
non-singular, 184
정칙표현
regular representation, 307
정칙행렬
non-singular matrix, 36
조르당 기저
Jordan basis, 277, 278
좌표
coordinate, 3, 11, 12
좌표벡터
coordinate vector, 12
좌표함수
coordinate function, 47, 133
주기
period, 276
준동형사상
homomorphism, 281, 305
중복도
multiplicity, 243, 267
직교
orthogonal, 7, 102
직교공간
orthogonal space, 102
직교기저
orthogonal basis, 103, 110
직교사상
orthogonal map, 198
직교여공간
orthogonal complement, 113
직교행렬
orthogonal matrix, 199
직선
line, 17
직적
direct product, 21
직합
direct sum, 19, 21
진부분집합
proper subset, 1
집합
set, 1

차수
degree, 242
order, 267
차원
dimension, 17
체
field, 2
초평면
hyperplane, 284
최대
maximum, 225
최대공약수
greatest common divisor, 264
최소다항식

minimal polynomial, 268
치환
permutation, 171, 305

켤레복소수
conjugate, 294
크라인-밀만의 정리
the Krein-Milman theorem, 290
크레이머의 법칙
Cramer's rule, 165

퇴화되지 않은
non-degenerate, 101
특성다항식
characteristic polynomial, 209, 215
특성벡터
characteristic vector, 204
특성치
characteristic value, 204

팬
fan, 249
팬 기저
fan basis, 249
평면
plane, 17
평행사변형
parallelogram, 60, 76
평행이동
translation, 51
폐포
closure, 286
포함
contain, 1
푸리에 계수
Fourier coefficient, 106, 115

함수
function, 7
합
sum, 9, 19, 56
합집합
union, 1
항
entry, 24
항등사상
identity mapping, 50, 56
해밀턴-케일리의 정리
Theorem of Hamilton-Cayley, 254
핵
kernel, 61
행
row, 23
행계수
row rank, 120
행렬
matrix, 23
행렬식
determinant, 148
행에 대한 전개
expansion by a row, 151
행에 대한 행렬식의 전개
expansion of the determinant according to a row, 156
호환
transposition, 172
회전
rotation, 89, 199, 202

$A$-불변
$A$-invariant, 228
$S$-불변

$S$-invariant, 274
$f$ 에서의 $\alpha$ 의 중복도
multiplicity of $\alpha$ in $f$, 267
$n$ 선형
$n$-linear, 154

# 용어대조표(알파벳순)

$A$-invariant
$A$-불변, 228
$S$-invariant
$S$-불변, 274
$n$-linear
$n$선형, 154

absolute value
절댓값, 295
action
작용, 305
adjoint operator
수반작용소, 194
algebra
대수, 307
alternating function
교대함수, 155
anti-linear
빗선형, 134
association
대응, 7
automorphism
자기동형사상, 281, 305

basis
기저, 11
Bessel inequality
베셀 부등식, 108
bijective map
전단사사상, 50
bilinear
겹선형, 125
bracket action
괄호작용, 281

characteristic polynomial
특성다항식, 209, 215
characteristic value
특성치, 204
characteristic vector
특성벡터, 204
closed half space
닫힌 반공간, 284
closure
폐포, 286
coefficient
계수, 242
column
열, 23
column equivalent
열동치, 169
column rank
열계수, 120
column vector
열벡터, 24

complex numbers
복소수, 293
complex unitary group
복소유니타리군, 308
complex unitary map
복소유니타리 사상, 200
component
성분, 3, 24, 106
conjugate
켤레복소수, 294
conjugation action
공액작용, 281, 306
constant term
상수항, 242
contain
포함, 1
convex
볼록, 80, 283
convex closure
볼록 폐포, 290
coordinate
좌표, 3, 11, 12
coordinate function
좌표함수, 47, 133
coordinate vector
좌표벡터, 12
coset
잉여류, 308
Cramer's rule
크레이머의 법칙, 165
curve
곡선, 48
cyclic
순회적, 276, 277
degree
차수, 242
derivation property
미분성질, 307
determinant
행렬식, 148
devidel
나눈다, 264
diagonal component
대각성분, 27
diagonal element
대각원소, 28
diagonal matrix
대각행렬, 27
diagonalizable
대각화가능, 97
diagonalize
대각화, 97, 207, 229
diagonalized
대각화될 수 있다, 207
dimension
차원, 17
direct product
직적, 21
direct sum
직합, 19, 21
distance
거리, 104
dot product
점적, 6
dual basis
쌍대기저, 133
dual space
쌍대공간, 132

eigencharacter
고유지표, 281
eigenspace
고유공간, 204, 233, 270
eigenvalue
고유치, 203
eigenvector
고유벡터, 203
element
원소, 1
endomorphism
자기준동형사상, 307
entry
항, 24
even permutation
우치환, 176
expansion by a row
행에 대한 전개, 151
expansion of the determinant according to a row
행에 대한 행렬식의 전개, 156
extreme point
극점, 288

fan
팬, 249
fan basis
팬 기저, 249
field
체, 2
finite dimensional
유한차원, 17
Fourier coefficient
푸리에 계수, 106, 115
function
함수, 7
functional
범함수, 132

generate
생성, 6
generated
생성되었다, 262
greatest common divisor
최대공약수, 264
group
군, 299

hermitian form
에르미트 형식, 193
hermitian matrix
에르미트 행렬, 195
hermitian operator
에르미트 작용소, 195
Hermitian product
에르미트 내적, 114
homogeneous equation
동차방정식, 29
homogeneous system
동차연립방정식, 30
homomorphism
준동형사상, 281, 305
hyperplane
초평면, 284

ideal
아이디얼, 262
identity mapping
항등사상, 50, 56
image
상, 45, 63

index of nullity
영의 지표, 143
index of positivity
양의 지표, 145
infinite dimensional
무한차원, 17
injective map
단사사상, 49
intersection
교집합, 1
invariant
불변, 228, 234
invariant subspace
불변 부분공간, 249, 270
inverse
역, 299
역사상, 50
inverse image
역상, 83
inverse matrix
역행렬, 36, 184
inverse permutation
역치환, 171
invertible
가역, 71
invertible matrix
가역행렬, 36
irreducible
기약, 265
isomorphism
동형사상, 71, 281, 305
isotropy group
등방사상군, 303

Jordan basis
조르당 기저, 277, 278

kernel
핵, 61

leading coefficient
선두계수, 242
Lie action
리작용, 281
Lie algebra
리대수, 307
Lie product
리곱, 307
line
직선, 17
line segment
선분, 75
linear combination
일차결합, 5
linear mapping
선형사상, 53
linear polynomial
선형다항식, 243
linearly dependent
일차종속, 10
linearly independent
일차독립, 10

map
사상, 45
mapping
사상, 45
Markov matrix
마코프 행렬, 252
matrix
행렬, 23

matrix of coefficients
계수행렬, 29
maximal set
극대집합, 17
maximal subset
극대부분집합, 13
maximum
최대, 225
minimal polynomial
최소다항식, 268
monic
모닉, 267
multilinear
다선형, 154
multilinear map
다선형사상, 155
multiplicity
중복도, 243, 267
multiplicity of $\alpha$ in $f$
$f$에서의 $\alpha$의 중복도, 267

negative definite
음의 정부호, 233
nilpotent
거듭제곱이 $O$, 43, 252
거듭제곱이 0, 302
non-degeneracy
비퇴화성, 32
non-degenerate
퇴화되지 않은, 101
non-singular
정칙, 184
non-singular matrix
정칙행렬, 36
non-trivial solution
자명하지 않은 해, 30
norm
노름, 104, 116
normal
정규, 236
null space
영공간, 130
number
수, 2

odd permutation
기치환, 176
open half space
열린 반공간, 284
operator
작용소, 70, 190
order
차수, 267
orthogonal
직교, 7, 102
orthogonal basis
직교기저, 103, 110
orthogonal complement
직교여공간, 113
orthogonal map
직교사상, 198
orthogonal matrix
직교행렬, 199
orthogonal space
직교공간, 102
orthonormal basis
정규직교기저, 110, 116, 142

parallelogram
평행사변형, 60, 76

period
주기, 276
permutation
치환, 171, 305
perpendicular
수직, 7, 102
plane
평면, 17
polar decomposition
극분해, 309
polarization identity
극화항등식, 196
polynomial
다항식, 241
polynomial ideal
다항식 아이디얼, 262
positive definite
양의 정부호, 103, 114, 192, 233, 235
positive semidefinite
양의 준정부호, 192, 232, 236
projection
사영, 106
proper subset
진부분집합, 1

quadratic form
이차형식, 138, 224
quaternion
사원수, 303

rank
계수, 120
real unitary map
실유니타리 사상, 198
regular action
정규작용, 281
regular character
정규지표, 306
regular representation
정칙표현, 307
relatively prime
서로 소, 264
root
근, 243
rotation
회전, 89, 199, 202
row
행, 23
row rank
행계수, 120

scalar
스칼라, 2
scalar product
스칼라 내적, 6, 101
self-sdjoint operator
자기수반작용소, 195
semi-linear
반선형, 134
semipositive
양의 준정부호, 192, 232, 236
set
집합, 1
set of generators
생성원 집합, 262
simple $S$-space
단순 $S$-공간, 274
skew-symmetric
비대칭, 67, 192

spectral basis
스펙트럼 기저, 229
square matrix
정사각행렬, 25
stable
안정, 228, 234
strictly upper triangular matrix
순상삼각행렬, 42
subfield
부분체, 2
subgroup
부분군, 300
subset
부분집합, 1
subspace
부분공간, 5
sum
합, 9, 19, 56
supporting hyperplane
받침 초평면, 287
surjective map
전사사상, 50
Sylvester's theorem
실베스터의 정리, 143
symmetric
대칭, 191
symmetric matrix
대칭행렬, 27

the Krein-Milman theorem
크라인-밀만의 정리, 290
Theorem of Hamilton-Cayley
해밀턴-케일리의 정리, 254
trace
대각합, 40, 66
translation
평행이동, 51
transpose
전치행렬, 26
transposition
호환, 172
triangle
삼각형, 77
triangulable
삼각화가능, 250
trilinear
삼선형, 154
trivial solution
자명한 해, 30

union
합집합, 1
unit element
단위원, 299
unit ideal
단위원 아이디얼, 263
unit matrix
단위행렬, 27
unit vector
단위벡터, 105, 116
unitary matrix
유니타리 행렬, 199, 200
unknown
미지수, 29
upper half space
상반공간, 304
upper triangular matrix
상삼각행렬, 29

value

값, 45
Vandermonde determinant
반데르몽드 행렬식, 163
vector
벡터, 4
vector space
벡터공간, 2

zero mapping
영사상, 56, 57
zero matrix
영행렬, 25

# 찾아보기


$(A-\alpha I)$-순회적, 276
$A$-불변, 228
$A$-불변 부분공간, 249
$S$-불변, 274
$f$에서의 $\alpha$의 중복도, 267
$n$선형, 154

$A$의 조르당의 표준형, 278

가역, 71
가역행렬, 36
값, 45
거듭제곱이 $O$, 43, 252
거듭제곱이 0, 302
거리, 104
겹선형, 125
계수, 120, 242
계수행렬, 29
고유공간, 204, 233, 270
고유벡터, 203
고유지표, 281
고유치, 203
곡선, 48
공액작용, 281, 306
괄호작용, 281
교대함수, 155
교집합, 1
군, 299

그램-슈미트 직교화 과정, 110
극대부분집합, 13
극대집합, 17
극분해, 308, 309
극점, 288
극화항등식, 196
근, 243
기약, 265
기저, 10, 11
기치환, 176

나눈다, 264
노름, 104, 116

다선형, 154
다선형사상, 155
다항식, 241
다항식 아이디얼, 262
단사사상, 49
단순 $S$-공간, 274
단위벡터, 105, 116
단위원, 299
단위원 아이디얼, 263
단위행렬, 27
닫힌 반공간, 284
대각성분, 27
대각원소, 28
대각합, 40, 66

대각행렬, 27
대각화, 97, 207, 229
대각화가능, 97
대각화될 수 있다, 207
대수, 307
대응, 7
대칭, 191
대칭행렬, 27
동차방정식, 29
동차연립방정식, 30
동형사상, 71, 281, 305
등방사상군, 303

리곱, 307
리대수, 307
리작용, 281

마코프 행렬, 252
모닉, 267
무한차원, 17
미분성질, 307
미지수, 29

반데르몽드 행렬식, 163
반선형, 134
받침 초평면, 287
범함수, 132
베셀 부등식, 108
벡터, 4
벡터공간, 2
복소수, 293
복소유니타리 사상, 200
복소유니타리군, 308
볼록, 80, 283
볼록 폐포, 290
부분공간, 5
부분군, 300
부분집합, 1
부분체, 2
불변, 228, 234
불변 부분공간, 249, 270
비대칭, 67, 192
비퇴화성, 32
빗선형, 134

사상, 45
사영, 106
사원수, 303
삼각부등식, 107
삼각형, 77
삼각화가능, 250
삼선형, 154
상, 45, 63
상반공간, 304
상삼각행렬, 29
상수항, 242
생성, 6
생성되었다, 262
생성원 집합, 262
서로 소, 264
선두계수, 242
선분, 75
선형다항식, 243
선형사상, 53
성분, 3, 24, 106
수, 2
수반작용소, 194
수직, 7, 102
순상삼각행렬, 42
순회적, 277
슈바르츠의 부등식, 107, 116

스칼라, 2
스칼라 내적, 6, 101
스펙트럼 기저, 229
스펙트럼 정리, 229
실베스터의 정리, 143
실유니타리 사상, 198
쌍대공간, 132
쌍대기저, 133

아이디얼, 262
안정, 228, 234
양의 정부호, 103, 114, 192, 233, 235
양의 준정부호, 192, 232, 236
양의 지표, 145
에르미트 내적, 114
에르미트 작용소, 195
에르미트 행렬, 195
에르미트 형식, 193
역, 299
역사상, 50
역상, 83
역치환, 171
역행렬, 36, 184
열, 23
열계수, 120
열동치, 169
열린 반공간, 284
열벡터, 24
영공간, 130
영사상, 56, 57
영의 지표, 143
영행렬, 25
우치환, 176
원소, 1
유니타리 행렬, 199, 200
유한차원, 17
음의 정부호, 233
이와사와 분해, 299, 300
이차형식, 138, 224
일차결합, 5
일차독립, 10
일차종속, 10
잉여류, 308

자기동형사상, 281, 305
자기수반작용소, 195
자명하지 않은 해, 30
자명한 해, 30
작용, 305
작용소, 70, 190
전단사사상, 50
전사사상, 50
전치행렬, 26
절댓값, 295
점적, 6
정규, 236
정규작용, 281
정규직교기저, 110, 116, 142
정사각행렬, 25
정칙, 184
정칙표현, 307
정칙행렬, 36
조르당 기저, 277, 278
좌표, 3, 11, 12
좌표벡터, 12
좌표함수, 47, 133
주기, 276
준동형사상, 281, 305
중복도, 243, 267
직교, 7, 102

직교공간, 102
직교기저, 103, 110
직교사상, 198
직교여공간, 113
직교행렬, 199
직선, 17
직적, 21
직합, 19, 21
진부분집합, 1
집합, 1

차수, 242, 267
차원, 15, 17
체, 2
초평면, 284
최대, 225
최대공약수, 264
최소다항식, 268
치환, 171, 305

켤레복소수, 294
크라인-밀만의 정리, 289, 290
크레이머의 법칙, 165

퇴화되지 않은, 101
특성다항식, 209, 215
특성벡터, 204
특성치, 204

팬, 249
팬 기저, 249
평면, 17
평행사변형, 60, 76
평행사변형의 법칙, 105
평행이동, 51
폐포, 286
포함, 1
푸리에 계수, 106, 115
피타고라스의 정리, 105

함수, 7
합, 9, 19, 56
합집합, 1
항, 24
항등사상, 50, 56
해밀턴-케일리의 정리, 253, 254
핵, 61
행, 23
행계수, 120
행렬, 23
행렬식, 148
행렬의 곱, 32
행에 대한 전개, 150
행에 대한 행렬식의 전개, 156
호환, 172
회전, 89, 199, 202

**Linear Algebra,** Third Edition
by Serge Lang



저자와의
협의하에
인지를
생략합니다

# 선형대수학

지은이 서지 랭
옮긴이 정자아
펴낸이 조경희
펴낸곳 경문사
펴낸날 2019년 9월 1일 1판 1쇄
2024년 3월 1일 1판 3쇄
등 록 1979년 11월 9일 제 1979-000023호
주 소 04057, 서울특별시 마포구 와우산로 174
전 화 (02)332-2004 팩스 (02)336-5193
이메일 kyungmoon@kyungmoon.com

값 26,000원

ISBN 979-11-6073-310-5